Introduction to LED Packaging Technology

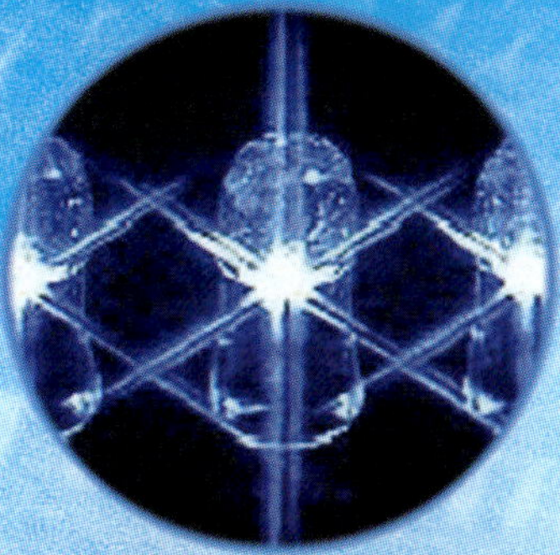

LED 패키징 기술 입문

신무환 · 김재필 공저

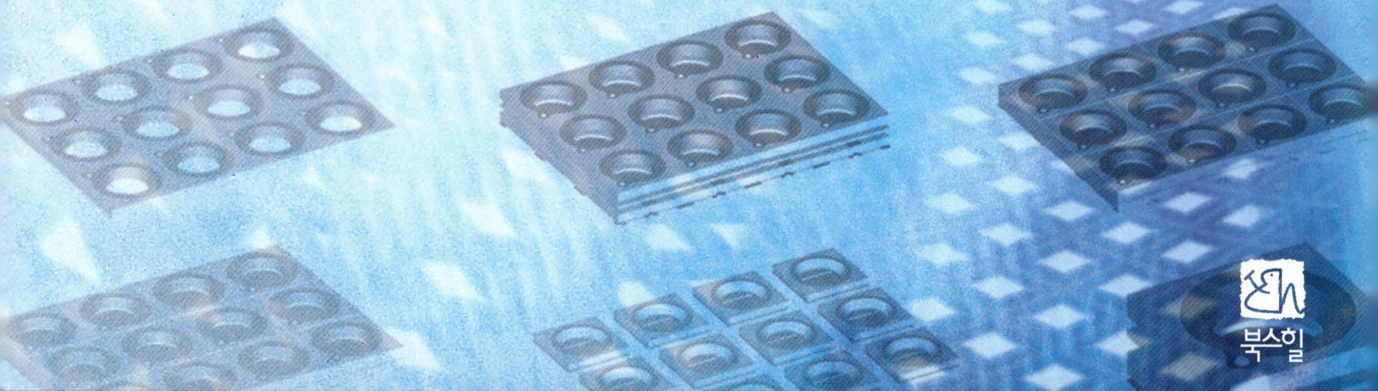

북스힐

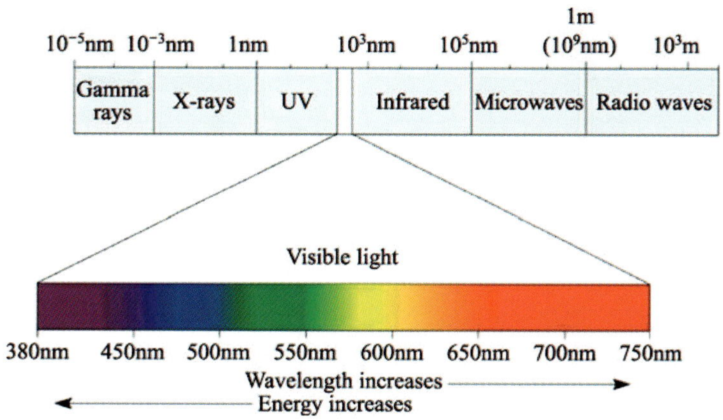

그림 1.3▶파장에 따른 색 구현 스펙트럼(4쪽 참조)

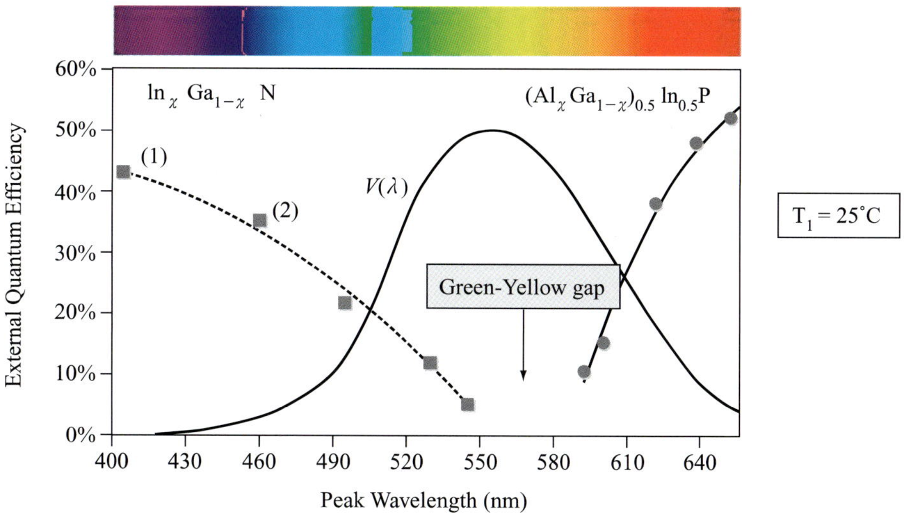

(1) Mitsubishi Cable : III_Vs Review, Vol. 16. No4. P.34(May. 2003)
(2) Nichia Chemical Co. : Yamada et. al., Jpn. J. Appl. Phys. Vol. 41(2002) pp.L1431-L1433.
Remainder data Lumileds Lighting (InGaN superflux 20mA. AllnGaP Luxeon 1W @ 350mA)

그림 1.44▶LED의 외부양자효율(40쪽 참조)

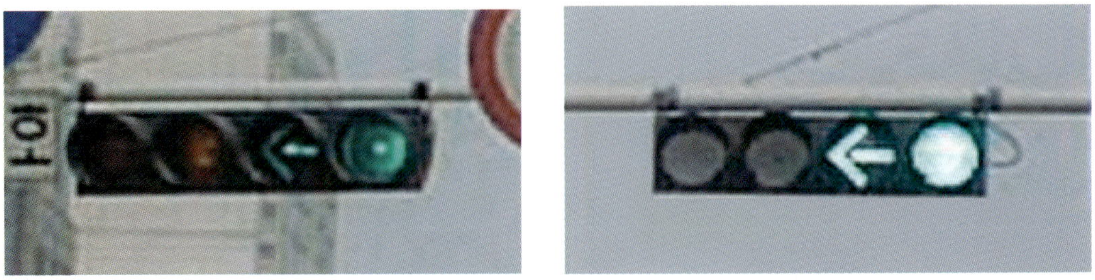

그림 1.62▶전구식 신호등과 LED 신호등(63쪽 참조)

그림 1.64▶대형 LED 전광판(66쪽 참조)

(a) 40″ LED BLU (b) 40″ CCFL BLU

그림 1.66▶(a) LED를 이용한 LCD와 (b) CCFL을 이용한 LCD TV(67쪽 참조)

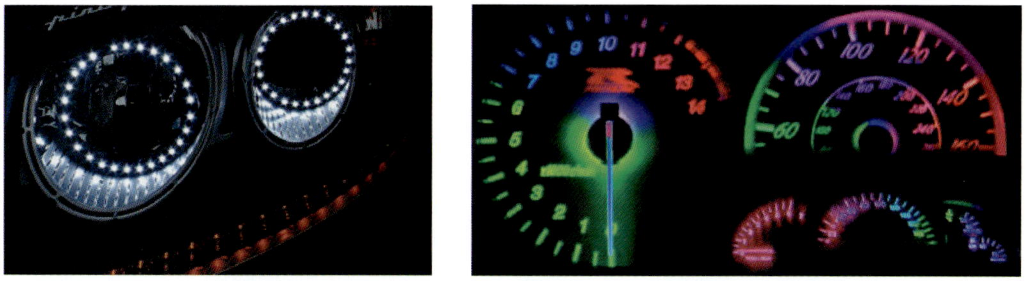

그림 1.69▶ 자동차용 LED 계기판 및 전조등(69쪽 참조)

그림 1.71▶ 일본에서 개발 중인 LED 집어등 설치 어선(71쪽 참조)

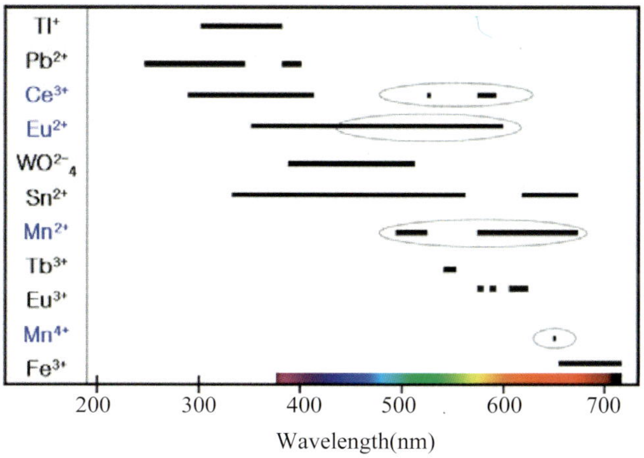

그림 2.21▶ 활성 물질에 따른 형광체의 발광 파장(110쪽 참조)

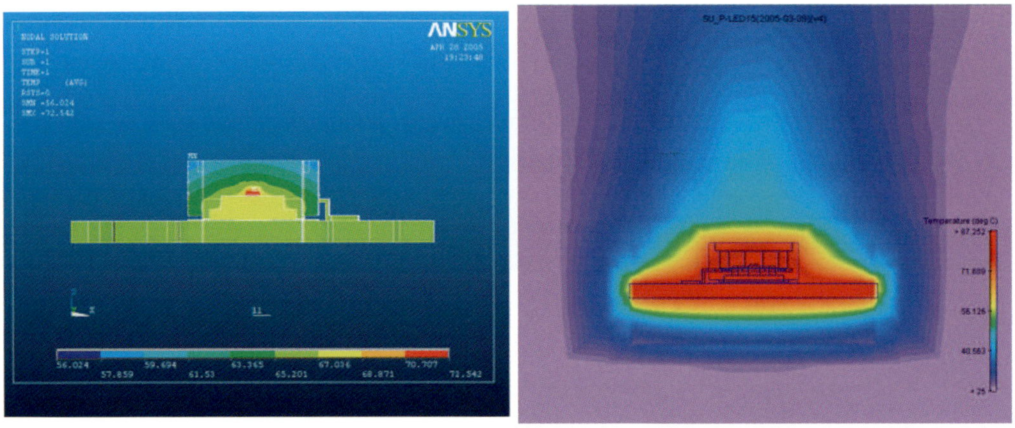

(a) (b)

그림 4.25▶(a) FEA 프로그램을 통한 LED 패키지의 온도분포도,
(b) FVM 프로그램을 통한 LED 패키지의 온도분포도, 주변 환경의 온도구배(203쪽 참조)

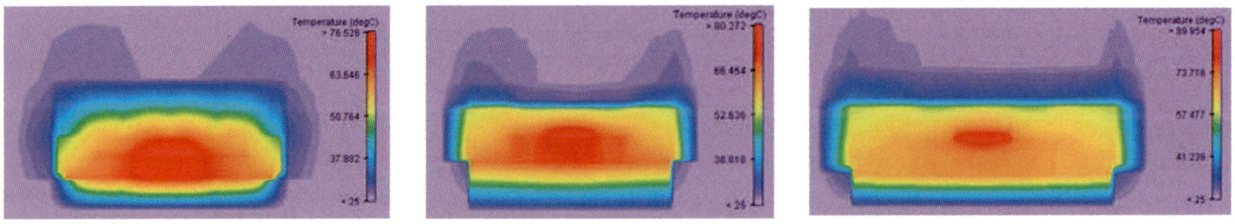

(a) Type Ⅰ (b) Type Ⅱ (c) Type Ⅲ

그림 4.36▶시뮬레이션의 온도구배(212쪽 참조)

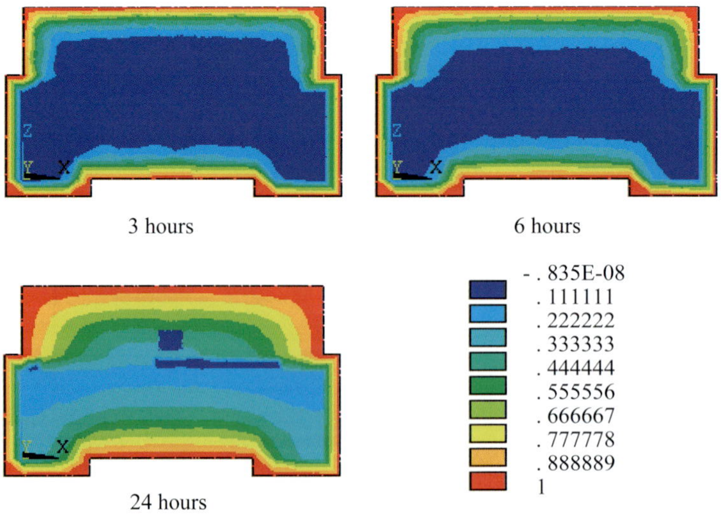

그림 4.62▶LED 패키지의 wetness fraction 분포도(240쪽 참조)

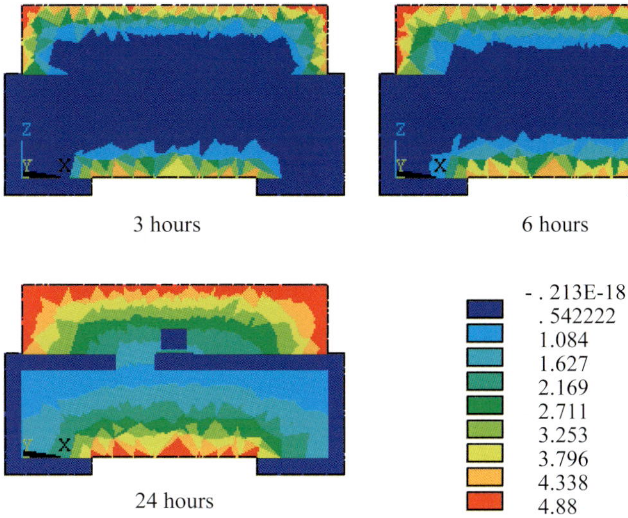

그림 4.63▶ LED 패키지의 습기농도분포도(240쪽 참조)

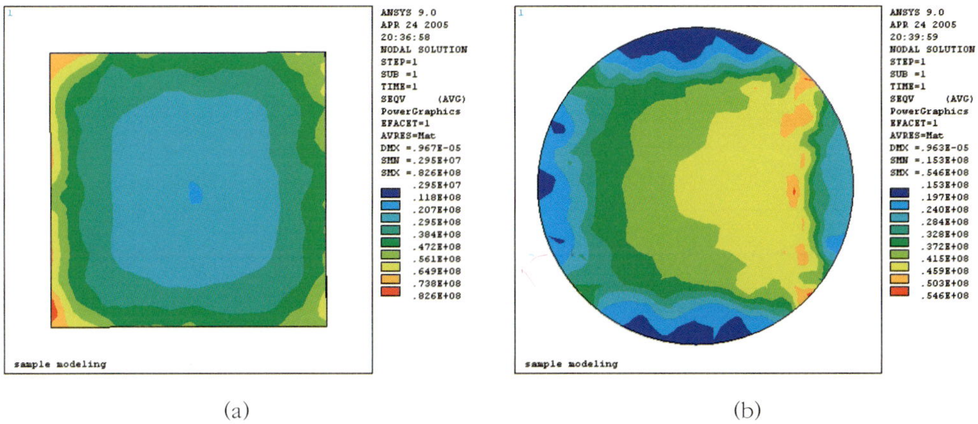

그림 4.64▶ (a) 칩과 (b) die attach의 hygroscopic stress(241쪽 참조)

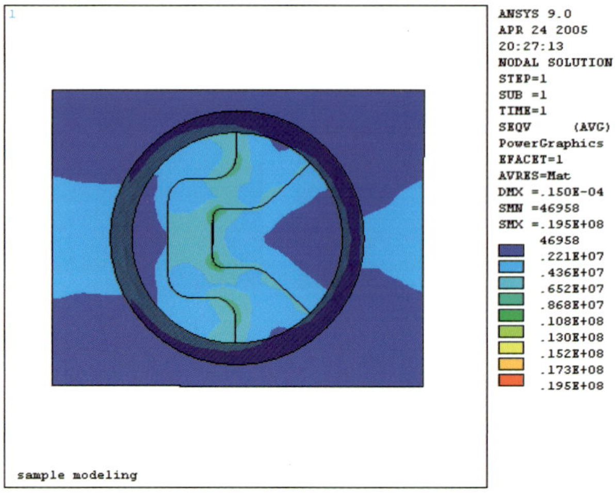

그림 4.65▶몰딩 재료에서의 hygro-mechanical stress 분포도(241쪽 참조)

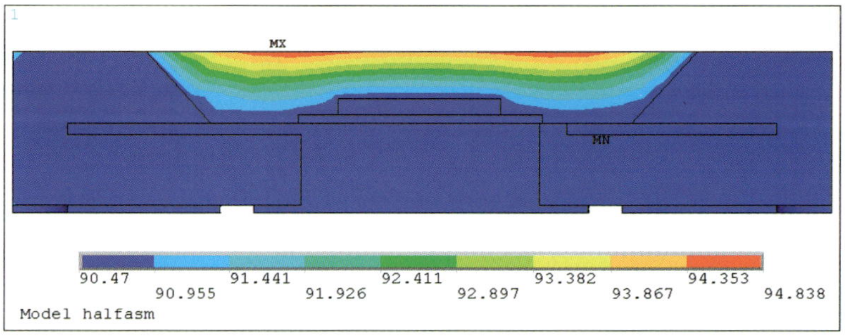

(a) 세라믹 패키지

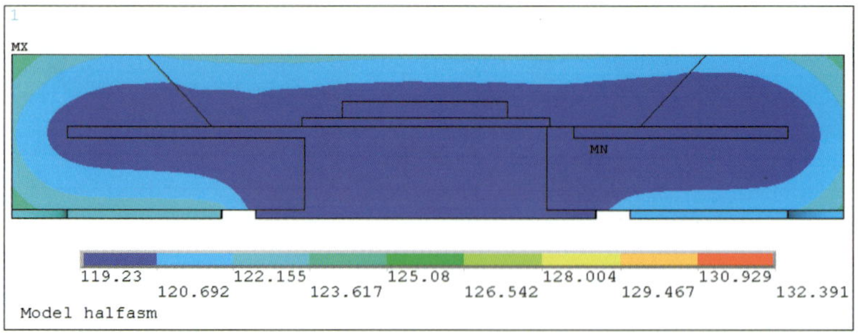

(b) 플라스틱 패키지

그림 4.67▶FEA를 통한 heat block test를 할 때 LED 패키지의 온도구배(244쪽 참조)

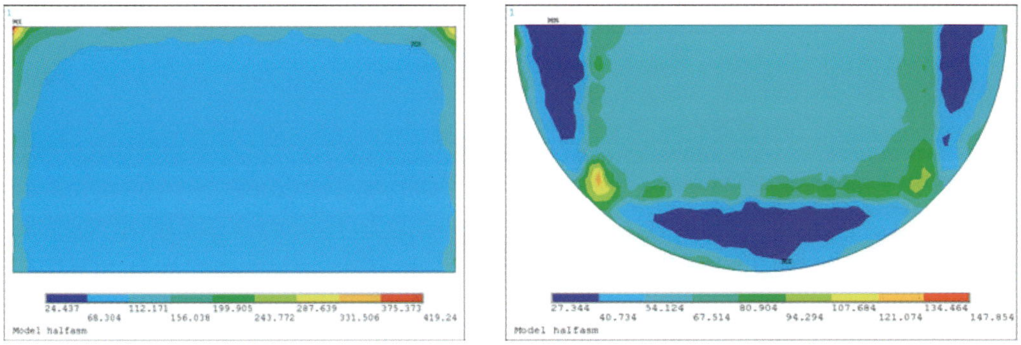

(a) 칩의 응력 분포　　　　(b) 칩 접착 물질의 열응력 분포

그림 4.68▶ 세라믹 LED 패키지의 열응력 분포(245쪽 참조)

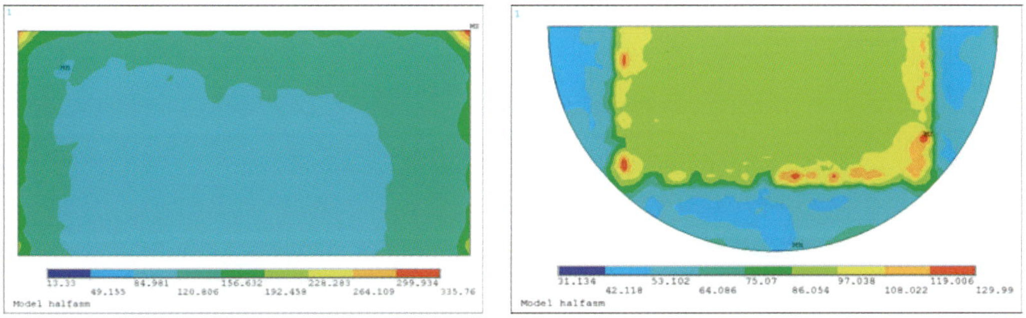

(a) 칩의 응력 분포　　　　(b) 칩 접착 물질의 열응력 분포

그림 4.69▶ 플라스틱 몰드 LED 패키지의 열응력 분포(245쪽 참조)

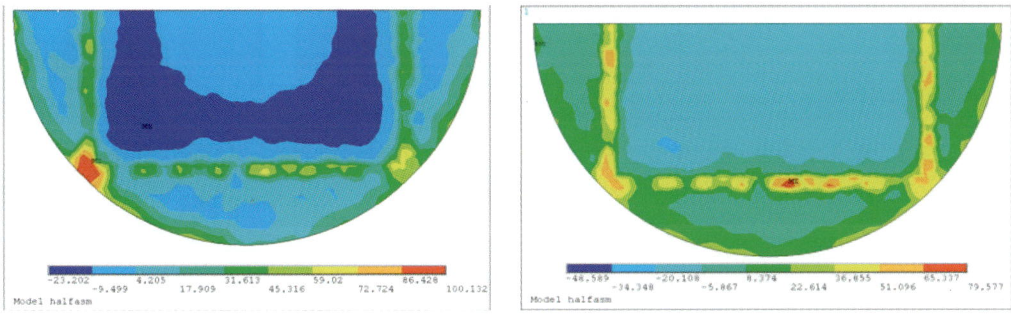

(a) 세라믹 몰드 LED 패키지　　　　(b) 플라스틱 몰드 LED 패키지

그림 4.70▶ 두께 방향에서의 칩 접착 물질의 열응력(246쪽 참조)

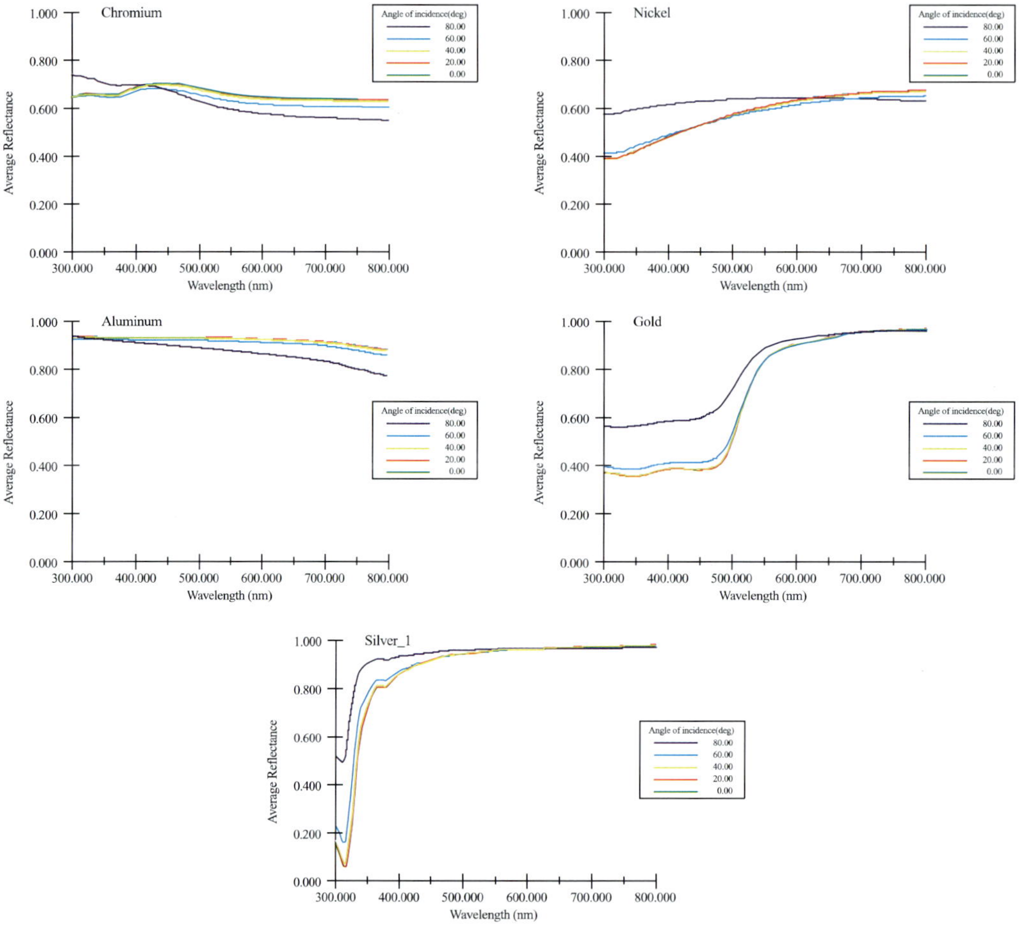

그림 5.9▶ 각 금속막 코팅의 입사각도에 따른 파장별 반사율(LT 제공 금속막)(257쪽 참조)

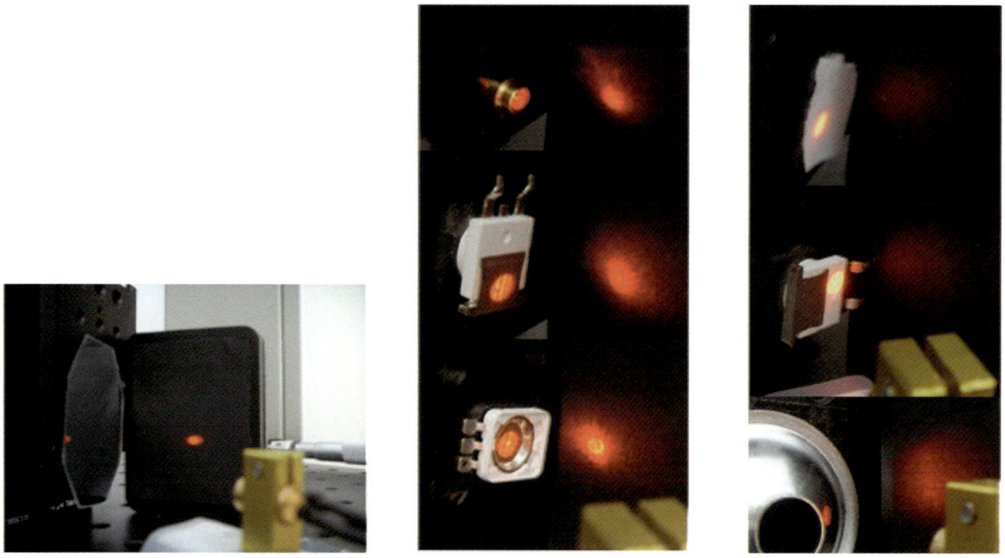

(a) Specular Type (b) Gaussian Type (c) Lambertian Type

그림 5.12▶ LED 패키지 material에 대한 simple scattering experiment(260쪽 참조)

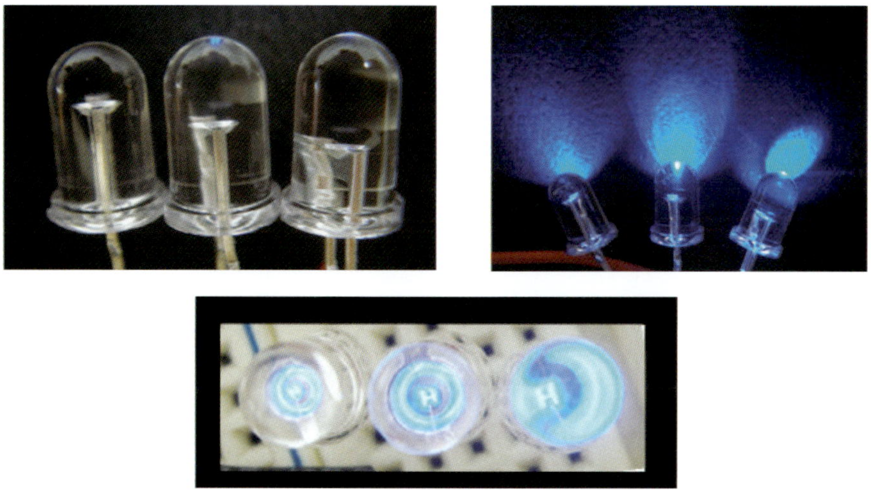

그림 5.15▶ 리드프레임의 삽입량에 따른 LED 광 특성(263쪽 참조)

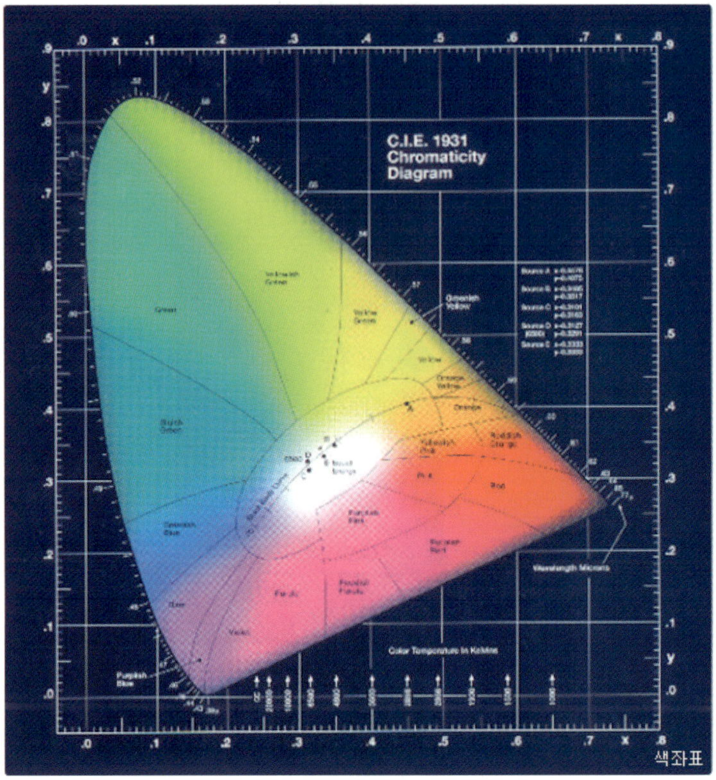

그림 5.22 ▶ CIE 1931 Chromaticity Diagram(268쪽 참조)

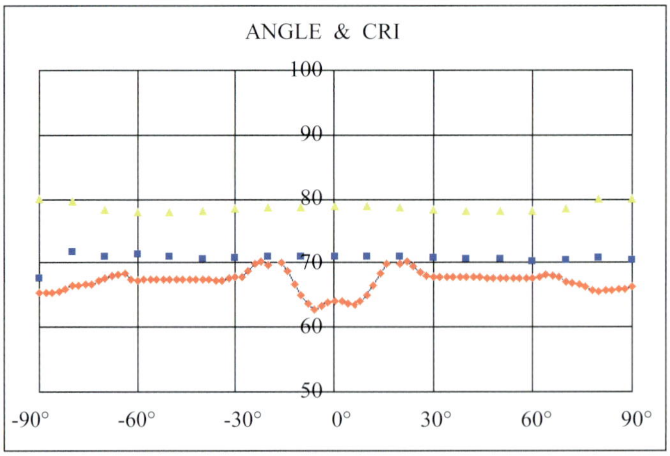

그림 5.23 ▶ 세 종류 백색 LED의 각도별 CRI 측정치(269쪽 참조)

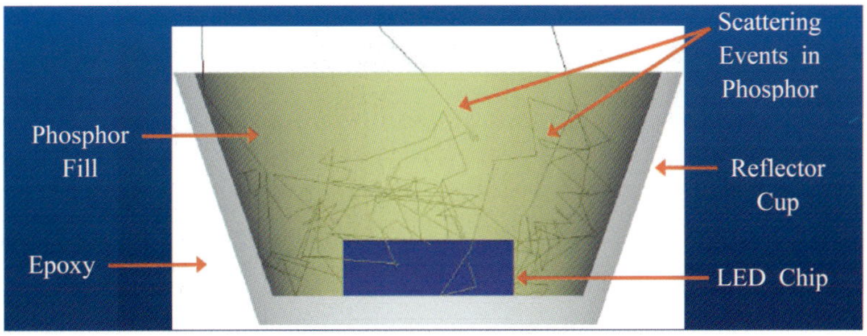

그림 5.24▶Optical Mean Free Path를 이용한 형광체 시뮬레이션 방법(270쪽 참조)

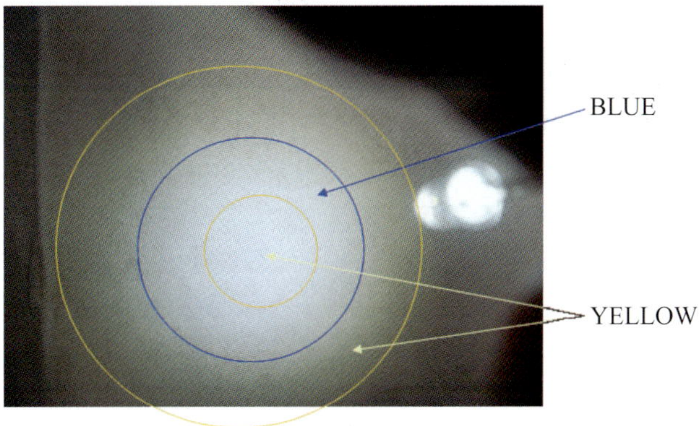

그림 5.25▶5파이 포탄형 LED의 색분리 현상(270쪽 참조)

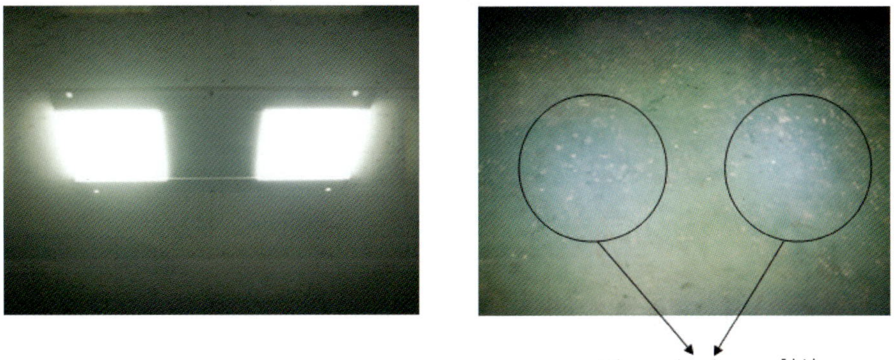

그림 5.26▶5파이 포탄형 LED가 장착된 조명 제품의 Color Defect(271쪽 참조)

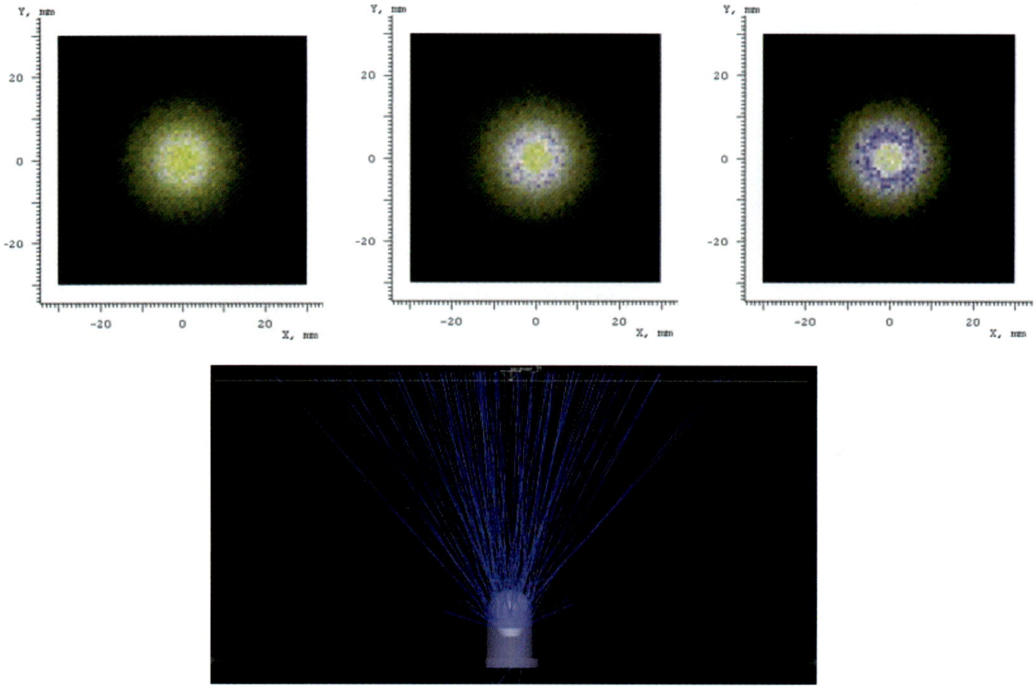

그림 5.30▶형광체 농도에 따른 시뮬레이션 결과(274쪽 참조)

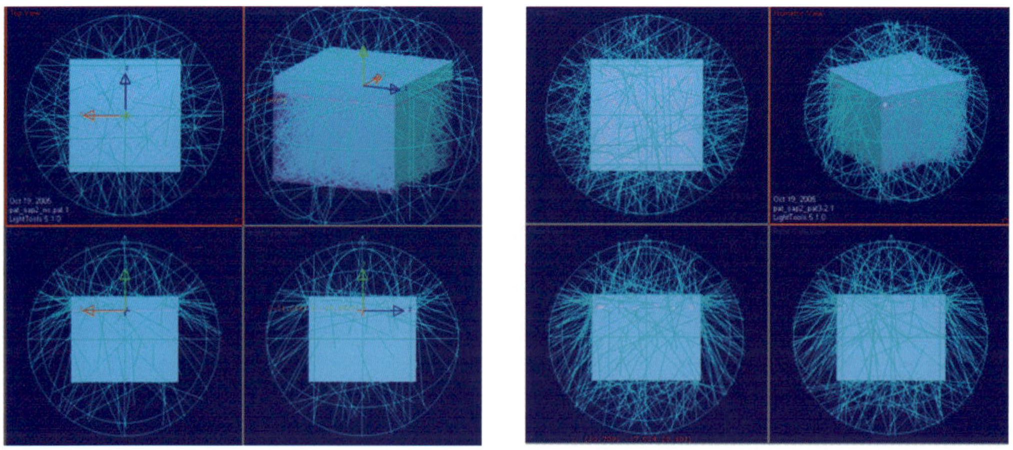

(a) no pattern sapphire (b) patterned sapphire

그림 5.33▶수평칩 LED와 PSS 적용 칩의 발광 모습(276쪽 참조)

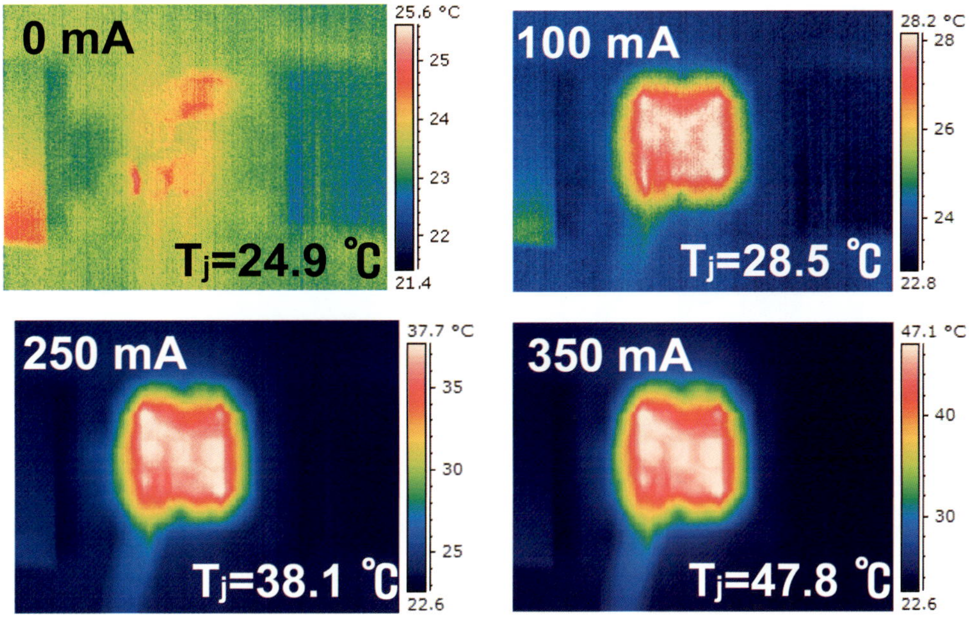

그림 6.6▶LED 구동에 따른 칩 온도의 변화(290쪽 참조)

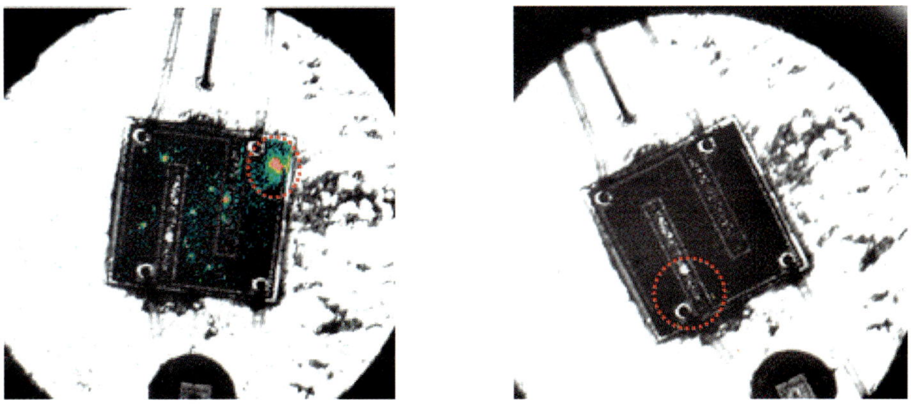

(a) (b)

그림 6.15▶순방향 및 역방향 바이어스에 의한 칩 단위의 발광 패턴 분석(298쪽 참조)

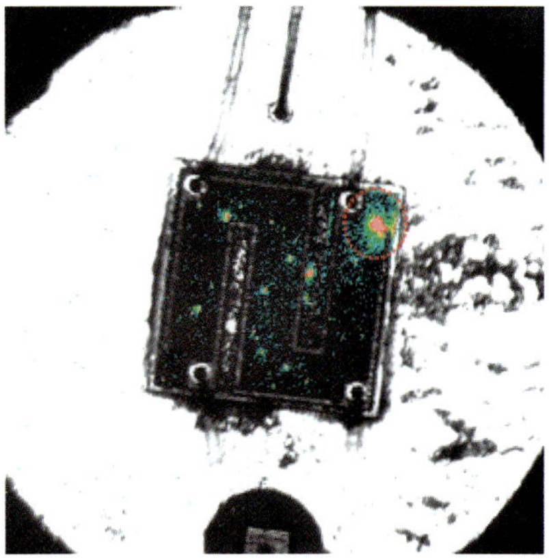

(a) PHEMOS @ 5 μA

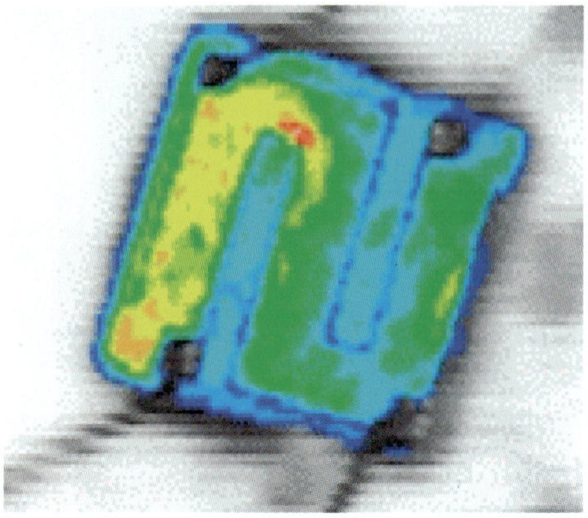

(b) THEMOS @ 3 V

그림 6.16▶순방향 시험 결과(298쪽 참조)

머리말

빛의 혁명으로 불리는 전색 발광 LED의 시대가 도래하면서 이의 응용범위가 날로 새로운 영역으로 넓혀지고 있다. 더욱이 전 세계적으로 에너지의 고갈 문제와 환경 문제가 중요하고도 심각한 이슈로 자리 잡고 있는 상황 속에서 LED의 수요는 더욱 증대될 전망이다. 그러나 LED의 더욱 광범위한 응용과 확장을 위해서는 몇 가지의 기술적 난제들이 반드시 해결되어야 하며 그 중요한 기술적 요소 중의 하나가 바로 패키지에 연관된 문제들이라 할 수 있다. 그런데 이러한 LED 패키지 기술의 중요성에 비하여 이에 대한 관련 전공 서적은 국내에서 거의 찾아보기 힘든 현실인 듯하다. 이것은 그동안 비교적 짧은 시간 내에 외국의 관련 선도 기술을 쫓아가느라 애를 쓰면서도 이를 체계적으로 정리할 시간적 여유가 없었던 국내의 숨 가쁜 연구 상황의 현실을 반영한다고 저자는 생각한다.

본 서는 이러한 시대적 요청과 흐름에 의하여 집필되었다. 제1장에서는 LED 전반에 대한 이론적 기본을 정리하였고, 제2장에서는 LED 패키지에 적용되는 재료에 대하여 가급적 새로운 정보를 반영하여 집필하였다. 제3장은 LED 패키지의 각종 공정기술에 대한 사항들을 현장감 있게 설명하였으며, 제4장에서는 LED의 신뢰성을 결정하는 가장 중요한 요소라 할 수 있는 발열 문제를 기계적 특성과 함께 비교적 심도 있게 다루었다. 일반적인 전자소자 패키지와 차별화된 광학소자 패키지로서의 특징과 설계를 제5장에서 다루었고, 마지막으로 제6장에서는 신뢰성에 대한 내용으로서 그 측정과 고장 분석 등의 실제적인 내용을 위주로 정리하였다. 본 서는 대학교 재료 공학・전자 공학・물리학 전공의 3, 4학년 학생들이나 LED 패키지나 시스템 관련 산업체에 종사하시는 분들 모두에게 실제적인 도움을 줄 것으로 생각된다.

이 책이 나오기까지 연구비를 지원하고 격려해 주신 전남대학교 광기술인력교육센터의 여러분들, 특히 센터장이신 문종하 교수님과 이준기 교수님께 깊은 감사의 뜻을 표하고 싶다. 또한 본인의 실험실에서 졸업을 앞둔 바쁜 와중에도 이 책의 교정과 정리를 위해 애써 준 김란 박사와 사랑하는 중국제자 호건정 박사, 그리고 현재 박사과정의 장선호 군, 양연교 양,

최종화 군, 석사 과정의 한승호 군에게도 깊은 감사의 뜻을 전한다. 또한 본인의 실험실을 거쳐 간 황웅준 박사(서울반도체), 이태희 군(에피벨리), 여화준 군(하이닉스) 들의 땀 어린 실험결과 내용들이 일부 본 서에 녹아 있으리라 생각된다. 끝으로 바쁜 여건 속에서도 공저자의 어려움을 감내하며 기꺼이 집필에 참여해 주신 광기술원의 김재필 박사에게 깊은 사의를 표하는 바이다.

우리나라의 LED 패키지 기술이 빨리 진보를 이루어 이 책의 내용이 머지않아 진부한 내용이 되었으면 하는 조그마한 소망으로 이 책을 펴낸다.

2008년 8월

대표저자 **신 무 환**

차 례

01 LED 개론

02 LED 패키지용 물질

03 LED 패키징 공정

04 조명용 LED 패키지의 열 및 기계적 특성과 설계

05 LED 패키지의 광 특성 및 설계

06 LED 신뢰성

01 LED 개론

1.1 빛의 본질 및 해석

1.1.1 서 론

흔히 주변에서 보는 CD(Compact disc) 표면이나 비눗방울에서 다양한 색상을 지닌 무지개 색을 보게 되지만 그것이 어떤 원리로 발생되는지? 저녁노을은 왜 그토록 붉은지? 하늘과 바다는 왜 파란지? 이처럼 우리가 세상에 태어나 가장 먼저 경탄하게 되는 것이 세상은 참 아름다운 색과 빛들로 가득 채워졌다는 사실일지도 모르겠다. 이렇듯 우리 생활과 함께 하는 이루 말할 수 없을 정도로 많은 것들이 빛과 관련이 되어 있다.

여러 문헌들을 살펴보면 빛에 대한 기록이 많이 나와 있다. 특히 성경 구절을 인용한 내용이 많은데, 성서의 창세기 1 : 3에 "하나님이 가라사대 빛이 있으라 하시매 빛이 있었고……" 그때 그 빛을 태초의 빛이라 하며 그때를 빛의 탄생으로 보는 문헌들이 많이 있다. 이 빛은 수억 년 동안 존재하면서 만물을 존재하게 하며 온갖 동식물을 먹여 살리는 생명의 근본이기도 하였다. 많은 학자들의 연구 끝에 우리 생활과 친숙한 빛을 광선, 전자기파, 때로는 광자로 취급해 일상에서 관찰되는 현상들을 설명할 수 있다. 근래까지만 해도 빛에 대한 연구가 과학의 주류를 이루고 있었다. 많은 비밀이 벗겨져 실생활의 여러 분야에서 빛을 이용하고 있는 오늘날에도 많은 과학자들과 학자들은 빛에 대한 연구를 하고 있다. 최근의 연구 결과로 빛을 정지시켰다거나 진공 중에서의 빛의 속도보다 더 빠르게 전파하는 신호를 관측했다는 연구 결과가 보고된 바 있다. 정지한 빛이 가능하다는 것은 유명 시리즈 영화인 '스타워즈'에 등장하는 광선검이 가능하다는 의미로, 얼마 전까지만 해도 도저히 생각할 수 없었던 부분이다. 그만큼 빛은 신비로운 존재이며, 앞으로도 많은 연구가 필요한 분야이다. 이러한 빛은 다양한 측면에서 설명이 되고 있는데 현재까지 알려진 빛의 정체에 대해 간략하게 살펴보도록 하겠다.

우선 광선으로 설명되는 빛에 대해 살펴보겠다. 광선으로의 빛은 빛이 직진하여 간다는 생각에서 출발하여 빛을 하나의 직선(즉, 광선)으로 표현하는 것이다. 누구나 한번쯤은 문틈을 통하여 거의 직진하여 들어오는 빛이나, 무대 조명을 위하여 비추는 레이저 빛이 직진하여 가는 것을 많이 보았을 것이다. 빛이 광선으로 취급되는 경우는 빛의 파장이 상호 작용하는 물체의 크기보다 매우 작은 경우이다. 따라서 허공에서 빛이 전파하는 것은 엄밀한 의미에서 광선이나 파동, 어느 쪽으로 생각하여도 아무 문제가 되지 않는다. 빛을 광선으로 취급하는 대표적인 예가 빛이 렌즈에 입사되는 경우이다. 렌즈의 크기는 보통 수 cm인 데 반하여 가시광의 파장은 1 마이크로미터보다 작다. 따라서 렌즈에 가시광이 들어가면 빛을 광선으로 취급하게 된다. 이와 같이 빛을 광선으로 취급하여 다루는 경우를 '기하 광학'이라고 한다. 빛이 전파하다가 다른 매질을 만나면 단지 방향만 바뀌도록 직선을 이용하여 빛이 어디로 가는지 추적할 수 있다.

다음으로는 전자기파로 취급되는 빛이다. 빛의 파장이 상호 작용하는 물질의 크기보다 크거나 유사한 경우에 빛은 파동의 특성을 나타낸다. 빛을 포함한 전자기파, 음파, 수면파 등 모든 파동의 파장이 상호 작용하는 물체의 크기와 유사할 때, 나타내는 공통적인 특성이 회절(diffraction)이다. 파장이 때로는 산보다 큰 라디오파 회절에 의해 산을 잘 넘어가게 된다. 물론 가시광선은 당연히 산에 의해 차단되어 그림자가 만들어질 것이다. 파장이 상호 작용하는 물체의 크기에 비하여 매우 큰 전자기파들의 경우에는 빛을 파동으로 다루어야 하는 이유가 여기에 있다. 간섭과 회절 현상을 이해하기 위해서는 빛을 전자기파, 즉 파동으로 취급해야 가능하다. 따라서 빛을 파동으로 다루는 영역을 우리는 파동 광학이라고 한다.

마지막으로 광자로 취급되는 빛이다. 광자로 취급되는 빛은 에너지, 운동량, 각운동량을 가진 작은 알갱이와 같은 역할을 한다. 현대 물리 또는 양자 역학을 이해하기 위해서는 빛의 양자적 성질을 잘 이해해야 한다. 이처럼 빛을 광자로 취급하는 영역을 '양자광학'이라고 하며 실로 많은 새로운 양자 광학 관련 기술들이 개발되고 있다.

1.1.2 빛의 본질-삼원색

빛의 본질을 광선, 파동, 광자로 나누어 설명하기에 앞서 우리가 주로 보고 느끼는 가시광선 영역에서 일어나는 현상에 대해 설명하기로 하겠다. 물체의 색은 광원에서 나온 빛이 물체에 부딪힌 후에 산란되어 우리 눈에 들어오고, 들어온 전자기파의 파장에 따른 시각 세포의 흥분 및 뇌의 인식에 의해 결정된다. 빛의 색은 빛과 밀접한 관계가 있는 LED를 이해하기 위한 첫걸음이 될 것이다.

색의 결정은 눈에 들어오는 전자기파가 어느 시세포를 흥분시키느냐에 따라 결정된다. 그림 1.1과 같이 망막에는 빛이 들어오면 반응하게 되는 시세포들이 분포해 있는데, 시세포는 전자기파의 파장에 따라 반응을 달리하는 원추세포와 전자기파의 세기, 즉 밝기에 따라 반응 정도가 다른 간상세포들로 이루어져 있다. 따라서 색의 결정은 원추세포에 의해서 이루어지고 물체의 명암은 간상세포에 의해 이루어진다.

원추세포는 파장에 따라 반응을 달리하는 세 종류가 있는데 파장에 따른 반응 곡선은 그림 1.2와 같다.

세 종류의 원추세포는 각각 440 nm, 545 nm, 580 nm 근처에서 최대의 감도를 갖기 때문에 각각을 B, G, R 원추세포라고 한다. 왜 RGB를 빛의 삼원색이라고 하는지 짐작할 수 있을 것이다. 각 곡선을 보면 알 수 있는 것처럼 꽤 넓은 영역에 걸쳐 각 원추세포는 반응을 하고 있음을 알 수 있다. 예를 들어 G 원추세포는 420 nm에서 650 nm까지의 빛이 들어오면 반응한다. 물론 545 nm 파장의 빛에 대해서 감도가 가장 뛰어나다. RGB의 원추세포들의 반응을 모두 종합해 보면 원추세포들이 반응하는 영역이 400 nm

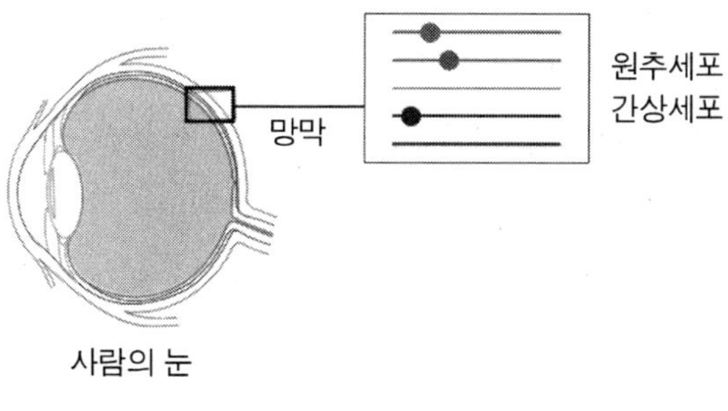

그림 1.1 사람의 망막과 시세포 분포

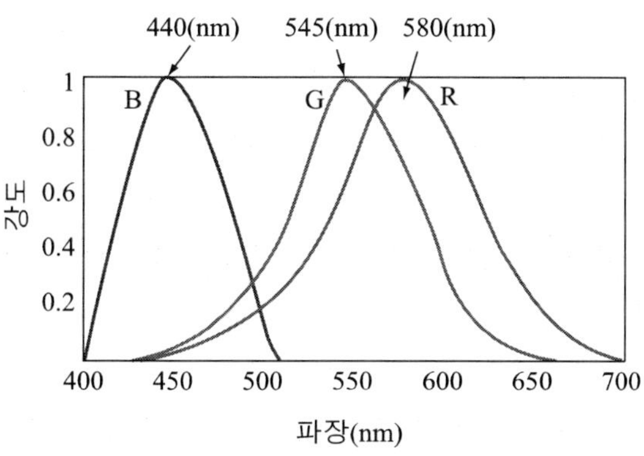

그림 1.2 파장에 따른 반응 곡선

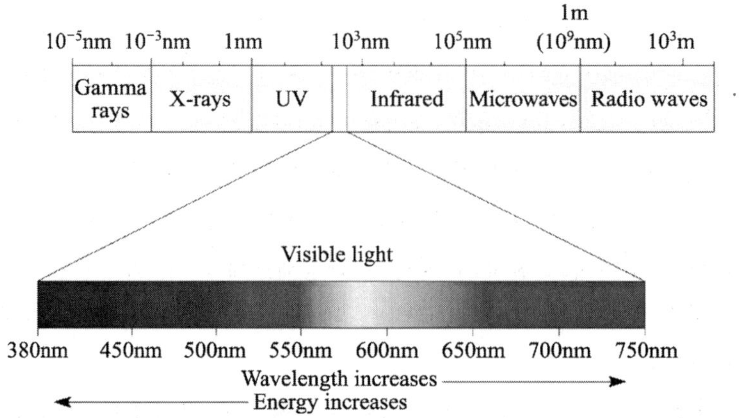

그림 1.3 파장에 따른 색 구현 스펙트럼

에서 700 nm까지임을 알 수 있고, 따라서 이 영역을 가시광선 영역이라고 한다. 그렇다면 사람은 RGB, 즉 세 가지 색만 인식해야 되는 것일까? 우리가 주변에서 보고 있는 색을 통해서 그 정답이 No라는 것을 알 수 있다. 색의 결정은 이제 세 가지 원추세포가 얼마나 흥분했느냐에 따라 전기 신호의 크기가 달라지고 뇌에서는 이들 전기 신호들을 종합하여 색을 판정한다. 비록 세 종류의 원추세포만으로 신호를 측정하지만 뇌에서는 보다 다양하게 색을 결정하게 된다.

그 결과 그림 1.3과 같이 단색의 전자기파가 눈에 들어왔을 때 파장에 따라 다른 색을 인식하게 되는 것이다. 우리가 흔히 말하는 빨주노초파남보, 즉 무지개색이다. 이러한 원리를 기반으로 하여 빛들의 다양한 조합을 통해 다양한 색들을 구현할 수 있는 것이다.

1.1.3 빛의 본질 – 광선

여러분들 중 상당히 많은 사람이 안경을 쓰고 있을지도 모르겠다. 안경이라는 도구는 우리가 선명하게 글씨를 읽도록 도와주는 매우 중요한 광학기기 중 하나이다. 그럼 어떻게 해서 안경이 그와 같은 역할을 할까? 안경을 포함해서 디지털 카메라, 빔 프로젝터, 복사기, 스캐너, 현미경, 망원경 등 이루 헤아릴 수 없을 만큼 많은 광학기기들이 우리 주변에서 사용되고 있다. 앞에서 언급한 바와 같이 전자기파의 파장이 상호 작용하는 물체의 크기보다 매우 작을 때, 우리는 전자기파를 취급할 수 있다. 이와 같이 빛을 광선으로 취급하는 영역을 기하 광학이라고 한다. 이 장에서는 빛의 기본적은 특징인 반사와 굴절에 대하여 알아보도록 하겠다.

1.1.3.1 반사

모든 물체가 빛을 반사시키지 않고 완전히 흡수한다면 물체를 볼 수 있을까? 누구나 한번쯤 이런 생각을 해 보았을 것이다. 우리가 물체를 볼 수 있는 것은 물체에서 반사(또는 산란)된 빛이 우리 눈으로 들어오기 때문이다. 우리 일상생활에서 빛의 반사를 의도적으로 이용한 가장 대표적인 광학기기로 거울을 꼽을 수 있다. 그럼 지금부터 빛이 반사될 때의 일반적인 반사 법칙에 대해 알아보도록 하겠다. 빛이 그림 1.4와 같이 거울 표면에서 반사된다고 할 때, 어떤 경로로 반사가 일어날까? 이 의문에 대한 해답은 빛의 진행에 대한 페르마(Fermat)의 최소 시간의 원리나 호이겐스의 원리, 또는 맥스웰 방정식으로부터 유도되는 매질의 경계 조건 등을 이용해 여러 가지 방법으로 구할 수 있다. 이 절에서는 '빛은 가장 시간이 적게 드는 경로로 진행한다.'라는 페르마의 최소 시간의 원리를 이용해서 반사광의 진행 경로를 알아보고자 한다.

그림 1.5는 거울 표면 c에서 반사된 광이 입사각과 다른 반사각을 갖고 a를 통과하는 경우 입사각 θ_i와 같은 반사각을 갖고 b를 통과하는 경우를 나타낸 것이다. 먼저 거울 아래쪽으로 거울 면에서 a까지의 거리와 같은 거리만큼 떨어진 곳에 가상적인 점 a′를 설정하고, b에 대해서도 마찬가지 방법으로 b′를 설정한다. 즉 c 점에서 반사되는 a를 통과하는 광은 sca′의 경로로 진행하는 것과 똑같은 거리를 이동하게 되고, b를 통과하는 광은 scb′의 경로로 진행하는 것과 똑같은 거리를 이동하게 된다. 그림으로부터 a′를 통과하는 데 가장 시간이 적게 드는 경로는 c를 통과하면서 꺾여 진행하는 것이 아니라, c′를 통과하면서 직선으로 진행하는 경로임을 알 수 있다. 즉 a를 통과하는 데 가장 시간이 적게 드는 경로는 c에서 반사되는 것이 아니라 c′에서 반사되는 것이다. 또한 c

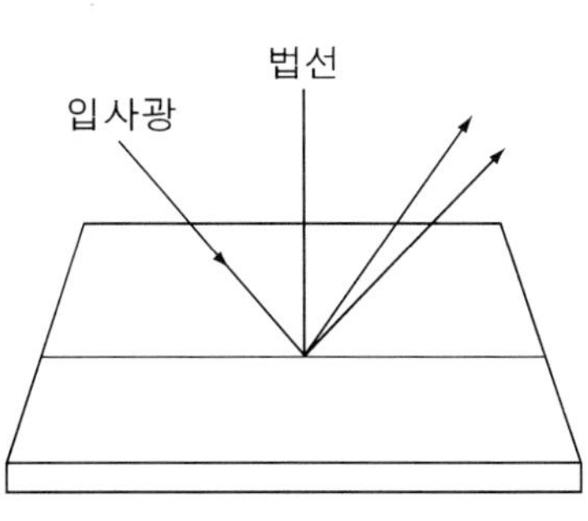

그림 1.4 거울 표면에 입사된 광의 진행 방향

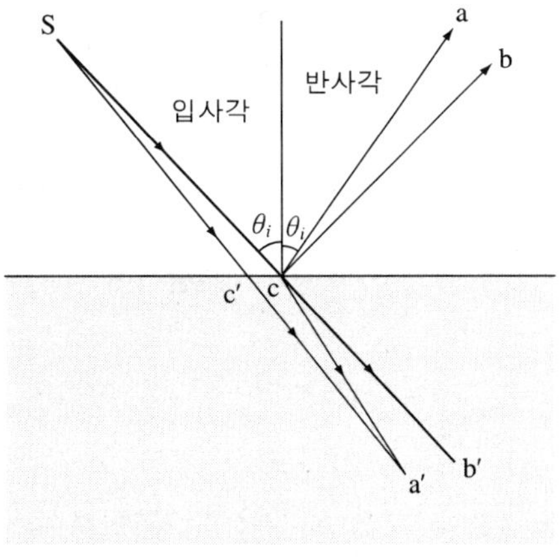

그림 1.5 입사각과 반사각의 상관관계

를 통과해서는 b′를 지나는 것이 가장 시간이 작게 드는 경로임을 알 수 있다. 즉 거울에서 반사되는 광은 입사각과 같은 각도로 반사된다는 것을 알 수 있다.

이제 반사광이 어떤 면상에 존재하는가 하는 점을 알아보도록 하겠다. 거울 표면에서 반사되는 광이 입사각과 같은 각도로 반사된다는 것은 알게 되었지만 이 조건을 만족시킬 수 있는 면은 무수히 많이 존재한다. 그림 1.6에서 b는 입사광과 법선으로 이루어진 평면상에 존재하는 지점이고, a는 다른 평면상에 존재하는 지점이다. 물론 반사각은 두 경우 모두 입사각과 같다. 그림 1.5에서와 마찬가지로 거울로부터 같은 거리 떨어진 곳에 가상적인 a′, b′ 점을 설정하게 되면, 일직선 경로인 scb′가 가장 시간이 적게 드는 경로임을 알 수 있다. 즉 c에서 반사된 광은 입사광과 법선으로 이루어진 평면상에 존재함을 알 수 있다.

이상에서 우리는 '반사광은 입사광과 같은 각도로 반사되고, 입사광과 법선이 만드는 평면상에 존재한다.'라고 하는 일반적인 빛의 반사 법칙에 대해 알아보았다. 따라서 반사 법칙은 다음과 같이 요약할 수 있다.

- 입사각과 반사각은 같다.
- 반사광은 입사광선과 법선으로 이루어진 평면상에 있게 된다.

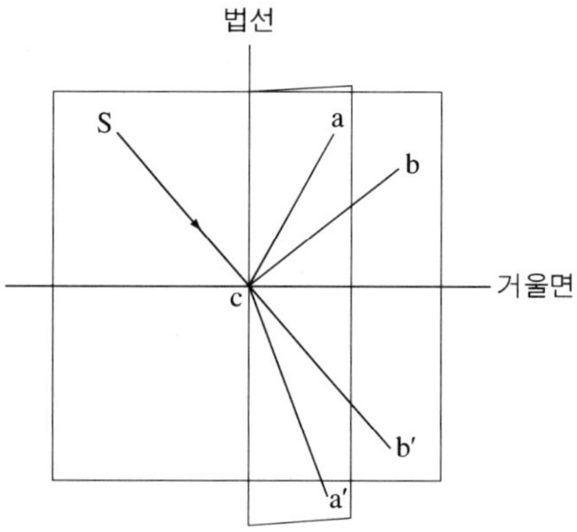

그림 1.6 입사각과 법선의 상관관계

1.1.3.2 굴절

우리는 물에 넣은 젓가락이 꺾여 보이거나 물속의 물고기가 실제의 위치보다 떠올라 보이는 현상을 쉽게 경험한다. 이러한 현상들은 빛이 한 매질에서 다른 매질로 진행할 때 매질의 경계면에서 진행 방향을 바꾸는 빛의 굴절에 의해 나타나는 현상이다. 이 두 가지 예 외에도 실제로 빛의 굴절로 인해 우리 주변에는 수많은 현상이 나타나고 있고, 우리는 또 실생활에 빛의 굴절을 응용하고 있다. 빛의 굴절은 매질에 따라 빛의 진행 속도가 다르기 때문에 일어난다. 물질 내에서의 빛의 속력(v)과 진공 중에서의 빛의 속력(c)의 비를 그 물질의 굴절률($n = c/v$)로 정의한다. 지금부터 빛이 굴절될 때의 일반적인 방법, 즉 굴절 법칙에 대해 알아보도록 하겠다. 빛이 그림 1.7과 같이 매질 1의 A 지점에서 매질 2의 B 지점으로 진행할 때, 어떤 경로를 취하겠는가? 페르마의 최소 시간의 원리에 의하면 빛은 가장 시간이 적게 드는 경로를 택하여 진행한다. 따라서 매질 1과 매질 2가 같은 매질이라면 최단 거리, 즉 직선 경로를 택하여 진행할 때 가장 적은 시간이 걸릴 것이다. 하지만 매질이 달라질 경우 매질 내에서 빛의 진행 속도가 달라지므로 최단 거리가 최소 시간을 의미하지는 않는다. 예를 들어 매질 1에서의 빛의 진행 속도가 매질 2보다 빠르다면 진행 속도가 빠른 매질 1에서 좀 더 진행한 후 매질 2를 진행하는 것이, 즉 경계면에서 굴절되어 진행하는 것이 시간을 단축할 것이라는 것을 예상할 수 있다.

매질의 경계에서 빛의 진행 경로를 나타내는 것을 굴절 법칙 또는 스넬(Snell)의 법칙이라고 하다. 다음 식은 굴절 법칙을 나타낸 식이다.

$$n_1 \sin\theta_1 = n_2 \sin\theta_2 \tag{1.1}$$

이러한 굴절에 의한 자연 현상도 앞에서 말한 것과 같이 다양하게 존재한다. 대표적인 것만 소개하기로 하겠다. 사막이나 뜨거운 여름날 도로 위에 물이 고여 있거나 나무가 서 있는 것처럼 보이는 신기루를 볼 때가 있다. 이러한 신기루 현상도 빛의 굴절로 인해 나타나는 현상 중의 하나이다. 그리고 뜨거운 난로 위의 공기나 따뜻해지는 봄날 불안정한 대기를 통하여 물체를 볼 때 물체가 전후좌우로 조금씩 흔들려 보이는 경우가 있다. 이러한 현상을 우리는 아지랑이라고 부른다.

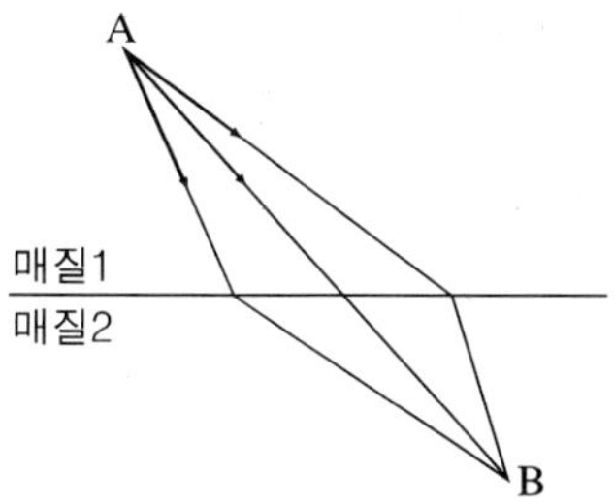

그림 1.7 매질에 따른 빛의 굴절

1.1.4 빛의 본질-파동

전자기파가 전파하다가 특성이 다른 매질을 만나면 반사, 굴절이 발생하는 것은 앞 장에서 기하 광학적 입장에서 살펴보았다. 이 절에서는 파동 광학적 입장에서 이들에 대하여 알아보기로 하자. 산란은 이들을 이해하기 위한 가장 중요한 기본 개념이 된다.

매질의 크기가 빛의 파장보다 현저하게 작으면 매질(보통은 원자나 분자) 전체에 같은 크기의 전기장이 가해진 것으로 생각할 수 있다. 이러한 경우에 매질은 하나의 쌍극자로 근사시켜 볼 수 있다(Rayleigh 산란, 쌍극자 산란 영역이라 함). 한편, 매질의 크기가 파장보다 크면 매질의 위치마다 전기장이 다른 값을 가지기 때문에 복잡한 상호 작용이 일어난다.

일반적으로 사방으로 빛을 퍼뜨리는 것을 산란이라고 한다. 산란이 일어나는 가장 근본적인 이유는 전자기파가 원자나 분자에 입사하게 되면 시간에 따라 변하는 전기장이 원자나 분자 내의 전자를 진동시키고 진동하는 전자는 쌍극자가 되어 사방으로 빛을 재방출하기 때문이다. 이때 빛과 물질과의 상호 작용에 의한 산란은 빛의 진동수와 물질의 고유 진동수에 따라 크게 비공명 산란과 공명산란으로 나눌 수 있다. 비공명 산란은 빛의 진동수와 물질의 고유 진동수 차이가 비교적 클 때 일어난다. 이것은 앞 절에서 언급한 바와 같이 빛을 외부 구동력으로 물질은 이 구동력에 의해 진동하는 전기 쌍극자 모델로 설명이 가능하다. 즉 쌍극자 진동에 의한 도넛 모양의 방사 출력을 가진 전자기파 방사를 비공명 산란이라 말할 수 있다. 공명산란은 빛의 진동수와 물질의 고유 진동수가 같아서 빛을 흡수해서 전자의 진폭이 엄청나게 커지는 경우이다. 이를 양자 역학적으로는 낮은 에너지 상태에서 높은 에너지 상태로 양자 뜀을 하는 것으로 설명한다. 공명인 경우에 입사되는 빛 에너지를 매우 효과적으로 사방으로 퍼트리거나 열에너지로 전환되기 때문에 원래 진행 방향으로 전파되는 에너지는 현저하게 떨어진다.

지금까지 빛에 대해 일반적인 내용을 설명해 왔다. 앞으로 이 책에서 주로 다룰 LED의 경우 앞에서 설명한 빛의 성질을 이해해야지만 쉽게 접근할 수 있다. LED는 전기를 빛으로 바꿔 주는 전자소자이기 때문에 빛과 매우 밀접하다. 그렇게 때문에 빛에 대한 기본적인 이해는 곧 LED의 특성 파악하는 데 있어 매우 중요한 밑거름이 될 것이다. 그러면 빛에 대한 내용은 이쯤에서 마치고 LED에 대해 자세히 알아보도록 하겠다.

1.2 p-n 접합

LED는 차세대 대체 조명으로 널리 주목을 받고 있다. LED는 일반적으로 p-n 접합으로 이루어진 대표적인 다이오드 중 하나이다. LED의 발광 특성을 간단히 알아보면 다음과 같다. 반도체에서의 자발적인 빛 발생은 여분의 전자와 정공의 발광성 재결합에 의해 이루어진다. 여분의 전자와 정공은 에너지 손실이 적은 전류 주입에 의해 이루어진다. 본 장에서는 이러한 LED의 기본 구조를 형성하고 있는 p-n 접합에 대해 알아보도록 하겠다.

1.2.1 n형 반도체, p형 반도체

'p-n 접합'은 말에서도 알 수 있듯이 p형 반도체와 n형 반도체를 접합하였다는 의미이다. 그렇다면 우선 p-n 접합을 구성하는 두 요소인 n형 반도체와 p형 반도체에 대해 알아보도록 하겠다.

n형 반도체의 경우, 4족 원소의 결합으로 이루어진 반도체에 5족 원소를 하나 집어넣으면 하나의 전자는 결합하지 못하고 자유롭게 이동한다. 이 원자를 도너라고 하며 도너가 있는 반도체를 n형 반도체라고 한다. 그림 1.8은 n형 반도체의 원자 결합을 나타낸 그림이다. p형 반도체의 경우 n형과는 반대로 3족의 원소를 하나 집어넣으면 하나의 정공(hole)이 생기고 이 정공은 하나의 자유전자를 받아들일 수 있다. 이를 p형 반도체라고 한다.

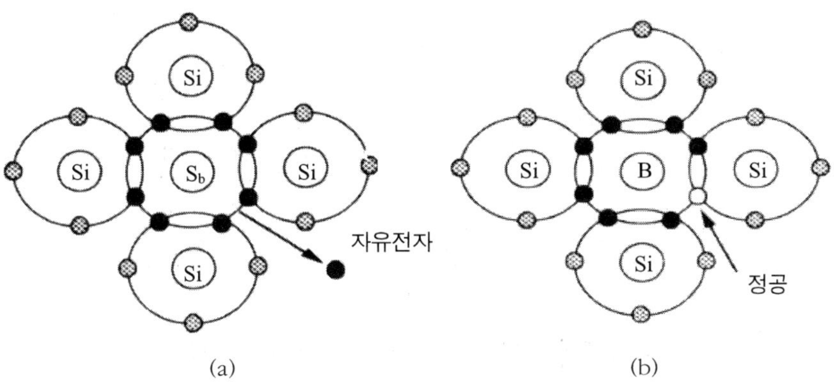

그림 1.8 (a) n형 반도체 구조도, (b) p형 반도체 구조도

이처럼 서로 상반(n형, p형)된 두 반도체를 접합시킨 것을 우리는 p-n 접합이라고 하며, 이러한 구조로 이루어진 반도체를 p-n 접합 다이오드라고 부른다. 그렇다면 지금부터는 이러한 p-n 접합 다이오드의 작동 원리와 작동 특성에 대해 알아보도록 하겠다.

1.2.2 열평형 시의 p-n 접합

외부에서 전압을 가하지 않는 경우 p-n 접합의 캐리어 상태를 생각해 보면 그림 1.9와 같이 모형적으로 처음부터 p형 영역, n형 영역이 구별되지만, 접합이 되면 캐리어는 곳에 따라 밀도의 차가 있으므로 확산 현상에 의해 밀도가 큰 곳에서 작은 쪽으로 캐리어 이동이 생긴다.

그러므로 경계 부근의 정공은 p형에서 n형 측으로, 전자는 n형에서 p형 측으로 이동하게 된다. 그러면 정공을 잃고 전자를 받은 p형 영역과 n형 영역은 경계 부근에서 국부적인 전위차가 생긴다. 이 전위차가 만드는 전계는 그림 1.10에서 화살표와 같은 방향이므로 계속하여 확산하려는 캐리어를 방해한다.

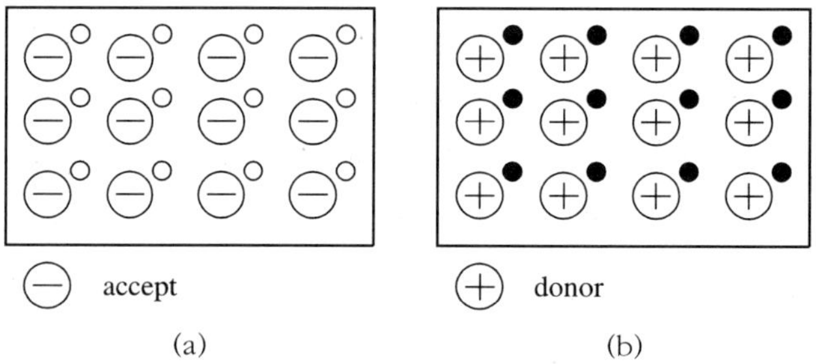

그림 1.9 (a) p형 반도체와 (b) n형 반도체

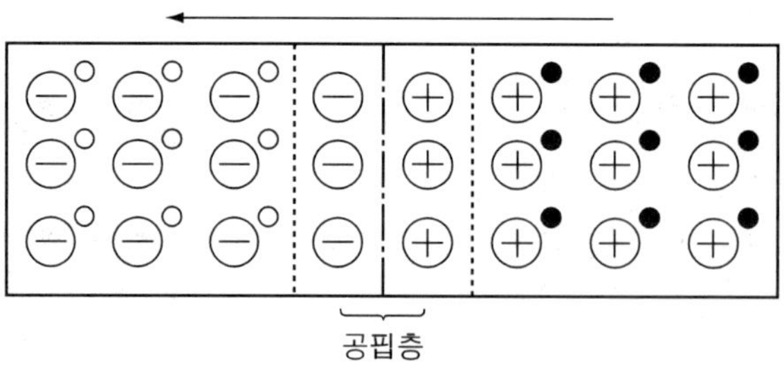

그림 1.10 p형 반도체와 n형 반도체의 결합

이 전위차를 전위장벽(potential barrier)이라 한다. 결국 밀도 차에 의한 캐리어의 확산과 이를 방해하는 경계 부근의 전계가 평형이 될 때 캐리어의 이동은 정지하고 그림 1.11과 같은 V_o[V]인 전위차가 생겨 열적 평형 상태에 도달한다. 이 경우 전위장벽의 발생에 의해 캐리어의 이동은 경계 부근에서 끝나지만, 이동된 캐리어의 대부분이 서로 재결합하여 경계 부근에서 자유 캐리어는 없어지고 격자를 형성하여 움직이지 않는 이온화된 도너와 억셉터가 남는다. 이것이 그림 1.10과 같다. 이 영역에서는 절연체와 같이 극히 고저항이 된다. 이 영역을 캐리어가 없는 공핍층(depletion layer) 또는 이온화 불순물의 전하만이 존재한다는 공간전하층(space charge layer)이라 한다.

결국 p-n 접합은 고전위의 n형 영역과 저전위인 p형 영역이 열적으로 평형을 이룬다. 에너지대에서 생각해 보자. p-n 접합이 되기 전에는 그림 1.12와 같이 되지만 이것이 접합되면 경계 부근의 캐리어가 이동하여 그림 1.13의 전위차만큼 에너지의 차가 생겨 페르미준위는 일치하여 평형된다.

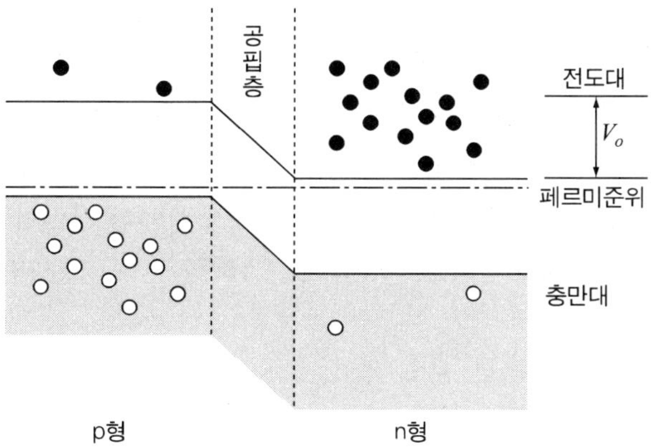

그림 1.11 p-n 접합 시 에너지 밴드

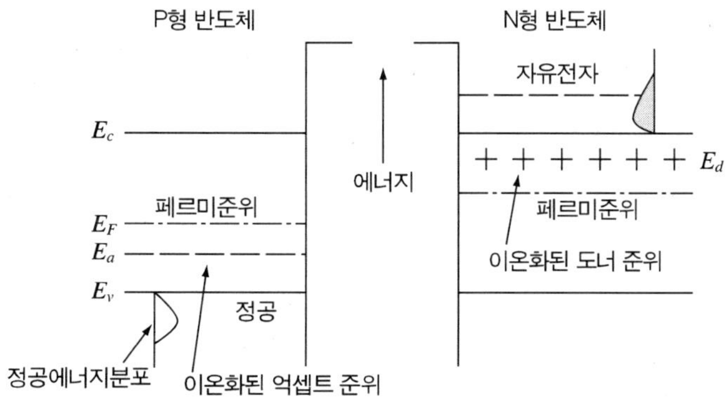

그림 1.12 결합 전 p-n 접합 에너지 밴드

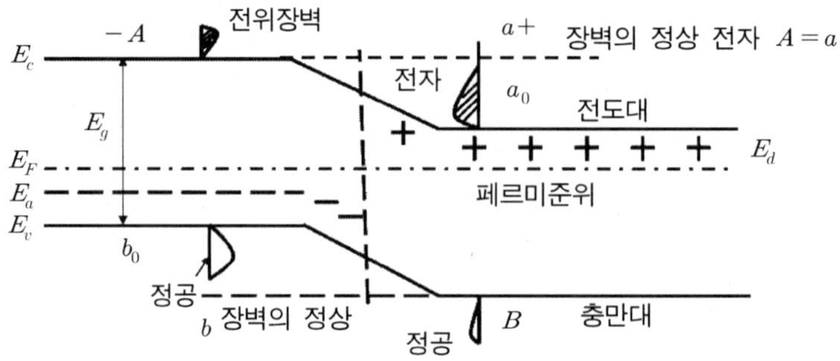

그림 1.13 결합 후 p-n 접합

이때 전자와 정공의 흐름은 각각 좌우에서 흘러 서로 상쇄되고, 전도대의 하단 E_c의 바로 위의 p형에는 전자가 약간 있고 n형에는 전자가 많이 있다. 충만대의 상단 E_v 하에는 정공이 p형에는 많고 n형에는 적다.

n형에서 본 장벽은 전도대 중의 전자가 p형으로 이동할 때의 장벽이고 p형에서 본 장벽은 충만대 중의 정공이 n형 측으로 이동할 때의 장벽이다. 양자의 페르미준위가 일치하려면 전도대의 전자와 충만대의 정공이 각각 평형되어야 한다. 페르미준위가 일치하면 장벽의 상단에 있는 다수캐리어분포에 의한 전류와 소수캐리어분포에 의한 전류가 평형된다. 따라서 전류는 흐르지 않는다. 그림 1.13 중의 A, B는 전자, 정공의 소수캐리어분포이다.

n형 반도체에서는 전도대 중의 전자 수 n_n은 비어 있는 도너 불순물 준위 N_d와 가전자대 중의 비어 있는 준위 수 p_n의 합이다.

$$n_n = N_d + p_n \tag{1.2}$$

p형 반도체에서는

$$p_p = N_a + n_p \tag{1.3}$$

인 관계가 있다.

1.2.3 p-n 접합의 정류성

1.2.3.1 캐리어의 주입

그림 1.14와 같은 p-n 접합에서 p형 측에 양의 전압 V를 가하면 p형 영역에서 본 전위장벽은 $V_o - V$로 내려가고 정공이 n형 영역으로 흘러 들어간다. 그렇게 되면 n형 영역의 정공농도는 전압을 가하지 않는 $V=0$ 때의 p보다 농도가 높아진다. 즉 순방향으로 전압을 가하면 n형 영역의 정공농도가 증가한다. 이 정공은 n형 영역에서 소수캐리어이고, 이것이 순방향 전압에 의한 소수캐리어의 n형으로의 주입이라고 한다. 또, 전도전자에 대해서도 이와 같이 순방향 전압에 의해 n형 영역의 전도대에 있는 전자가 p형 영역으로 주입된다. p형 영역에서 전자는 소수캐리어이다. 접합의 양측에 있는 불순물 농도가 같지 않을 때의 주입에 대해 생각해 보자. 그림 1.14는 농도가 대단히 높은 p형과 비교적 농도가 낮은 n형과의 p-n 접합의 준위도이다. 이 p형 영역 중의 정공 분포는 n형 영역 중의 전자 분포보다 훨씬 크다. 이 p형 영역에 양의 전압 V, 즉 순방향 전압을 가하면 그림 1.15와 같이 정공 p_p의 일부, 즉 장벽 위에 있는 p′는 n형 영역에 주입되고, 전자 n_n의 일부, 즉 장벽보다 위에 있는 n′는 p형 영역에 주입된다. 이 그림에서 명확한 바와 같이 가해준 순방향 전압에 대한 순방향 전류의 대부분은 접합 부근에 있는 정공에 의해 흐른다.

이는 p형 영역에 있는 정공인 다수캐리어분포가 n형 영역에 있는 전자인 다수캐리어 분포보다 훨씬 크기 때문이다. 이와 같은 접합에서 효과적인 캐리어의 주입은 정공이고, 전자는 효과가 별로 없는 주입이다. 접합부에서 벗어난 p형 내의 정공농도 p_p는 접합부의 중심을 향해 감소하고, n형의 접합부에서의 정공농도는 다음과 같다.

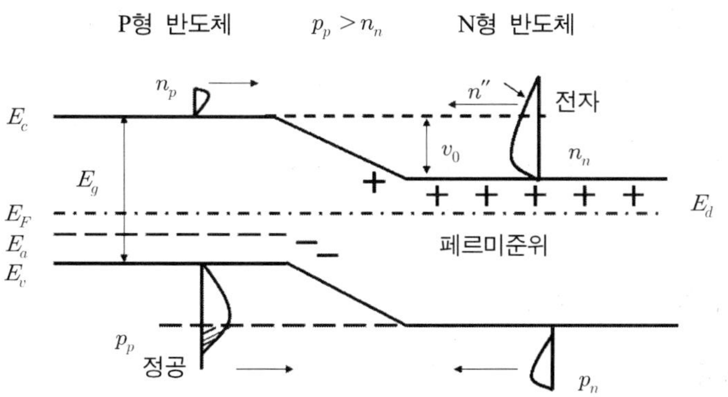

그림 1.14 p-n 접합의 에너지 준위도

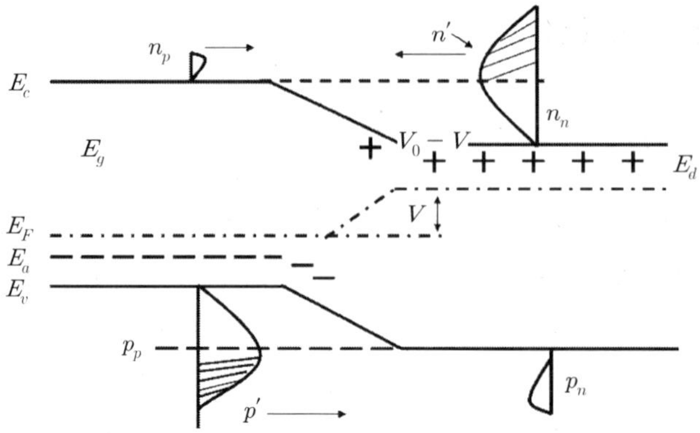

그림 1.15 전압 인가 시 p-n 접합의 에너지 준위도(장벽 생성)

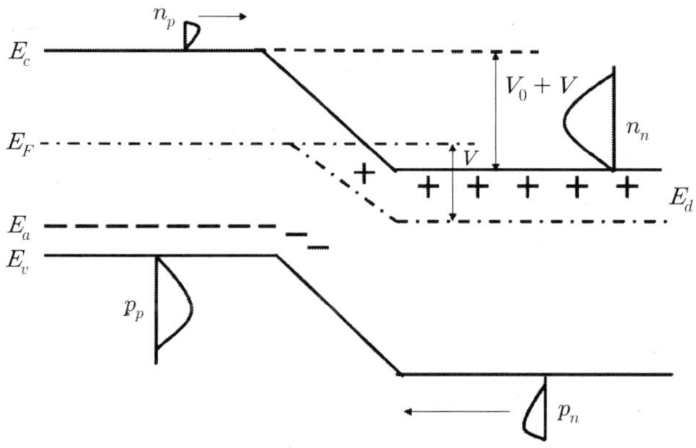

그림 1.16 역전압 인가 시 p-n 접합의 에너지 준위도

$$p_p = \exp\{-e(V_0 - V)/kt\} \tag{1.4}$$

또 그림 1.16과 같이 역방향 전압 V를 가하면 장벽은 $V_0 + V$가 되고, 역전류의 대부분은 n형에서 p형으로 장벽의 아래쪽을 통하는 정공에 의해 흐른다. 장벽의 위를 통하는 전자에 의한 전류는 극히 적다. 이 경우 n 측의 접합점의 정공농도는 다음과 같다.

$$p_p = \exp\{-e(V_0 + V)/kt\} \tag{1.5}$$

전자농도에 대해서도 이와 같이 나타낼 수 있다.

1.2.3.2 p-n 접합의 정류 특성

1) 순방향 전류

그림 1.14에서, n_n가 n형 영역 중의 전자농도이고, 장벽 V_0의 상단보다 위에 있는

전자 수, 즉 n_n 중의 일부는

$$n'' = n_n e^{-eV_0/kT} \tag{1.6}$$

라고 가정하자. 혹 p형에 양의 순방향 전압 V가 가해져 장벽이 $V_0 - V$로 내려가면 장벽 위에 있는 전자 수 n'는 그림 1.15에서

$$n' = n_n \exp\{-e(V_0 - V)/kT\} \tag{1.7}$$

가 되어 n''보다 크다. 장벽의 위를 통해 n형에서 p형으로 확산에 의해 흘러 들어가는 전자는 전자전류밀도 J_n가 된다. 이 확산전류의 원인은 전자농도의 기울기 때문이다. 이 전자농도 기울기는 p형 중의 전자에 대한 확산거리 L_n로, 접합면에서 p형 중의 소수캐리어분포 중에 있는 과잉된 전자 수를 나눈 값이고 과잉된 전자 수는

$$n' - n_p = n_n \exp\{-e(V_0 - V)/kT\} - n_p \tag{1.8}$$

이며 n_p는 p형 영역 중의 전자농도이다. 그림 1.14에서 전압 V가 가해지지 않은 평형일 때는 n_n 중 장벽보다 위에 있는 전자 수 n_n는 n_p와 같아야 하므로

$$n_p = n_n \exp\{-eV_0/kT\} \tag{1.9}$$

가 된다. 이 두 식을 서로 대입하면

$$n' - n_p = n_p\left(\exp\frac{eV}{kT} - 1\right) \tag{1.10}$$

가 된다. 전자의 확산정수, 확산거리를 D_n, L_n이라고 하면 전자가 p형 영역으로 흘러 들어가는 확산전류밀도 J_n(J는 전류밀도)은 다음과 같이 나타낼 수 있다.

$$J_n = e\frac{D_n n_p}{L_n}\left(\exp\frac{eV}{kT} - 1\right) \tag{1.11}$$

같은 방법으로 정공에 대해서는 n형 영역으로 들어가는 확산전류 J_p는

$$J_p = e\frac{D_p n_n}{L_p}\left(\exp\frac{eV}{kT} - 1\right) \tag{1.12}$$

가 된다. 여기서 D_p, L_p는 정공의 확산정수, 확산거리이고, p_n은 n형 영역의 정공농도이다. p-n 접합을 흐르는 전류는 n형에서 p형으로 흘러 들어가는 전자전류와 p형에서 n형 영역으로 흘러 들어가는 정공전류의 합이고, 이것이 전 전류밀도 J이다. 즉,

$$J = J_n + J_p = e\left(\frac{D_n n_p}{L_n} + \frac{D_p p_n}{L_p}\right)\left(\exp\frac{eV}{kT} - 1\right) \tag{1.13}$$

가 된다. 이것을 나타낸 것이 그림 1.17이다.

접합부 가까이에서 보면 n형에서는 전자, p형에서는 정공이 다수캐리어로서 흐르고 주입된 캐리어와 함께 전류는 일정하게 흐른다.

2) 역방향 전류

역방향 전압 $-V$, 즉 p형에 역전압이 가해지면 장벽은 $V_0 + V$로 높아지고 전류밀도에 대한 식은 다음과 같다.

$$J_s = -e\left(\frac{D_n n_p}{L_n} + \frac{D_p p_n}{L_p}\right) \tag{1.14}$$

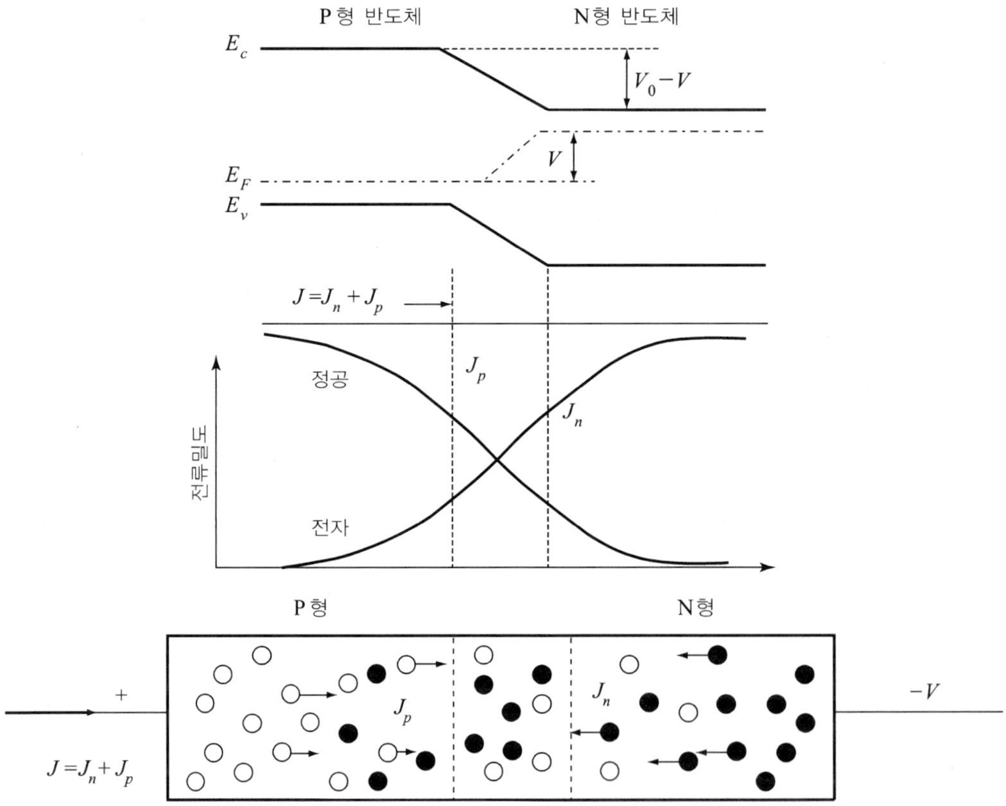

그림 1.17 p-n 접합 시 전류밀도

여기서 J_s는 접합의 역포화 전류밀도이다. 이 전류의 크기는

$$L_n = \sqrt{D_n \tau_n}\,,\quad L_p = \sqrt{D_p \tau_p} \tag{1.15}$$

로 나타내는 확산거리 L_n, L_p 또는 캐리어의 수명 시간인 τ_n, τ_p의 관계이며, 이를 대입하면

$$J_s = -e\left(n_p\sqrt{\frac{D_n}{\tau_n}} + p_n\sqrt{\frac{D_p}{\tau_p}}\right) \tag{1.16}$$

이 된다. 이는 p-n 접합 중의 역포화 전류밀도 J_s가 소수캐리어의 수명 시간에 좌우됨을 나타낸다.

1.2.4 전자사태와 제너항복

그림 1.18과 같이 역방향 전압을 증가시키면 어떤 전압 V_b에서 전류가 급격히 증가한다. 이 전압을 항복전압(V_b)이라 한다. 이때의 역전류와 역포화 전류 I_s 간에는 다음과 같은 식이 성립된다.

$$I = \frac{I_s}{\left(1 - \frac{V}{V_B}\right)^s} \tag{1.17}$$

여기서 V : 역방향 전압, V_b : 항복전압, I : 역방향 전류, I_s : 포화전류이다.

$p_n > n_p (p_p > n_n)$일 때는 정공이 대부분이고 $n_p > p_n (n_n > p_p)$일 때는 전자가 대부분을 점유한다. I_s는 J_s에 면적을 곱한 것이다.

이 현상이 생기는 원인은 장벽에 가해지는 강한 전계에 의해 전자 또는 정공이 평균자유행정 동안에 에너지를 얻어 원자와 충돌하여 가전자대의 공유결합전자를 전도대로 올려 전자-정공의 대를 만들고, 이것이 또 강전계에 의해 원자에 충돌하여 많은 전자-정공의 대를 만들기 때문이다. 이를 전자사태항복이라고 한다. 그림 1.19는 이를 설명하고 있다.

제너(Zener)항복은 높은 역전압이 가해졌을 때 p 측의 가전자대에 있는 전자가 금지대를 통과하여 터널 효과로 전도대로 이동하게 되어 전류-전압 특성이 그림 1.18과 같이 되는 것을 말한다. 이 현상은 p-n 접합의 불순물이 대단히 많아서 접합의 폭(장벽)

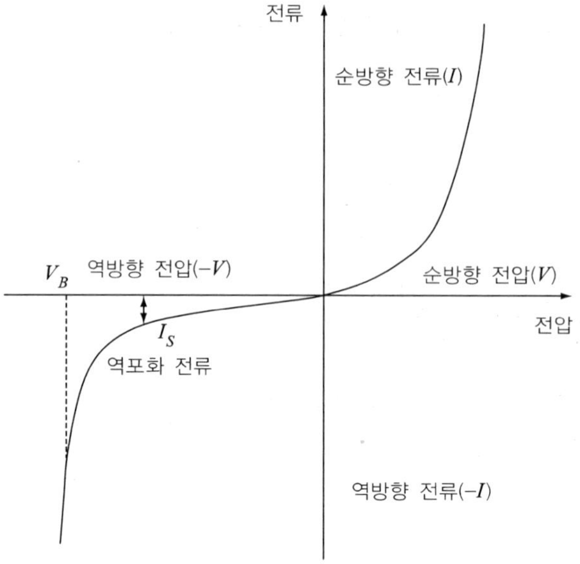

그림 1.18 다이오드의 전류 전압 곡선

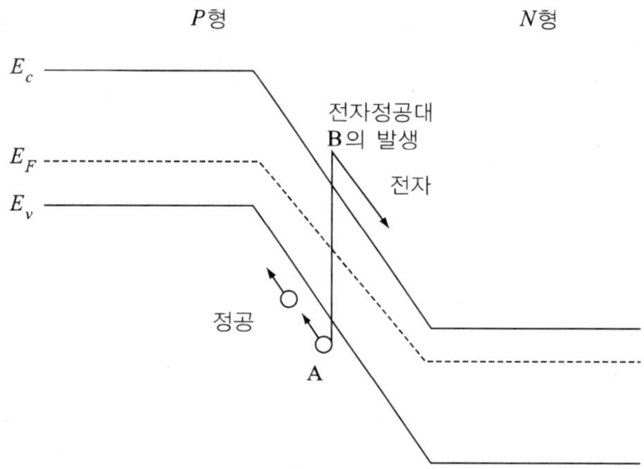

그림 1.19 p-n 접합 다이오드의 전자사태항복

이 얇다면 전계는 역전압에 의해 106 [V/cm] 정도로 높아진다. 이 전계에 의해 충돌 이온화되고 터널 효과에 의해 가전자대에서 전도대로 전자의 흐름이 증대한다. 전자가 에너지를 얻어 원자가 충돌하여 전자-정공대를 만드는 것은 그림 1.19의 A에서 B의 방향이지만 제너항복은 그림 1.20과 같다. 이를 터널 효과라 한다.

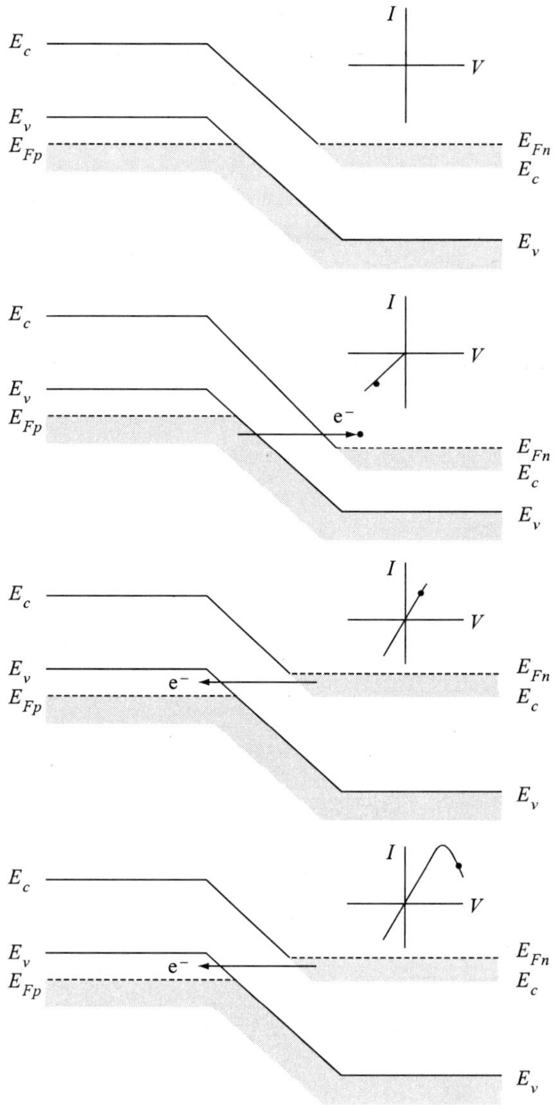

그림 1.20 p-n 접합에서의 제너항복

1.2.5 다이오드의 저항

다이오드에서는 정류 특성과 연관시켜 저항도 중요한 인자가 된다. p-n 접합의 n형 영역과 p형 영역의 저항을 분리시켜 생각할 때의 등가회로는 그림 1.21과 같다.

인가전압을 V, 접합을 흐르는 전류를 I, n과 p 영역의 저항을 각각 R_n, R_p라고 하

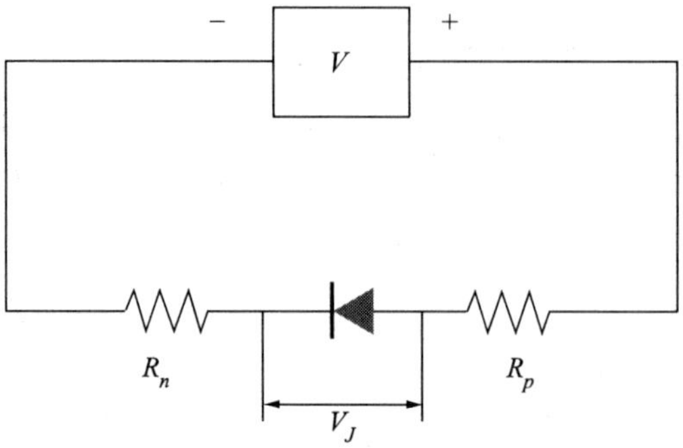

그림 1.21 p-n 접합의 저항 분리 등가회로 및 IV 특성

면, 접합 부분에 가해지는 전압 V_J는

$$V_J = V - I(R_n + R_p) \tag{1.18}$$

가 된다. 따라서

$$\frac{V}{I} = \frac{V_J}{I} + R_n + R_p \tag{1.19}$$

가 된다. $R_{dc} = \left(\frac{V}{I}\right)$는 전체의 직류저항, $r_{dc} = \left(\frac{V_J}{I}\right)$는 접합 부분의 직류저항이다.

p-n 접합의 $V-I$ 특성식

$$I = I_0\left(\exp\frac{eV}{kT} - 1\right) \tag{1.20}$$

인 식에서 V 대신 실제로 접합에 걸리는 전압 V_J를 사용하면 접합 부분의 직류저항 r_{dc}는

$$r_{dc} = \frac{V_J}{I} = \frac{V_J}{I_0\left(\exp\frac{V_j}{kT} - 1\right)} \tag{1.21}$$

가 되고 접합의 ac 저항에 대해서는

$$R_{ac} = r_{ac} + R_n + R_p \tag{1.22}$$

가 되고 r_{ac}는

$$r_{ac} = \frac{dV_J}{dI} = \frac{1}{I_0 \frac{e}{kT} \cdot \exp \frac{eV_j}{kT}} = \frac{kT}{e} \cdot \frac{1}{I_0 + I} \tag{1.23}$$

이 되며 I, I_0를 mA로 측정했을 때

$$r_{ac} = \frac{25}{I_0 - I} [\Omega] \tag{1.24}$$

이 된다.

1.2.6 다이오드의 커패시턴스

p-n 접합에서 가장 중요한 파라미터인 천이영역의 폭과 커패시턴스에 관해 살펴보자. 접합을 만드는 방법에 따라 천이영역에서의 공간전하밀도 $\rho(x)$의 분포는 각기 다르지만 여기서는 대표적인 합금형과 성장형에 대해 이야기해 보겠다. 포아손의 식에 의해

$$\frac{d^2 V}{dx^2} = -\frac{\rho(x)}{\epsilon} \tag{1.25}$$

로 표시된다. $\rho(x)$와 V와의 관계는 그림 1.22와 같다. 정전용량은 공간전하의 분포에 의존하므로 p-n 자체의 불순물 분포로 크게 좌우된다.

합금형 접합에서 급격한 불순물밀도의 변화가 있는 경우를 살펴보자. 이때 전자 및 정공의 밀도 $n(x)$, $\rho(x)$는 도너 및 억셉터밀도 N_d, N_a에 대하여 무시해도 좋다. 공간전하밀도와 전자에 대한 퍼텐셜은 그림 1.23과 같다.

전하밀도는 각각 $Q_n = eN_d$, $Q_p = eN_a$이다. 전기적 중성 조건에 의해

$$W_n Q_n + W_p Q_p = 0 \tag{1.26}$$

가 된다. 여기서 W_n은 n형 영역의 공간전하층의 폭, W_p는 p층의 폭이다. 포아손의 방정식은 n 측에서

$$\frac{d^2 V}{dx^2} = -\frac{Q_n}{\epsilon} = \frac{-eN_d}{\epsilon} \tag{1.27}$$

가 되고 경계조건 $x = -W_n$에서 $\frac{dV}{dx} = 0$, $V = 0$에서 위 식을 2회 적분하여 풀면

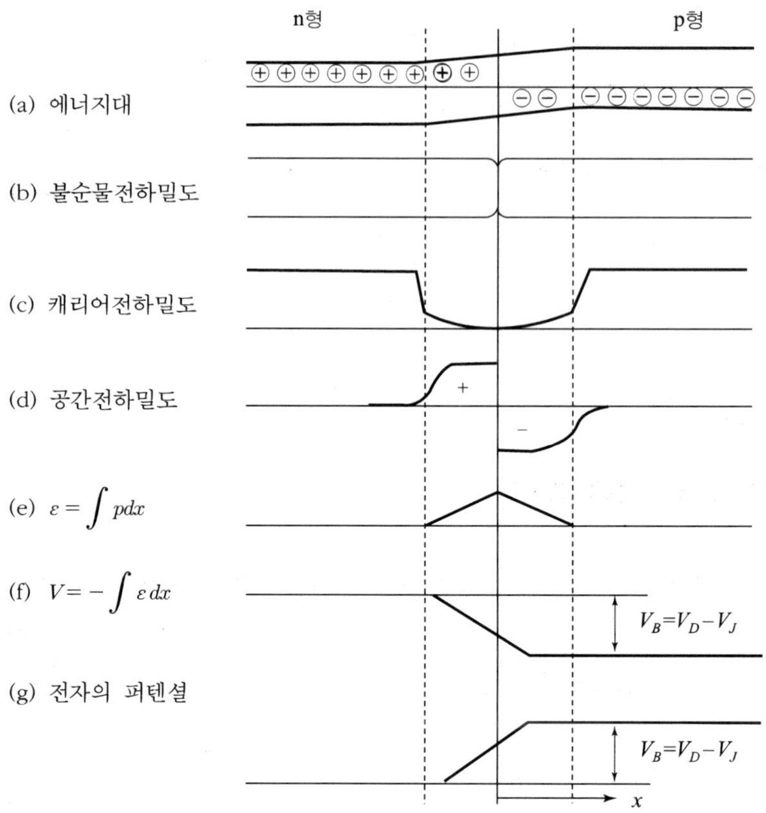

그림 1.22 $\rho(x)$와 V

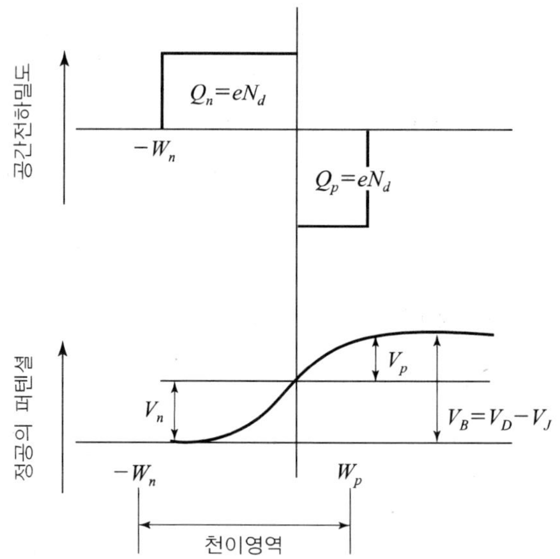

그림 1.23 공간전하밀도와 전자에 대한 퍼텐셜

$$V = \frac{-eN_d}{\epsilon}\left(\frac{x^2}{2} + W_{nx} + \frac{W_n^2}{2}\right) \tag{1.28}$$

가 된다.

따라서 n 측에서의 장벽의 높이가 V_n이 되고 V_n은

$$V_n = V(-W_n) - V(0) = \frac{eN_d}{2\epsilon}W_n^2 \tag{1.29}$$

가 된다. p 측에서도

$$V_p = \frac{eN_a}{2\epsilon}W_p^2 \tag{1.30}$$

이 된다. 따라서 전체 장벽의 높이 V_D는

$$V_D = V_p + V_n = \frac{e}{2\epsilon}(N_a W_p^2 + N_d W_n^2) \tag{1.31}$$

가 된다. 전기적 중성 조건과 장벽의 높이 관계에 따라 공간전하층의 폭 W는

$$W = W_p + W_n = \left[\frac{2\epsilon V_D}{eN_a\left(1 + \frac{N_a}{N_d}\right)}\right]^{1/2} + \left[\frac{2\epsilon V_D}{eN_d\left(1 + \frac{N_d}{N_a}\right)}\right]^{1/2} \tag{1.32}$$

가 되며 $N_a \gg N_d$이면 위 식은

$$W = \left(\frac{2\epsilon V_D}{eN_d}\right)^{1/2} = \left(\frac{2\epsilon\mu_n V_D}{\sigma_n}\right)^{1/2} \tag{1.33}$$

가 된다. Ge의 p-n 접합에서 $\sigma_n = 1$ [Ω/cm]($\sigma_n = \mu_n e N_d$)라면

$$W = (V)^{1/2} \times 10^{-4}[\text{cm}] \tag{1.34}$$

가 된다.

접합에 충전된 전하를 Q라 하면 정전용량 C는

$$C = \frac{dQ}{dV_J} = -\frac{dQ}{dV_D} = \frac{-dQ}{dW} \cdot \frac{dW}{dV_d} \tag{1.35}$$

이며

$$C=\left(\frac{eN_dN_d\epsilon}{2}\right)^{1/2}(N_d+N_a)^{-\frac{1}{2}}V_d^{-\frac{1}{2}} \tag{1.36}$$

가 된다. 비저항 1 [Ω · cm]인 Ge에서 C는

$$C=1.4\times10^4 V_D^{-1/2}[\mu\text{F/cm}^2] \tag{1.37}$$

성장형 접합에서 불순물밀도의 경사가 완만하므로 그림 1.24와 같은 직선적인 전하밀도의 분포 $\rho(x)=ax$라 생각하므로 정전용량은

$$C=\epsilon^{2/3}\left(\frac{a}{12V_D}\right)^{1/3} \tag{1.38}$$

단,

$$a=e\frac{N_a+N_d}{W_1} \tag{1.39}$$

이다.

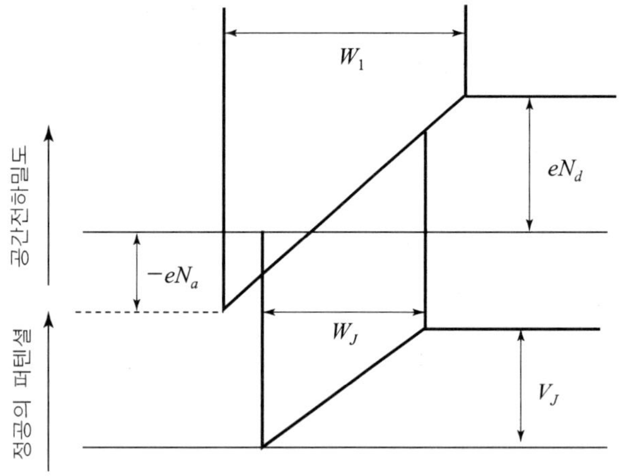

그림 1.24 정공의 전하밀도 분포

1.2.7 반도체와 금속의 접합

1.2.7.1 정류접촉

금속과 반도체와의 접촉이 정류 특성을 나타내는 것은 반도체의 특성 중에서도 옛날부터 알려진 것 중 하나이다. 이 특성은 트랜지스터의 발견 등 여러 방면에서 사용되어 왔다. 금속 또는 반도체에서 전자를 진공 중으로 끌어내려면 에너지가 필요하다. 그림 1.25에서 진공 중의 고체 표면에서 충분히 떨어져 있는 전자에 대한 퍼텐셜 에너지를 χ라 한다. 금속인 경우 절대영도에서 페르미준위 E_F까지 점유되고 있으므로 전자를 밖으로 끌어내는 데 필요한 최소의 에너지는

$$e\Phi_m = \chi - E_F \tag{1.40}$$

이다. 여기서 Φ_m은 금속의 일함수이고 $e\Phi_m$은 페르미준위에 있는 전자 1개를 금속표면에서 밖으로 끌어내는 데 필요한 일이다. 반도체에서는 전도대로부터 전자를 끌어내면 전자와 정공의 평형이 깨어지므로 가전자대 또는 도너 준위에서 전자를 보충해야 한다.

그 결과 페르미준위에서 전자를 끌어내는 것과 같고 일함수는 금속의 경우와 같이 Φ_s를 반도체의 일함수로 나타낸다. 한편 반도체의 전도대의 아래와 진공 중에서 충분히 떨어진 점까지의 에너지 차는 χ로 표시되고 이를 결정의 전자친화력이라 한다. 금속과 반도체의 접촉은 n형 반도체에 대한 것과 p형 반도체에 대한 두 종류가 있으나 여기서는 n형 반도체만을 설명하도록 하겠다.

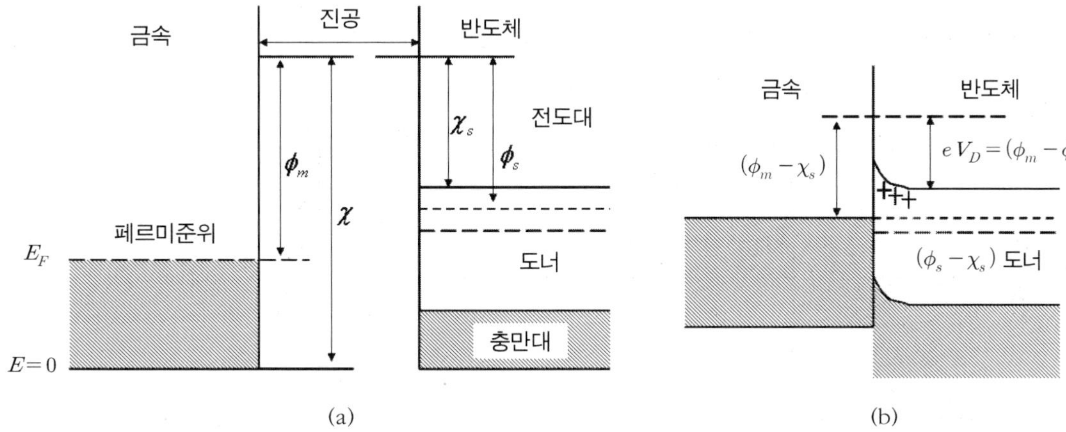

그림 1.25 반도체 내의 에너지 준위

금속과 n형 반도체의 접촉 현상을 생각할 경우, 접촉 전의 상태를 알 필요가 있다. 지금 금속 및 반도체의 일함수를 각각 Φ_m, Φ_s라 하고 전자친화력을 χ라 하면

$$\Phi_m > \Phi_s \tag{1.41}$$

인 경우, 접촉 전의 상태는 그림 1.25(a)와 같다. 반도체의 페르미준위는 금속의 페르미준위에 비해 $\Phi_m - \Phi_s$만큼 위에 있다. 지금 이 금속과 반도체를 접촉시키면 전하의 재분포가 생겨 전자는 처음에는 급속히 반도체에서 금속으로 흐르고 금속은 과잉부전하를, 반도체는 역으로 과잉정전하를 얻어 금속과 반도체의 페르미준위는 같은 높이가 된다.

여기서 반도체에 남아 있는 과잉정전하는 반도체의 표면에서 내부를 향해 어떤 깊이에 해당하는 이온화된 도너의 공간전하층이 된다.

그림 1.25(b)인 경우 표면 근처에는 자유전자가 없으므로 도너 이온이 여기되어 장벽을 형성하므로 공핍층이라고도 한다. 이렇게 생긴 전위차 V_D를 확산전위차 또는 확산 퍼텐셜이라 한다. 이때 반도체 내부의 에너지 준위는 표면에서 $\Phi_m - \Phi_s$만큼 낮아져 전위장벽을 만들고 금속은 $\Phi_m - X_s$가 된다. 이 상태를 나타내는 것이 그림 1.25(b)와 같다. 이를 식으로 나타내면

$$eV_D = \Phi_m - \Phi_s \tag{1.42}$$

가 된다.

반도체에 $-V_0(<0)$인 전압을 가하면 그림 1.26(a)와 같이 반도체 내의 전자의 퍼텐셜 에너지는 eV_0만 변화하고 장벽의 높이가 eV_D에서 eV_0만큼 감소하여 $e(V_D - V_0)$가 된다. 이는 그림에서 분명한 바와 같이 장벽이 감소함으로써 반도체에서 금속으로 흐르는 전자의 수가 증가하게 된다. 이 경우를 정방향 바이어스라 한다.

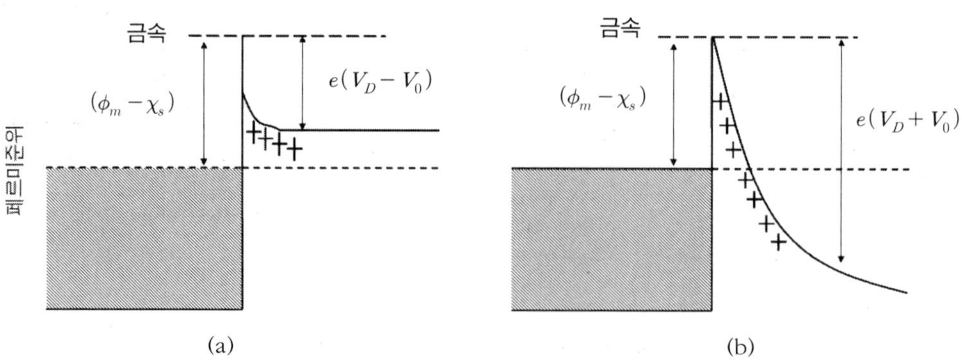

그림 1.26 반도체 내의 에너지 준위

한편 금속에 대해서 반도체에 $V = V_0(>0)$인 전압을 가하면 반도체 내의 전자의 퍼텐셜 에너지는 eV_D만큼 증가하고 장벽의 높이가

$$e(V_D + V_0) \tag{1.43}$$

로 증가하지만 금속 측의 장벽의 높이 $e(\Phi_m - X_s)$는 변하지 않는다. 이는 그림 1.26(b)와 같고 이를 역방향 바이어스라 한다. 이 상태에서는 금속에서 반도체로 흐르는 전자의 수는 전압 V의 대소에 의존하지 않는다.

1.2.7.2 옴접촉

반도체와 금속을 접촉시켜도 정류 특성을 나타내지 않는 경우가 있다. 이를 옴접촉이라고 하고, n형 반도체에서는

$$\Phi_m < \Phi_s \tag{1.44}$$

인 경우가 된다. 이는 그림 1.27과 같이

$$\Phi_m > \Phi_s \tag{1.45}$$

인 경우와의 역으로 접촉 전의 반도체의 페르미준위는 금속의 페르미준위에 비해 $\Phi_s - \Phi_m$만큼 내려간다. 접촉에 의해 전하의 재분포가 생겨 금속과 반도체의 페르미준위가 일치하며 반도체 측은 부, 금속 측은 정의 전하가 되도록 전자가 금속에서 반도체로 흐른다.

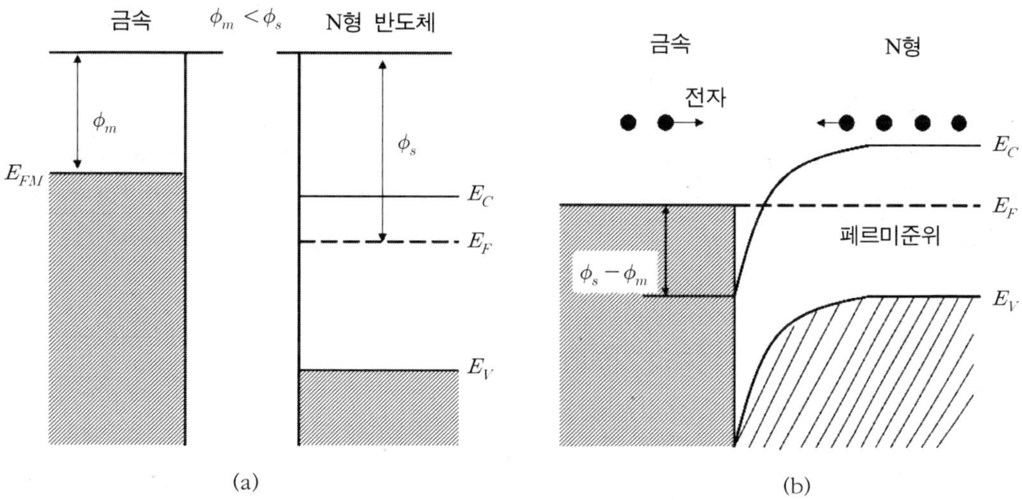

그림 1.27 반도체 내의 에너지 준위

이와 같은 접촉에서 외부전계 E를 가하면 전위차는 접촉면에서 생기지 않고 결정모체에 생겨 전자는 쉽게 장벽을 넘을 수 있다. 따라서 n형 반도체와 금속의 접촉에서

$\Phi_m > \Phi_s$ 때 정류 특성

$\Phi_m < \Phi_s$ 때 옴 특성

을 나타낸다. 한편 p형 반도체와 금속을 접촉시킬 경우 n형에서의 전자가 p형에서의 정공과 대치되는 조건은 역이 되므로

$\Phi_m > \Phi_s$ 때 옴 특성

$\Phi_m < \Phi_s$ 때 정류 특성

을 나타낸다.

실제로는 위와 같이 간단치는 않다. n형 반도체와 금속을 접촉시킬 때 $\Phi_m > \Phi_s$인 조건에서 이론적으로 정류 특성을 나타내기로 되어 있으나 그렇지 않은 경우가 있다. 이는 그림 1.28(a)와 같이 반도체와 금속의 접촉면에서 반도체 측의 표면에 재결합 중심이라고 부르는 상태가 다수 생겨 이 영역에 전자 및 정공이 흘러 들어가 이 양자가 재결합하여 전기적으로 중성이 되기 때문이다. 이와 같은 상태에 있는 접촉 부분은 전도입자의 흐름에 대해서 장벽이 되지 않는다. 따라서 정류 특성을 나타내지 않는다. 이 현상은 실제로 반도체의 표면 처리와 금속과 반도체를 납땜할 때 생긴다.

또 그림 1.28(b)와 같이 반도체 표면을 강하게 n형으로 만든 후 접촉시키든가 강한 n형의 납땜을 사용할 경우 접촉부는 강한 n형이 되어 장벽이 형성되지만 장벽의 두께가

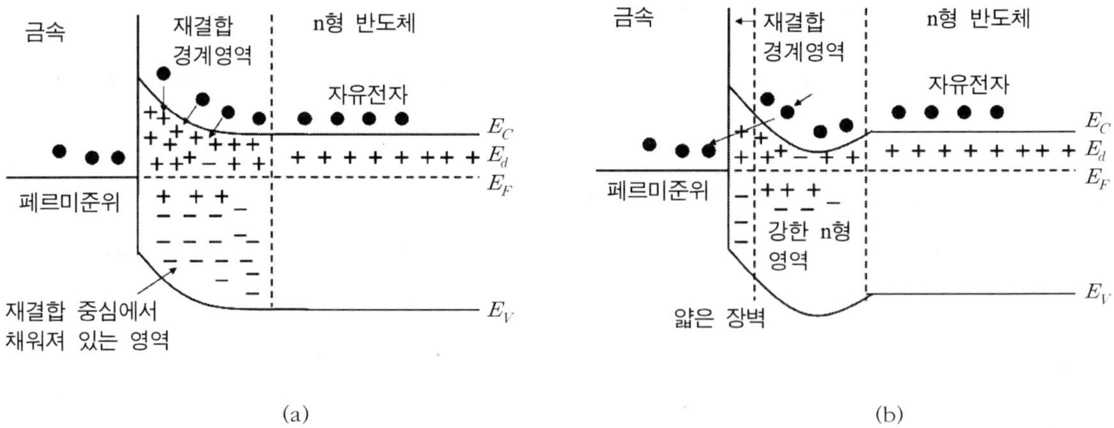

그림 1.28 반도체와 금속의 접촉 특성

얇으므로 터널 효과로 전자가 자유로이 이동한다. 따라서 장벽이 없는 것과 같이 저항 영역으로 동작한다.

1.3 LED의 효율 및 특성

1.3.1 LED의 성능

지금까지는 LED를 이해하기 위한 바탕이 되는 내용들을 살펴보았다. 지금부터는 LED가 무엇이고, 어떠한 특성을 가졌는지, 그리고 LED의 미래는 어떠한지에 대해 알아보도록 하겠다. LED는 Holonyak과 Bevacqua(1962)가 적색 LED를 발명한 이후, 큰 각광을 받아 왔다. 이러한 LED에서 중요한 요소로 작용하는 것이 효율이다. 빛을 내는 LED의 경우, 그 발광효율이 곧 LED의 성능을 결정하기 때문에 LED에 있어 발광효율은 반드시 알아야 하는 요소이다. LED와 같이 주입 전계 발광소자는 radiant 효율(wall-plug 효율)에 의해 그 특성이 결정된다.

$$\eta_e = \eta_{ext}\eta_f \tag{1.46}$$

여기서 η_{ext}는 외부양자효율이며 η_f는 급송(feeding)효율이다.

LED의 발광효율은 luminous 효율을 통해 radiant 효율과 관련이 있다. luminous 효율은 상대적인 출력 단위로 측정된 발광 스펙트럼을 이용하여 계산된다. 외부양자효율의 경우 LED를 통과한 전자 수와 이로 인해 방출된 광자 수의 비율이다. 정확히 말하자면, 외부양자효율은 내부양자효율(η_{rad}), 주입효율(η_{ini}), 광추출효율(η_{opt})의 곱이다.

$$\eta_{ext} = \eta_{ini} \times \eta_{rad} \times \eta_{opt} \tag{1.47}$$

주입효율은 활성층으로 주입되는 전자 수와 LED를 통과하는 전자 수의 비이다. 내부양자효율은 활성층에서 재결합된 전자-정공 쌍의 수와 재결합으로 발광된 전자-정공 쌍의 수의 비이다. 마지막으로 광추출효율은 활성층에서 생성된 광자 수와 소자 밖으로 빠져나간 광자 수의 비율이다.

급송효율은 방출된 광자의 평균 에너지 ; $h\nu$와 전자-정공 쌍이 LED를 통해 흐를 때 전원으로부터 얻는 전체 에너지의 비율이다.

$$\eta_f = \frac{hv}{qV} \tag{1.48}$$

여기서 V는 LED를 통한 순방향 전압강하이고 q는 전자의 전하량이다. 급송효율은 가해진 전압이 hv/q보다 작게 되면, 1을 초과할 수 있다(이는 적은 전류에서 관찰되는 일반적인 현상이다). 이러한 역설은 '열적 분포, 즉 $hv > qV$의 에너지를 갖고 방출되는 광자는 결정을 냉각시킨다.'라는 것에서 높은 에너지의 전자를 가질 수 있음으로 인해 일어난다. 실제로 외부양자효율은 $\eta_{ext} \approx 1$이며, series 저항을 무시할 수 있는 이상적인 LED는 열에너지의 일부를 광으로 방출하는 냉장고와 같다고 할 수 있다. 그러나 실제 소자에서는 $\eta_{ext} < 1$이고 전극과의 접합이나 반도체 구조 내의 series 저항에 의한 전압강하에 의해 형성되는 열등에 의한 내부 열 발생으로, 냉각은 일어나지 않는다. 그림 1.29는 LED의 각종 효율을 정리한 식들이다.

1.3.2 발광재결합효율

발광재결합효율 η_{rad}는 EHP의 재결합 시 발광재결합의 비율을 나타낸다. direct bandgap

Internal quantum efficiency

$$\frac{\text{Number of photons emitted from active region per second}}{\text{Number of electrons injected into LED per second}} = \frac{P_{\text{int}}/(hv)}{I/e}$$

Extraction efficiency

$$\frac{\text{Number of photons emitted into free spacer per second}}{\text{Number of photons emitted from active region per second}} = \frac{P/(hv)}{P_{\text{int}}/(hv)}$$

External quantum efficiency

$$\frac{\text{Number of photons emitted into free spacer per second}}{\text{Number of electrons injected into LED per second}} = \frac{P/(hv)}{I/e}$$

Power efficiency

$$\frac{\text{Optical power emitted into free space}}{\text{Electrical power provided to LED}} = \frac{P}{IV}$$

그림 1.29 LED의 효율 방정식

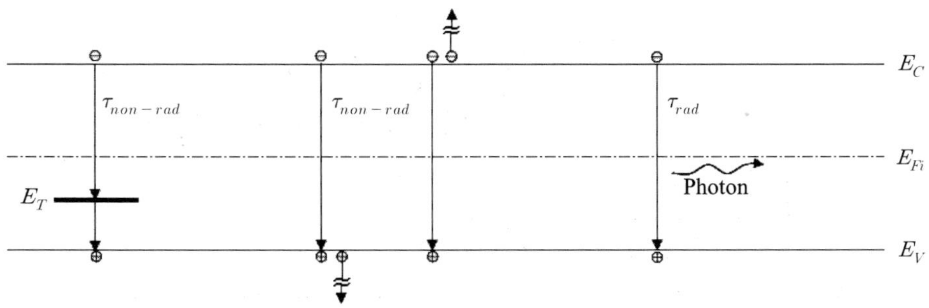

(a) Trap 재결합 (b) Augere 재결합 (c) 발광재결합

그림 1.30 발광재결합과 비발광재결합

에서의 정상적인 EHP는 빛을 방출하는 발광재결합이 되지만, 반도체 활성층에 불순물이 존재하거나 전자 정공의 충돌이 심할 경우에는 빛을 방출하지 못하고 다른 에너지로의 방출로 인해 빛을 내지 못하게 된다. 먼저 그림 1.30(a)의 경우는 도핑 원자나 불순물에 의해 에너지 준위에서 EHP 재결합이 일어나 전자의 에너지가 열이나 초음파 에너지로 변화되는 비발광재결합 현상이다. 그림 1.30(b)는 전자나 정공의 에너지가 제3의 전자나 정공의 운동 에너지로 흡수되어 버려서 빛을 내지 못하는 Augere 재결합을 나타낸다. 그림 1.30(c)는 정상적인 발광재결합을 나타낸다. 이때 EHP의 평균발광재결합시간을 τ_{rad}, 비발광재결합시간을 $\tau_{non-rad}$라고 하면 발광재결합효율은 다음 식과 같이 표현된다.

$$\eta_{rad} = \frac{1/\tau_{rad}}{1/\tau_{rad} + 1/\tau_{non-rad}} = \frac{\tau_{non-rad}}{\tau_{rad} + \tau_{non-rad}} \tag{1.49}$$

1.3.3 전류주입효율

전류주입효율 η_{inj}는 외부에서 공급된 전자와 정공들이 활성층에서 재결합하게 되는 효율을 나타낸다. 그림 1.31과 같은 일반적인 pin LED에서 활성층으로 공급된 캐리어는 대부분 활성층에서 재결합하지만, 일부는 활성층 밖으로 빠져나와 캐리어 전송층에서 재결합하게 된다. 이 경우 p나 n층의 이종물질의 밴드갭이 크거나 indirect bandgap일 경우 이 영역에서의 재결합은 원하는 파장의 빛을 얻는 데 기여하지 못하게 된다. 그러므로 전류주입효율을 높여 주기 위해서는 활성층에 들어온 캐리어가 빠져나가지 않도록 활성층과 주변 클래딩의 밴드갭 불연속치가 커야 한다.

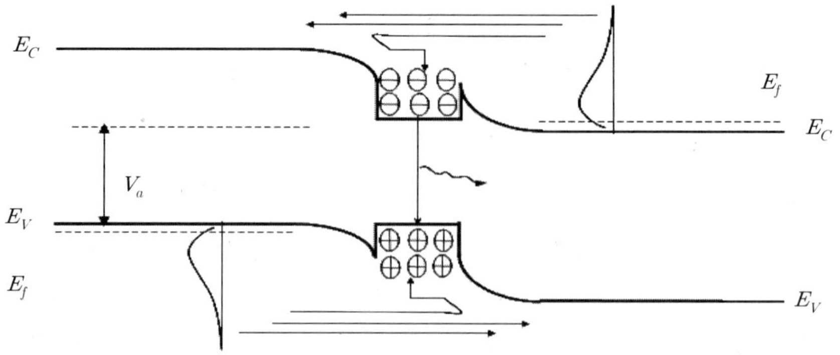

그림 1.31 pin LED의 캐리어의 공급과 재결합

다음은 전류주입효율을 높이기 위한 방법들이다.

1.3.3.1 캐리어 차단층

고출력 LED에서는 캐리어의 활성층 이탈을 방지하기 위하여 그림 1.32와 같이 활성층 주변에 에너지 장벽을 쌓아두는 캐리어 차단층(electron or hole blocking layer)을 활용하고 있다. AlInGaP계의 적색 LED 구조에서는 그림 1.32(a)와 같이 전자의 이탈을 막기 위하여 전도대역 에너지 장벽을 높임과 동시에, 정공의 공급을 원활히 하기 위하여 가전대역의 에너지 장벽은 낮춘 인장변형장벽층(tensile strain barrier cladding; TSBC)을 고안하였다. 그러나 이 경우 p형 도핑에 어려움이 있기 때문에 그림 1.32(b)와 같이 다중양자구조장벽(MQB)을 p형 클래딩에 삽입한 구조를 사용하기도 한다.

InGaN계의 청색 및 녹색 LED 구조에서도 클래드층으로 사용되는 GaN 물질의 경우, 활성층과의 밴드갭 에너지 차이가 크지 않아 캐리어의 확산이 발광효율을 떨어뜨린다.

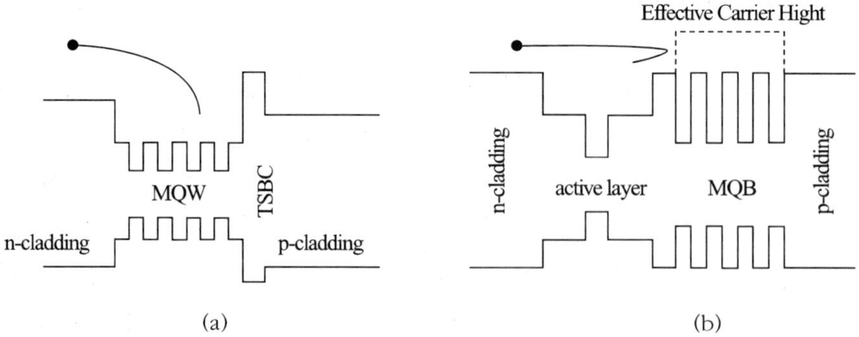

그림 1.32 AlInGaP 캐리어 차단층

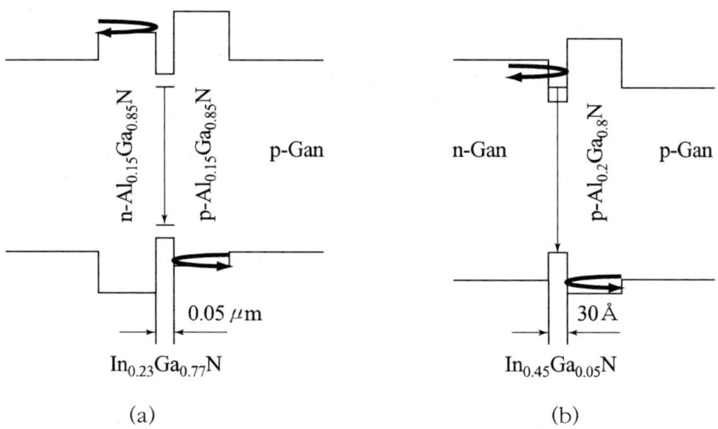

그림 1.33 AlInGaN 캐리어 차단층

또한 밴드갭 에너지 차이를 키우기 위해 AlGan 물질을 클래드층으로 사용하는 경우에는 p형 도핑이 어려워지는 문제가 있다. 따라서 그림 1.33과 같이 활성층에 구속된 전자나 정공이 클래드층으로 확산되지 못하도록 활성층과 클래드층의 사이에 밴드갭 에너지가 큰 AlGaN 물질을 얇게 삽입하는 기술을 사용하고 있다. 이때 전자 차단층은 전도대역의 전위장벽차가 큰 대신 가전대역의 전위장벽 차는 크지 않은 물질을 선별해야 하며 정공 차단층은 역으로 가전대역은 크고 전도대역은 작은 물질을 선정해야 한다.

1.3.3.2 표면누설전류

한편 LED는 기본적으로 pin 반도체로 구성된다. 그러나 LED의 가장자리는 반도체의 결정이 단절되어 이상적인 반도체 기능을 상실하게 된다. 특히 전류를 주입하였을 때 이러한 가장자리를 따라서 소모되는 전류를 표면누설전류라 한다. 그림 1.34에 p형 반도체에서의 캐리어분포와 밴드 구조가 나타나 있다. 이상적인 반도체에는 균일한 전자 정공의 분포가 유지되며 p형일 경우 정공의 농도가 전자의 농도보다 월등히 높다. 그러나 반도체 가장자리에는 결정의 불완전성으로 인해 표면 에너지 준위라는 재결합 거점들이 산재해 있어 이를 통해서 EHP의 비발광재결합이 일어난다. 이로 인해 반도체 가장자리로 전류가 흐르게 되어 전체적인 전류주입효율을 떨어뜨린다. 반도체 표면에서의 EHP의 재결합 정도를 나타내는 것으로 표면재결합 속도가 있는데, 이 값이 클수록 표면의 누설전류가 커짐을 의미한다. LED 표면에서의 표면 재결합에 의한 전류 손실을 방지하기 위해서는 먼저 반도체 가장자리를 산화하거나 박막코팅 등을 통하여 표면 재결합 거점의 농도를 줄여 주는데, 일례로, 노출된 반도체 가장자리를 SiO_2나 SiN 등으로

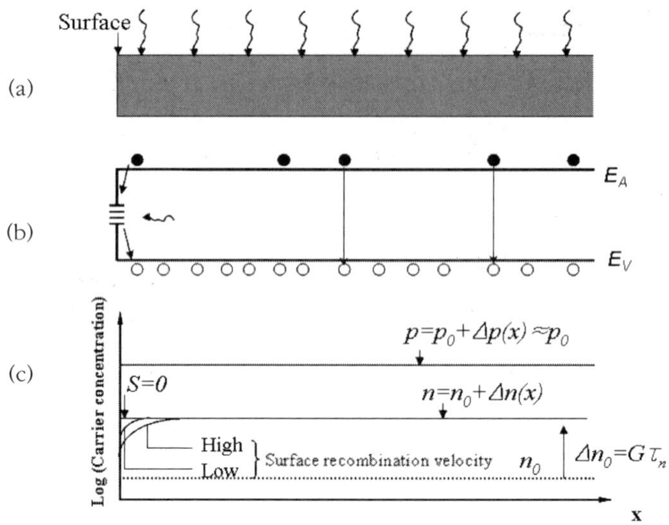

그림 1.34 반도체 가장자리의 표면 재결합 전류

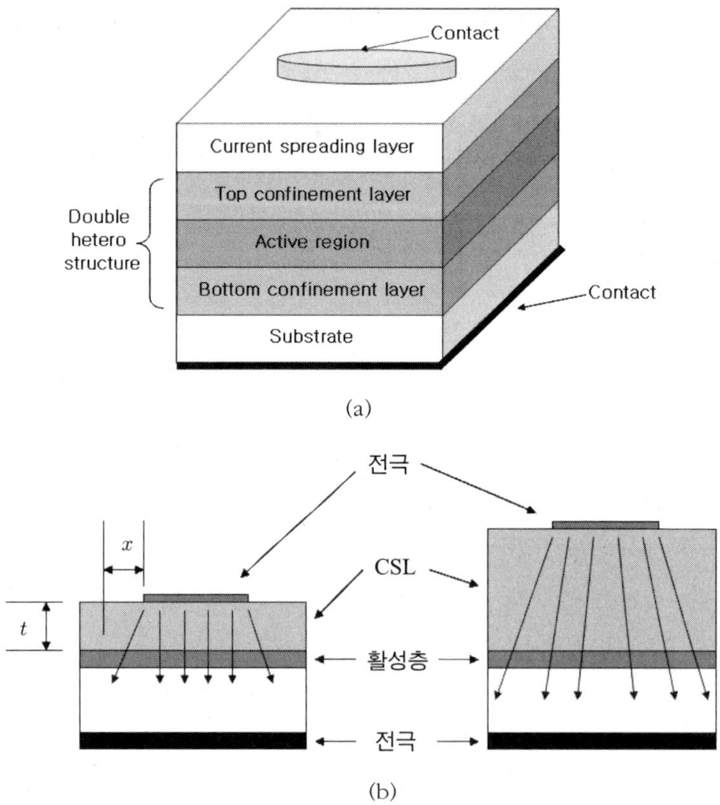

그림 1.35 (a) 디스크형 전극과 (b) 전류확산층

코팅하는 것 등이다.

표면처리 외, 표면누설전류를 줄이는 방법으로 그림 1.35(a)와 같이 상부 전극을 원판형으로 만드는 것이 있다. 이 방법은 누설전류 문제뿐만 아니라 열 방출이나 광추출 효율 개선 등에도 도움이 되는 것으로 알려져 있다. 그러나 이 경우 LED 전체 효율은 원판전극과 활성층 사이의 전류확산층(current spread layer; CSL)의 두께가 작은 경우와 큰 경우를 예로 보여 주고 있다.

1.3.3.3 전극 구조

그림 1.36과 1.37에 LED의 여러 가지 전극 구조가 그려져 있다. 원판형 전극이 LED 표면에 위치하게 되면 전류전송효율에는 도움이 되나 광추출효율에 방해가 되는 경우가 있다. 이를 해소하기 위하여 원판은 작게, 그러나 전류확산 효과는 충분히 거두기 위하여 그림 1.36과 같은 전극 구조를 채택하고 있다.

한편 기판이 sapphire와 같이 부도체인 경우는 반도체의 윗면과 아랫면에 전극을 형성해 주는 것이 어렵다. 이 경우 반도체 기판 바닥에 부착할 전극을 반도체 표면으로

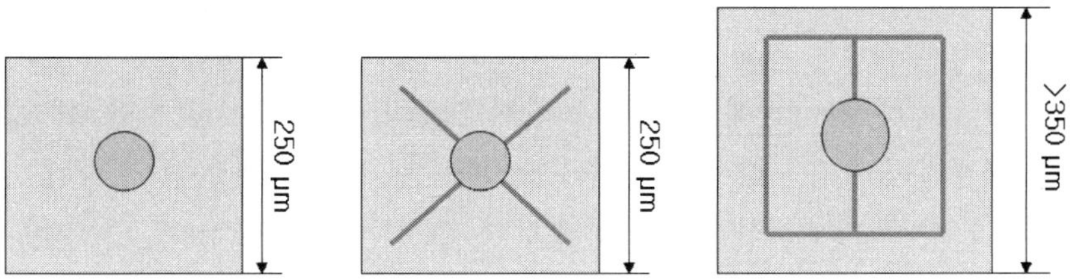

(a) (b) (c)

그림 1.36 전극 구조

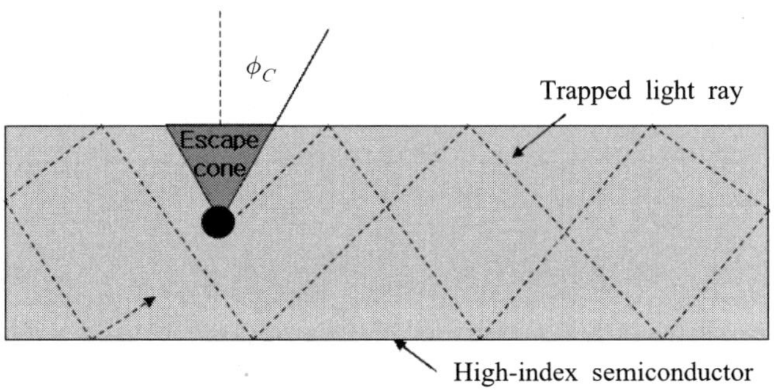

그림 1.37 LED에서 생성된 빛의 광선궤적

올리게 되는데, 그 구조가 먼저 n 전극을 부착할 영역을 에칭하여 p 전극의 반대편에 형성한 비대칭형 구조이며, 두 번째는 p 전극은 반도체 중앙에 위치하고 n 전극은 그 둘레를 에워싼 반지 형태의 대칭 구조이다.

1.3.4 광추출효율

제작된 LED는 빛이 방출되는 방향에 따라 표면발광과 측면발광의 두 종류로 나뉜다. 표면발광 LED는 반도체와 공기의 계면에서 일어나는 전반사의 임계각도보다 작은 각으로 입사하는 빛은 모두 외부로 방출되므로 원형의 방출 콘(Escape Cone)을 형성하게 되어 원형광이 방출된다. 측면발광 LED는 이보다 조금 복잡한데 수평방사각도는 주로 전반사의 지배를 받으나 수직방사각도는 전반사뿐만 아니라 활성층을 위아래로 둘러싼 클래드층과 굴절률 차이에 의한 도파 효과와 발광 영역의 회절 효과의 지배를 받기 때문에 일반적으로 타원 형태의 빛이 방출된다.

LED의 활성층에서 생성된 빛은 육면체 LED의 여섯 개 면으로 대부분 방출되지만, 일부는 밖으로 빠져나오는 동안 결함에 잡혀 열에너지로 변환되거나 내부전반사(total internal reflection)에 걸려 LED 내부에서 소멸된다. 전반사 현상은 칩의 구조상, 직육면체 칩일 경우 칩 내부의 굴절률과 외부 환경의 굴절률에 차이가 있을 때 칩과 외부 매질 사이의 경계면에서 내부반사가 생긴다. 전반사는 입사각 Φ_c가 특정 각도 이상에서는 100% 반사만 일어나는 현상이다. 그 예로 GaAs 물질은 굴절률이 3.6이고 공기와의 계면에서의 전반사 임계각도 $\Phi_c = \sin^{-1}\left(\frac{1}{n}\right)$는 약 16도 정도로 이 각도보다 큰 각도로 입사한 빛은 모두 전반사에 의해 다시 반도체 쪽으로 되돌아간다. 이는 반도체와 공기 사이에 굴절률의 차이가 상당히 크기 때문에 일어나는 현상이다. 그림 1.37과 같이 LED 내부에서 발생한 빛 중에서 Φ_c보다 작은 입사각으로 표면에 도달한 빛들은 방출 콘에 포함되어 대부분 밖으로 방출되지만 이 각보다 같거나 큰 입사각으로 입사되는 빛들은 직육면체의 LED 구조물 내부에 갇혀서 밖으로 빠져나오지 못하고 내부에서만 계속 돌아다니다 결국은 소멸된다.

그림 1.38은 LED 내부의 광원에서 생성된 빛이 LED 밖으로 나올 때 그 추출각에 따른 광 방사량을 측정하는 개략도이다. 일반적으로 평면형 LED는 임계각이 작아 광추출 효율이 떨어진다. 이를 개선하여 만든 구조로서 반원형(hemispherical) 구조와 포물선형 (parabolic) 구조가 있다. 그림 1.39에는 각각의 경우에 대하여 표면 방사각에 따른 광

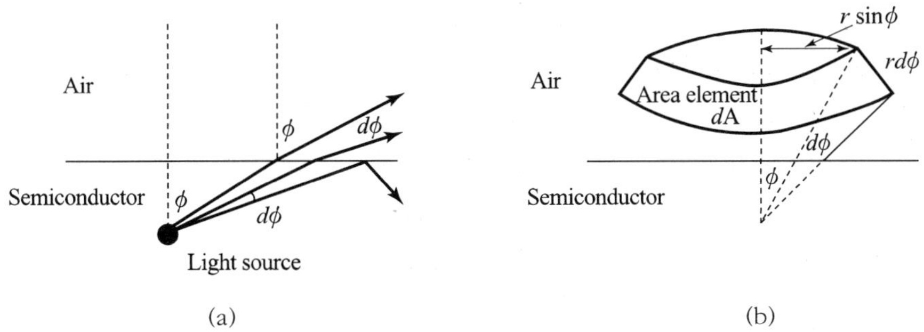

그림 1.38 광추출각과 방사량

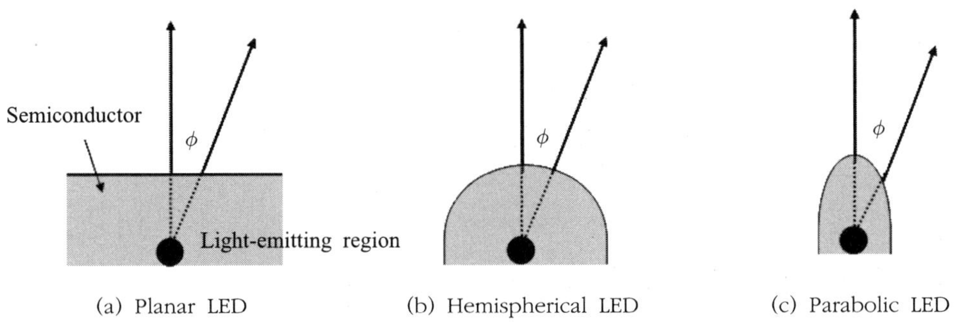

그림 1.39 LED 구조에 따른 방출패턴

방출 패턴이 그려져 있다. 먼저 평면형인 경우 수직방향으로의 방출량에 비하여 비스듬한 각도로의 방출량은 줄어든다. 반면에 반원형 표면을 갖는 LED의 경우 어떤 각으로나 균일한 방출패턴을 보여 주고 있다. 포물선형 표면의 경우 수직 방향으로의 집중도가 가장 뛰어나 정해진 방향으로 빛을 보내어야 하는 플래시램프나 광통신 LED의 경우에 적합한 표면 구조이다.

광추출효율을 증진시키기 위하여 반도체 LED의 표면을 반원구형이나 포물선으로 하면 좋겠지만, 반도체를 곡면 가공하는 것은 매우 어려운 작업이다. 실제 LED 제작에는 반도체 표면을 직접 가공하는 대신 굴절률이 높은 에폭시(epoxy)를 이용하여 소기의 광추출 효과를 얻어낸다. 그림 1.40은 반도체의 굴절률이 2.5와 3.5인 경우에 대하여 에폭시 재료의 굴절률을 변화시켜가면서 광추출효율의 변화치를 계산한 결과를 보여 주고 있다. 이 그림으로부터 에폭시 돔의 굴절률이 1.4~1.8로 변할 때 광추출효율은 2~4배 증가함을 알 수 있다. 향후 에폭시 매질의 굴절이 개발되어 2.5 정도가 되면 광추출효율은 7배 정도까지 증가하게 될 것이다.

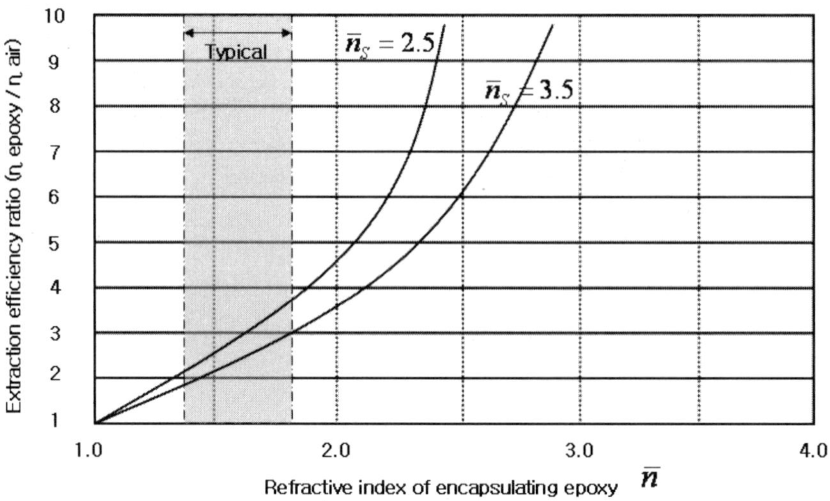

그림 1.40 에폭시 굴절률에 따른 광추출효율

1.3.5 LED의 추출효율 개선 공정

칩 내부에서 발생한 광자는 밖으로 빠져나오는 동안 결함에 잡혀 열에너지로 변환되기도 하고 전반사(internal total reflection)에 의해 내부에서 무한 travelling하다가 소멸되는 손실이 크기 때문에, 공정을 통하여 이를 최소화할 필요가 있다. 전반사 현상은 칩의 구조학상 직육면체 칩 내부의 굴절률과 외부 환경의 굴절률 차이가 있을 때 칩과 외부 매질 사이의 경계면에서 발생하는데, 특정한 반사각 이상에서는 100% 반사되는 현상이다. 이러한 현상은 상당히 심각하여 일반 LED의 광추출효율을 계산해 보면 불과 10% 정도이다. 표면에서의 전반사를 줄이는 방법들이 그림 1.41과 같이 다양하게 시도되고 있다. 표면에 도달한 광자가 랜덤하게 scattering되도록 표면 패턴을 형성하는 방법(fixture), 칩의 모양을 절두형 역피라미드형으로 제작하는 방법(truncated inverted pyramid; TIP 또는 ATON과 그의 플립칩 NOTA)들이 있다. 최근에는 특정 파장의 광자만 선택적

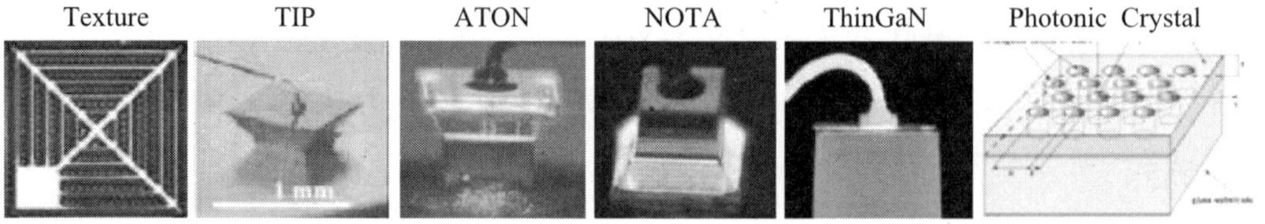

그림 1.41 표면 처리를 다양화한 LED 칩

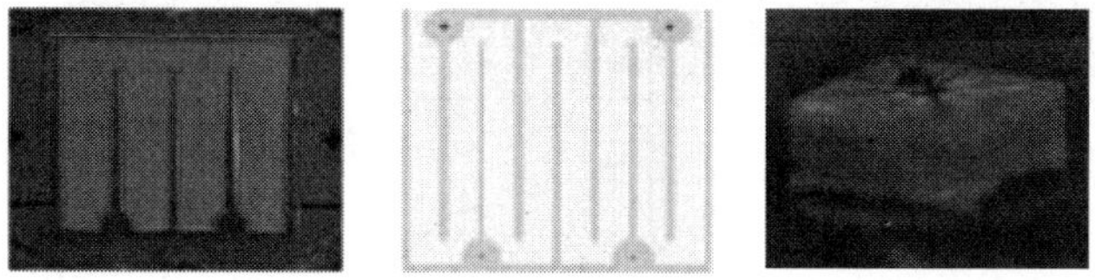

(a) Top-top (b) Top-top (c) Top-bottom

그림 1.42 전극 배치를 다양하게 한 LED 칩

으로 투과 또는 반사시키도록 LED 표면에 광자결정(photonic crystal)을 패터닝하는 방법이 시도되고 있는데 기판을 떼어내고 열전도율이 좋은 금속기판으로 재부착하는 방법(ThinGaN)이 추출효율 72%로 현재는 가장 좋은 추출효율을 보여 주고 있다.

대면적 칩은 보통 $1 \times 1\ mm^2$ 이상의 칩을 말하는데, 칩의 크기가 증가하면 전극 간의 거리가 멀어지면서 p층 정공의 확산이 어려워지는 현상이 생기므로 전극 배치를 그림 1.42처럼 다양하게 배열하여(finger cell 또는 multi parallel cell 등) 전극 간 거리를 줄임과 동시에 전극에 의해 가려지는 부위를 최소화하는 디자인이 필요하다.

InGaAlP계 적색 LED처럼 전극이 위아래(top-bottom)로 배열되는 칩에서는 window층의 두께를 두껍게 증착함으로써 추출효율을 개선할 수 있다. 그림 1.43(b)처럼 두꺼운 window층을 성장시켜 주면 전극에 의해 가려지는 활성층 부위가 줄어들 뿐만 아니라 측면으로 방사되는 광자의 탈출확률을 높여 줌으로써 결과적으로 추출효율을 개선할 수 있다. 계산에 의하면 표준형 사이즈의 칩(0.3 mm 내외)의 경우 약 50 마이크론의 두께 정도면 최대 효과를 볼 수 있는데 이 정도의 두께를 에피성장하기 위해서는 별도의 빠른 에피 방법이 필요하므로 보통 재성장을 통해서 적층해야 하는 번거로움이 있다. 한편, 대면적 칩의 경우는 window층 두께에 의한 변화는 그리 크지 않아 2 마이크론 이내의 두께로도 충분히 효과를 볼 수 있다.

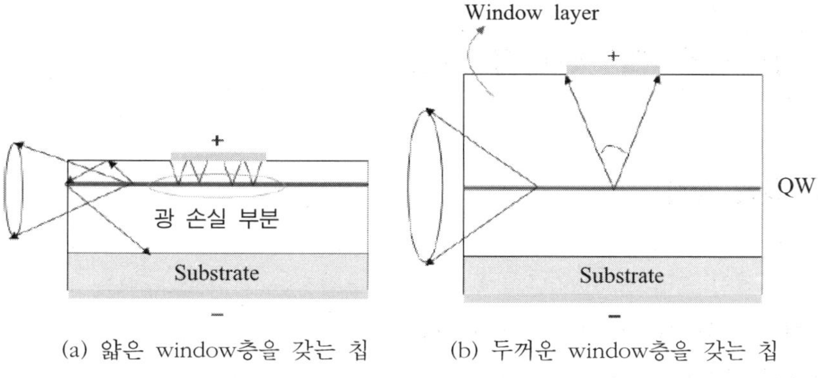

(a) 얇은 window층을 갖는 칩 (b) 두꺼운 window층을 갖는 칩

그림 1.43 window층을 다르게 한 LED 칩

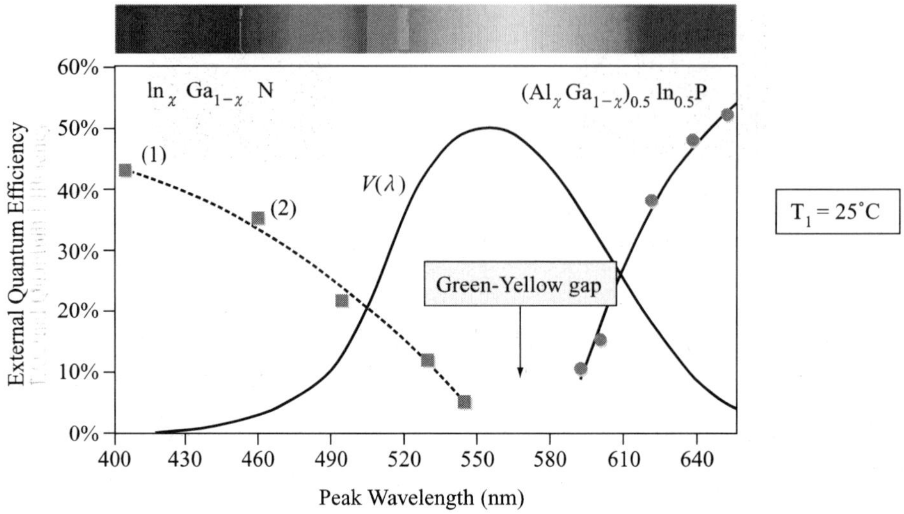

(1) Mitsubishi Cable : III_Vs Review, Vol. 16. No4. P.34(May. 2003)
(2) Nichia Chemical Co. : Yamada et. al., Jpn. J. Appl. Phys. Vol. 41(2002) pp.L1431-L1433.
Remainder data Lumileds Lighting (InGaN superflux 20mA. AllnGaP Luxeon 1W @ 350mA)

그림 1.44 LED의 외부양자효율

내부양자효율과 광추출효율을 곱한 외부양자효율(전류주입효율은 무시) 값은 LED 성능을 평가하는 가장 좋은 수단이며 현재 선진 LED 사에서 발표한 값을 살펴보면 그림 1.44와 같다. 질화물계 LED의 경우를 보면 근자외선 영역에서 가장 좋은 효율을 보여주고 있는데 이는 In localization에 의한 효율 상승보다 In 증가에 따른 상분리 현상이 우세하여 In이 많은 청색 LED의 효율이 근자외선 LED보다 낮다고 설명할 수 있다. 한편 InGaAlP계 LED의 경우는 적색에서 황색으로 파장이 짧아질수록 Al함유량이 많아지면서 효율이 감소하는 것으로 해석된다.

1.4 LED의 종류 및 구조

1.4.1 LED의 종류

LED의 실제적인 연구는 1960년대에 많이 이루어졌는데, 1962년에는 GE에서 현재와 같은 반도체 LED를 개발하였고, 1968년에는 GaAsP의 3원계 화합물로 된 적색 LED가 몬산토 사에서 양산되어 상용화되었다. LED가 처음 사용된 곳은 우주선 내의 표시램프가 최초라고 한다. 이것은 백열전구에 비해 필라멘트가 없고, 내진동성이 우수하고, 신뢰성이 매우 높은 점, 또 작은 전류로 점등하고, 동시에 발열이 매우 작은 점 등의 특징을 유효하게 활용하기 위하여 사용되었다. 그 후 화합물 반도체인 GaAs와 GaP 등의 단결정성장 기술이 현저하게 발달되어 고품위 기판양산 기술을 확보하게 되었다. 1980년대 후반에 접어들면서 에너지변환효율이 색 필터를 붙인 백열전구보다 높은 수준을 이루게 되어 AlGaAs 기술을 이용한 고휘도 적색 LED가 출현하였다. 이때부터 LED가 자동차의 브레이크 등이나 미등, 적색 신호등 등에 사용되었다. 1992년부터는 AlGaAs 기술보다 훨씬 휘도를 높일 수 있고, 신뢰성을 확보할 수 있는 AlGaInP 기술이 개발됨으로써 초고휘도 적색 및 주황색 LED가 상용화되기 시작하였다. 사실상 이때부터 LED 교통신호기의 보급 혁명이 시작되었다. 1993년 말에는 일본의 니치아 화학에서 InGaN 고휘도 청색 LED가 개발되었고, 1995년에는 고휘도 녹색 LED가 개발됨으로써 오랜 숙원이었던 빛의 삼원색인 적색, 청색, 녹색 LED가 등장하게 되었다. 1996년에는 청색 LED에 형광물질을 첨가시켜 구현한 백색 LED가 개발되었고, 2000년에는 LED의 성능지수가 형광등보다 훨씬 좋은 100 lm/W를 능가하는 고휘도 LED가 개발됨으로써 반도체 조명의 시대가 도래할 것을 예고하였다. 그러면 지금부터 고휘도 LED로 주목받고 있는 LED의 종류에 대해 알아보도록 하겠다.

1.4.1.1 AlInGaP LED

AlInGaP LED에서는 $(Al_{\chi}Ga_{1-\chi})_{0.5}In_{0.5}P$가 GaAs에 격자상수가 일치하고, Al의 조성비에 따라 에너지 밴드갭을 1.9～2.26 eV까지 조절할 수 있어 적색에서 노란색까지의 고휘도 LED를 구현할 수 있다. 그러나 AlInGaP 성장은 오직 유기금속화학 기상증착법에 의해서만 가능하다. 따라서 오직 유기금속화학 기상증착 기술만을 이용한 고휘도 구조의 경우에는 윗면 접촉층 아래에 전류차단층(current blocking layer)을 성장하고, 아랫면에는 발광층과 흡수층인 GaAs 기판 사이에 DBR(distributed Bragg reflector)을 성장시킨다. 이와 같이 구현된 LED의 발광효율은 590 nm에서 26 lm/W, 외부양자효율이 5% 정도로 보고되고 있다.

1.4.1.2 InGaN LED

대부분의 GaN LED는 사파이어 기판 혹은 SiC 기판에 성장시키고 있는데 청색이나 녹색에 대해 기판의 흡수가 없이 위 파장에 대하여 투과하여 GaN LED 구현에 있어서 광적출효율을 높일 수 있다. 주로 유기금속화학 기상증착법으로 성장된 박막이 가장 좋은 특성을 나타내는 것으로 알려져 있는데, 가시광 영역의 발광 다이오드 활성층으로는 InGaN이 쓰이고 있다. In의 조성에 따라서 밴드갭 에너지가 결정되어 자외선에서 적색까지의 파장을 얻을 수 있다. 그러나 실제로는 InGaN의 성장은 GaN보다 더 까다롭다고 할 수 있다. 이는 InN의 증기압이 GaN의 증기압보다 높기 때문이며, 또한 불용성갭(Immiscibility Gap)이 존재해 평형 상태에서 In의 일정량 이상이 GaN와 균일한 화합물을 형성하지 못하기 때문이다. InGaN 성장이 어려운 또 다른 이유는 In의 조성이 높아질수록 성장 온도가 낮아지는데, 이에 따라 NH_3의 열분해효율이 떨어져 유리된 N의 공급이 충분하지 못할 수 있기 때문이다. 따라서 충분한 NH_3의 공급과 Carrier Flow의 조절이 고품질의 InGaN 박막을 얻는 데 중요하다. 고휘도 LED를 구현하기 위해서는 InGaN 활성층의 품질 확보가 가장 필수적이다.

1.4.1.3 백색 LED

현재 전 세계적으로 활발하게 진행되고 있는 GaN 백색 LED의 제작 방법은 모두 네 가지로 나눌 수 있다. 단일 칩 형태의 방법으로 청색이나 혹은 UV LED 칩 위에 형광물질을 결합하여 백색을 얻는 각각의 방법과 멀티칩 형태로 두 개나 혹은 세 개의 LED 칩을 서로 조합하여 백색을 얻는 두 가지 방법이 그것이다. 그림 1.45는 백색 LED를

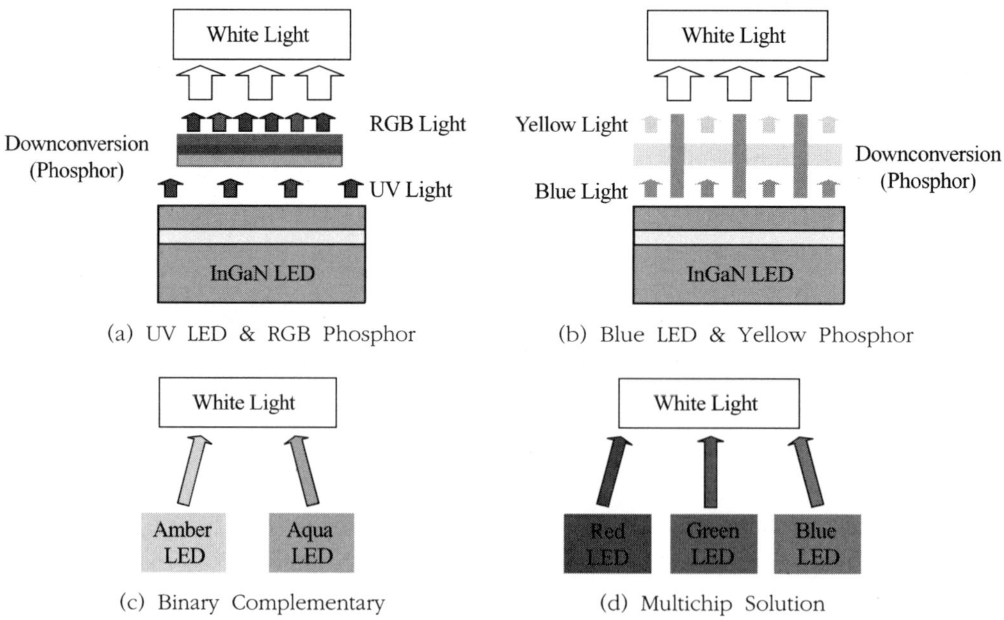

(a) UV LED & RGB Phosphor (b) Blue LED & Yellow Phosphor

(c) Binary Complementary (d) Multichip Solution

그림 1.45 LED에서 백색광의 구현 방법

구현하기 위한 각각의 제작 방법들을 나타낸 것이다. 하나의 칩에 형광체를 접목시키는 방법은 1993년 후반에 들어서 고휘도 청색 LED의 상용화가 이루어짐에 따라 청색 LED를 여기광원으로 사용하고, 여기광을 YAG(Yttrium Aluminum Garnet)의 노란색(560 nm)을 내는 형광물질에 통과시키는 형태의 백색 LED가 처음으로 등장하게 되었다.

최근에는 보색 관계를 갖는 두 개의 LED를 결합하여 만드는 BCW(binary complementary white) LED가 출현하였다. 주황색과 청녹색을 4대 1 비율로 섞으면 백색광이 되는데, 앞에서 기술한 바와 같이 주황색에서 적색까지의 발광색을 조절할 수 있는 InGaAlP LED의 경우에는 성능지수가 100 lm/W를 초과함에 따라 현재 조합된 백색 LED의 조명효율이 형광등과 가까운 정도이다. LED의 조명효율이 빠른 속도로 높아지고 있는 추세에 비추어 보면, 몇 년 후면 형광등보다 높은 LED 조명등이 출현할 것으로 전망된다. 표 1.1에 앞서 소개한 네 가지 방법에 대한 장단점을 비교하여 나타내었다.

이러한 LED의 발전기를 살펴보도록 하자. 표 1.2는 LED의 발전을 쉽게 정리한 것이다.

우선 기술적인 측면에서 보면 반도체는 전기전도성이 그다지 좋지 않고 발광층이 흡수층의 역할을 동시에 하기 때문에 칩 크기에 제약을 받는다. 현재 상용화된 LED 칩의 경우 보통 0.3~1 mm 정도의 크기만을 갖는데, 이처럼 칩 사이즈가 작고 지향성 광원이기 때문에 부품 및 모듈의 슬림화가 가능하여 디자인의 유연성이 매우 높다. 이런 장점은 자동차, 건축, 인테리어 등 디자인을 중요시하는 산업에서 빠른 속도로 기존의 전구형 광원을 대치해 가고 있는 실정이다(표 1.3). 전기신호에 대한 응답성도 매우 뛰어나 수십 나노(~10^{-8}) 초 단위의 고속응답 속도를 가지므로 on-off 스위칭이 기존 램프에 비해 훨씬 빠르다. 이러한 특성은 전광판의 스피디한 동영상을 가능하게 하거나 LCD 백라이트로 채택할 경우 blurring 현상을 없애 주는 장점으로 작용한다. 또한 공진층을 주어 스펙트럼 선폭을 좁게 함으로써 초단거리 통신용 광원으로 사용되기도 한다.

표 1.1 백색 LED 구현 방법의 장단점

	Blue LED + Phosphor	UV LED + RGB Phosphor	Binary Complementary	RGB Multichip
Color Rendering	Fair	Best	Fair	Good
Color Stability	Good	Best	Fair	Fair
Lumens Maintenance	Fair	Unproven	Good	Good
Phosphor Material	Available	Under Development	Not required	Not required
Efficiency	Fair	Best	Good	Good
Application	Backlight	White lamp	Task lighting	Displays

표 1.2 LED의 발전 과정

LED 태동기 (1962～1989)	고휘도 LED 팽창기 (1990～2002)	고휘도 LED 성숙기 (2002～)
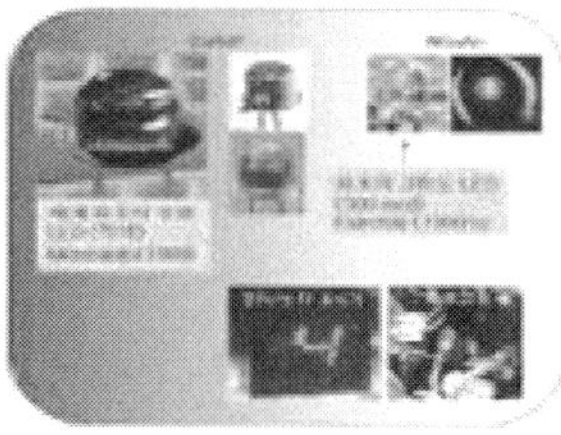		
기계장치 표시기, 회로점등, 숫자 및 문자 디스플레이	교통신호등, 전광판, 자동차 내외장 램프, 소형 LCD 백라이트, 간접조명	중대형 LCD 백라이트, 자동차 헤드램프, 일반 조명
• 1962 GaAsP 적색 LED 개발(GE) • 1969 GaAsP LED 상용 제품 출시(Monsanto) • 1980～ AlGaAs/GaAs 고휘도 LED 출시(Fairchild) • 1986 AlN 버퍼를 이용한 질화물계 MIS 구조발광(아가사키)	• 1992 InGaAlP계 적색 LED(HP) • 1993 Nitride계 청색 LED(니치아) • 1995 Nitride계 녹색 LED(니치아) • 1996 Blue + YAG:Ce 백색 LED(니치아) • 2000 100 lm/W급 TIP 적색 LED(Agilent)	• 2002 고출력 백색 LED 발표 120 lm/PKG(Lumileds) • 2002 외부양자효율 43% N-UV LED 발표(21세기 빛 프로젝트) • 2004 외부양자효율 47% SiC 기반 GaN 청색 LED 발표(Cree) • 2004 70 lm/W급 백색 LED(Cree, Lumileds, 니치아)

표 1.3 LED의 각 분야에서의 장점

기술적 측면	경제/사회적 측면
• 제품의 소형화, 슬림화 가능 칩 사이즈 0.3～1 mm • 고속응답 ～10^{-8} 초 on-off 스위칭(백열등 = 0.15초) • 장수명 5만～100만 시간(@30% degradation) • 고효율 Up to 55% 외부양자효율 • 변조 가능 Up to 500 Mbps(w/ GI POF @650 nm) • 온도에 따른 광 특성 변화(주로 적색 LED) • 저전력 소자 백열등 대비 15% 소비 전력 • Cold light : No Infrared radiation	• 한국이 강점을 갖는 전방위 산업에 응용(자동차, 휴대용 가전제품, LCD 모니터) • 친환경 산업(무수은, 무폐기 유리) • 좋은 색순도에 의해 깔끔한 거리 미관 조성 • 고성장 산업(GAGR 47%) • 높은 초기 구매가격 $200/klm(형광등 $2/klm) • 표준화 규격이 전무하여 제품의 규격이 매우 다양함 • 산업의 팽창에 따른 잦은 특허 분쟁 • 각국의 주요 국가 전력사업

LED는 뜨겁지 않은 냉광원이므로 오염물질 및 유해가스 열분해에 의한 일산화탄소 발생이 전혀 없고 무수은 광원이므로 폐기물 처리가 간편한 환경 친화적 광원이다.

LED의 가장 큰 장점은 무엇보다도 고효율에 의한 저전력 소자라는 점이며 이로 인해 발생되는 전기 에너지 절감, 장수명 등의 특징은 기존 일반 조명등과 매우 차별되는 장점이기도 하다. 그러나 반도체의 특성상 온도 변화와 전기 충격에 매우 민감하여 제품이 설치되는 환경에 따라 온도보상회로와 내정전회로를 추가해야 하는 등 구동회로가 다소 복잡한 특징도 있다. 이러한 여러 가지 장점들로 인해 각국에서는 국가 정책적으로 대응하고 있는 상황이며 국가 간, 기업 간의 기술보안이 매우 심하고 특허 분쟁이 종종 일어나고 있는 실정이다. 그리고 표준화된 규격이 보편적으로 보급되지 않아 기술 선진업체의 제품이 표준화를 선도하고 있으나 일본, 미국을 비롯하여 우리나라에서도 조직적으로 표준화를 선점하기 위한 활동이 매우 활발하게 진행되고 있다. 우리나라는 자동차, 휴대단말기, LCD 등 LED가 많이 활용되는 전방위 산업에 매우 강하기 때문에 충분한 내수 시장이 확보되어 있다고 볼 수 있으며, 이는 국내 LED 기업에 있어서 큰 매력이기 때문에 국내 시장을 선점당하지 않기 위해서는 해외 업체에 뒤지지 않는 기술력을 시급히 보유해야 할 필요가 있다.

1.4.2 LED 기본 구조

LED는 기본적으로 p-n 접합 구조를 가지며 접합면에 발광층으로 작용하는 양자우물(QW)층이 삽입된 이종 구조를 가진다. GaAs 기판을 이용한 InGaAlP계 LED는 격자정합 구조이므로 결함의 생성이 문제시되지 않지만 sapphire 기판과 질화물계 에피층의 격자 부정합도는 매우 커서(16%) 근본적으로 결함 없는 에피층의 성장이 불가능하여 내부양자효율이 매우 낮은 편이다. 그리고 sapphire 기판은 부도체이기 때문에 에피층에서 p, n 전극을 모두 해결해야 하며, p층의 저항이 매우 높기 때문에 결과적으로 질화물계 LED는 GaAs 기반 LED와는 조금 다른 에피 설계가 필요하다. 질화물계 LED에서 전위(dislocation) 같은 결함의 생성을 최소화하고 결함의 전파를 억제하기 위해 기본적으로 적용하는 기술은 저온 버퍼층 성장 기술로서, 500 ℃ 부근의 저온에서 $Al_{\chi}Ga_{1-\chi}N(0 \leq \chi \leq 1)$ 핵생성층(nucleation layer)을 얇게(20～30 nm) 형성한 후 온도를 올려 스스로 합체화시키는 방법을 보편적으로 적용하고 있다. 버퍼층 위에 순차적으로 n층, 활성층, p층의 구조를 성장시킨다. 활성층으로는 효율을 높이기 위해 일반적으로 다중양자우물 구조(multiplequantum well; MQW)를 삽입하는데, 우물층과 장벽층의 조

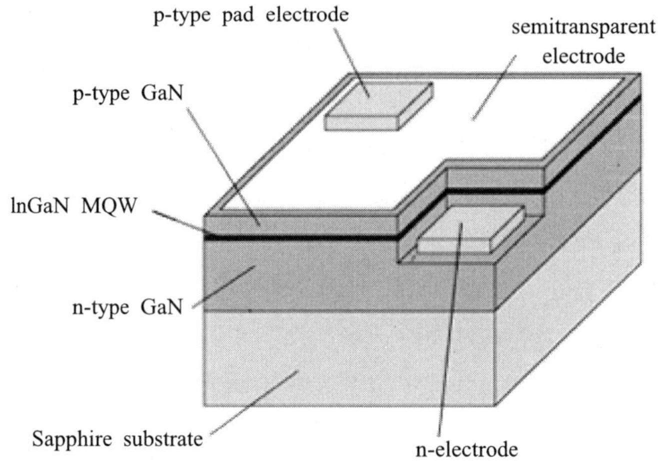

그림 1.46 LED 칩의 구조

성 및 두께를 제어하여 원하는 파장을 얻는다. 도핑 원료로는 n형의 경우 Si이 가장 많이 사용되며, p형의 경우 InGaAlP계 재료에서는 Zn 또는 Te, 질화물계에서는 Mg이 사용되는데, Mg의 활성화가 충분치 않아 p층 저항이 높은 문제가 있다. 이는 성장분위기 중의 수소가 억셉터 도핑 물질인 Mg과 결합하여 Mg-H 복합체를 형성하며 전기적으로 compensation된 결정이 성장되기 때문인데, Mg-H 결합을 끊어 주기 위해 아카사키 교수가 LEEBI(low-energy electron beam irradiation) 방법을 처음 시도하였고 후에 나카무라 박사가 시도한 고온 열처리 방법으로도 큰 효과를 보게 된다. 그러나 이마저도 p 저항을 낮추기 위해서는 충분하지 않아 보통 10 nm 미만의 얇은 금속 박막을 올리거나 300 nm 내외의 비금속산화물을 증착하여 전류 확산을 원활하게 하기 위한 투명전극을 활용한다. AlGaN 계열의 재료는 기판과의 큰 격자부정합도 이외에 열팽창계수의 상이함으로 인해 높은 Al 조성 및 두꺼운 박막층을 성장할 경우 crack이 발생할 수 있으므로 임계두께의 제어가 필요하고 부득이하게 초격자 구조를 중간층으로 넣어 스트레스를 억제하는 기술을 사용하기도 한다. 기존의 sapphire 기판 표면에 마이크로 단위의 패턴을 형성한 patterned sapphire 기판을 적용한 결과, 추출효율 면에서 좋은 결과를 보여주고 있다.

1.4.2.1 InAlGaN 4성분계 에피층의 성장

조명용 백색 LED 펌핑광원으로 최근 UV LED에 RGB 형광체를 조합한 광원이 유망한 것으로 평가되고 있는데 UV 영역의 활성층으로 사용되는 AlGaN/GaN 계열의 재료는 큰 격자부정합으로 인한 응력 때문에 활성층 내부에 강한 piezoelectric field가 발생할 경우 전자-홀 파동함수가 분리되어 발광효율이 저하된다는 문제가 발생한다. 특히 이러한 내부전기장은 활성층에 사용되는 Al 조성 및 다중양자우물 구조에서의 우물층 개수의 제한을 유발하여, 최종적인 발광소자의 출력을 제한한다. 이러한 문제점을 극복하기 위해 4성분계 InAlGaN 박막을 활성층에 사용하는 연구가 진행되고 있는데 4성분계 재료는 격자상수와 밴드갭 에너지의 크기를 독립적으로 변화시킬 수 있기 때문에 이종 구조 형성 시 원하는 발광파장을 변형률에 무관하게 조절할 수 있다는 장점을 갖는다. 또한 InGaN 박막에서의 In segregation에 의한 carrier localization effect를 InAlGaN 박막에서도 역시 얻을 수 있게 되어, 하부 질화물층의 높은 전위밀도에도 불구하고 InAlGaN 박막에서의 발광효율 증대 효과를 기대할 수 있다. InAlGaN 재료는 성장 온도가 낮은 InGaN와 높은 AlGaN층의 화합물이므로 InAlGaN 성장에 있어 In 인입을 증가시키는 동시에 막의 결정성을 높이기 위한 적절한 성장 온도 선택이 매우 중요하다. 현재까지 AlGaN층으로의 In 유입 기구에 대한 연구는 미흡한 상태이며, 10% 이상의 높은 In 조성을 갖는 InAlGaN 박막을 얻기가 힘든 실정이다. 박막의 결정성을 높이기 위해 PMOCVD(Pulsed Metal Organic Chemical Vapor Deposition) 또는 PALE(Pulsed Atomic Layer Epitaxy)법을 이용하여 기존의 MOCVD법보다 200~300 ℃ 낮은 성장 온도에서 양질의 InAlGaN 박막을 얻을 수는 있으나 연속적으로 모든 층을 성장하기 위해서는 여전히 MOCVD법을 이용한 최적 성장 조건을 찾는 것이 필요하다.

1.4.2.2 InN 에피층의 성장

보고되고 있는 연구 결과에 의하면 InN의 에너지 밴드갭이 지금까지 보고된 값인 1.9 eV(650 nm)와는 달리 0.7 eV(1,771 nm)의 매우 작은 값을 갖는다는 것이 밝혀진 바 있다. 이는 $In_{\chi}Ga_{1-\chi}N(0 \leq \chi \leq 1)$의 에너지 갭이 적외선 영역에서 자외선 영역을 모두 포함한다는 것을 의미하며 양질의 InN 성장이 가능할 경우 질화물 반도체만으로 모든 파장에서 발광하는 LED 제작이 가능하다는 것을 뜻한다. 그러나 GaN에서 In의 인입이 많아질수록 또는 InN에서 Ga의 인입이 많을수록 상분리 현상이 심하며 이를 해결하기 위해 성장 온도를 높이게 되면 In dissociation 현상이 커지게 되어 양질의 막을 얻기가 매우 어려운 실정이다.

1.4.2.3 양자점 구조 성장

GaN/AlN 양자점(quantum dot)의 경우 이들의 격자상수 차이는 3% 정도로서 그동안 III-V 화합물반도체의 양자점 연구에서의 격자상수 차이와 유사하기 때문에 많은 그룹에서 연구되어 왔다. 반면 InGaN 양자점의 경우 양자점에 의한 효과라기보다는 InGaN 구조 자체가 상분리 및 In 조성 불균일성으로 인해 생기는 carrier localization 때문에 발광효율이 증가한다는 견해가 우세하다. 균일한 양자점 구조의 성장이 가능할 경우 양자점의 크기를 조절하여 발광파장의 제어가 가능하기 때문에 RGB에서 모두 발광하는 양자점을 다중 구조로 성장할 수 있는데 실제로 이를 이용하여 백색광을 냈다는 보고도 있다.

1.4.2.4 수평 에피성장

epitaxial lateral overgrowth(ELO) 기술은 1980년대 초기 이후에 integrated circuits(IC) 제조를 위한 Si의 ELO 기술에서부터 시작되었다. 1980년대 후반부터 opto-electric integrated circuits(OEIC) 제조를 위해 LPE, MOCVD, MBE 등을 이용한 GaAs, GaP, InP 등의 ELO 기술이 발달하게 되었고, 1990년대 중반 이후에 단파장 LED, LD 및 고출력, 고주파 전기소자 제조를 위해 MOCVD, HVPE 등을 이용한 GaN의 ELO 기술(그림 1.47)이 개발되었다. 질화물 반도체의 경우, 1997년 North Carolina State University의 R. Davis group에서 GaN/SiC의 결정성 향상을 위해 처음 적용되었다. 이 기술에서는 GaN 박막이 sapphire, Si, SiC 등의 이종물질 기판 위에서 마스크 및 기판의 패턴에 따라서 선택적으로 수직, 수평 성장하고, 수평 성장 영역에서 threading dislocation(TD)은 벤딩(bending)되거나 마스크(mask)에 의해 차단됨으로써 표면으로의 침투가 억제되는 효과를 가져온다.

이런 특성을 이용하여, SiO_2를 PECVD로 증착한 후 마스크를 패터닝(patterning)하고 그 위에 GaN을 성장하면 window 영역(open 영역)으로부터 성장되는 GaN는 SiO_2 마

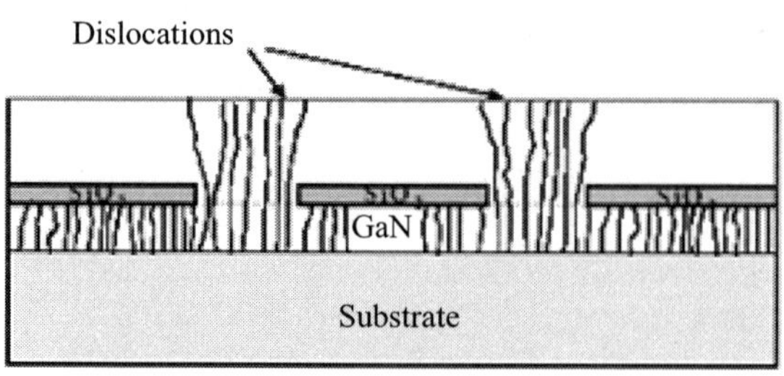

그림 1.47 ELO의 원리를 보여 주는 모식도

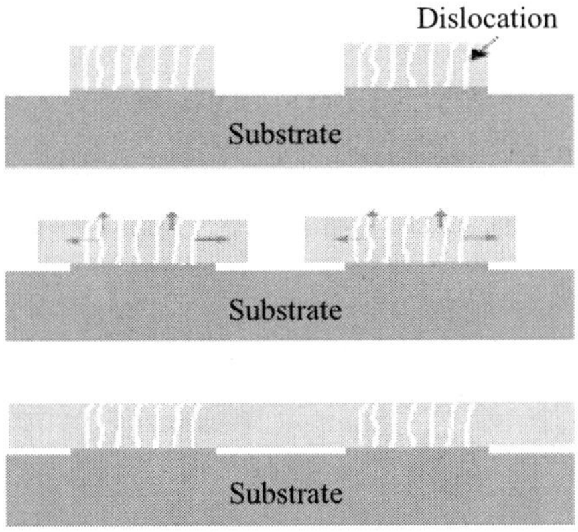

그림 1.48 Pendeo Epitaxy의 원리를 보여 주는 모식도

스크 쪽으로 수평 성장하고 SiO_2 마스크상의 GaN는 전위를 거의 포함하지 않는 고품위의 결정성을 가질 수 있다. Wing 영역에서의 TD density는 대략 ~106 cm^{-2}의 값을 가지는데 이는 window 부분에 비해 10,000배 정도 감소한 수치이다. Pendeo-epitaxy(PE), cantilever epitaxy(CE), lateral epitaxy on patterned sapphire(LEPS) 등의 기술도 모두 수평 성장을 통하여 TD 표면 침투를 억제시키는 기술로 ELO 기술에서 변형된 것들이다. Pendeo epitaxy는 maskless ELO라고도 불리며, 2001년 R. F. Davis 그룹에서 처음 연구 결과를 보고하였다(그림 1.48). GaN을 sapphire 기판 위에 성장한 후, 기판까지 건식 식각하여 기판을 패터닝하고 그 위에 다시 GaN을 성장하면, 노출된 기판 위에는 성장이 되지 않고 GaN 위의 성장이 우세하게 된다. 성장 변수를 조절하여 측면 성장 속도를 수직 성장 속도의 2배 이상까지 증가시킬 수 있으며, SiO_2 등의 마스크를 사용하지 않는 특징이 있다.

University of California at Santa Barbara의 Steve Den Baars 그룹에서는 2001년 ELO 기술에서부터 응용되어 개발된 cantilever epitaxy(CE) 기술을 이용하여 SiC 기판과 Si 기판 위에 GaN 박막을 선택적으로 수직, 수평 성장하는 기술을 발표하였다(그림 1.49). CE 기술이 ELO 기술과 다른 점은 패턴공정 전에 GaN seed층을 성장하지 않는다는 것

그림 1.49 CE 기판 위의 성장된 GaN층의 SEM 단면

인데, 이 기술은 SiC 기판이나 Si 기판을 스트라이프(stripe) 패턴으로 수 μm까지 에칭한 다음 기판 스트라이프의 톱플레인(top plane)에서 수직 성장된 GaN를 기판의 trench 위로 수평 성장시키는 방법이다. 기판 스트라이프의 톱플레인에서 GaN 박막이 성장될 때 trench에서도 GaN이 성장되는데 기판 trench에서 성장된 GaN는 스트라이프의 높이까지 도달하기 전에 스트라이프의 톱플레인에서 성장된 GaN의 수평 성장에 의해 덮이게 된다. AFM 이미지에서 나타나는 dark pit density를 계산한 결과 스트라이프의 trench 영역에서 CE GaN/SiC의 경우 $9\times10^{8}\ cm^{-2}$을 보고하였고, CE GaN/Si(111)의 경우 $7.5\times10^{9}\ cm^{-2}$였으나 wing 영역에서는 두 경우 모두 dark pit이 관찰되지 않았다.

1.4.2.5 Patterned sapphire를 이용한 에피 성장

질화물계 LED 성장용으로 사용되는 sapphire 기판 표면에 일정한 형태의 패턴을 제작한 후 그 위에 GaN을 에피 성장하면 편평한 기판 위에 성장되는 GaN 구조에 비해 TD 감소와 소자의 출력 향상의 효과를 볼 수 있다. Mukai 등이 발표한 보고에 따르면, patterned sapphire substrate(PSS) 위에 성장한 LED의 출력이 편평한 기판 위에 성장한 LED보다 29% 출력 향상을 가져온다는 보고(그림 1.50)가 있는데 이는 TD의 감소보다는 기판 표면의 불규칙성에 의한 방출광의 산란으로 추출효율이 향상되는 것으로 보고 있다. PSS에 의한 효율 개선은 패턴의 모양과 밀접한 관계가 있어서 다양한 패턴의 PSS 성장법이 시도되고 있다.

그렇다면 LED 패키지 구조는 어떻게 구성되어 있는지 알아보도록 하겠다. 우선 LED의 효시라고 할 수 있는 램프 타입의 LED부터 그 구조를 파악하도록 하겠다. 곁에서 보이는 LED 아래의 두 발은 전극 역할을 하는 것으로 짧은 쪽이 음극(−), 긴 쪽이 양극(+)에 연결하게 되어 있다. LED의 본체인 머리 부분을 자세히 보면 그림 1.51과 같다.

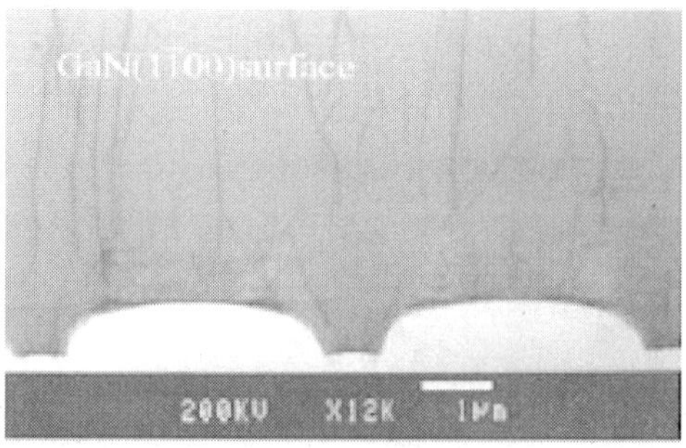

그림 1.50 PSS 위에 성장된 GaN층의 TEM 단면

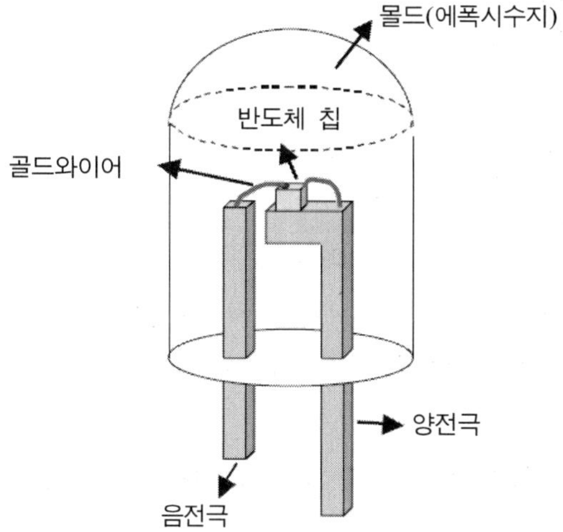

그림 1.51 램프 타입 LED의 구조

그림 1.52 SMD 타입의 LED 구조

반도체 칩에 전원을 공급하기 위한 음전극과 양전극이 있으며, 반도체 칩은 그 중 한 전극에 올려 있다. 이 전극과 반도체 칩을 연결하기 위해 금으로 된 아주 얇은 전선을 사용하는데 이를 보통 골드와이어(gold wire)라고 한다. 이 내부를 보호하고 동시에 빛을 모아 주는 렌즈의 역할을 하는, 플라스틱의 일종인 에폭시 수지를 사용하여 반도체 칩을 감싸는데, 이를 몰드(mold)라 한다.

그림 1.51의 구조를 기반으로 해서 현재에는 매우 다양한 구조의 LED들이 등장하여 상품화되고 있다. 이 중 제일 대표적인 것이 SMD 타입의 LED(그림 1.52)일 것이다. LED가 고휘도로 가면서 방열 문제가 심각해짐에 따라 등장한 새로운 구조의 LED라고 볼 수 있다. 칩의 온도 상승은 칩의 수명과 패키징 재료의 내구성에 영향을 미치기 때문에 반드시 억제되어야 할 사안으로서 서브마운트(sub mount)의 열전도성, 에폭시레진의 내열성, 내자외성 등을 고려한 다각적인 패키징 설계가 필요하다. Lumileds 사에서 발표한 Luxeon series는 이러한 조건을 잘 만족시키는 대표적인 제품으로서, 열저항 8 ℃/W를 가지며 5 W의 인가전력에서도 구동이 가능하도록 설계되어 있다.

패키징 재료에서 중요한 재료 중 하나는 형광체이다. 형광체는 칩에서 발생되는 광에너지 여기에 의해 자체 발광을 하는데 형광체의 흡수강도가 패키징 제품의 출력을 결정하는 중요한 요인이라고 한다면 형광체 도포 방법은 방출광의 색 균일도를 결정하는 중요한 과정이다. 도포 방식에 있어서 기존의 전통적인 방법인 slurry 주입법에서 conformal coating법이 도입되고 있으며, 이 방식으로 제작된 백색 LED의 색온도 분포가 훨씬 균일한 것으로 측정됨을 알 수 있다.

1.5 LED 칩의 제조 공정

지금까지 LED의 원리 및 특성에 대해 알아보았다. 지금부터는 이처럼 우리 생활에 밀접하게 다가와 있는 LED는 어떠한 과정을 통해서 만들어지는지 알아보도록 하겠다. 특히 이 장에서는 LED의 구성품 중 칩의 제조 공정에 대해 알아보도록 하겠다. LED 칩의 경우 LED의 특성을 결정짓는 매우 중요한 요소이다. 그렇게 때문에 LED 칩의 제조 공정을 이해하는 것이 LED를 이해하는 데 있어 매우 중요한 과정이다. 그림 1.53은 LED 칩의 제조 공정을 플로 차트로 나타낸 것이다.

LED 칩 제조는 그림 1.53과 같이 매우 다양한 과정을 거쳐 제조된다. 그렇다면 각 중요 단계에서 어떠한 공정이 이루어지는지 알아보도록 하자.

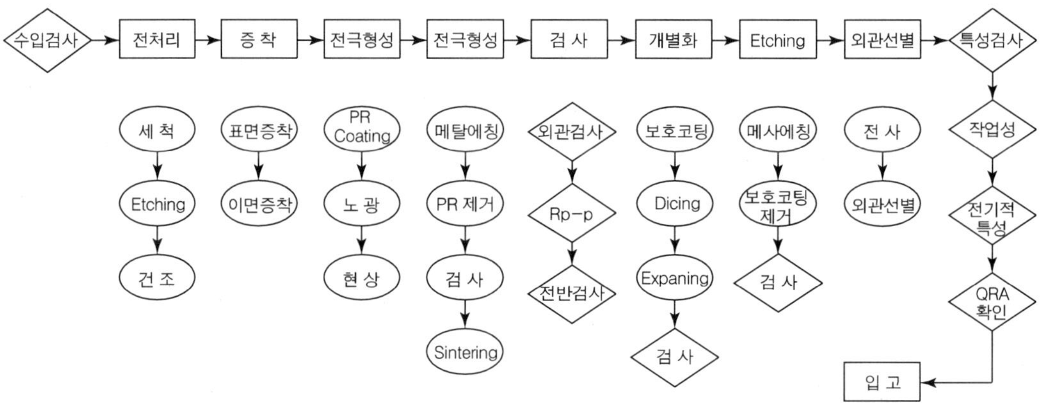

그림 1.53 LED 칩의 제조 공정

1.5.1 에피택시 공정

소자의 응용을 위한 결정성장 방법 중 하나는 단결정으로 이루어진 웨이퍼상에 얇은 박막결정을 성장시키는 것이다. 이 과정에서 기판은 그 위에 새로운 결정을 성장시키는 시드 결정(seed crystal)이 되며, 새 결정은 기판과 같은 결정 구조 및 방향성을 가진다. 이렇게 기판 웨이퍼 위에 같은 방향성을 갖는 단결정 막을 기르는 기술을 에피택셜 성장(epitaxial growth) 또는 에피택시(epitaxy)라 한다. 에피택시는 성장되는 결정이 기판 결정과 같은 물질인 호모 에피택시(homoepitaxy)와, 결정들이 서로 유사한 격자 구조를

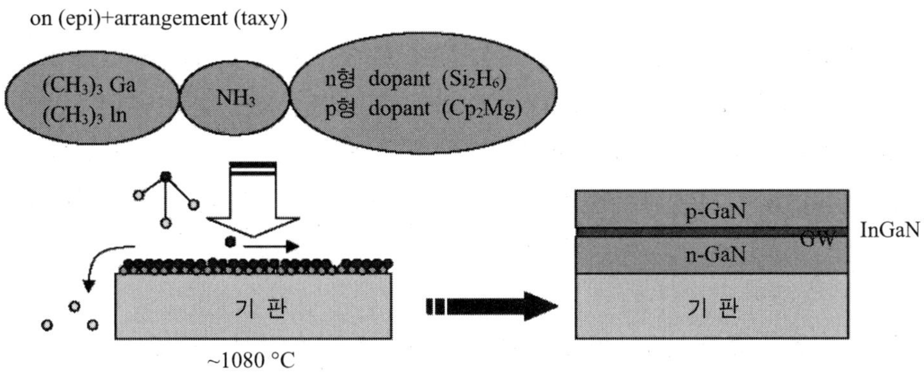

그림 1.54 에피택시(Epitaxy) 공정

갖지만 다른 물질인 헤테로 에피택시(heteroepitaxy)로 구분된다. 에피택시는 기판 결정의 용융점보다 훨씬 낮은 온도에서 행해지며, 성장막의 표면에 적절한 원자를 공급하기 위하여 다양한 방법이 사용된다.

현재 주로 사용되고 있는 방법에는 액상 에피택시, 기상 에피택시, 분자선 에피택시 등이 있고, 이러한 성장 방법들에 의해 Si과 GaAs를 포함하는 광범위한 반도체 박막 결정들이 키워지고 있다. 특히 화합물 반도체인 LED 칩의 구현에 있어 에피택시 공정은 필수적인 공정이라 하겠다.

1.5.1.1 액상 에피택시

금속의 융체를 용매로 해서 이것에 희망하는 조성의 원료를 녹이거나 용액을 냉각시켜 기판 결정 위에 단결정을 성장시키는 방법을 액상 에피택시(liquid phase epitaxy; LPE)법이라 한다. 용액류와 가동 슬라이드를 갖는 슬라이드 보트(slide boat)법이 널리 이용된다.

성장하기에 앞서 가동 슬라이드에 놓인 단결정 기판과 용액을 분리해 놓는다. 소정의 온도에 도달한 후 기판을 용액류의 아래로 이동시켜 온도를 내려 결정을 석출시킨다. 성장 후는 기판을 이동시켜서 용액류 부와 분리한다. 용액류를 다수 준비해 놓고 기판을 각기 용액류의 바닥에 연속적으로 이동시켜 가면 조성이나 불순물 밀도가 다른 다층 박막 결정이 연속으로 기판 위에 형성된다.

1.5.1.2 기상 에피택시

성장시키는 반도체의 구성 원소를 기체 상태에서 기판 위로 수송해서 단결정을 성장시키는 방법을 기상 에피택시(vapor phase epitaxy; VPE)법이라 한다. 원료는 구성 원소 화합물을 써서 일반적으로 기체 원료가 많으나 액체 원료의 경우에는 캐리어 가스로 버블링(bubbling)해서 기체 상태로 한다. 별도로 날아온 기체 원료가 화학 반응에 의해서 희망하는 조성을 형성하므로 화학기상퇴적(chemical vapor deposition; CVD)법이라고 하는 경우가 많다.

화합물 반도체의 경우, 용융 상태의 금속에 HCl 등의 할로겐 가스를 반응시켜 만들어 낸 기체상의 화합물을 이용하는 할라이드(halide)법이 있다. 또, 액체상의 유기금속(metal organic; MO)을 원료로 한 MOCVD법도 있고 일반의 CVD법에 비해서 저온에서의 양질의 단결정이 얻어지는 특징을 갖고 있다.

1.5.1.3 분자선 에피택시

초고진공(~10^{-8} Pa) 속에서 성분 원소의 증발 분자를 빔상으로 해서 기판을 향해 증발시켜 기판 위에 단결정을 성장시키는 방법을 분자선 에피택시(molecular beam epitaxy; MBE)법이라 한다. 결정성장 분위기나 에피택시 층의 관측 및 제어를 위해 각종 분석기가 갖추어져 있다. 조성, 두께, 불순물 밀도 등이 정확하게 제어된다. 원료로는 일반적으로 고체가 쓰이며, 성분 원소를 포함한 가스를 쓰는 GS(gas source) MBE법이나 유기금속을 쓰는 MO(metal organic) MBE법 등이 있다.

1.5.2 리소그래피

반도체, 절연물, 금속상에 희망하는 패턴을 얻기 위해 불필요한 부분을 제거하는(etching, 식각) 기술을 리소그래피(lithography)라 한다. LED 칩의 제작에 있어서도 매우 중요한 과정 중 하나이며, 사진 인쇄 기술의 의미를 갖고 있다. 보통, 자외선을 쓰므로 포토 리소그래피(photolithography) 혹은 포토에칭(photoeching)이라 한다. 에칭에 대한 보호막으로서 레지스트(resist, 감광성 수지)를 주로 사용하며, 자외선이 닿은 부분은 고분자화해서 용제에 녹지 않게 되고 닿지 않는 부분은 녹는다. 이와 같은 성질을 갖는 레지스트를 네가(nega)형이라 하며, 반대로 자외선이 닿는 부분이 녹는 성질을 갖

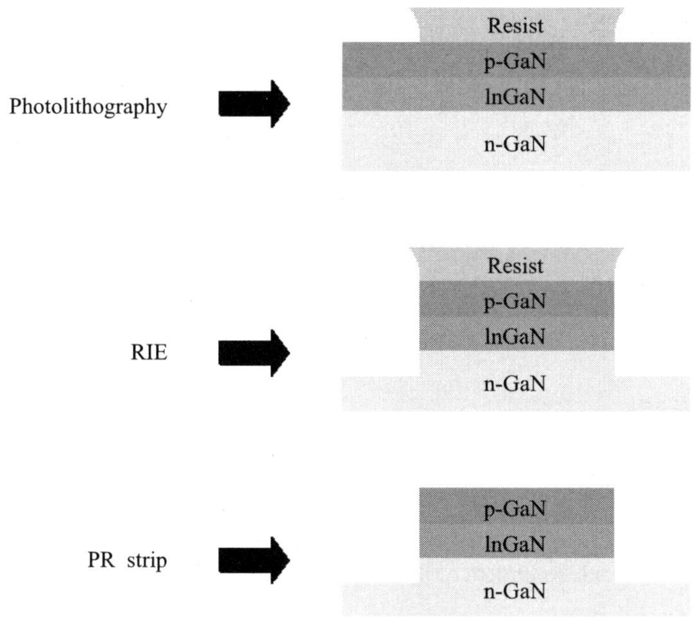

그림 1.55 리소그래피 공정

는 것을 포지(posi)형이라 한다.

에피택시 공정을 통해서 원하는 조성의 박막을 형성하고 이것에 레지스트를 바른다. 희망하는 패턴의 마스크를 써서 자외선을 쪼인다. 반도체 소자 제조 공정에서는 수회 이상 포토리소그래피를 행하므로 마스크와 반도체 표면의 레지스트의 패턴과 상대적 위치 맞춤이 필요하다. 다음은 현상에 의해서 레지스트상에 패턴이 형성된다. 화학 약품을 쓰는 wet 에칭이나 반응성 가스를 쓰는 플라즈마 에칭, 이온 충격 효과를 활용하는 리액티브 이온 에칭(reactive ion etching; RIE) 등의 드라이 에칭에 의해 레지스트로 덮여 있지 않은 박막을 에칭한다. 레지스트를 제거하면 칩 박막 표면에 희망하는 패턴이 형성된다. 이 방법은 LED 칩 제조 공정뿐만 아니라 반도체 제조 분야에 많이 사용되는 기술이다. LED 칩 제조에 있어서도 매우 중요한 기술 중 한 분야이다.

1.5.3 전극 형성

LED 칩을 제조하기 위해서는 반도체만이 아니고 절연체, 금속의 박막이 소자 간의 절연이나 배선을 위해 필요하다. 다음에 박막 형성법에 대해 간단히 설명하겠다.

1.5.3.1 진공 증착법

고진공 중에서 텅스텐 등 고융점 금속 히터 위에 희망의 재료를 놓고 가열해서 재료를 증발시켜 기판 위에 박막을 형성하는 저항 가열법이 널리 쓰인다. 융점이 높은 금속이나 절연물 박막의 퇴적용으로 이들의 재료를 전자빔으로 융해시켜 증착시키는 전자빔 증착법이 있다. 합금 등의 조성 변위를 방지하기 위해 그 재료를 조금씩 순간에 증발시켜 반복하는 플래시(flash) 증착법이 있다.

1.5.3.2 스퍼터법

낮은 진공 중에서 Ar 가스 등을 방전시켜 이온을 형성, 이것을 타깃에 쪼여 충격으로 타깃에서 날아든 입자를 퇴적시키는 방법을 스퍼터(sputter)법이라 한다. 운동 에너지는 10 eV 정도의 것이 가장 많으며 기판의 부착력이 강하다. 타깃 재료와 분위기 가스를 반응시켜 화합물을 형성하여 이것을 퇴적시키는 반응성 스퍼터법도 있다. 방전을 하기 위해 인가전계에 전류를 쓰는 경우와 고주파를 쓰는 경우가 있다. 절연막 형성에 직류를 쓰면 전하퇴적이 생기므로 퇴적할 수 없다.

1.5.3.3 CVD법

원리적으로는 CVD 에피택셜법과 같고 가스상 물질을 수송해 열분해 혹은 화학 반응을 이용해서 기판 표면상에 퇴적시키는 방법이다. 제작하려는 재료의 융점보다 꽤 낮은 온도에서 퇴적막이 얻어져 퇴적막의 순도가 높고 전기적인 특성이 안전하다는 특징이 있다. 퇴적 속도가 크므로 절연막용의 산화실리콘(SiO_2), 질화실리콘(Si_3N_3)이나 전극·배선용의 다결정 실리콘막 등에 적용된다. 감압 CVD법이 많이 이용된다. 또 내부의 반응가스 분자의 평균 자유행정이 대기압보다 크므로 협소한 경우에도 반응가스가 효율좋게 침투하고 농도의 균일성이 현저하게 향상되어 막질의 균일성이 좋아 여러 장을 처리할 수 있다.

1.5.3.4 플라즈마 CVD법

반응가스에 고주파 전계를 인가해 방전 플라즈마에 의해 가스를 활성화하여 저온에서 기판 표면에 박막을 형성하는 방법이다. 특히, Si_3N_3 막에 적용하면 CVD법으로 750

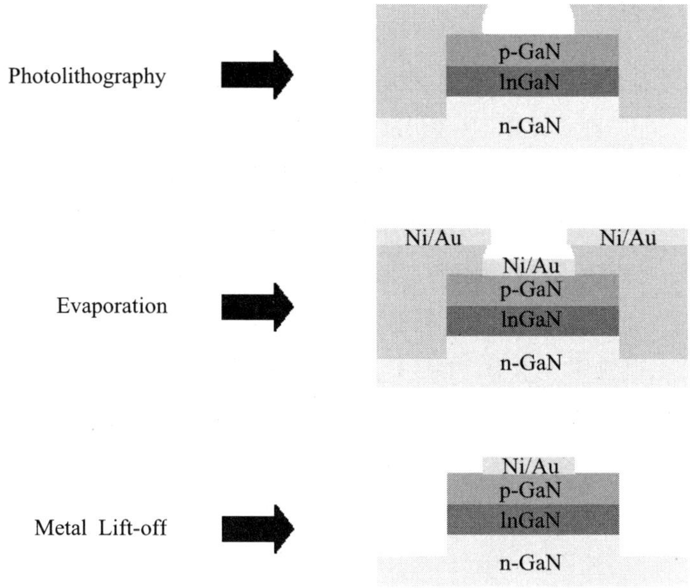

그림 1.56 전극 형성 공정

~800 ℃의 온도가 필요하나 300 ℃ 정도의 저온으로 형성할 수 있다. 반도체 소자나 집적회로의 제작 후에 표면 보호막으로서 퇴적할 때에 이용한다.

그림 1.56처럼 앞에서 배운 리소그래피 공정으로 마스크를 형성하고 전극 형성 공정을 통하여 원하는 모양과 위치에 전극을 형성할 수 있다.

1.5.4 에 칭

에칭의 경우, 리소그래피 공정과 함께 반도체 제조 공정에서 매우 중요한 공정 중의 하나이다. LED 칩 제조에 있어서도 매우 중요한 공정 중 하나이기 때문에 잠시 설명을 하고 지나가기로 한다. 주로 액체나 가스 상태의 화학적 에칭은 딱딱한 감광제로 보호되지 않은 부분의 장벽물질을 제거하는 데 사용한다. 약품의 선택은 에칭하고자 하는 물질에 따라 달라진다. 에칭액은 감광층이 보호하고 있는 부분보다 비보호 부분을 신속히 제거하기 위해 높은 선택도가 요구된다.

1.5.4.1 습식 에칭

실리콘 산화막에 창을 내기 위해 버퍼 산화 에칭(BOE 또는 BHF)을 주로 사용한다. BOE는 불화수소(HF)를 함유한 용매이고 이 용매에 웨이퍼를 담가 에칭을 한다. 실온에서 HF는 감광제나 실리콘을 에칭하는 것보다 더 빨리 실리콘 산화막을 에칭한다. BOE의 에칭률 범위는 25 ℃에서 10~100 nm/min이고 이는 실리콘 산화막의 밀도에 의존한다. 에칭률은 온도에 따라 달라지므로 에칭하는 동안 온도를 잘 점검해야 한다. 그 밖에도 에칭률은 산화막의 타입에 의존한다. 건조한 산소 분위기에서 성장한 산화막은 수증기가 있는 상태에서 성장한 막보다 천천히 에칭된다. 산화막에 인이 높게 함유되어 있으면 에칭률이 증가하는 반면, 비소가 높게 함유된 막에서는 에칭률이 감소한다. 이런 원소들이 많이 함유되어 있으면 SiO_2 막을 비소화 또는 인화한다.

HF와 물은 습식 실리콘 산화막이지 습식 실리콘이 아니다. 에칭 공정의 깊이는 실제 IC 웨이퍼들과 같이 에칭이 되는 테스트 웨이퍼를 눈으로 관찰하여 조절한다. 조절하고자 하는 웨이퍼에 소수성 조건이 생기면 에칭 과정이 완료된 것이다.

습식 화학 에칭은 모든 방향으로 똑같이 에칭되는 등방성 공정이다. 그림 1.57(a)는 실리콘 산화막의 좁은 선을 등방성으로 에칭하는 것을 보여 준다. 이 에칭 과정은 막의 두께만큼 감광막 아랫부분을 에칭한다. 이러한 비스듬한 에칭은 막의 두께만큼의 선폭을 요구하는 공정에서는 심각한 문제를 일으킨다.

1.5.4.2 건식 에칭

건식 에칭은 VLSI 제작 공정에서 널리 쓰인다. 습식 에칭은 상대적으로 많은 액체 화학 폐기물을 발생시키는 반면, 건식 에칭은 반응가스가 적게 필요하다.

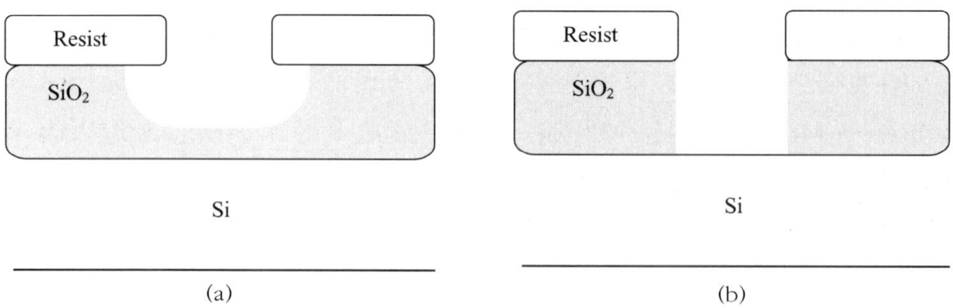

그림 1.57 (a) 등방성 습식 화학 에칭을 사용했을 때
(b) 플라즈마 또는 반응 이온 에칭 시스템으로 비등방성 건식 에칭을 했을 때의 단면도

플라즈마 에칭은 진공 상태의 RF 여기 장치에 의해 발생시킨 가스 상태의 플라즈마 속에 웨이퍼를 담근다. 플라즈마는 불소와 염소 이온들을 함유하고 있는데, 이것이 실리콘 산화막을 에칭한다. RF 전력원은 일반적으로 주파수 13.56 MHz에서 동작한다.

스퍼터 에칭은 에너지를 가지는 Ar^+ 같은 희귀 가스로 웨이퍼 표면에 충격을 가하므로, 웨이퍼 표면의 원자들을 물리적으로 뜯어내면서 에칭한다. 이것은 높은 이방성 에칭을 할 수 있으나 선택도는 떨어지는 편이다. 에칭할 때 웨이퍼를 보호하기 위한 장벽 물질로 금속을 사용한다.

반응 이온 에칭은 플라즈마와 스퍼터 에칭 과정의 복합이다. 반응가스들을 이온화하기 위해 플라즈마 시스템을 사용하고, 표면에 충격을 가하기 위해 이온들을 가속화시킨다. 에칭은 화학적 반응과 에칭 원소들의 운동량 전달에 의해 이루어진다.

1.5.5 가공 기술

앞에서 말한 일련의 과정을 거치고 나면 LED 칩이 완성된다. 이렇게 완성된 칩은 빛을 내기 위해서 전극에 도선을 연결하는 작업을 하게 된다.

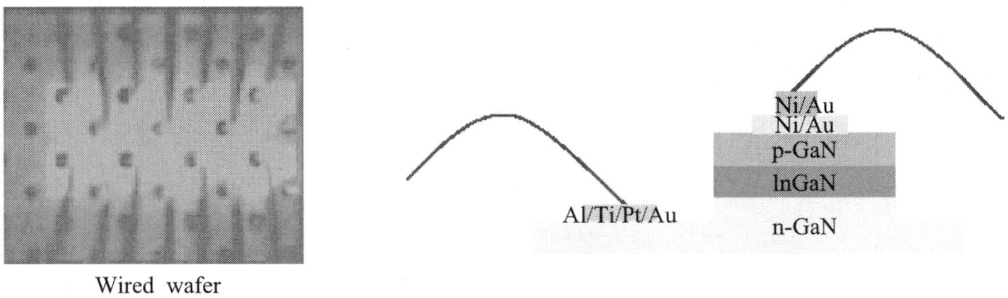

그림 1.58 도선 연결 공정

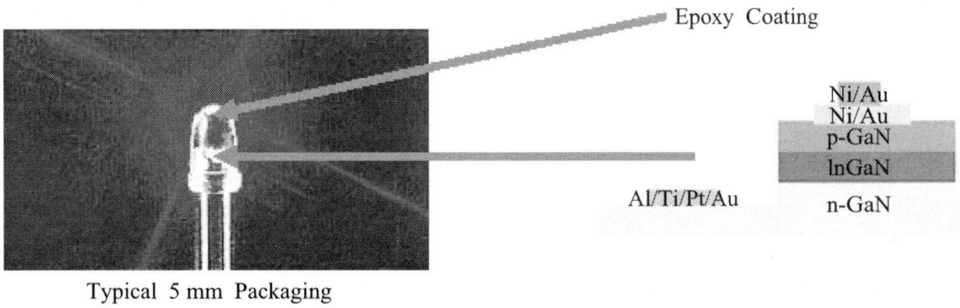

그림 1.59 모든 공정을 마친 LED 패키지

이처럼 도선 작업을 하는 장비를 이용해 칩 위에 형성한 전극에 외부로 연결될 도선을 연결한다. 이렇게 도선 작업까지 마친 칩은 이미 하나의 LED로 완성된 것이다. 여기에 칩을 보호하고 배광을 좋게 하기 위해 패키지 작업을 추가로 하게 된다.

패키지 작업까지 마치면 주변에서 흔히 볼 수 있는 LED가 완성된다. 최근에는 고휘도, 고파워 LED 등 다양한 LED들이 생산되고 있지만 앞서 소개한 기본적인 LED 칩 공정은 크게 다르지 않다. 그렇기 때문에 앞서 배운 제조 공정을 잘 이해하여 보다 성능이 향상된 LED를 제조하는 데 밑거름으로 삼길 바란다.

1.6 LED의 응용과 전망

1.6.1 LED의 응용 분야

LED는 휴대폰의 키패드 조명, 카메라 플래시 및 소형 LCD 백라이트에 적용되면서 그 응용 범위가 크게 넓어지고 있으며, 2002 월드컵에서 볼 수 있었던 옥외용 총천연색 대형 전광판, 교통신호등, 자동차 계기판, 항만, 공항, 고층 빌딩의 경고 및 유도등과 같은 다양한 곳에서 LED가 사용되고 있다. LED를 백라이트로 사용한 대형 LCD TV 역시 곧 출시될 예정인데, 기존 방식으로 제작한 것과 비교할 때 색채의 선명도가 매우 뛰어나다는 것이 장점이다. 또 LED는 화합물 반도체를 이용해 반응 시간이 빠른 점을 이용하여 자동차의 브레이크등에 사용되고 있으며, 또한 자동차의 각종 램프 및 계기판에 사용되고 있고, 1~2년 내에는 헤드램프도 LED로 대체될 것으로 전망된다. LED는 이와 같은 빠른 처리 속도와 낮은 전력 소모 등의 장점을 가지고 있으면서도 환경 친화적이고 에너지 절약 효과가 높아 차세대 조명으로 기대되고 있다. 이와 같이 LED의 강점이 뛰어나 앞으로 빛을 필요로 하는 모든 곳에 LED 기술이 적용될 것이다. 이처럼 응용 분야가 넓은 것은 반도체 이후 처음이 될 것으로 기대되고 있다.

1.6.1.1 조명용 LED

1879년 에디슨이 대나무를 탄화한 필라멘트와 함께 백열전구를 발명하며 산업시대의 급속한 발전에 빛을 밝혔다. 이후 1894년 셀룰로오스를 사용한 탄소 필라멘트가 발명돼 백열전구의 수명이 한차례 길어졌고, 이후 텅스텐 필라멘트 개발로 인류는 자연광에 가까운 빛을 얻게 되었다. 100년 넘게 진화한 인류의 조명은 형광등, 할로겐램프, 각종 가스램프 등 종류도 여러 가지가 나오게 되었다. 그러나 21세기 들어 인류의 조명은 필라멘트나 가스를 이용하는 것에서 반도체를 사용한 LED 조명으로 새로운 빛의 역사를 쓰고 있다.

조명용 LED(그림 1.60)는 같은 밝기의 일반 전구보다 가격이 5～20배까지 비싸지만 반영구적인 수명과 낮은 전기 소모량, 외부 충격에 잘 견디는 특성 덕분에 지난 한 세기 동안 세상을 밝혀온 백열전구와 형광램프를 대신해 신호등, 손전등, 가로등, 전광판, 자동차 전조등에 응용되며 조명기기 분야에서 혁명적 변화를 이끌고 있다. 특히 태양빛과 유사한 백색 LED가 상용화되면서 유지 관리가 중요한 교통신호등, 가로등, 터널 등과 같은 공공조명시설에 LED를 적용하는 사례가 늘어나고 있다. 이들 공공조명시설은 사용 환경이 혹독해 평균 3～6개월마다 전구를 교체해야 되는데, 조명 수리에 따른 민원과 유지비 문제로 골치를 앓아 온 주요 관공서가 영구적인 LED 광원 도입에 적극적으로 나서고 있는 상황이다.

고휘도 LED 시장은 그 속도를 가늠하기 힘들 정도로 매년 급속하게 팽창하고 있으며, 가격이 지속적으로 낮아지고 있어 향후 디스플레이 시장에 버금가는 거대한 시장을 형성할 것으로 기대된다. 특히 고부가 가치가 예상되는 냉장고, 화장품냉장고, 김치냉장고, 에어컨, 세탁기 등 가전제품에 사용되는 커스텀 디스플레이 LED도 사용이 늘어나고 있으며, 등산용 랜턴, 비상등에도 전력 소모가 적고 내구성이 강한 LED를 사용하는 사례가 늘고 있다. 또한 기존 백열전구 소켓에 꽂을 수 있는 가정용 LED 조명등의 수요도 꾸준하게 늘고 있다. 형광등 대체로 LED등을 사용하면, 유해 자외선(UV) 발생이 없어지고, 눈부심이 적어 눈의 피로가 적어진다. 또한 소비 전력이 형광등에 비해 훨씬 적어 에너지 절감에 탁월하다. 그 밖에도 LED등은 크기가 작아 공간효율이 높아지고,

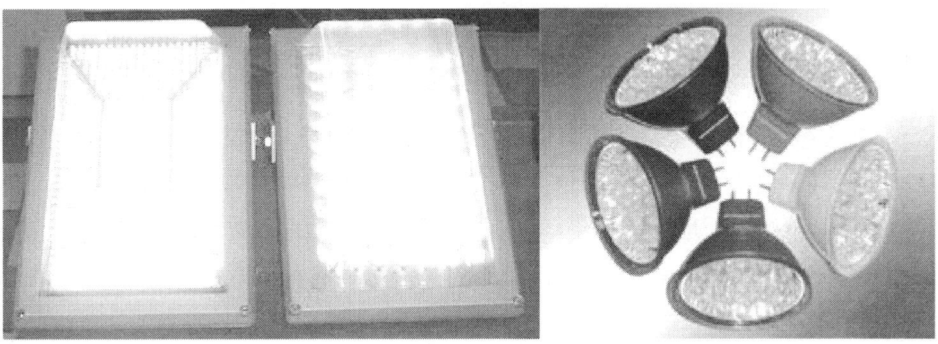

그림 1.60 조명 LED등과 램프

그림 1.61 LED 실내조명을 사용한 인테리어

방습・방구・오염방지 효과가 있어 욕실이나 사우나, 수영장 등에 적합한 조명이라 할 수 있다. 현재의 문제는 앞서 말했듯이 아직 LED 가격이 기존 조명 대비 20배 이상 비싸 가정 및 사무실용으로는 사용되고 있지 않다는 것이다. 하지만 LED 특성상 밝기가 매 2년마다 100% 이상 향상되고, 가격은 매년마다 50% 이상 하락을 하고 있기 때문에 2008년 백열전구를, 2012년 형광등을 대체할 수 있는 가격까지 내려갈 것으로 보인다. 현재에는 현대건설의 HILLSTATE 신규 아파트에 형광등을 대신해 LED 조명을 활용하는 방안이 발표되었다. 그림 1.61은 LED 조명을 사용한 HILLSTATE 아파트의 모습이다.

현재 조명 시장은 20조 원 규모를 이루고 있는데, 이를 LED로 대체할 시 수십조 원에 이르는 시장이 형성될 것으로 추산되며, 2020년에는 조명광원 시장이 30조 원으로 성장하고 모든 조명 제품의 70% 이상이 LED 제품으로 대체될 것으로 예측되고 있다. 이에 따라 시장조사기관들은 2010년 세계 LED 시장 규모가 약 110억 달러에 이를 것으로 전망하고 있다.

1.6.1.2 교통신호등으로 쓰이는 LED

반도체 기술이 크게 발달함에 따라 빛의 삼원색인 적색, 녹색, 청색뿐만 아니라, 가시광선, 적외선, 자외선 영역의 빛과, 또한 이를 이용하여 백색의 빛을 만들 수 있게 되었다. 종래의 단순표시기, 문자판 등에 주로 사용되었던 가시광선 저휘도 LED(light emitting diodes, 발광 다이오드)가 최근 화합물 반도체 기술의 발달로 고휘도 적색, 주황, 녹색, 청색 및 백색 LED가 나오면서 여러 다른 분야에 이용하게 되었다. 백열전구는 전구에 내장된 필라멘트를 가열해서 나오는 빛을 이용하므로 다른 광원에 비해 연색성이 좋지

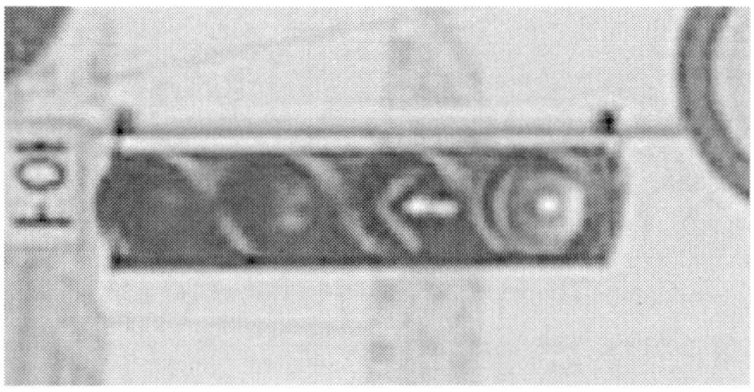

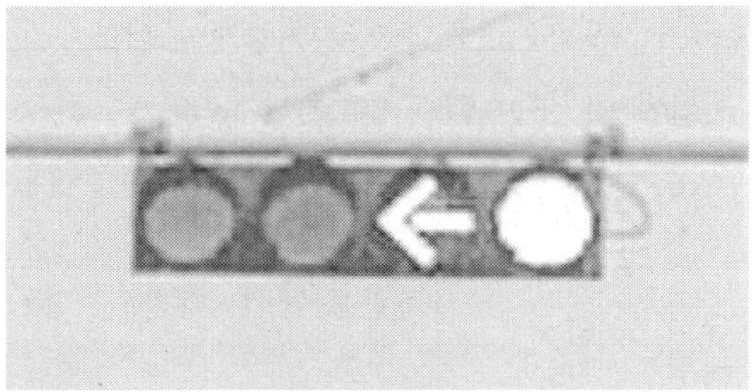

그림 1.62 전구식 신호등과 LED 신호등

표 1.4 LED 신호등과 전구식 신호등의 장단점 비교

구분	LED 신호등	전구식 신호등	LED 신호등 교체 시 장단점
발광 특성	• 전위 차이에 의해 발광 • 자체 색을 발하는 단일광	• 물체가 열을 받아서 발광 • 착색렌즈를 통한 등화색 표시	추가적인 비용 감소
전기요금	절전형 7～13 W	일반형 100 W	전기요금 절약 (85% 이상 감소)
시인성	• 동일 광도 가능 • 색의 경계 분명	착색렌즈의 투과율에 따른 색별 광도 변화	교통사고 예방 (20% 정도 감소)
내구성	• 낮은 발열 • 균일 광도 유지	• 발열로 인해 렌즈 표면에 분진 부착 • 빠른 광도 저하 및 불균일성 광도	
팬텀 효과	반사경이 없어 등화된 등색의 구분 확실	역광 시 반사경에 의한 등화 여부 구분이 불분명	교통사고 예방
온도 변화 특성	온도에 따른 광도 변화	비교적 안정됨	
수명	5～6년	6개월	고장이 적어 민원 발생 감소
유지관리비	향후 5년간 교체 없음	연간 1,200건 교체	유지관리비용 절감
교체비용	1조당 1,100천 원	1조당 500천 원	초기투자비용이 큼

만, 열 발생에 의해서 발광효율이 낮으며 수명이 짧다.

신호등은 적색, 황색, 녹색의 특정 파장대의 빛이 필요하므로 백열전구를 이용한 신호등은 착색렌즈가 필요하며, 이에 따른 빛의 손실을 가져온다. 신호등용 광원으로 많이 사용되는 230 V/100 W/840 lm/정격수명 4,000시간인 백열전구의 교통신호등은 시스템 효율이 매우 낮고, 24시간 지속적 점등에 따른 대량 에너지 소비와 전력 수요 관리

표 1.5 국내외 LED 신호등 기술개발 현황

지역 및 국가		활용 내용	결과	비고
유럽	스웨덴	차량등(녹색, 적색)	• 비용 85% 절약 • 내구연한 10년 추정	• 기존 녹색등 70 W • LED 10 W 사용
	영국	차량등(녹색, 적색)	• 시인성 우수 • 자본회수기간 2년 판단	
	기타 유럽 국가	차량등(녹색, 적색)	비엔나의 경우, 신규 또는 교체 신호등은 모두 LED로 설치하기로 결정	오스트리아, 독일, 스페인, 스위스, 핀란드
미국	펜실베이니아 주	• 6개의 모델로 제작 • 28개 교차로 운영	• 규격서 제정 작업 • 새고 등 불변	LED 잠정 규격안 확정 (ITE 제정)
	캘리포니아 · 오리건 주	적색신호등	94% 전기절약	
	미네소타 · 뉴저지 주	적색 점멸등	• 적색 점멸등 정상 작동 • 에너지 절감 효과 큼 • 내구연한 6～10년 판단	
캐나다	몬트리올	LED 신호등 구동용 전압변환장치 개발 운영	• 전압변환장치 발생 손실 줄임 • 생산체제 가동 중	• 기존 신호등 : 교류 전압으로 오류 • LED 신호등 : 직류전압으로 구동
일본	도쿠시마	차량 신호등(3색) 400여 개 설치	• 교통사고 발생률 25% 감소 • 전력요금절감(80,000원/1기)	착색렌즈 대신 무색렌즈 사용
한국	서울/대전	• 에너지 절약 • 환경적응 특성 • 시인성	• 에너지 절약 85% • 2년여 연속 시험에 의한 국내 온도 변화에 대한 적응성 입증 • 시인성 향상	• 무색/착색렌즈 겸용 • 3색 동일 광도 기준 • 한국형 규격 개발

가 어려워 잦은 보수를 하게 되고 이에 따른 관리비용 증가와 교통장애 유발, 팬텀 효과에 의한 나쁜 시감특성 등의 단점이 있다.

수백 개의 고휘도 LED와 구동회로로 구성되는 LED 교통신호등은 발열에 의한 열 손실이 거의 없으며, 특정 파장대의 단색광을 발광하여 착색렌즈 사용에 따른 빛 손실이 매우 작아 전구식의 신호등에 비하여 80% 이상 대폭적인 에너지 절약이 가능하다. 또한 LED 신호등은 백열전등을 이용한 신호등에 비해 수명이 훨씬 길므로 유지보수비용이 크게 절감된다. 이와 같이 LED 신호등은 에너지 절감뿐만 아니라 도로상의 교통안전 효과 개선을 가져온다. 때문에 북미 및 유럽의 거의 모든 나라와 아시아 지역의 일부 국가를 중심으로 정부의 에너지 관련 부처로부터 정책적 지원을 받아 시범 보급 및 확대 보급을 추진하고 있다. 우리나라에서 각종 교통신호등을 LED로 바꿀 경우 100만 kWh급 발전소 하나를 건설하지 않아도 되는 효과를 거둘 수 있다. 아래에 LED 신호등과 기존 신호등을 비교해 보았다.

이러한 이점으로 인해 산업자원부는 국책사업의 일환으로 교통신호등을 2002년부터 보급하고 있고 2010년까지 전국의 교통신호등을 100% LED로 교체 보급한다고 발표하였다. 산업자원부는 LED 교통신호등을 인증품목에 추가하는 '고효율 에너지 보급 촉진에 관한 규정'을 개정 고시하였다. 현재 사용되고 있는 교통신호등은 수입 백열전구(100 W, 60 W)를 이용함으로써 전력 에너지 소모량이 과다할 뿐 아니라 수명이 짧기 때문에 시설 유지관리비용이 높다. 신규 추가된 LED 교통신호등은 자체에서 빛을 내는 LED를 이용한 신호등으로, 에너지 소비 전력 15 W, 수명 10년 이상으로 현재 사용되고 있는 백열전구(100 W, 수명 6개월 정도)보다 수명이 훨씬 길고 색깔이 선명할 뿐만 아니라 에너지 절감 효과가 약 85%에 달해 경제성과 성능이 매우 우수하다. 현재 국내에는 교통신호등이 약 28만 개 정도 설치되어 있으며, 신호등 등 수는 80만 개 정도로 이를 모두 LED 교통신호등으로 교체하면 연간 208 GWh의 전력 절감이 가능할 것으로 평가하고 있다.

1.6.1.3 휴대폰 등 모바일 IT 기기들의 주 광원

모바일기기 키패드의 컬러화에 따라 R(적) · G(녹) · B(청) 등 개별 수요 증가와 모바일 디스플레이의 백라이트 광원으로 백색 LED가 기존 램프(형광등)를 대체하고 있다. 휴대폰 · 디지털카메라 · PDA 등 모바일 기기의 주 광원으로 사용되는 고휘도 LED는 최근 휴대폰 교체 주기가 더욱 빨라지면서 더욱 빠르게 성장하고 있는데, 컬러화와 다

그림 1.63 LED 응용 가능한 모바일기기

기능화에 따라 소비 전력이 늘어나는 기기에서 전력 소모량이 기존 CCFL에 비해 적으면서도 휘도는 뛰어난 백라이트용 백색 LED의 수요가 증가하는 것은 당연한 결과로 볼 수 있다.

1.6.1.4 전광판과 BLU

수십만 개의 적·녹·청 LED 소자를 탑재한 대형 LED 전광판은 '2002 한일 월드컵' 당시 10개의 주 경기장은 물론 길거리 응원에서 전국적인 응원 열기의 일등공신 역할을 하면서 새로운 영상정보 전달매체로 확고히 자리 잡았다. LED의 밝고 선명한 영상 전달 능력이 전국 수백만 군중을 마치 월드컵 구장에 와 있는 것처럼 가상체험을 하게 만든 것이다.

LED 전광판이 TV와 맞먹는 색상 표현과 선명도를 갖게 된 때는 천연색 컬러 구현에 필수적인 파란색 LED가 실용화된 1990년대이다. 최근에는 기존 옥외용 전광판의 해상도(7~12만 화소급)보다 3배나 높은 30만 화소급의 해상도를 갖춰 화소가 거의 보이지 않는 HDTV급 고선명 LED 전광판까지 등장하였다.

옥외용으로만 사용되었던 LED 전광판은 지하철역사, 증권사, 은행, 생산 공장 등에서 옥내용으로 사용되고 있다. 특히 LED 전광판 가운데 VHS는 고속도로 표지판, 공항 표지판, 은행, 주식 시세판, 지하철 안내판 등에 설치되는 가장 보편적인 LED 전광판이며 점차 그 영역을 확대하고 있다(그림 1.64).

기존 LCD 모니터 및 LCD TV에는 주로 CCFL이 사용되었지만 최근 수은 등 환경 유해물질의 규제가 심각해짐에 따라 친환경적인 소재부품인 LED로의 전환이 대세로 굳어지고 있다. 환경 문제와 더불어 LED를 LCD의 백라이트 광원으로 사용하면 여러 가지 이점을 얻을 수 있다. 대표적으로 수명이 거의 10만 시간에 가까우며, 소비 전력 또한

그림 1.64 대형 LED 전광판

백라이트 전체 기준으로 보면 CCFL 대비 절반 정도로 낮다. 또한 LED를 채용하면 제품의 박형화가 가능하다. 이는 평판 디스플레이의 가장 큰 세일즈 포인트가 될 수 있다. 그 다음으로는 풍부한 색재현성 또는 연색성과 높은 명암비를 얻을 수 있다는 장점을 들 수 있다. 기존 CCFL을 사용한 경우 NTSC 기준으로 70%에 불과하던 Color Gamut(연색성)이 RGB 3색을 혼합하여 백색을 구현하는 경우에는 100% 이상에 달하여 현존하는 모든 디스플레이를 통틀어 가장 우수한 색재현성을 얻을 수 있다(CRT TV 85~90%, CCFL 방식 LCD TV 70% 수준). 이 밖에 LED의 빠른 응답성을 이용하면 보다 효과적인 화질 제어가 가능하여 현재보다 더욱 탁월한 LED BLU를 구현할 가능성이 높다.

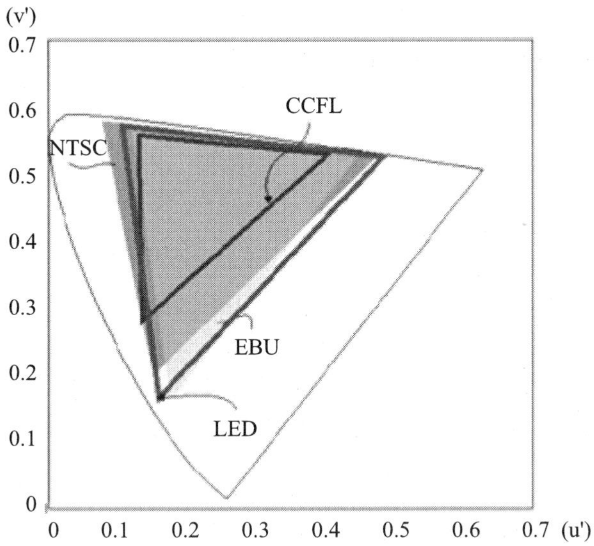

그림 1.65 CIE 좌표계와 제품별 Color Gamut(연색성) 비교

(a) 40″ LED BLU (b) 40″ CCFL BLU

그림 1.66 (a) LED를 이용한 LCD와 (b) CCFL을 이용한 LCD TV

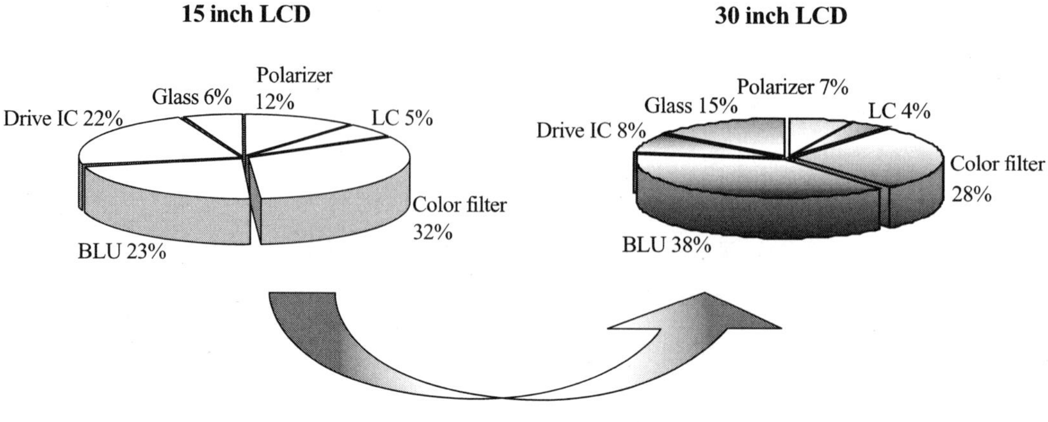

그림 1.67 LCD 패널에서 대형화에 따른 BLU의 가격 비율 증가

이러한 많은 성능상의 장점 이외에도 CCFL을 LED로 대체함으로써 얻게 되는 경제적인 효과 또한 무시할 수 없다. 노트북 PC에 주로 쓰이는 15인치급 LCD 패널의 경우 CCFL이 적용된 백라이트가 차지하는 전체 LCD에 대한 원가 비중은 약 23%에 해당하는데, 30인치급이 되면 그 비중이 38%로 1.6배 정도 증가하여 대형화에 따른 비용 증가를 감당하기 어려운 상황이다(그림 1.67).

따라서 LED 이외에도 EEFL, CNT, 면광원 등을 이용한 여러 가지 대체 광원을 개발하려는 요구가 커지고 있는 실정이며, 이러한 대체 기술들의 개발과 함께 CCFL의 저가격화에 따른 백라이트 가격 하락세가 급격히 이루어지고 있어 LED가 얼마나 빨리 가격 경쟁력을 확보하느냐가 LED 백라이트 성공의 관건이 될 것으로 보인다. 이 부분에 있어서 LED 업계들에 따르면 LED Chip Wafer 프로세스가 점차 인치수를 높여감에 따라 제조원가가 많이 떨어질 수 있을 것으로 낙관하고 있다. 이렇게 되면 LED 백라이트의 가격은 매우 드라마틱하게 떨어져 원가 면에서 상당히 경쟁력을 갖출 것으로 보이며, 이러한 경향은 광원의 원가 비중이 큰 40인치 이상의 대형 LCD TV에서 더 크게 작용할 것으로 보인다. 이와 함께 전면적에 걸쳐 휘도와 색의 균일성을 얻어 내야 한다는

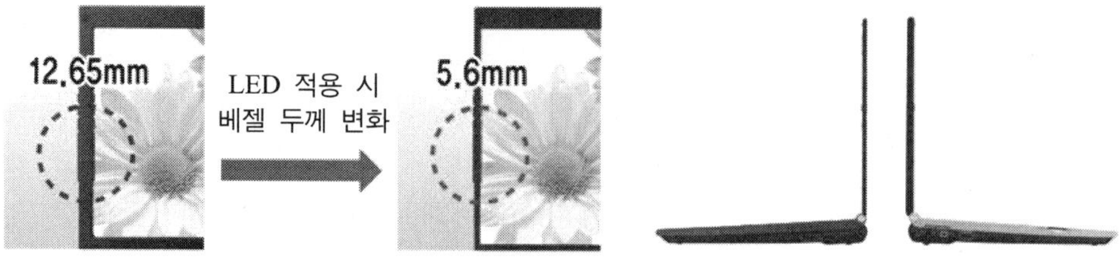

그림 1.68 노트북의 모니터를 LED로 대체했을 때의 두께 변화

광학 설계상의 어려움과 필요에 따른 색의 조합을 위한 LED 인가전류의 순간적인 제어 기술의 장벽을 뛰어넘어야 하는 것 또한 제품설계 측면에서 노력해야 할 중요한 과제이다. LED 백라이트는 LED 배치와 도광판의 형태 등 구조상 관점에서 직하 방식과 측면발광 방식으로 대별할 수 있는데, 직하 방식은 40인치 이상 대형 LCD TV를 타깃으로 하여 개발이 진행되었고 측면발광 방식은 직하 방식의 경제적, 기술적 문제점들을 해결할 수 있는 방안으로서 도입되어 20~30인치급 모니터 겸용 LCD TV나 중형급 LCD TV를 대상으로 하여 개발이 진행되고 있다.

1.6.1.5 자동차용 램프

자동차의 경우 스위치, 카오디오, 대시보드 등 자동차 안에서 빛을 발하는 곳에 LED가 최근 몇 년간 해마다 20%에 가까운 성장률을 보이고 있으며, 후미등에 이어 전조등 등 외부등의 경우도 LED 램프가 빠른 속도로 채택되어 생산되고 있다(그림 1.69). 이미 세계 자동차용 외장등의 40% 이상이 LED등으로 교체된 것으로 알려지고 있다.

향후 자동차 전조등으로 LED 램프의 사용이 크게 증가할 것으로 전망되고 있다. 일련의 LED 전조등 생산이 내년에 미국에서 시작될 예정이며 유럽에서는 2008년에 생산에 들어갈 예정이다. LED 기술의 전조등 생산 가격이 과연 대량 생산을 할 만큼 내려갈 것인지가 자동차에 있어서 LED 응용의 관건이다. LED 램프의 장점은 모양에 구애를 크게 받지 않아 디자인이 자유롭다는 것이며(styling flexibility), 한편 성능 면에서는 xenon과 같지만 가격은 그보다 저렴하고 수명 또한 길다는 데 있다(자동차 수명과 동일). 현재 LED 시스템 기술 수준은 초기 단계에 있기 때문에 앞으로 어떻게 발전될지에 대해서는 장담할 수는 없으나 대량 생산에 성공한다면 자동차 라이트 분야에 큰 혁신을 불러일으킬 것으로 보인다. 즉, LED 라이팅 개발업체들이 저렴한 가격으로 빨리 시장에 내놓는 데 성공한다면 LED 램프가 xenon 램프를 대체할 것이며 만일 그렇지

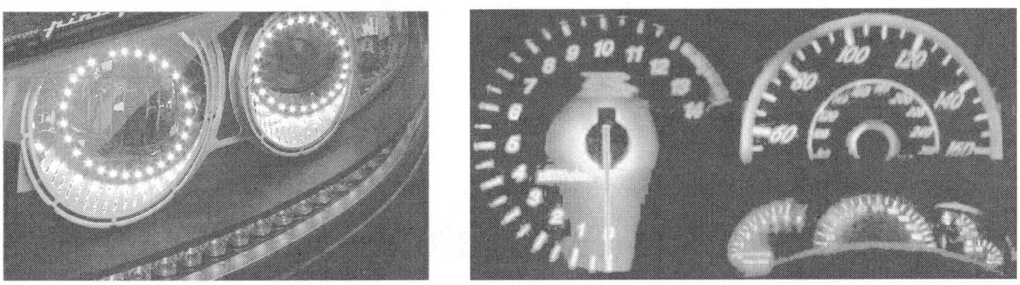

그림 1.69 자동차용 LED 계기판 및 전조등

못하다면 대낮에 켜는 라이트처럼 추가 기능의 전조등으로서 그 적용 범위가 축소될 것으로 보인다. 지금까지 미국 자동차 램프 시장에는 유럽산 제품이 지배적이었는데 미국에서도 차후 LED 램프가 생산된다면 유럽 공급업체들의 지배적 위치가 역전될 것으로 전망된다. 한편 유럽 라이팅 제조업체들은 EU 입법자들의 신기술 램프에 대한 저항으로 출시가 지연될 가능성을 배재하지 않고 있다. 그러나 LED 램프의 도입 시기와 시장 규모는 LumiLeds와 Osram 등 라이팅 업체의 LED 기술 개발 진전 상황에 달려 있는데 LED 기술이 해결해야 할 점은 발광력의 강화와 가격 인하 그리고 효율적 열처리 문제이다. 독일 Vsteon의 관계자도 xenon 수준의 가격에 도달해야 한다며 아직까지는 그 수준에 도달하지는 않았지만 가파른 하향 곡선을 그리고 있다고 언급하였다. 이같이 LED 램프의 수요가 확대되기 위해서는 우선 가격이 낮아져야 할 것이다. 그러나 램프 공급업체들도 현재로서는 LED나 xenon 램프의 생산 가격이 앞으로 어디까지 내려갈 수 있을지 예측하지 못하고 있다. 현재 xenon 라이트의 공급 가격은 700유로에서 1000유로 사이에서 거래되고 있다. 장기적으로는 LED 램프 가격이 xenon보다는 저렴할 것이라고 업체들은 전망하고 있지만 LED 가격이 xenon보다 저렴해진다 해도 할로겐램프 수준까지는 절대로 떨어지지 않을 것이기 때문에 할로겐램프가 앞으로 상당 기간은 자동차용 램프로 시장을 주도할 것이다. LED는 디자인의 구애를 받지 않기 때문에 모퉁이 램프(cornering lighting)로도 적합하며 포장 면에서도 수월하다고 한다. LED 램프는 폐차가 될 때까지 갈아 끼우지 않아도 될 만큼 수명이 긴 점과 또한 자동차 제조업체들이 대체 램프의 디자인을 추가로 할 필요가 없기 때문에 다자인 비용을 절감할 수 있는 점을 감안하면 결국 그렇게 고가는 아니라고 Hella Lighting의 관계자는 지적하고 있다. LED 램프는 할로겐이나 xenon 램프가 차지하는 공간의 반만 있으면 되므로 자동

그림 1.70 자동차용 LED 전조등(Lexus LS600h)

차 앞면 어디에나 장착할 수 있기 때문에 보행자 보호에도 도움이 될 수 있다. 자동차 램프 공급업체들은 자동차 제조업체들이 고급 차에만 xenon 램프를 장착해 특수 램프로서 그것이 주는 수익을 최대화하고 있는데, LED 램프에 대해서는 그러한 방법을 취하지 않을 것을 내심 기대하고 있다. 한편, 프랑스의 발레오 사는 2015년경 전조등의 15%가 LED 램프가 될 것이라고 전망하고 있다.

자동차용 조명 시장은 2005년 5200억 원의 시장을 형성하는 데 불과했으나, 기존 광원 대비 뛰어난 장점으로 인해 자동차업체들이 기존 조명을 LED로 급격히 대체하려 하고 있다. 자동차용 LED 조명은 크게 내부 조명(무드등, 독서등, 계기판, 시계 및 오디오 등)과 외부 조명(브레이크등, 방향지시등, 안개등, 헤드라이트등)에 사용되는데, 자동차 조명의 거의 대부분이 LED로 대체되었고 올해부터 헤드램프에 LED가 사용되기 시작해서 향후 커다란 신규 시장 창출이 가능할 전망이다.

1.6.1.6 집어등용 LED 램프

일본의 경우, 2003년부터 LED를 집어등으로 활용하기 위한 연구가 시작되어, 정부(수산청) 주도하에 2003년부터 LED 집어등 개발이 활발하게 진행되고 있다. 2003년부터 마린포럼 21의 "제안공모형 수산업 활성화 신기술개발사업"의 일환으로 오징어 채낚기

그림 1.71 일본에서 개발 중인 LED 집어등 설치 어선

어업용 LED 집어등 개발에 착수하여 2008년 상용화를 목표로 하고 있다. 현재, 소형 채낚기 어선 30척을 선정하여 어획량 및 연료 소비량에 대한 모니터링 활동을 진행 중이며, 최근 꽁치 봉수망 어업에서도 LED 집어등을 이용하기 위한 연구들이 활발히 진행되고 있다. 특히, 2006년 3월에 개최된 일본 수산학회에서는 LED 집어등 관련 논문이 8건이나 발표되었다. 2005년 12월에는 연료유 급등 대책의 일환으로 LED의 빠른 보급을 목표로 하는 "제2회 발광 다이오드(LED) 보급협의회"(수산청 주최)가 열려 안전성 워킹그룹의 보고와 소형 오징어 채낚기, 중형 오징어 채낚기, 꽁치 봉수망, 선망에 관한 LED 실증 시험 보고가 이루어지고 있는 상황이다.

우리나라의 경우, 최근 오징어와 꽁치 같은 집광성 어족이 특정 파장대 빛에 민감하게 반응한다는 사실이 알려지면서 LED를 이용하는 집어등 기술에 대한 과제 제안, 정책 제안, 기술포럼 운영 및 기초연구가 수행되고 있어 그 활용이 주목되고 있다. 특히 LED 집어등은 해상 환경에 적합한 LED 광원 기술, 전원장치 기술, 조명기구 시스템 기술 등 첨단조명 기술과 수산 기술의 융합기술로서 LED뿐만 아니라 다른 산업에까지 파장 효과가 클 것이라 예상된다.

1.6.1.7 차세대 LED 응용 분야

LED 기술의 응용 분야가 통신용 전송장비, 광계측기, 광응용시스템 등 종전과는 다른 차원의 응용 분야로 넓어지고 있다. 초고속 멀티미디어 서비스 제공을 위한 광전송 장비 응용 소자의 경우 통신용 LED가 사용되고 있으며, 광트랜스시버에서는 가격이 상대적으로 비싼 레이저 다이오드(LD) 대신 LED 적용이 이루어지고 있다. 적외선 무선통신 기기용 LED의 경우, 컴퓨터와 전화기 및 휴대폰 간의 무선 데이터 통신에 활용되고 있다. LED는 또 복사기, 프린터, 스캐너, 팩스 등 사무자동화 기기에서 정전기 잠상을 만들거나 지우는 데 쓰이며, 차세대 광계측기, 광응용 시스템에 사용되는 핵심 광원으로의 접목도 활발히 이루어지고 있다. 특히 복사기의 경우, 복수의 LED를 직선으로 나열해 선 형태의 균일한 밝기를 얻을 수 있도록 제작된 어레이바가 사용된다. LED 어레이바를 사용할 경우, 수명이 길고 예열이 필요 없는 순간 점등 특성에 힘입어 전력 절감 효과가 뛰어나다.

1.6.2 LED의 미래

LED에서는 빛의 삼원색을 이루는 녹색 LED의 경우 상대적인 밝기가 적색과 청색에 비해 저하되는 문제가 있는데, 이를 극복하여 고휘도화를 이루도록 할 필요가 있다. 또한 대형 옥외 LED 디스플레이의 응용이 진행되어 온 최근에는 LED 램프의 집적 기술, 복수 소자의 유닛화, 저소비 전력화 등의 기술 진보가 요망된다.

반도체 조명인 고휘도 LED는 반도체의 특징인 빠른 처리속도, 저전력 소모, 긴 수명 등의 장점으로 세계 시장 규모가 2004년 3조 6000억 원이며, 연평균 11%의 성장세를 보이면서 2007년 말에 6조 2000억 원의 거대 단일 품목 시장을 형성하며, 2010년경에는 15조 시장, 응용 제품 시장까지 합하면 90조 원에 육박할 것으로 내다보고 있다. 현재 우리나라의 조명용 전기 에너지 비율은 약 20%이다. 반도체 조명은 일반 조명에 비해 50%의 전력이 절감되어 국가 총 전기 에너지의 10%를 절감할 수 있다. 즉, 약 2조 원이 소요되는 원자력발전소 2기의 건설비용을 줄일 수 있다는 계산이 나온다. 현재 조명효율이 백열등을 대체할 수준이 된 양산용 백색 LED는 수많은 장점으로 인해 가격 문제를 극복하면서 조만간 반도체 조명 시대를 이끌 것으로 기대되고 있다.

이제 반도체 조명산업은 휴대폰, 메모리, 디스플레이 사업의 뒤를 이을 미래전략산업으로 인식되어야 한다. 급증하는 조명용 LED 시장의 선점을 위해 일본, 미국, 대만, 유럽 등의 기술 선진국들은 차세대 조명용 LED 개발을 위해 국가적으로 많은 투자를 하고 있다. 가장 발 빠른 행보를 보인 일본의 경우, 통산성을 중심으로 "Light for the 21st century"라는 국책 프로젝트하에 대학, 산업체가 참여하여, 1998년부터 2008년까지 연간 62억 엔의 사업비를 투자하여 120 lm/W의 광원 개발을 목표로 사업을 추진하고 있다. 이로써 전체 조명의 13%를 대체하여 조명용 원유 소비량의 7% 정도를 절감하는 것을 목표로 하고 있다. 세계에서 에너지 소비가 가장 큰 미국 또한 "Next generation Light Initiative" 프로젝트를 2002년부터 시행하고 있으며 최종 2020년까지 200 lm/W 광원을 목표로 매년 5천만 달러의 사업비를 투자하여 2025년까지 일반 조명기구의 50%를 전력소비가 낮은 LED를 이용한 백색 광소자로 대체한다는 목표 아래 광소자 개발에 매진하고 있다. 뒤늦게 시작한 대만의 경우도 "Next generation illumination light source"라는 프로젝트하에 11개 회사가 참여한 컨소시엄 형태의 사업을 추진하고 있다.

1.7 백색 LED의 기술 동향 및 특허기술

1.7.1 조명용 LED의 주요 기술

대표적인 백색광으로 태양광선을 들 수 있다. 태양광선의 파장에 따른 스펙트럼을 보면 가시광선 영역에서 연속적인 형태를 보인다. 백열전구가 가장 비슷한 형태를 취하고 있으며 형광등의 스펙트럼에서는 청색, 녹색, 적색 쪽의 형광체가 여기된다. 조명용으로 사용되기 위한 백색 LED의 스펙트럼은 형광램프 또는 백열전구처럼 되어야 한다. 백열전구는 오래 켜 놓았을 경우 만질 수 없이 뜨거워진다. 이는 열선, 즉 눈에 보이지 않아 조명에 기여하지 못하는 적외선이 나올 뿐 아니라 전력이 낭비되어 조명효율이 나쁘다는 것을 뜻한다. 실제로 입력 전력에 대해 가시광선 에너지의 변환율은 약 10%이고 적외선 방사는 약 70%를 보이고 있다. 백색 발광 다이오드의 효율은 가정용 조명기구로 널리 쓰이고 있는 백열전구에 비해 현재 2배 정도 높고 형광등보다는 3배 정도 낮다. 따라서 백색 LED가 조명용으로 사용되기 위해서는 많은 특성의 개선이 필요하다.

현재 상용화된 백색 LED 칩 하나에서 나오는 광속이 20 mA에서 약 1.5~2 lumen 정도이다. 일반 조명 시장에서 LED 조명이 사용되기 위해서는 100 lumen 이상이 되어야 하는데 이를 위해서는 LED 칩 약 60개 정도의 조합이 필요하다. 가격경쟁력을 고려한다면 형광램프가 1 cents/lumen 정도인 데 반해 현재 백색 LED는 0.5 $/lumen으로 약 50배 정도가 비싸다. 수명이 길고 전력 소모가 적어 유지보수비를 고려한다면 LED 조명이 경제적이지만 구입 가격이 너무 높으면 시장 진입에 어려움이 따른다. 기존 조명기구에 대해 백색 LED 전구가 가격경쟁력을 가지려면 LED 칩의 수를 줄여야 하고 칩당 광출력도 높여야 한다. 칩의 광출력을 높이기 위해서는 기존의 20 mA 구동에서 탈피, 수백 mA의 높은 전류로 구동시켜야 하는데, 이때 방열 문제를 해결해야만 한다.

이 밖에 LED 칩 구조, LED 기판 문제, 형광물질, 에폭시 등의 여러 가지 측면에서도 많은 개선이 이루어져야 한다. 특히 몰딩 시 사용하는 에폭시는 고출력 광에 의한 경화 문제가 심각해 현재 상용화된 백색 LED의 수명을 단축시키는 가장 큰 원인 중의 하나이다. 따라서 단파장 및 고출력에 견딜 수 있는 에폭시의 연구도 상당히 중요하다.

조명용으로 백색 LED를 사용하기 위해서는 LED 백색광 질의 개선이 이루어져야 하는데, 광질을 평가하는 데 있어 우선 상관 색온도(CCT)와 연색성 평가지수(CRI)가 있다. 여기서 CCT는 조명 빛의 색이 고온의 고체에서 나오는 빛과 비교될 때 그 반도체 칩에서 나오는 빛의 속도를 상관시켜 표시한 것을 말한다. 이 온도가 높을수록 눈이 부시고 푸른색을 띠는 백색이 된다. 백열전구처럼 따뜻한 느낌의 백색인 경우 CCT가 그 이상으로 높다. 현재 상용화된 백색 LED의 경우 약 6000 K 정도로 상관 색온도가 높아서 일반 조명으로 사용하기에는 더욱 개선이 필요하다. CRI는 태양광을 물체에 비출 때를 기준(CRI = 100)으로 인공 조명기구의 빛을 물체에 비출 때 15개 기준 색상을 인지하는 정도를 나타낸 평가지수를 말한다. 현재 백열전구의 CRI는 80 이상이고 형광램프는 75 이상인데, 상용화된 백색 LED의 CRI는 대략 65～75 정도를 나타낸다. 최근에는 청색 여기광원의 파장을 미세하게 조절해 CRI 값이 80 정도까지 개선된 실정이다.

만일 LED를 오래 동작시키거나 동작 온도가 높아지면 출력의 감소가 이루어지는데, 백색광을 이루고 있는 각 색깔의 LED 출력이 서로 다른 비율로 줄어들면 색 좌표가 달라져서 색 안정성에 문제가 생긴다. 따라서 CRI를 높이고, 색의 안정성을 확보하는 방법이 강구되어야 할 것이다. 청색 LED에 노란색의 형광물질을 쓰는 것보다 적색을 첨가하여 사용하면 스펙트럼이 더 넓게 분포되고 CRI를 더 높일 수 있다고 한다. UV LED와 RGB 형광물질을 사용하는 것이 광질을 조절하기 위한 변수가 많기 때문에 반도체 조명을 이루기 위한 유리한 방법으로 각광받고 있다.

백색 LED 조명에서 조명효율의 이론적 한계 값은 LED의 외부양자효율을 100%로 가정했을 때 CCT에 따라 다르지만 대략 300～400 lm/W 정도이다. 앞에서 언급한 바와 같이, 일부 주황색 AlGaNInP LED에서의 에너지변환효율이 이미 50% 이상을 구현한 것과 같이 백색 LED에서의 에너지변환효율을 50%대로 올린다면 조명효율이 200 lm/W대의 꿈의 조명기구를 만들 수 있을 것이다.

LED 기술의 눈부신 발달로 10년마다 발광효율이 30배씩 증가하였고, 반도체 기술의 발달로 칩 가격이 10년마다 10분의 1로 하락하고 있는 점을 고려하면, 가까운 장래에 반도체 LED 일반 조명의 꿈이 실현될 것이다. 앞으로 10년 후에는 일반 조명에의 응용이 일반화되길 기대하고 있지만 반도체 기술의 개발 노력 정도에 따라 일반 조명에서의 응용 계획이 크게 앞당겨질 가능성도 있다.

1.7.2 각 나라별 LED 기술 분석

지금부터 한국, 미국, 일본 및 유럽(EP)을 중심으로 한 고효율·고출력 LED의 기술을 분석하도록 하겠다. 국가별 특허비중은 일본 > 한국 = 미국 > 유럽의 순이며, 국내 특허는 약 24% 정도의 점유율을 보이고 있다. 또한 특허 출원 및 등록 추이를 살펴보면, 일본은 1980년대에 이미 출원이 상당히 많이 이루어져 1990년대 초반에 최고조에 이른 뒤 감소하는 경향을 보이고 있다. 이는 이미 일본은 고효율·고출력 LED에 관련한 특허가 포화 상태임을 알 수 있다. 한국과 미국의 경우, 1980년대 중반에 특허 출원이 시작되어 지속적으로 증가하다가 1990년대 중반 이후로 기하급수적인 증가세를 보이는 비슷한 양상임을 알 수 있으나, 엘지 필립스 LCD, 삼성전자 등의 주요 출원인이 특허 시장을 이끌고 있는 한국에 비해 일본과 한국 등 타국의 Family 특허가 주를 이루고 있는 미국과는 기술력에 있어서 차이가 있다고 할 수 있다. 각국의 주요 출원인을 살펴보면, 일본은 Semiconductor Energy Laboratory와 Seiko Epson, Matsushita Electronic이 있으며, 미국의 경우 자국 기업뿐 아니라 세계적인 각국의 기업들이 다수 출원한 것으로 보아 해외 다수의 기업들이 미국 시장을 적극적으로 보고 해외 시장 진출을 목적으로 많은 출원을 한 것으로 사료된다. 한국은 LG Philips LCD 및 삼성전자가 국내뿐 아니라 해외 출원도 활발히 하고 있지만 여러 국가가 각축전을 벌이고 있는 세계 시장을 선도하기 위해서는 기업 및 국내 연구기관들의 많은 투자가 요망된다. 한국, 미국, 일본 및 유럽의 기술 분야별 개발 동향을 비교해 보면, 모두 유사한 세부 기술 분야에 R&D가 이루어지고 있음을 알 수 있으나, 근본적으로 원천기술의 확보 면에서는 각국별로 큰 차이가 있을 것으로 판단된다. 최근 국내 업체들의 연구개발이 늘고는 있지만 아직 미미한 수준이며, 급변하는 세계 시장을 선도하기 위하여 신기술 연구 및 개발에 힘써야 할 것이다. 다음은 고효율·고출력 LED에 관한 각국별 주요 출원인의 최근 주요 특허 목록이다. 이를 통해 본 기술 분야에 대한 출원 경향을 살펴보고자 한다.

1.7.2.1 한국의 정성적 기술 분석

한국의 경우 고효율·고출력 LED에 관한 기술개발의 출원이 LG Philips LCD, 삼성전자, 삼성전기, 엘지전자 등의 대기업 위주로 이루어지고 있다. 이 중 가장 최근에 출원된 삼성전자의 공개특허 제2005-0007702호는 질화갈륨(GaN) 반도체를 이용한 청·녹색 및 자외선을 내는 단파장 발광 다이오드(LED)와 레이저 다이오드(laser diode; LD) 제작의 핵심 기술 중 하나인 양질의 오믹접촉(Ohmic Contact) 형성에 관한 것으로서, p형 질화갈륨 반도체 상부층에 p형 열전 산화물 박막(p-type thermoelectric oxide thin film; PTE)을 형성하는 합금 또는 고용체(alloys or solid solutions)를 증착한다. 그리고 열처리 공정을 통해서 p형 질화갈륨과 p형 열전 산화물 간의 에너지 밴드갭 조절과 표면 부위에 실효 캐리어 농도의 증가를 통해서 질화갈륨과의 계면에서의 쇼트키 장벽의 높이 및 폭을 각각 감소시켜 우수한 전류-전압 특성과 낮은 비접촉저항 값을 가지면서 동시에 단파장 영역에서 높은 투과도를 지닌 고품위 오믹접촉 시스템을 제공하는 것을 특징으로 한다.

삼성전자의 공개특허 제2004-0096207호는 질화갈륨(GaN) 반도체를 이용한 청·녹색 및 자외선을 내는 단파장 발광 다이오드와 레이저 다이오드 제작의 핵심 기술 중 하나인 양질의 오믹접촉 형성에 관한 것이다. 이 특허는 p형 질화갈륨 반도체 상부에 니켈계 고용체(Ni-based Solid Solution)를 박막 증착시킴으로써 질화갈륨 표면 부위에 실효 캐리어 농도를 증가시켜 우수한 전류-전압 특성과 낮은 비접촉저항 값을 가지면서 동시에 단파장 영역에서 높은 투과도(transmittance)를 지닌 고품위 오믹접촉 시스템을 구현하였다. 이처럼 삼성전자에서는 주로 고성능의 질화갈륨계 광소자 구현을 위한 니켈계 고용체를 이용한 오믹접촉 형성을 위한 금속박막 및 그 제조 방법에 관한 특허를 많이 출원한 것으로 보인다.

삼성전기는 공개특허 제2005-0000456호와 같이 형광체를 이용하지 않고 백색광으로 합성될 수 있는 2개 또는 3개의 파장대역의 광을 발산하는 2개의 발광부를 이용함으로써 형광체에 의한 효율 감소를 방지하면서 색감 및 광효율이 우수한 백색 발광소자를 제공할 수 있을 뿐만 아니라, 하나의 도전성기판상에 2개의 발광부를 나란히 형성하여 완성된 여러 개의 LED 소자를 조립하는 방식보다 적은 제조비용으로 보다 간소하게 제조할 수 있는 방법에 관한 특허를 출원하였다.

또한, 삼성전기에서 출원한 공개특허 2004-0021028에서는 기판의 상면에 활성층을 가지는 반도체층을 적층하여 복수개의 발광 다이오드 구조를 형성하는 제1단계와, 기판이 상이한 두께 분포를 가지도록 기판의 배면을 식각하는 제2단계와, 기판의 배면에 상이한 두께 분포로 형광물질을 형성하여 형광층을 형성하는 제3단계 및 복수개의 발광 다이오드를 각각 분리하는 제4단계를 포함함으로써 형광층의 두께를 조절하여 발광층에서 생성되는 광과 이 광이 변화되어 생성되는 상이한 파장 대역의 광의 출사비율을 조절하여 균일한 프로파일의 백색광을 발생시킬 수 있는 방법을 제시하고 있다.

한편, 엘지전자에서는 등록특허 제0382481호의 기판 위에 GaAs계 Ⅲ-Ⅴ족 화합물 반도체로 이루어지고 활성층을 가진 제1발광부와, 제1발광부의 소정 영역이 노출되도록 제1발광부 위에 ZnSe계 Ⅱ-Ⅵ족 화합물 반도체로 이루어지고 활성층을 가진 제2발광부와, 기판과 제1 및 제2발광부의 소정 영역에 각각 형성된 전극으로 구성되며, 기판 위에 635～780 nm의 파장 영역을 가지는 Ⅲ-Ⅴ족 화합물 반도체와 450～550 nm의 파장 영역을 가지는 Ⅱ-Ⅵ족 화합물 반도체를 격자 정합을 이루어 성장시킴으로써, 수명이 길고 백색 및 다양한 가시광 영역의 파장대를 실현하는 발광 다이오드를 제작하는 것을 특징으로 하는 특허를 출원하였다.

표 1.6 한국의 특허 목록

No	출원번호	출원일	출원인	명칭
1	2003-0047273	2003-07-11	삼성전자 광주과학기술원	고성능의 질화갈륨계 광소자 구현을 위한 p형 열전산화물을 형성하는 2원계 및 3원계 합금 또는 고용체박막을 이용한 오믹접촉 형성을 위한 박막전극 및 그 제조 방법
2	2003-0040959	2003-06-24	삼성전기	백색 발광소자 및 그 제조 방법
3	2003-0029073	2003-05-07	삼성전자 광주과학기술원	고성능의 질화갈륨계 광소자 구현을 위한 니켈계 고용체를 이용한 오믹접촉 형성을 위한 금속박막 및 그 제조 방법
4	2003-0014397	2003-03-07	광주과학기술원	아연산화물 반도체 제조 방법
5	2002-0058524	2002-09-26	엘지. 필립스 엘시디	액정표시 장치의 백라이트 유닛
6	2002-0058193	2002-09-25	엘지. 필립스 엘시디	액정표시 장치의 백라이트 유닛
7	2002-0052462	2002-09-02	삼성전기	발광 다이오드 및 그 제조 방법
8	2001-0030051	2001-05-30	개인	단파장 산화아연 발광소자 및 그 제조 방법
9	2000-0058637	2000-10-05	에피밸리 주식회사	펌핑층이 집적된 다파장 AlGa InN계 반도체 LED 소자 및 그 제조 방법
10	2000-0043661	2000-07-28	개인	백색 발광 다이오드의 제조 방법
11	2000-0031643	2000-06-09	엘지전자	백색 발광 다이오드 소자 및 그 제조 방법

이처럼 한국 특허에서는 주로 형광체를 이용하지 않고 백색광으로 합성될 수 있는 2개 혹은 3개의 파장대역의 광을 발산하는 2개의 발광부를 이용함으로써 형광체에 의한 효율 감소를 방지하면서 색감 및 광효율이 우수한 백색 발광소자의 개발이 눈에 띈다. 즉, 백색광의 구현에 있어서도 여러 광을 합성하여 백색광을 구현하는 기술을 중심으로 폭넓은 개발이 이루어지고 있기 때문에 다색 디스플레이 및 그 응용 분야의 개발이 활발히 이루어질 것으로 보고 있다. 표 1.6은 한국의 특허 목록을 표로 나타낸 것이다.

1.7.2.2 일본의 정성적 기술 분석

일본의 고효율·고출력 LED 관련 건 중에서도 중요 원천 특허라고 사료되는 니치아화학의 출원 건들을 중심으로 살펴보기로 하겠다. 가장 최근에 출원된 공개특허 제2004-304203호를 살펴보면, 발광 다이오드, 레이저 다이오드 등의 발광소자 또는 태양전지, 광센서 등의 수광소자에 사용되는 질화물 반도체에 관한 것으로, 지지 기판상에 질화물 반도체를 가지는 질화물 반도체 기판이다. 상기 질화물 반도체층이 지지 기판 표면의 질화물 반도체층상에 설치되는, 단면이 기둥 모양의 구조를 가지는 제1의 질화물 반도체층이 있다. 그리고 그 위를 덮는 제2의 질화물 반도체층을 가짐에 있어 기둥 모양의 구조와 상기 기둥 모양의 구조로부터 횡 방향으로 퍼진 우산 모양의 구조를 구비함으로써 질화물 반도체로 이루어지는 기판의 결정 결함을 감소시키고, 결정성이 우수한 질화물 반도체 기판의 성장 방법을 제시하고 있다.

또한, 니치아 화학의 공개특허 제2003-321675호에서는 Ca2Si5N7; Eu의 기본 구성 원소에, B, Al, Cu, Mn, Mg 등을 함유하는 질화물 형광체를 포함함으로써 약간 붉은빛을 띤 난색계의 백색의 발광장치를 제공하며, 청색 LED등과 조판을 합쳐서 사용하는 노랑으로부터 적색 영역에 발광 스펙트럼을 가지는 질화물 형광체를 제시하고 있다.

공개특허 제2003-179259호를 살펴보면, 고휘도로 장시간의 사용에 의해서도 발광 특성의 열화가 적은 백색계의 발광 다이오드에 관한 것으로서, 발광층이 질화물계 화합물 반도체인 발광소자와, 발광된 빛의 일부를 흡수하고, 흡수한 빛의 파장과 다른 파장을 갖는 빛을 발광한 포토 루미네선스 형광체를 구비한 발광장치에 있어, 포토 루미네선스 형광체가 Y, Lu, Sc, La, Gd 및 Sm으로 된 군으로부터 선택된, 적어도 1개의 원소와, Al, Ga 및 In으로 된 군으로부터 선택된, 적어도 1개의 원소를 포함하고 된 세륨으로 부활된 석류석계 형광체를 포함한 것을 특징으로 한다. 공개특허 제2002-164573호는 기판과 활성층 사이에 n 전극이 형성된 층과 AlGaN로 구성된 층 등 복수의 질화물 반도체층을 형성함으로써 출력을 향상시킨 LED, LD 등의 질화물 반도체 발광소자에 관한 것이다.

이렇듯 니치아 화학에서는 발광층이 질화물 화합물 반도체인 것에 관한 특허를 주로 출원하였음을 알 수 있는데, 1990년대에 출원된 In 및 Ga을 함유한 질화물 반도체로 된 활성층의 양측 또는 그 한편에 In 및 Ga을 함유한 질화물 반도체로 된 클래드층을 형성하는 공개특허 제1996-228025호와 p형 불순물이 도포된 질화갈륨계 화합물 반도체 표면에 저항 접촉용의 전극으로서 금속으로 된 투광성 전극이 형성된 것을 특징으로 한 질화 갈륨계 화합물반도체 발광소자에 관한 제1994-314822호가 대표적이다. 이외에도 물리적인 충격에 강한 측면 발광 반도체 발광장치에 관한 ROHM의 공개특허 제2001-320092호와, n형 GaAs 기판상에 n형 AlGaInP 하부 클래드층, AlGaInP 활성층, p형 AlGaInP 상부 클래드층, p형 AlGaInP 중간층, p형 AlGaInP 전류확산층을 형성하여 결정 표면에서의 결함을 줄인 SHARP의 공개특허 제2001-267631호, 적외 발광소자를 제작하기 위한 에피택셜 기판 및 발광소자를 제시한 SHOWA DENKO KK의 공개특허 제

2001-007383호, HITACHI CABLE의 공개특허 제1997-064415호 및 청색 발광을 보강한 3족 질화물 반도체 발광소자에 관한 TOYODA GOSEI의 공개특허 제1996-046240호 등이 있다.

이처럼 일본에서는 에피택셜 기판에 관한 연구도 활발하지만, 질화물 화합물 반도체들에 대한 연구가 주로 이루어지고 있다고 할 수 있다.

표 1.7 일본의 특허 목록

No	출원번호	출원일	출원인	명칭
1	2004-190032	2004-06-28	NICHIA CHEM IND	Nitride Semiconductor Substrate
2	2002-126566	2002-04-26	NICHIA CHEM IND	Nitride Fluorophor And Method For Producing The Same
3	2001-144466	2001-05-15	FUJI PHOTO FILM	Laser Diode Pumped Solid-State Laser
4	2000-328480	2000-10-27	SHARP CORP	Semiconductor Light Emitting Element
5	2000-134159	2000-05-08	ROHM	Edge Emission Semiconductor Light Emitting Device And Method Of Its Manufacture
6	1999-172482	1999-06-18	SHOWA DENKO KK	Epitaxial Substrate For Semiconductor Light Emitting Element And Light Emitting Element
7	1999-009276	1999-01-18	NICHIA CHEM IND	Display
8	2001-319395	1997-12-18	NICHIA CHEM IND	Nitride Semiconductor Light Emitting Element
9	1997-364012	1997-12-16	NICHIA CHEM IND	Nitride Semiconductor Element
10	1997-294191	1997-10-27	NICHIA CHEM IND	Display Apparatus Having Nitride Semiconductor Light-Emitting Diodes
11	2001-330406	1997-07-29	NICHIA CHEM IND	Light Emitting Diode
12	1999-331293	1997-07-29	NICHIA CHEM IND	Light-Emitting Diode
13	2002-278066	1997-07-29	NICHIA CHEM IND	Light Emitting Device And Emitting Element
14	1996-036250	1996-02-23	NICHIA CHEM IND	Nitride Semiconductor Light Emitting Element

15	1995-322924	1995-12-12	NICHIA CHEM IND	Nitride Semiconductor Light Emitting Element
16	1995-314339	1995-12-01	NICHIA CHEM IND	Nitride Semiconductor Light Emitting Device
17	1995-277776	1995-10-25	HITACHI CABLE	Manufacture Of Epitaxial Wafer For Light Emitting Diode
18	1994-197914	1994-07-28	TOYODA GOSEI	Group Ⅲ Nitride Semiconductor Light Emitting Element
19	1994-113484	1994-04-28	TOYODA GOSEI	Ⅲ Group Nitride Semiconductor Light Emitting Element
20	1993-124890	1993-04-28	NICHIA CHEM IND	Gallium Nitride Compound Semiconductor Light Emitting Element And Electrode Formation Therof

1.7.2.3 미국의 정성적 기술 분석

미국에 출원 등록된 특허 중 LUMILEDS LIGHTING에서 가장 최근에 출원된 공개특허 제2004-0061810호는 적어도 적, 녹, 청의 광원을 각 1개씩을 포함한 컬러 디스플레이용의 백라이트를 가진 디바이스에 있어서, 상기 광원의 적어도 1개는 제1파장의 빛을 발하는 발광 다이오드와, 발광 다이오드상에 배치되는 파장 변환 재료를 포함하며, 상기 파장 변환 재료는 제1파장의 빛을 흡수하고 제2파장의 빛을 방출하는 것을 특징으로 하는 파장 변환 발광 디바이스를 이용하는 컬러 LCD의 백라이트를 제시하고 있다. 또한, 동사의 등록특허 제6696703호도 LED에 의해서 방사된 주된 광을 하나 이상의 파장의 광으로 변환하여 특정 색의 광을 생성하는 하나 이상의 형광체 박막을 포함하는 형광 변환 LED 디바이스에 관한 것이다.

한편, 등록특허 6657300호는 금속과의 옴접촉 형성을 위해 GaN계 발광장치의 P형층을 최적화하고 있고, 등록특허 6650044호는 활성 영역을 포함하는 반도체층을 포함하는 층의 스택과, 상기 스택의 적어도 일부 주위에 배치된 실질적으로 균일한 두께를 갖는 형광물질을 포함하는 층을 구비하는 발광 디바이스에 관한 것이다. 또, 에피택셜층을 갖는 AlGaInN 베이스 LED에 관한 등록특허 6649440호, 메사상에 고반사 유전 피복이 된 반도체 LED 플립칩에 관한 등록특허 6630689호 및 빛을 집광하는 렌즈로서도 작용하는 LED 다이 커버 부재를 구비함으로써 캡슐 밀봉 재료의 황변 및 감쇠를 방지하는 발광 다이오드 장치에 관한 등록특허 6590235호, 등록특허 6504301호 등이 있다.

미국은 일본과 대만 등의 타국 기업의 Family 특허가 상당 부분을 차지하고 있어, 패키지 분야의 대표적인 기업인 LUMILEDS LIGHTING을 중심으로 살펴보았다. 이처럼 미국의 고효율·고출력 LED에 관한 연구는 제1파장의 빛을 흡수하고 제2파장의 빛을 방출하는 파장 변환 재료에 관한 연구 및 고반사 유전 피복이 된 반도체 LED 플립칩, LED 다이 커버 부재를 구비한 PKG 분야의 연구가 활발한 것으로 보인다.

표 1.8 미국의 특허 목록

No	출원번호	출원일	출원인	명칭
1	2002-256706	2002-09-27	Lumileds Lighting	Backlight for a color LCD using wavelength-converted light emitting device
2	2001-941452	2001-08-28	Lumileds Lighting	Light emitting diode(LED) device that produces white by performing phosphor conversion on all of the primary radiation emitted by the light emitting structure of the LED device
3	2001-858833	2001-05-15	Lumileds Lighting	Semiconductor LED flip-chip having low refractive index underfill
4	2001-852857	2001-05-09	Lumileds Lighting	Semiconductor LED flip-chip with high reflectivity dielectric coating on the mesa
5	2001-775765	2001-02-02	Lumileds Lighting	High stability optical encapsulation and packaging for light-emitting diodes in the green, blue, and near UV range
6	2001-755935	2001-01-05	Lumileds Lighting	Formation of ohmic contacts in Ⅲ-nitride light emitting devices
7	2000-688053	2000-10-13	Lumileds Lighting	Stenciling phosphor layers on light emitting diodes
8	2000-655752	2000-09-06	Lumileds Lighting	Method of stain engineering and impurity control in Ⅲ-Ⅴ nitride semiconductor films and optoelectronic devices
9	2000-617324	2000-07-17	Lumileds Lighting	Aluminum indium gallium nitride-based LED having thick epitaxial layer for improved light extraction
10	2000-586406	2000-06-02	Lumileds Lighting	P-contact for GaN-based semiconductors utilizing a reverse-biased tunnel junction
11	2000-556770	2000-04-24	Lumileds Lighting	Light emitting diode device that emits white light

12	2000-490777	2000-01-24	Lumileds Lighting	Chirped multi-well active region LED
13	1999-405938	1999-09-27	Lumileds Lighting	Thin film phosphor-converted light emitting diode device
14	1999-407231	1999-09-27	Lumileds Lighting	light emitting diode device comprising a luminescent substrate that performs phosphor conversion
15	1999-405947	1999-09-27	Lumileds Lighting	Tri-color, white light LED lamps
16	1999-390006	1999-09-03	Lumileds Lighting	Non-incandescent lightbulb package using light emitting diodes
17	1999-328870	1999-06-08	Lumileds Lighting	AlGaInN-based LED having thick epitaxial layer for improved light extraction
18	1998-187357	1998-11-06	Lumileds Lighting	High stability optical encapsulation and packaging for light-emitting diodes in the green, blue, and near UV range

연습문제

1.1 빛의 삼원색을 R(Red), G(Green), B(Blue)로 정의하는 이유를 서술하라.

1.2 빛의 특성 중 하나인 반사법칙에 대해 간단히 설명하라.

1.3 전자사태항복에 대해 설명하라.

1.4 반도체와 금속 접합 시 나타나는 접합 특성에 대해 설명하라.

1.5 LED 칩을 제조 공정 중 에피택시 공정에 대해 간단히 서술하라.

1.6 LED의 추출효율을 향상시키는 방법을 설명하라.

1.7 LED가 지닌 기술적/경제적/사회적 장점을 서술하라.

1.8 LED 구조 중 SMD 구조에 대해 간단히 설명하라.

1.9 LED가 응용되고 있는 분야 중 자동차에서의 LED 응용을 설명하라.

02 LED 패키지용 물질

2.1 LED 패키지 물질

2.1.1 포탄형 LED

포탄형 LED 패키지의 제작에 사용되는 것은 리드프레임(lead frame)과 몰드 컵, 그리고 몰딩용 봉지재이다. 리드프레임은 철이나 동합금에 은을 코팅하여 사용하며 봉지재는 주로 비스페놀 타입의 에폭시를 사용한다. 몰드 컵의 재질은 일명 TPX라 불리는 메틸펜텐 공중합체를 사용한다. 이 수지는 1956년 이탈리아 모테카치나 사의 너터가 발견한 폴리올레핀 계열의 하나로서 1965년 ICI 사에서 만든 중합체를 TPX 수지라고 한다. TPX폴리머는 다른 투명 수지와는 달리 내열성이 뛰어나고 용융 시 점도가 낮아 사출성형이 용이하다. 또한 흡수성(0.01%)이 매우 낮으므로 고온이 적용되는 몰드 컵의 재질로서 알맞다. 이 수지의 특성은 지방족 탄화수소로서 HDPE(고밀도 폴리에틸렌)와 비슷하나 투명하고 고온에서 기계적 특성이 뛰어나며 열적 안정제를 혼합하면 고온 변형성 등을 개선할 수 있다. 따라서 LED 몰드 컵의 재료로 알맞다고 할 수 있으며, 특히 봉지재를 몰드 컵에 주입하고 경화 시 150 ℃ 이상의 고온이 적용됨으로 융점이 235 ℃인 TPX는 매우 알맞은 재료라 하겠다.

에폭시에는 내자외선 물질이나 색깔을 나타내게 하는 색소, 빛을 확산하게 하는 확산제 등을 첨가하여 사용하기도 한다. 그 밖에 에폭시 수지는 단파장이나 고온(> 150 ℃)에 약하기 때문에 주로 적색이나 청색 범위의 LED 봉지에 사용하며 발열량이 많은 고출력이나 고휘도 제품에는 잘 사용하지 않는다. 봉지재에 대한 자세한 설명은 뒷부분에서 다시 하겠다.

2.1.2 표면실장형 LED

표면실장형 LED 패키지용 봉지재는 내자외선성, 내열성 에폭시 및 실리콘 봉지재가 사용되며, 패키지용 기판 재료는 수지, 세라믹 등이, 리드프레임용 재료로는 구리나 알루미늄 등의 금속이 사용되고 있다.

기판 및 리플렉터용 재료로 가장 많이 사용되는 수지는 기계적 강도 및 내열성이 뛰어난 polyphtalamide(PPA), 액정 고분자(LCP), 폴리카보네이트(PC), 비스말레이미드트리아진(BT) 수지 등이다. 이들 수지는 리플렉터의 반사율을 높이기 위하여 백색화할 수 있으며 복잡한 형태의 작은 형상도 용이하게 제조할 수 있는 장점이 있다. 대표적인 LED용 패키지 재료의 특성을 간단히 살펴보면 다음과 같다.

고내열성 컴파운딩 수지는 고온에서도 수지 본래의 일반 물성치 변화가 거의 없으며, 치수안정성 그리고 우수한 전기적 특성이 그대로 유지된다. 보통 내열성 수지는 분자구조에 따라서 결정성 고분자와 비결정성 고분자, 그리고 액정 고분자로 나눌 수 있는데 PPA는 결정성 고분자에 속한다. PPA 수지는 내열성, 내화학성이 대단히 우수하고 낮은 수분 흡수율 때문에 PPS(polyphenylene sulfide)와 PA(nylon) 수지 대체용으로 개발되었다. 특히 우수한 물리적 성질, 내열성, 전기적 특성 그리고 낮은 가격 때문에 응용 분야가 대단히 광범위하다.

열이 많이 발생하는 고출력 LED의 패키지 재료로 주목받고 있는 액정 고분자는 서모트로픽(열용융형), 리오트로픽(용액형)의 두 가지가 있다. 플라스틱과 같이 성형이 가능할 뿐만 아니라, 고탄성, 낮은 성형수축률, 내약품성, 낮은 선팽창계수, 자기소화성 등 뛰어난 특성을 가지고 있다. 고분자가 막대 형태이기 때문에 용융 상태에서 고도의 배향성을 가지며, 섬유 보강의 효과 및 자기 섬유 보강 효과를 가진다. 원료로는 P-히드록시 안식향산, 각종 디올, 방향족 디카르본산 등이 있으며, 제법으로는 에틸렌과 α-올레핀 코모노머를 이온중합촉매를 이용하여 중합할 때, 직쇄상의 고분자에 측쇄가 형성되는 형태로 만들어진다.

액정 고분자는 뛰어난 내열성을 가지고 있으며, 열변형 온도가 350 ℃를 넘어가는 것도 있다. 명확한 유리전이 온도가 없어, 급격히 물성이 변하는 온도 영역이 없으며, 종래의 비결정성 수지나 결정성 수지에 비해, 물성의 변화가 완만하다. 또 사출성형으로 제작한 성형품은 스킨, 코어 구조를 이루어 단위체적당 강도가 높은 특징이 있다. 주골격은 벤젠고리 또는 나프탈렌 고리로 내열분해성이 뛰어나다. 방향족 고리의 비율이 높을수록 내열성이 강해진다. 유기용매, 세정액, 오일, 그리스(grease)에도 강하며, 산에도 잘 견딘다. 하지만 축합형의 폴리에스테르이기 때문에 스팀이나 알칼리에는 주의해야 한다. 성형 특성으로는, 용융점도의 온도 의존성과 전단속도 의존성이 일반적인 열가소성 수지에 비해 크기 때문에 고유동성을 얻을 수 있어, 얇은 물건의 성형에 유리하다. 용도로는 내열성이 필요한 전기, 전자 부품을 중심으로 광범위하게 응용된다. 대표적으로 커넥터, 소켓, 저항기, 릴레이, 퓨즈 부품, 모터 부품 등을 들 수 있으며 LED 분야에서는 루미레즈의 고출력 패키지인 K2 패키지의 몸체 부분에 사용되었다. 제조업체로는 우에노제약, 스미토모화학공업, 듀폰, 도레이, 일본석유화학, 포리프라스틱스미쯔비시엔지니어링플라스틱스, 유니티카 등이 있다. 이들 LED용 패키지 재료의 단점은 단파장의 빛에 의해 변성이 일어날 수 있다는 것이다.

LED를 기존 조명 제품에 사용하기 위해서는 광도도 기존 제품과 비슷해야 하지만 무엇보다도 신뢰성이 기존 제품보다 뛰어나야 한다. 세라믹은 신뢰성 부분에서 앞에서 설명한 LED 패키지용 기판재료보다 뛰어나며 특히 열전도율이 PPA나 LCP보다 뛰어나다. 세라믹은 다층으로 적층하여 패키지를 제조할 수 있으며 적층부 사이사이에 회로를 실장할 수도 있다. 그 밖에도 세라믹은 발광 파장에 의한 반사율 의존도가 낮고 웨이퍼 레벨의 집적화된 형태로도 제작할 수 있어 다품종 대량생산할 수 있다는 장점도 가지고 있다. 하지만 단위 제품당 원가가 플라스틱을 사용했을 때보다 약 1.4배 정도 높은 것이 단점이다. 그 밖에도 세라믹 재질은 그림 2.1에 나타낸 바와 같이 파장에 따른 반사율의 의존도가 낮고 단파장이나 열에 의한 변성이 적은 것이 특징이다.

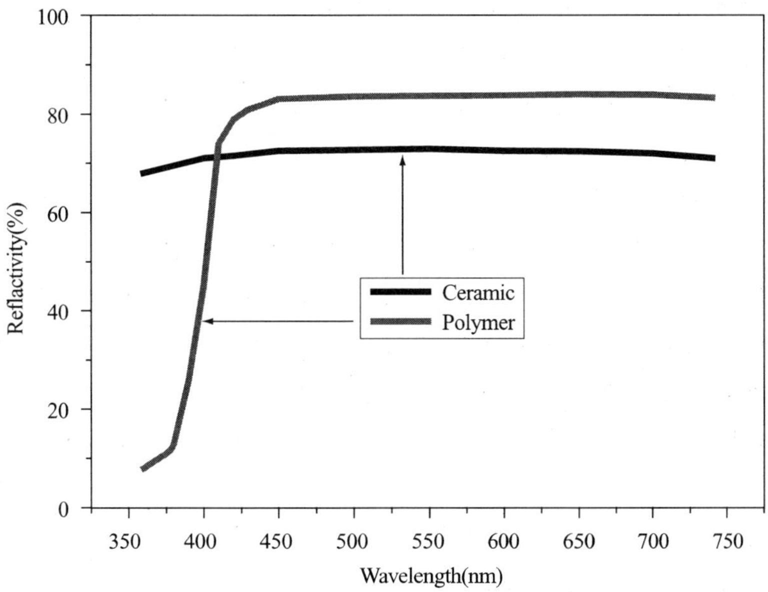

그림 2.1 세라믹 패키지와 고분자 패키지의 반사율

2.2 접착제

LED 칩의 접착에 사용되는 접착제의 원조는 1930년대에 미국의 Ciba 사에서 개발한 에폭시이다. 이어서 1940년대에 폴리우레탄이, 1950년대에 폴리이미드와 실리콘이 개발되어 오늘에 이르고 있다. 이렇게 개발된 접착제는 초창기에는 공정성과 낮은 가격으로 인하여 많은 관심을 받았지만, 정제 기술의 부재로 인한 높은 이온 함량과 낮은 신뢰성으로 인하여 응용 범위는 넓지 않았다. 그러나 접착제의 정제 기술이 발전하고 신뢰성도 증가함에 따라 전자 제품의 패키징이나 반도체 패키징에 사용되기 시작했으며, LED가 개발된 이후에는 LED 분야의 접착제로도 그 응용 범위를 넓혀 가고 있다.

비록 지금까지 전자 제품이나 반도체 분야에서 유테틱 메탈이나 솔더(solder) 접합 기술이 많이 사용되고 있으나 LED 분야에서는 탁월한 공정성을 무기로 고분자계 접착제가 주로 이용되고 있다. 특히 Ag 입자를 함유한 에폭시는 현재 LED 산업 분야에서 칩 접착제로 대부분 이용되고 있다.

2.2.1 LED 칩용 접착제의 장단점

솔더를 이용한 접착은 LED 칩과 단품 패키지의 SMT에도 적용할 수 있는데 합금을 이용한 솔더링 공정을 이용한다. 솔더는 400 ℃ 이하에서 녹는 합금을 사용하며 통상적으로 많이 사용되는 솔더 합금은 주석(mp : 232 ℃), 납(mp : 328 ℃), 은(mp : 961 ℃), 비스무스(mp : 271.5 ℃), 인듐(mp : 156.6 ℃), 안티몬(mp : 630.5 ℃), 그리고 카드뮴(mp : 321.2 ℃) 등이다. 2성분으로 구성된 솔더는 주석-납, 주석-은, 주석-안티몬, 주석-인듐, 주석-비스무스, 납-인듐 등이 있으며, 3성분으로 이루어진 솔더는 주석-납-은, 주석-납-비스무스, 그리고 주석-납-인듐 등이 있다. 칩 레벨에서 사용되는 솔더 범프용 솔더는 Sn5/Pb95, Sn10/Pb90 등 납이 많이 함유되어 있는 것을 사용하며, 유테틱 합금으로는 Sn60/Pb40, Sn62/Pb36/Ag2 그리고 Sn63/Pb37 등을 많이 사용한다.

솔더를 선택할 때는 다음과 같은 사항을 고려하여 선택해야 한다.

- 사용 목적 및 다른 공정에 부합하는 합금의 녹는점
- 사용 목적에 맞는 기계적 물성
- 접착이 잘 이루어질 수 있는 금속 특성

- 환경 안정성
- 기판과의 젖음성
- 유테틱 vs 비유테틱(noneutetic) 구성

솔더는 대부분 자동토출장치나 스크린 프린팅 방법을 이용하여 접착하며 이후 리플로(reflow) 공정을 통하여 패키지나 기판의 표면에 칩을 접착 고정하게 된다. 솔더의 리플로 온도는 합금의 조성에 따라 유연 솔더의 경우 녹는점이 183 ℃ 근처이며, 무연 솔더의 경우 이 온도보다 30 ℃ 이상 높은 처리 온도가 필요하다. 최근에는 환경 보호를 목적으로 점차 납이 함유되어 있지 않은 무연 솔더를 이용하는 방향으로 제품의 출시 및 기술 개발이 이루어지고 있는데, 그에 따라 공정비용의 증가 및 접착 신뢰성이 떨어지는 단점을 보이고 있다. 대표적인 무연 솔더는 표 2.1에 나타내었으며, 이들 무연 솔더의 녹는점은 195∼219 ℃ 범위이다. 그러나 이들 무연 솔더는 공정 온도 면에서는 유연 솔더에 많이 접근을 하였으나 신뢰성은 무연 솔더를 따라가지는 못하고 있다.

솔더 내에 함유되어 있는 플럭스는 솔더링 공정이 끝난 이후에도 남아 있으면 신뢰성 감소의 원인이 되므로 항상 플럭스의 제거 또는 클리닝에 신경을 써야 한다. 플럭스의 작용으로는 다음과 같은 것이 있다.

- 대기와의 산화 반응으로 발생한 산화막의 용해 작용

  Ex) 레진산(resin acid)은 다음과 같은 반응을 통하여 산화막 제거

$$2R\text{-}COOH + CuO \rightarrow (R\text{-}COO)_2Cu + H_2O$$

$$2R\text{-}COOH + SnO \rightarrow (R\text{-}COO)_2Sn + H_2O$$

표 2.1 녹는점이 낮은 실용 가능한 무연 솔더

합금	녹는점(℃)	피로저항 사이클
88.5Sn/3.0Ag/0.5Cu/8.0In	195∼199	> 19,000
93.3Sn/3.1Ag/3.1Bi/0.5Cu	209∼212	6,000∼9,000
91.5Sn/3.5Ag/1.0Bi/4.0In	208∼213	10,000∼12,000
92.8Sn/0.7Cu/0.5Ga/6.0In	210∼215	10,000∼12,000
95.4Sn/3.1Ag/1.5Cu	216∼217	6,000∼9,000
96.2Sn/2.5Ag/0.8Cu/0.5Sb	216∼219	6,000∼9,000
96.5Sn/3.5Ag	221	4,186
99.3Sn/0.7Cu	227	1,125
참고 63Sn/37Pb	183	3,650

- 용융 솔더의 표면장력을 저하시켜 젖음성 향상
- 솔더링 온도에서의 재산화를 방지
- 솔더와 모재 간에 열을 조정, 전달하여 납땜성 향상
- 모재에 대한 도금 성분의 치환 석출 작용

최근에 상용화되는 LED 칩용 접착제는 대부분 에폭시 계열의 고분자 접착제가 사용되고 있다. 고분자(폴리머)라는 단어는 그리스어로 많다는 의미의 "poly"와, 부분·개체라는 의미의 "meros"라는 단어의 합성어로서 '많은 개체들의 결합'이라는 뜻이다. 여기서 하나의 개체를 모노머(monomer)라고 하고 이 모노머가 수많이 모여 하나의 다른 물질로 만들어진 것을 또한 고분자라고 한다. 고분자 접착제의 경우 공정성이 뛰어나고 150 ℃ 이하의 낮은 온도에서 접착할 수 있는 장점이 있다. 반면 전기전도성이나 열전도성이 솔더에 비해 상대적으로 낮고 내열성이나 열분해 온도 등도 금속 접착제 비해 낮다. 접착제의 종류에 따른 장단점을 표 2.2에 나타내었다.

2.2.2 접착제의 기능

LED 칩의 접착에 사용되는 접착제의 주요 기능은 칩과 패키지, 패키지와 기판 또는

표 2.2 LED용 칩 접착제의 장단점

접착제 종류	장점	단점
금속 솔더	대량생산 가능 스크린 프린팅 등 자동화 가능 자동화 리플로(reflow) 재가공 용이 전기적 열적 전도 우수	플럭스 필요 남아 있는 플럭스의 신뢰성 감소 습기에 취약 공극의 신뢰성 감소 큰 열팽창계수로 인한 스트레스 고온처리 필요(150～380 ℃) 기판 사용의 제약
고분자 접착제	재가공 용이 낮은 가격 자동 토출 등 자동화 가능 용도에 맞는 다양한 접착제 구입 가능 스트레스 감소 기판 사용에 대한 제약이 적음 낮은 접착 온도(상온～200 ℃)	경화 중 휘발성 물질 생성 긴 경화 시간(열 경화 시) 열적 안정성 흡습성

기판과 힛싱크 등의 면과의 기계적 접촉, 기판이나 패키지와의 전기전도, 열 방출, 그리고 스트레스의 발산이다. 접착제가 이러한 기능을 원활히 수행하기 위해서는 접착 공정 중에 부수적으로 필요한 특성이 있는데, 그것은 접착 성능의 재현성이다. 접착 표면과의 젖음성, 접착제의 점도, 접착강도 등이 이에 해당된다.

2.2.2.1 기계적 접촉

LED 칩을 패키지나 기판의 바닥면에 붙들어 놓는 것은 LED용 접착제의 주요 기능 중의 하나이다. 접착제는 응용 분야에 있어 기계적, 열적, 진동 충격에 견디기 위하여 최소한의 인장, 전단 강도를 유지해야 하며, 군사 목적이나 우주산업용으로 이용하는 경우는 더 엄격한 최소 강도가 요구된다.

고분자 접착제의 접착 강도는 가교 온도나 시간에 의해 좌우되며 대부분 전단 강도 측정에 의해 알 수 있다. 접착제의 가교 정도에 따라서 전단 강도의 변화를 알 수 있고 종류에 따라 다르기는 하지만 대부분 125 ℃로 가교 시 약 5시간 후 그리고 150 ℃로 가교 시 약 1시간 후 최대의 접착 강도에 도달한다. 또한 두 개 이상의 다른 면을 접착하는 데 있어 접착제의 접착력은 표면의 젖음성, 점도, 접착 메커니즘의 특성에 따라 달라지는데 자세히 알아보면 다음과 같다.

1) 젖음성

접착제는 접착 표면에 잘 젖어야 하며 퍼짐성도 좋아야 접착성이 좋아진다. 젖음성이 좋으면 표면의 공극에 접착제가 잘 스며들어 접착 신뢰성이 향상되며 또한 표면에 넓게 퍼지기 때문에 접착제의 사용량도 줄일 수 있다. 젖음성은 접촉각 θ에 의해서 측정할 수 있는데 접촉각은 Young's 방정식에서 표면장력의 평형을 통해 정의할 수 있다.

$$\gamma_{sv} - \gamma_{sl} = \gamma_{lv} \cos\theta \tag{2.1}$$

여기서 γ_{sv}는 고체 표면과 기체 사이의 표면 에너지, γ_{sl}은 고체 표면과 액체 사이의 표면 에너지, γ_{lv}는 액체와 기체 사이의 표면 에너지이다. 접착제의 젖음성은 열역학 1 법칙에 따라 접착에 대한 일함수에 기초하고 있으므로

$$Wa = \gamma_{sv} + \gamma_{lv} - \gamma_{sl} \tag{2.2}$$

식 (2.2)와 Young's 방정식을 합치면 Young-Dupree 방정식이 나오는데

$$Wa = \gamma_{lv}(1 + \cos\theta) \tag{2.3}$$

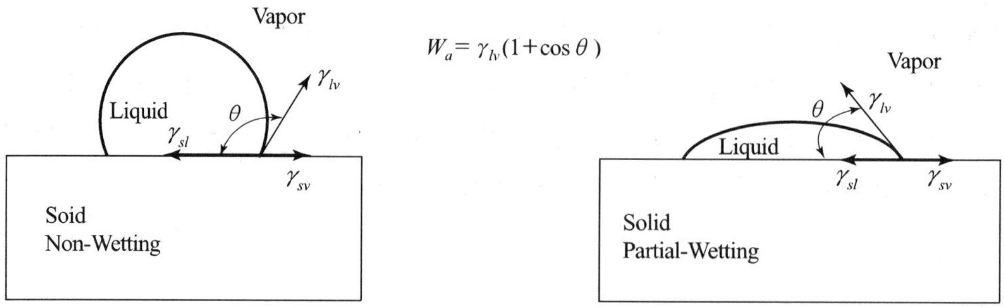

그림 2.2 고체 표면에서의 접촉각

표 2.3 접촉각에 따른 물질 표면의 종류

$\theta = 0°$	$0° < \theta < 90°$	$90° < \theta < 180°$
Complete wetting	Partial wetting	Non-wetting
액체가 표면에 계속 퍼짐	산화금속 자연 산화된 금속 알루미나와 같은 세라믹 수화된 실리카(표면에 Si-OH기 존재)	금 산화되지 않은 금속 테프론과 같은 비극성 고분자 실리콘이나 오일 그리스와 같은 소수성의 물질로 오염된 표면 불소를 표면에 함유한 금속 Si-O-Si 결합을 가지는 실리콘(Silicon) 불산으로 처리된 실리콘(Silicon)

식 (2.3)으로부터, θ 값이 $< 90°$이면 일함수가 커져서 젖음성이 좋다는 것을 의미하며 표면장력이 큰 액체를 사용할 경우 젖음성이 높아짐을 알 수 있다. 반대로 θ 값이 90°보다 크고 180°보다 작으면 표면이 부분적으로 젖거나 아예 젖지 않는다. 고체 표면에서 접촉각을 도식화하면 그림 2.2와 같으며 대표적으로 젖음성이 좋은 표면을 살펴보면 표 2.3과 같다.

LED 접착제 중 가장 많이 사용하는 에폭시의 표면 응력은 대략 80 dynes/cm가량이다. 일반적으로 물이 72 dynes/cm의 표면 응력을 가지고 있으므로 어떤 표면이 물에 대한 젖음성이 좋다면 에폭시에 대해서도 젖음성이 좋다고 말할 수 있다. 또한 접착제의 표면 응력이 패키지나 기판의 표면 응력보다 비슷하거나 약간 작으면 젖음성이 좋아진다.

패키지나 기판의 표면 거칠기도 접촉각에 영향을 주는데, 일반적으로 거칠기는 접촉각이 90° 이상일 경우 젖음성을 감소시키고 90°보다 작으면 젖음성을 증가시킨다. 예를 들면 실리콘을 사포로 거칠게 하면 젖음성이 나빠지고 기계적으로 미세하게 연마하면 솔더에 대하여 젖음성이 좋아진다.

2) 유동성

접착제의 유동성은 접착 시 알맞은 젖음성이나 퍼짐성 그리고 공정 시 공정변수를 결정하는 데 매우 중요하다. 접착제의 유동성은 점도나 틱소성을 측정함으로써 알 수 있다. 점도 η는 물질의 접촉 마찰과 흐름에 대한 저항성으로 말할 수 있는데, 전단 응력을 전단 속도를 나누면 얻을 수 있다. 일반적으로 접착제의 점도는 온도가 올라가면 감소하다가 중합이 시작되면 증가하는데 전형적인 접착제의 점도 감소에 대한 결과를 그림 2.3에 나타내었다. LED 칩의 접착제로서 가장 많이 사용되는 에폭시 접착제의 경우 상온 이상의 온도에서 10 ℃ 상승하며 점도는 20~80%가량 감소한다.

3) Newtonian and non-Newtonian flow

그림 2.4에 나타낸 바와 같이 전단 속도의 증가에 대하여 전단 응력이 비례하는 유체를 이상적 유체 또는 Newtonian 유체라고 하며 LED에서는 충진제가 없는 언더필 접착제가 여기에 속한다. Non-newtonian 유체는 전단 속도가 증가하면 점도가 감소하는 물질로, LED에 있어서는 틱소성이 있는 물질에서 볼 수 있는 특징이 있다. 이들 물질은 전단 응역을 가하는 초기에는 전단 속도가 천천히 증가하다가 일정 영역이 지나면 급격히 빨라지는 경향이 보이는 것이 특징이다. 대부분의 충진제가 들어 있는 접착제는 이러한 특징을 나타내며 표면실장 시 스크린 프린팅 방법이나 디스펜싱에 의해서 토출한다.

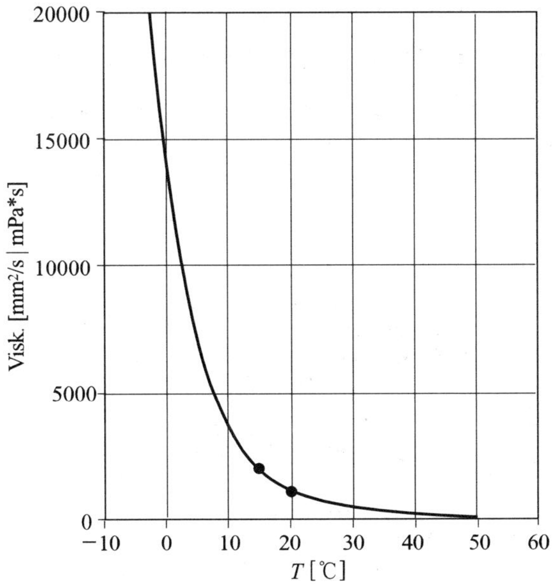

그림 2.3 에폭시(BASF hBGE)의 온도에 따른 점도 변화

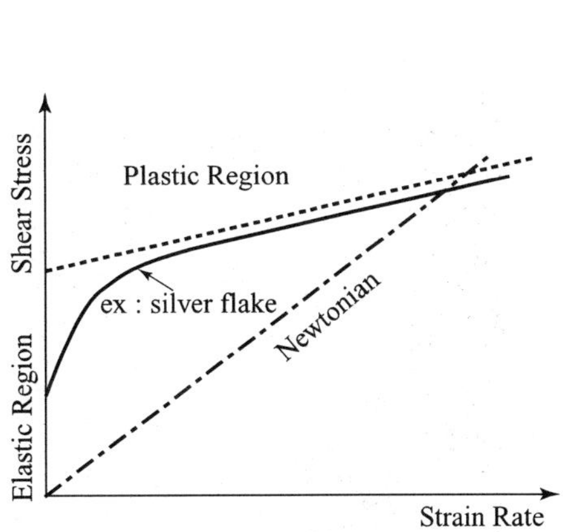

그림 2.4 접착제의 점성 거동

틱소성은 LED 접착이나 봉지에 있어서 자주 등장하는 용어로 Ag 에폭시, 댐 & 필링(dam & filling), 진공 프린팅 방식의 봉지 공정에서 흔히 볼 수 있다. 틱소성은 접착제 안에 들어 있는 충진제 입자가 부서지면서 유동성이 증가하여 발생하는 성질로, 충진제의 종류, 입자의 표면적, 크기, 형태에 의해 영향을 받는다. LED 공정에 있어 물질 구입 시 틱소성의 정도는 제조사에서 제공하는 틱소성 지수를 보면 알 수 있으며 이때 점도는 두 가지의 전단 속도로 측정한 수치를 제공한다. LED 칩 접착제의 경우 자동화 디스펜싱이 용이하도록 틱소성 수치가 2～5인 것을 사용하며 언더필 접착제의 경우 틱소성 수치가 1에 가까운 Newtonian 유체를 사용한다. 그림 2.5는 틱소성을 가지는 Ag 에폭시를 토출하였을 때의 형상을 보이고 있는데 에폭시가 흘러내리지 않고 틱소성으로 인하여 토출 형태를 유지하고 있음을 알 수 있다.

4) 유리전이 온도

고분자 접착제를 온도 변화에 따른 부피 팽창 정도로 그려 보면 부피가 급격하게 변화하는 변곡점이 존재하는데 이 부분을 유리전이 온도라 한다. 흔히 줄여서 Tg라고도 하며 그림 2.6에 이 온도를 나타내었다. 보통 기울기가 서로 다른 선을 연장하여 만나는 부분을 유리전이 온도로 표시한다. 유리전이 온도가 되면 고분자 사슬은 정렬 상태에서 불규칙 상태로 변화하며 열팽창계수는 유리전이 온도를 전후로 약 2～5배 증가하게 된다. 열팽창계수의 급격한 변화는 결과적으로 많은 스트레스를 동반하게 되어 접착제의 신뢰성을 떨어뜨린다. 따라서 접착제를 판매하는 회사는 제품 판매 시 유리전이 온도 전후의 열팽창계수를 명시하는데 보통 −55 ℃에서 유리전이 온도까지의 열팽창계수와 유리전이 온도에서 155 ℃ 이상까지의 열팽창계수를 명시한다. 또한 접착 강도도

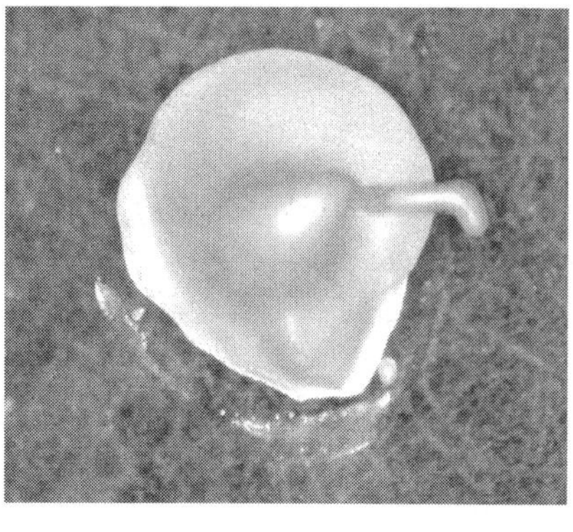

그림 2.5 Ag(틱소성 : 3) 에폭시의 토출 사진

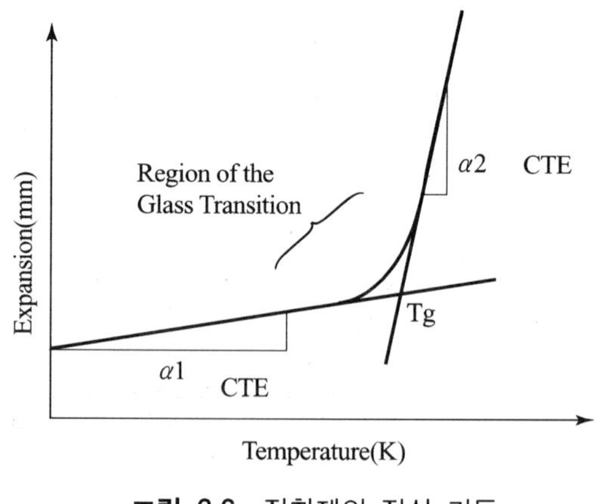

그림 2.6 접착제의 점성 거동

표 2.4 대표적인 고분자 접착제의 장단점

접착제 종류	장점	단점
에폭시	내열, 내습성, 내화학성 낮은 휘발성 가스 물질 발생 물질 정제 용이	긴 경화 시간(무수물 형태) 탈포 공정 필요 접착 시 발열 반응(아민 계열)
실리콘	스트레스 흡수 고온, 저온 안정성 탁월	낮은 표면 에너지 비극성 용매에서의 팽창
폴리우레탄	낮은 온도에서의 유연성 스트레스 흡수 넓은 응용성	낮은 열적 안정성
폴리이미드	고온 안정성 열팽창계수가 실리콘(Si)과 비슷	내습성, 다단계 가교 공정 필요 접착 후 스트레스 잔존성
시아네이트 에스테르	내열성, 높은 접착 강도 높은 Tg, 낮은 열팽창계수	높은 흡수성

유리전이 온도를 전후로 많은 차이를 나타내는데 LED 패키징 공정을 담당하는 엔지니어는 LED가 사용되는 온도를 확인하여 접착제의 종류를 결정할 필요가 있다.

5) LED용 고분자 접착제의 장단점

표 2.4에 대표적인 고분자 접착제의 장단점을 나타내었다.

LED용 칩 접착제는 경제성과 공정성을 장점으로 에폭시가 대부분 사용되고 있으며 그 밖에 접착제는 사용되고 있지 않다. 가끔 실리콘 계열의 접착제의 사용이 시도되고 있으나 볼 와이어 접합 시 와이어가 오픈되는 단점이 자주 발생하여 실제 사용되고 있지는 않다.

2.2.2.2 전기적 접촉

접착제의 두 번째 주요 기능은 LED 칩과 리드프레임을 전기적으로 또는 열전달이 잘되도록 연결시켜 주는 기능이다. 그런데 LED 칩 접착에 주로 쓰이는 에폭시와 같은 고분자 물질은 절연체이기 때문에 반드시 금속과 같은 전도성 물질을 채워야 한다. 이렇게 접착제의 전도성을 향상시키기 위하여 첨가하는 물질을 필러라고 하는데, 필러는 전기전도성의 향상 외에도 열전도성의 향상, 열안정성 증가, 열팽창계수 감소, 가교 시 접착제의 수축과 스트레스 감소, 접착 강도 증가, 유동성 개선, 사용 시 보관 수명 증가 등의 영향을 미친다. 따라서 전도성 접착제를 선택할 때는 사용 목적에 적합한 접착제

표 2.5 Ag 에폭시의 구성

성분	기능	함유량(wt%)
Epoxy Resin	접착성, 작업성, 성형성을 좌우하는 접착제의 골격	10～15
Curing Agent	Epoxy resin을 경화시키는 가교제로 경화 온도, 시간, 작업 시간에 영향을 줌	5～10
촉진제	경화 시간을 단축시키거나 온도를 낮추는 역할을 함	미량
Silver Filler	점도, 전기전도도, 열전도도, 열팽창률을 결정	70～90
유연제	고분자 사슬 사이에서 윤활 역할을 하여 유연성 부여	미량
희석제	점성을 낮춤	5～10
첨가제	Thixotropic agent, Toughening agent	미량

의 전도성, 열전도율, 그리고 부피저항 수치를 확인해야 한다. 보통 메탈을 함유하는 접착제의 전기저항은 10^{-3}～10^{-5} ohm/cm이며 부피저항은 10^{8}～10^{15} ohm/cm이다.

표 2.5에 일반적으로 LED 칩 접착에 가장 많이 쓰이는 Ag 에폭시의 구성을 나타내었다. 이 접착제는 대부분 에폭시와 은 입자가 차지한다. 에폭시가 부피상으로는 가장 많이 차지하지만 비중이 낮아 무게 함량으로는 약 20 wt% 정도 차지하고, 은 입자가 약 70～90 wt% 정도 차지한다. 초창기에는 Ag 에폭시의 기능이 전기전도성에 초점이 맞추어져 있어서 약 75 wt%의 은 입자가 함유되어도 충분하였으나 LED 분야에 이용되기 시작하면서 열전도율의 기능이 중요하게 되어 현재는 약 90 wt%까지 은 입자의 함량이 증가하였다. 이 밖에도 접착제의 점성을 조절하기 위한 희석제, 틱소성이나 충격에 견디게 하기 위한 첨가제, 경화 온도나 시간을 조절하기 위한 촉진제 등이 함유되어 있다.

전기저항은 전압(V)의 전위차를 가진 두 전극 간에 전류(I)가 흐를 때 두 점 사이의 전기저항을 R이라 하면 Ohm's law에 의하여 $V/I = R(\Omega)$로 나타낼 수 있다. 그리고 그 값은 전극의 길이에 비례하고 단위 면적에 반비례한다. 전기전도율은 저항의 역수로 나타낼 수 있는데 LED용 접착제의 경우 앞서 언급하였듯이 대부분 10^{-3}～10^{-5} ohm/cm이다.

에폭시는 전기전도성이 없으므로 접착제의 전도성을 높이기 위해서는, 즉 전기저항을 낮추기 위해서는 은 입자의 함량을 높게 하여야 한다. Ag 에폭시는 기본적으로 필러 간에 최소한의 접촉이 있어야 전기전도를 할 수 있는 것이다. 이러한 현상을 나타내기 위하여 그림 2.7에 필러의 함량에 따른 저항의 변화를 나타내었는데 일정 함량 이상에서는 저항이 급격히 떨어진 후 완만하게 감소하는 특성을 나타낸다. 이 그림을 참고하면 접착제의 원가를 고려하여 과도하게 필러를 첨가할 필요는 없음을 알 수 있다. 이

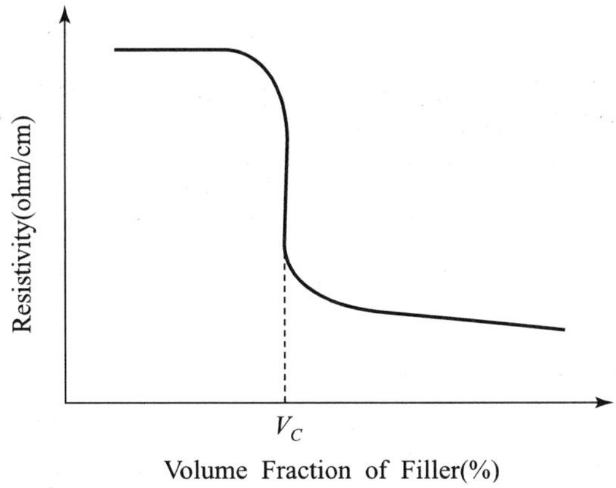

그림 2.7 필러의 첨가량에 따른 전기저항의 변화

점을 고려하여 Ag 에폭시의 은 입자 함량은 70~80 wt%이며 체적 비율로 전환하면 약 25~30 v%가 알맞다.

그 밖에 접착제의 전도성은 필러의 형태 크기 등에도 영향을 받으며 경화를 시키는 방법에 의해서도 영향을 받는다. 보통 고분자 접착제는 가교 시 수축 현상이 일어나는데 에폭시의 경우 약 3%의 부피 축소가 일어난다. 이는 필러의 접촉 표면적을 넓게 하여 전기저항을 떨어뜨리는 효과를 나타낸다. 따라서 LED 칩을 접착하고 경화 시에는 접착제 제조사에서 제시한 기술 데이터를 꼼꼼히 살펴보고 시방서를 따라하는 것이 중요하다.

2.2.2.3 열 방출

열 방출 문제는 LED 구동에 있어서 매우 중요한 문제가 되고 있다. LED 모듈의 신뢰성 및 광출력의 감소 등의 문제를 야기하고 있기 때문이다. 특히 고출력 LED가 등장하면서 더욱 관심을 받고 있는데, 칩에서 발생한 열이 방출되는 데 있어 병목 현상이 일어나는 곳이 접착층이라는 것이 부각되면서 접착제의 중요성은 더욱 커지고 있다. 그러나 에폭시 접착제(0.1~0.3 W/m·K)는 금속에 비하여 열전도율이 낮은 구조적인 단점을 가지고 있으며 열전도율을 향상시키기 위하여 무기 또는 금속 입자를 첨가하기도 하는데 이 또한 금속 접착제에 비하여 열전도율이 매우 낮은 문제가 있다. 사용되는 입자는 표 2.6에 나타내었는데 대표적으로 쓰이는 금속으로는 은, 금, 니켈 구리 등이 있다. 이들 금속 중 열전도도가 가장 좋은 금속은 은으로서 약 429 W/m·K이며 대부분의 금속보다 매우 높은 수치를 나타내고 있다. 따라서 칩 접착용 접착제에 사용되는 필

표 2.6 금속 입자의 열전도율

Material	Symbol or Composition	Thermal Conductivity W/m · K	Material	Symbol or Composition	Thermal Conductivity W/m · K
Aluminum 6061	Al	237	Silver	Ag	429
Chromium	Cr	66	Silicon	Si	114-125
Copper	Cu	401	Nickel	Ni	90-92
Copper-Tungsten	Cu(20%)-W	248	Tin	Sn	63
Gold	Au	318	Lead	Pb	34
Gold-Tin	Au-Sn(80-20)	57	Tungsten	W	160
Indium	In	78	Tin-Lead solder	Sn-Pb(63-37)	53

러는 은이 가장 많이 사용된다.

접착제의 열전도율은 필러의 첨가량이 증가함에 따라서 향상된다. 그러나 필러의 첨가량이 과도하면 접착제의 기계적 강도가 증가하고 접착제의 점도가 커서 공정성이 떨어져 사용할 수 없게 된다. 따라서 접착제의 기계적 강도나 점도를 떨어뜨리지 않고 필러의 함량을 증가시키는 연구가 진행되고 있는데, 대표적인 방법이 필러의 형상 및 크기를 조절하는 방법이다. 그림 2.8은 현재 판매되고 있는 Ag 에폭시의 필러의 형상을 나타내고 있는데 필러의 형상이 매우 다양함을 알 수 있다. 또한 그림 2.9에는 여러 가지 필러와 함량에 대한 열저항을 나타내고 있는데 필러의 열전도율뿐만 아니라 함유량

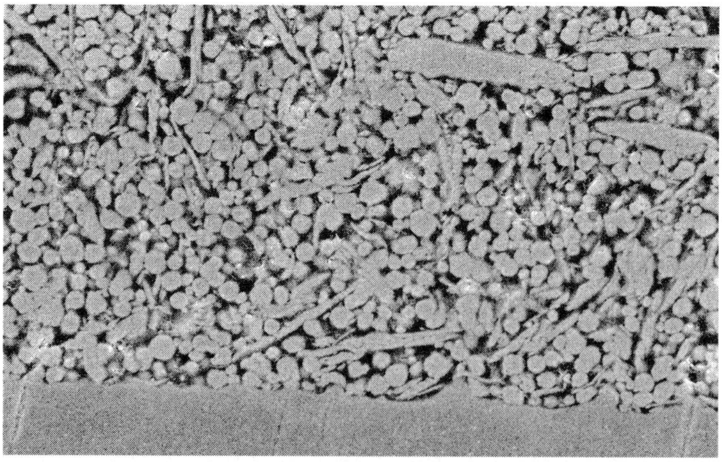

그림 2.8 Ag 에폭시의 필러 형상(스미토모 T-3305)

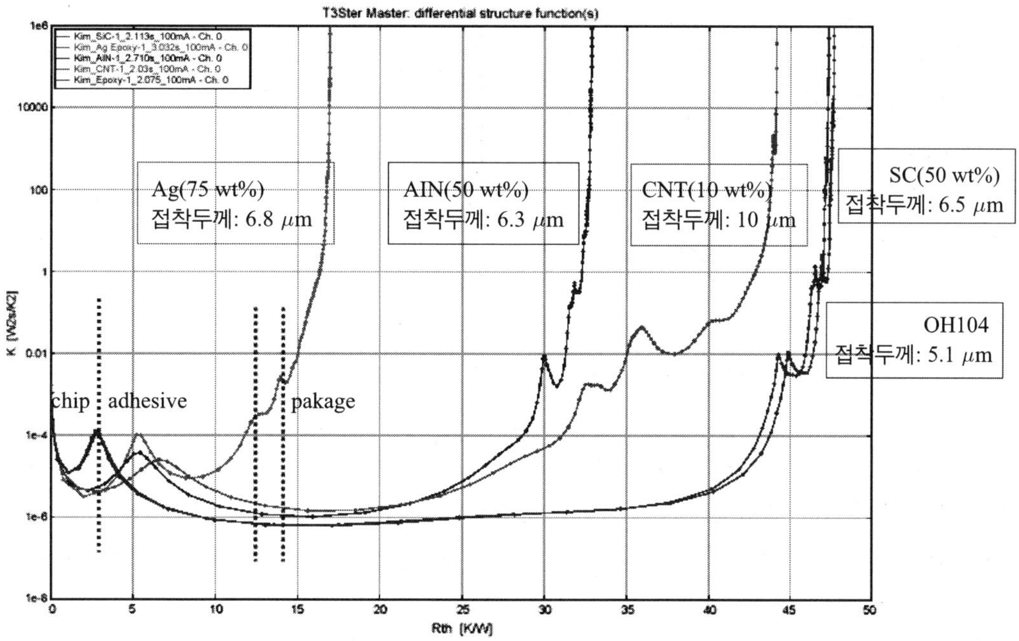

*측정조건: 100 mA

그림 2.9 필러에 따른 열저항

도 열저항에 지대한 영향을 미침을 알 수 있다. 대표적인 경우가 CNT인데 CNT는 열전도율이 은보다 높지만 부피가 커서 접착제에 다량을 첨가할 수 없어 열저항이 매우 높음을 알 수 있다.

이 밖에도 접착 공정 조건에 따라서도 열전도율을 향상시킬 수 있는데 열전도율이 높은 접착제를 선택할 것, 접착층을 최대한 얇게 할 것, 접착층에 공기나 휘발성 물질이 트랩(trap)되지 않도록 할 것 등이 있다. 현재 Ag 에폭시의 열전도율은 약 20 W/m·K 정도로, 그 성능은 점차 향상되고 있다.

2.3 LED용 봉지재

LED를 외관에 따라 분류하기도 하는데 포탄형과 표면실장형으로 분류를 한다. 초기에는 포탄형이 주류를 이루었으나 현재는 LCD BLU 등 디스플레이 시장이 활성화되면서 표면실장형 시장이 주류를 이루고 있다. LED 봉지용 수지는 에폭시 계열과 실리콘 계열이 주류를 이루고 있다. 에폭시 수지는 주성분인 에폭시 주제 및 산무수물, 아민경

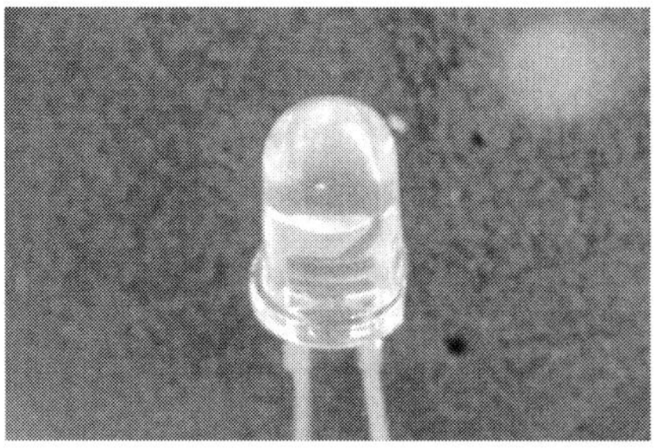

(a)

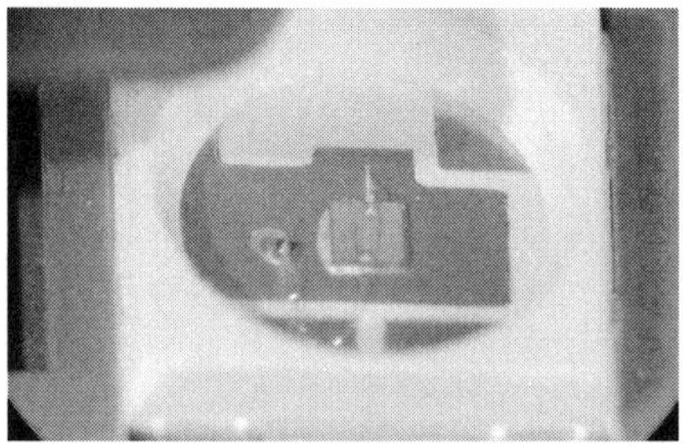

(b)

그림 2.10 (a) 포탄형 LED와 (b) 표면실장형 LED

화제에 경화촉진제 및 첨가제 등을 배합시켜 만든 투명한 유기고분자이다. 실리콘 봉지재의 경우도 주제와 경화제로 나누어져 있으며 반응 후 구조는 실록산 주 체인에 메틸기와 페닐기가 적정 비율로 혼합되어 있는 구조를 나타내고 있다. 그림 2.10은 전형적인 포탄형 LED와 표면실장형 LED 형태를 나타낸 것이다.

2.3.1 에폭시 봉지재

일반적으로 에폭시는 산소를 사이에 둔 화합물이란 뜻으로, 그림 2.11에 나타낸 바와 같이 주제의 각 부분은 봉지 표면과 접착력을 증가시키는 관능기(hydroxy group), 열에

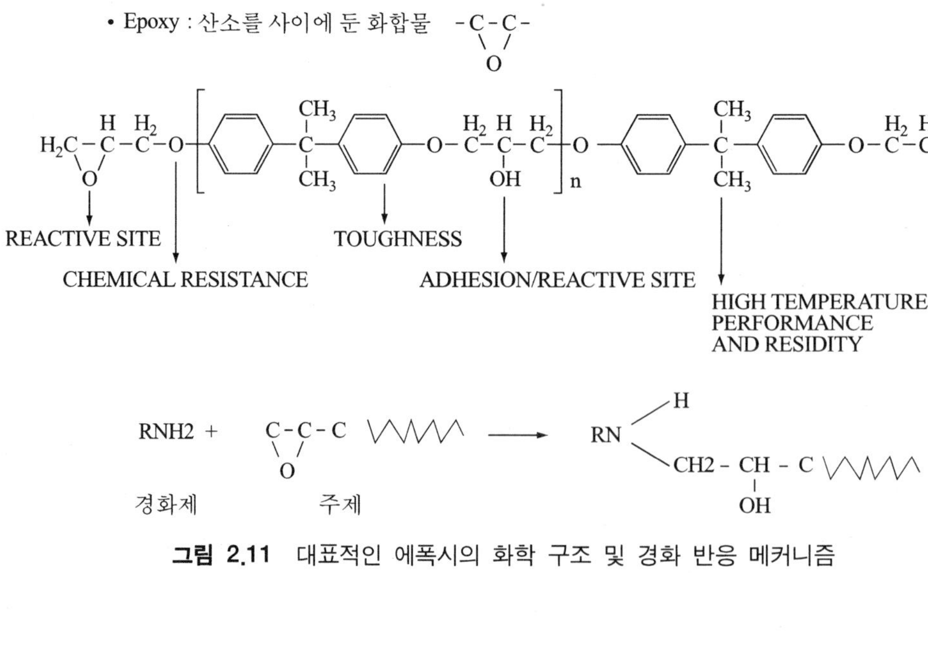

그림 2.11 대표적인 에폭시의 화학 구조 및 경화 반응 메커니즘

잘 견디는 관능기(methyl group), 화학적으로 안정한 결합(ether bond) 등을 가지고 있다. 에폭시는 올리고머 형태로 출시되며 무색투명한 비스페롤 A형 에폭시가 주로 사용되고 있는데 저점도가 요구되는 곳에는 비스페놀 F형 에폭시가 사용되기도 한다. 그 밖에도 비스페놀 에폭시형의 열변색 방지를 위해서 유리전이 온도가 높고 가교밀도가 높은 에폭시를 사용하는 경우도 있으며, 점도를 조절하기 위하여 점도 조절용 첨가제를 혼합하는 경우도 있다.

에폭시의 경화제는 물질 종류별, 제조 회사별로 다양한 종류가 판매되고 있다. 대표적인 에폭시 경화제를 표 2.7에 나타내었다.

LED 분야의 봉지에 있어서 주로 사용되는 경화제는 무수화합물(anhydride) 형태와 액상의 아민 계열이다. 특히 무수화합물 형태의 경화제가 많이 이용되고 있는데 이는 경화 후 에폭시의 안정성 때문이다. 최근에는 주 사슬의 구조를 변형하여 더욱더 안정한 형태로 개발이 진행되고 있다. 주의할 점은 무수화합물 형태의 경화제는 공기 중의 수분과 반응하여 첨가 반응이 일어나는데 이렇게 되면 경화제에는 침전물이나 부유물이 생기고 최종적으로 경화제와 혼합 후 경화하였을 때 투명한 봉지층을 형성하지 못하므로 사용 전에서 꼭 부유물이나 침전물이 생성되었는지 확인하고 사용해야 한다.

단파장 LED용 봉지재는 고출력이고 열이 많이 발생하기 때문에 고신뢰성의 봉지재가 필요하다. 기존에 주로 사용하던 에폭시는 그림 2.12에 보이는 바와 같이 열적, 광적

표 2.7 에폭시 경화제의 종류

경화제	장점	단점
지방족 아민	빠른 경화 상온 가교 낮은 점도 낮은 가격	정밀한 혼합비 피부 트러블 높은 증기압 발열 반응
폴리아미드	사용이 편리함 상온 가교 낮은 독성 유연성 내충격성	아민 계열보다 높은 가격 높은 점도 낮은 내열성 낮은 증기압 휘발성 물질
방향족 아민	열저항성 내화학성	상온에서 고체임 긴 가교 시간
루이스 산, 염기	긴 사용 시간 내열성	발열 반응 낮은 내습성
무수화합물	높은 열저항 내화학성	긴 가교 시간 정밀한 혼합 비율

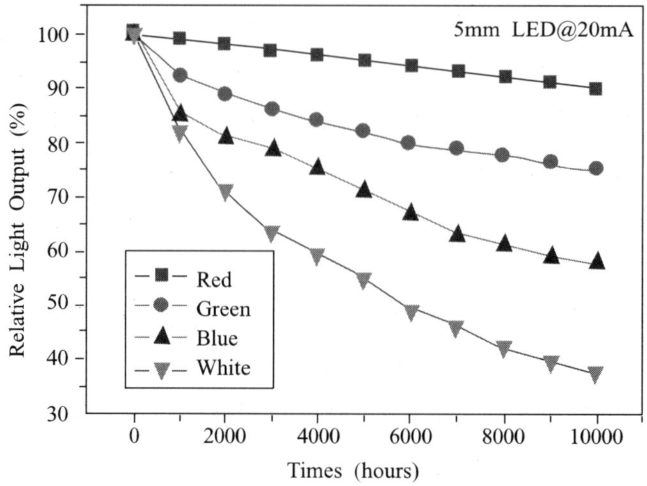

N, Narendran "LED Lighting System-Requirement of General Illumination" Strategies in Light 2003

그림 2.12 에폭시 봉지재의 LED 파장에 따른 신뢰성

안정성이 떨어지고 특히 형광체를 이용한 백색을 구현할 때는 그 수명(초기 강도의 70% 유지)이 매우 짧아 본 RGBY용 봉지재로는 적당하지 않음을 알 수 있다. 따라서 열적으로 광적으로 안정한 실리콘 봉지재를 도입하는 것이 바람직하다.

에폭시가 실리콘에 비하여 내자외선 성능이 떨어지는 이유는 다음과 같다. 에폭시 봉지재의 주성분은 비스페놀 A형 에폭시 수지이며 그 구조는 그림 2.11에서 언급하였다. 그러나 이 구조의 에폭시는 분자 중의 자외선을 강하게 흡수하는 방향족 그룹이 존재하며 이 방향족 화합물은 그림 2.13에 나타낸 바와 같이 산화되어 카르복실기를 생성하고

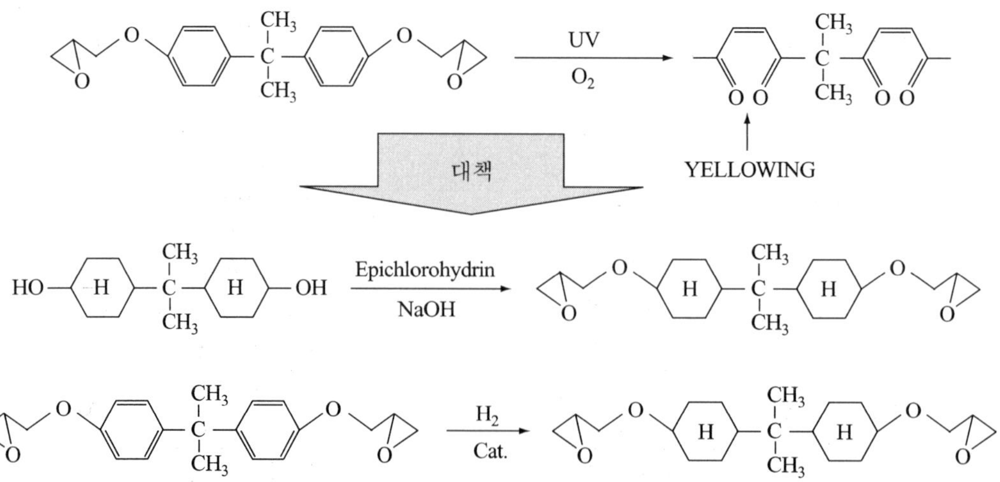

그림 2.13 에폭시의 광반응 및 대책

발색단을 형성하여 수지가 노랗게 변하는 현상이 발생한다.

결과적으로 황변 현상은 광출력의 급격한 감소를 일으킨다. 그래서 이러한 문제를 개선할 수 있는 대책으로 방향족 고리를 수첨화시켜 수첨된 비스페놀 A형 에폭시 수지를 만드는 것이다. 수소 첨가 반응을 시키는 단계로는 출발 물질에서 수첨하는 방법과 비스페놀 A형 에폭시를 만든 후 수첨 반응을 시키는 두 가지 방법이 있다.

2.3.2 실리콘 봉지재

실리콘 고분자는 주 사슬에 탄소를 함유하지 않는 실리콘과 산소의 결합으로 이루어진 고분자로 실리콘 원자와 탄소 원자가 주기율표에서 같은 족 화합물이지만 물리적 화학적 특성은 매우 다르다. 다양한 유기 관능기가 실록산 주 사슬에 결합할 수 있으며 주로 메틸기가 가지 형태로 붙어 있고 여기에 굴절률 조절 및 기타 물성 조절을 위하여 페닐기를 혼합하는 형태도 많이 사용되고 있다. 실리콘 고분자는 분자 구조상 열적, 화학적으로 안정하며 그림 2.14에 나타낸 결합 에너지를 보면 자외선에도 안정하리라는 것을 예측할 수 있다.

최근의 고출력 LED 패키징 물질로 실리콘 봉지재가 대부분 사용되고 있다. 실리콘

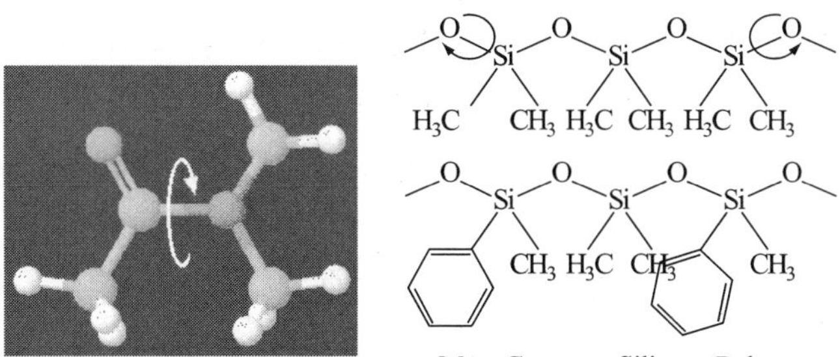

Bond	Length(nm)	Bond Energy (kj/mol)	Rotation Barrier (kcal)	Bond Angle
Si-O	0.165	445	<0.2	142.5
C-C	0.154	346	3.6	112
Si-C	0.192	346	1.6	-
C-N	0.147	305		109(?)

그림 2.14 대표적인 실리콘 봉지재의 구조 및 결합 에너지

봉지재는 기존의 에폭시에 비하여 청색이나 자외선에 내구성이 강하며 열적으로나 습기에도 매우 강한 면모를 보이고 있다. 반면 에폭시는 열이나 습기, 짧은 파장의 빛에 매우 취약한데 이는 에폭시의 아로마틱 그룹의 광학적 산화에 기인한다. 결과적으로 에폭시는 분해되어 황색을 띠게 되는데 이는 광원의 출력을 감소시키는 주요한 원인이 되고 있다. 또한 표면실장 온도인 약 260 ℃의 온도에서 에폭시는 열분해되는 경향이 있는 반면, 실리콘 봉지재는 이와 같은 온도에서 안정하여 응용성이 높다.

실리콘은 선형고분자와 유리의 중간 성격을 띠는 하이브리드 물질이다. 그림 2.14에 보이는 것처럼 주 사슬은 Si와 O가 번갈아가며 연결되어 있으며, 가지 부분에는 아로마틱 그룹과 알킬 사슬이 붙어 있는 형태를 띤다. 가장 일반적인 실리콘은 폴리디메틸 실리콘이며 메틸기가 Si의 양쪽에 붙어 있는 형태이다. 또한 이 메틸 그룹은 페닐 그룹으로 바뀔 수 있는데 그림 2.14에 구조를 보이고 있는 폴리디메틸페닐 실리콘이 대표적이다. 보통 실리콘 봉지 물질은 그림 2.15에 나타낸 바와 같이 굴절률이 1.40～1.55(at 633 nm)인 것이 대부분인데 알킬 사슬의 양이 많아질수록 굴절률이 낮고 방향족 그룹이 많아질수록 굴절률이 높아지는 경향이 있다.

실리콘 봉지재의 경도는 가교 밀도를 달리하여 조절할 수 있는데 출발 물질의 반응성 부분이 많아질수록 최종 가교 물질의 경도는 증가하게 된다. 그림 2.16에 가교 밀도에 따른 실리콘 봉지재의 성상을 나타내고 있다. 분자의 길이가 길어지면 초기에는 유동성을 가지다가 점차 용매에도 잘 녹지 않는 검 상태로 되며, 가교 밀도가 커지면 초기에는 젤 상태로 되다가 계속 그 밀도가 커지면 궁극에는 매우 딱딱한 레진 상태로 변한다. 그러나 에폭시와 달리 실리콘은 딱딱한 레진 상태가 되어도 외부 충격에 매우 약하여 포탄형의 봉지재로 사용하기는 어렵다. 상용화된 실리콘 계열의 봉지재는 다우코

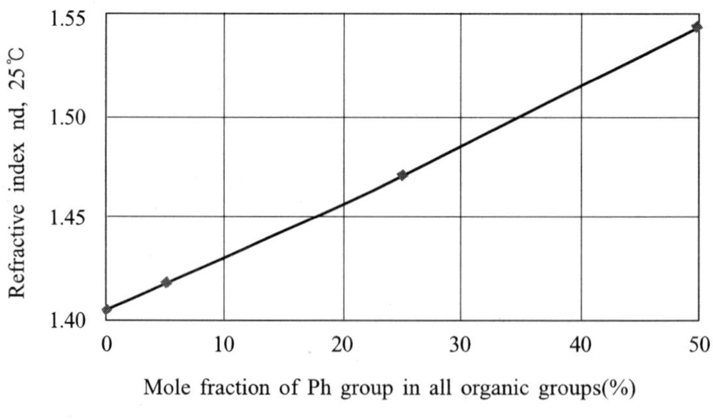

그림 2.15 실리콘 봉지재의 굴절률 조절(다우코닝 사의 실리콘)

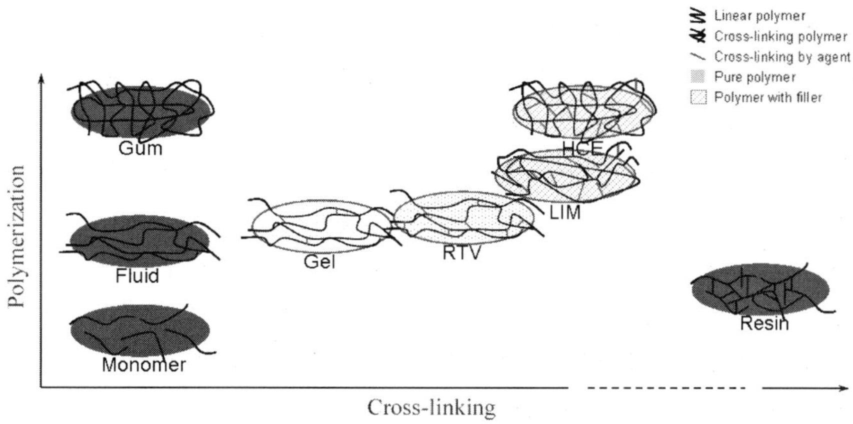

그림 2.16 가교 밀도에 따른 실리콘 봉지재의 성상

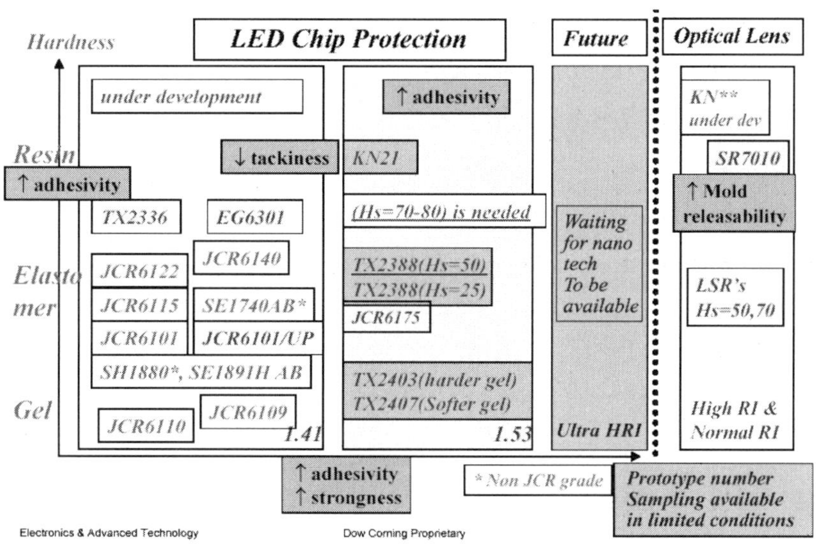

그림 2.17 상용화된 다우코닝 사의 실리콘 봉지재

팅 사의 제품 종류를 예로 나타내 보면 그림 2.17과 같은데 사용 목적 및 공정에 따라서 적용하는 봉지재가 달라진다.

실리콘 봉지재의 경화 메커니즘은 크게 두 가지로 나눌 수 있는데 첫 번째가 첨가 반응이며, 두 번째는 축합 반응이다. 첫 번째 첨가 반응은 식 (2.4)에 나타낸 바와 같이 불포화 그룹에서 발생한 자유 라디칼에 의해 일어나며 자유 라디칼은 촉매에 의해 발생한다. 반응의 첫 번째 단계는 반응의 시작점인 활성종을 생성하는 촉매의 열분해이며 촉매는 보통 백금-divinyltetramethyl 복합체나 백금-divinyltetramethyl disiloxane이 가장 많이 사용된다. 두 번째 반응 단계는 한쪽 실리콘 사슬의 라디칼이 다른 쪽 실리콘 사슬의 이중 결합을 공격하여 고분자를 형성하는 단계이다. 첨가 반응을 하는 실리콘은 일액형과 이액형 그리고 상온경화형과 열경화형이 있으며, 이 반응의 특징은 부산물이 발생하지 않는다는 것이다. 따라서 대부분의 LED용 실리콘 봉지재는 이 가교 메커니즘을 따르고 있다.

두 번째 반응은 반응식 (2.5)에 나타낸 것처럼 알콕시 그룹이나 아세톡시 그룹에 의해 일어나며 이 반응의 출발 물질은 Si에 염소(Cl)가 붙어 있는 형태로부터 출발한다. 축합은 물을 부생성물로 발생하며 진행되며, 알콕시 실란이 존재하면 계속 진행된다. 촉매는 유기티타늄이나 dibutyltindilaurate 등이 쓰이고 있다.

첨가 반응에 의한 가교

- $-Si\text{-}H + CH_2 = CH\text{-}Si\text{-} \rightarrow \text{-}Si\text{-}CH_2CH_2\text{-}Si\text{-}$ (2.4)
- 백금 촉매에 의한 hydrosilylation
- 열에 의한 가교, 부생성물 없음

축합 반응에 의한 가교

- $SiX + XSi + H_2O \rightarrow \text{-}Si\text{-}O\text{-}Si\text{-} + 2HX(X = OMe,\ etc)$ (2.5)
- Ti 촉매 등
- 부생성물 발생

2.3.3 봉지재의 투과율

LED 봉지재의 투과율은 패키지 효율 및 최종 제품의 신뢰성에 직접적인 영향을 미치기 때문에 매우 중요한 봉지재의 특성이다. 물론 투과율이 높다고 해서 봉지재의 안정성이 보장되는 것은 아니지만 봉지재가 요구하는 기본 특성은 투과율이 높고 변성이 적어야 하기 때문에 이들 특성은 다른 특성에 선행되어 조사되어야 한다. 그러나 기존에 판매 또는 샘플로 제공되고 있는 제품들의 대부분은 가시광 영역을 대상으로 하고 있는 제품들이기 때문에 개발자가 단파장의 UV 영역에서 봉지재를 사용하고자 한다면 봉지재의 투과율을 직접 측정해야 한다. 봉지재의 투과율 측정 시 수정 플레이트를 이용하여 측정하면 용이하게 측정할 수 있으며 액체 봉지재의 투과율 측정은 수정 셀을 이용하면 쉽게 측정할 수 있다.

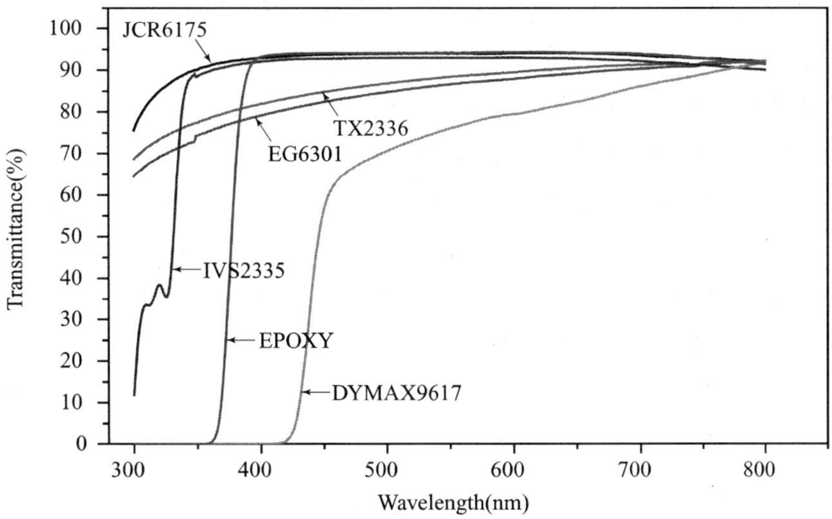

그림 2.18 대표적인 봉지재의 투과율

그림 2.18에 나타낸 봉지재에 대한 투과율은 굴절률(1.53)이 높은 실리콘(JCR6175, IVS5332)이 제조회사에 관계없이 90% 이상의 투과율을 나타내었으며 같은 실리콘 계열이라도 굴절률(1.41)이 낮은 봉지재(EG6301, TX2335)가 낮은 투과율(75%)을 나타내었다.

이러한 결과를 나타내는 원인으로는 굴절률도 중요한 인자로 작용하였겠지만 굴절률이 낮은 봉지재에 혼합된 첨가제도 중요한 역할을 한 것으로 사료된다. 한편 에폭시의 경우 380 nm 근처까지 높은 투과율을 나타내었지만 대부분의 에폭시는 400 nm 근처에서 급격한 투과율의 저하를 나타내므로, 사용하는 LED의 파장에 주의하여 제품을 선택해야 한다. 이 밖에 봉지재 물질로 우레탄 계열의 봉지재(DYMAX9617)도 측정을 하였는데 가시광 영역 및 380 nm 영역 모두 투과율이 상대적으로 낮았다.

2.4 형광체

2.4.1 형광체란?

청색광을 방출하는 InGaN계 화합물 반도체 발광 다이오드(LED)는 소비 전력이 낮고 장수명이라는 특징이 있어 교통신호등이나 각종 표시광원으로 일상에서 많이 볼 수 있다. 최근에는 청색 LED와 YAG ; Ce^{3+}계 황색형광체를 조합한 고체 백색조명이 휴대폰용 디스플레이 광원이나, 노트북컴퓨터, 자동차용 광원에 실용되고 있으며, 그 용도를 일반 조명용 시장으로 점차 넓혀가고 있다. 이러한 고체 백색조명의 성장은 형광체의 도움이 없었다면 불가능했을 정도로 LED용 형광체의 비중이 크다.

형광체란 염료, 반도체 등의 파장 변환 물질 중 대표적인 것으로, 전자선, X-선, 자외선 등의 에너지를 흡수한 후 흡수한 에너지의 일부를 가시광선으로 방출하는 물질을 말한다. LED용 형광체로는 LED 칩에서 발산하는 청색의 빛을 흡수하여 녹색, 황색, 적색의 빛을 발산하는 형광체가 대표적이다. 형광체는 무기화합물로 그림 2.19에 나타낸 바와 같이 무정형의 입자이며 크기는 보통 1~수십 μm 정도이다.

형광체는 광학적으로 활성화된 원소와 활성화된 물질을 받쳐 주는 무기 물질인 호스트 물질로 이루어져 있으며, LED에서 대표적인 것은 이트륨 알루미늄 가넷(YAG)이다. 광학적으로 활성화된 도펀트는 희토류 원소이며, LED 분야에서 잘 알려진 희토류 원소는 YAG에 쓰이는 세륨(Ce), 실리케이트 계열에 많이 쓰이는 유로피움(Eu) 등이 있다. 형광체를 나타내기 위한 이 두 물질의 표시는, 앞쪽에는 호스트 물질(A)을, 뒤쪽에 활성 물질(B)을 표기하며, 이 두 물질 사이에는 콜론(:)으로 구분한다.

형광체를 제조하는 방법으로는 고상법, 기상법, 액상법이 있으며, LED용 형광체의 제조는 경제성을 이유로 대부분 고상법을 이용한다. 그러나 최근 이슈가 되고 있는 나노 형광체와 같은 경우는 형광체 크기를 정밀하게 제어해야 하므로 대부분 액상법을 이용하여 제조한다. 형광체를 제조할 때 고려해야 할 인자는 독립적 인자와 의존적 인자로 나눌 수 있는데 각 인자는 표 2.8과 같다.

그림 2.19 형광체의 전자 현미경 사진

표 2.8 형광체 제조 시 영향을 미치는 인자

	독립 인자	제조 인자
1	출발 물질의 순도	가열 온도, 시간, 대기
2	호스트 양이온과 활성 물질의 이온 크기	활성 물질 농도
3	호스트의 격자	호스트의 구조
4	활성 물질	플럭스
5	호스트에서의 전하 보상 방법	반응 물질의 비율
6		배치 크기 등

2.4.2 흡수 스펙트럼과 발광 스펙트럼

LED용 황색 형광체 중에서 효율이 가장 좋은 YAG 형광체에 대한 흡수와 발광 스펙트럼을 그림 2.20에 나타내었다.

이 그림은 청색 LED의 발광 파장에 가장 흡수가 잘 일어나는 여기 스펙트럼을 보여 주고 있으며, 황색 파장대의 폭넓은 발광 스펙트럼을 잘 보여 주고 있다. 이러한 폭넓은 발광 피크는 이 형광체가 백색을 구현하는 데 적합하도록 하였다.

2.4.3 구성 물질에 따른 형광체의 특성

형광체는 앞서 언급하였듯이 호스트와 활성제로 이루어져 있으며 고효율의 형광체를 얻기 위해서는 수많은 인자들이 최적화되어야 한다. 이들 인자 중 가장 중요한 물질은

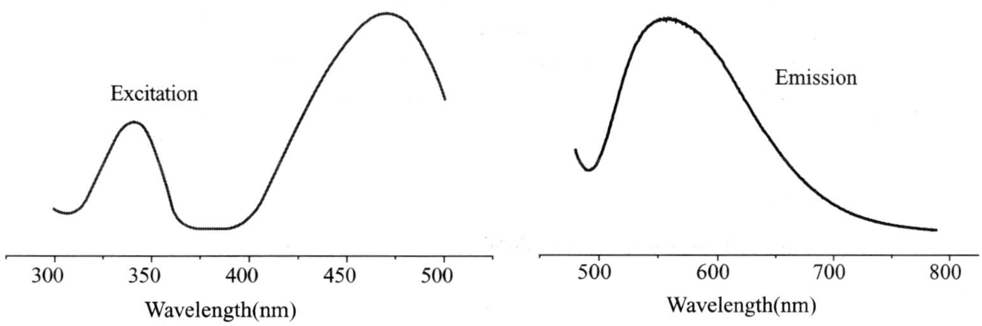

그림 2.20 YAG : Ce 형광체의 흡수 스펙트럼과 발광 스펙트럼

표 2.9 활성 물질에 따른 형광체의 종류

Ion	Host	Emission	Transition
Ce^{3+}	Y_2SiO_5	Blue	$5d^1-4f^1$
	$Y_3Al_5O_{12}$	Yellow	
	CaS	Red	
Eu^{2+}	BAM	Blue	$4f^65d^1-4f^7$
	$Ba_{2-x}Sr_xSiO_4$	Green/Yellow	
	Sr_3SiO_5	Yellow	
	MgS	Red	

호스트 물질과 활성 물질인데, LED용으로 대표적인 호스트 물질은 산화물과 질화물 계열이며 활성 물질로는 유로피움(Eu)과 세륨(Ce)이 있다. 표 2.9에 LED 분야에서 대표적인 형광체를 나타내었으며 그림 2.21에 대표적인 활성 물질의 발광 파장을 나타내었다.

2.4.3.1 산화물 형광체

산화물 형광체로 대표적인 형광체는 이트륨 알루미늄 가넷 형광체이며 화학식은 $Y_3Al_5O_{12}$이다. 도입된 활성 물질은 세륨(Ce)이며 흡수 및 발광 스펙트럼은 그림 2.20에서 이미 살펴보았다. 이 형광체는 460 nm 근처의 청색 형광체에 흡수가 최적화되어 있으며, 양자효율은 75% 이상인 것으로 알려져 있다. 또한 이 형광체는 이트륨의 일부를

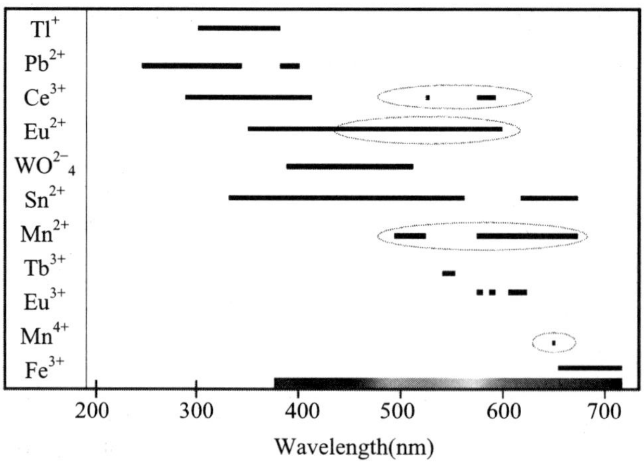

그림 2.21 활성 물질에 따른 형광체의 발광 파장

가드늄이나 터븀으로 치환하기도 하며, 알루미늄의 일부를 갈륨 등으로 치환하여 사용하기도 한다. 경우에 따라서는 흡수 스펙트럼 및 발광 스펙트럼을 장파장 또는 단파장 쪽으로 이동시켜 사용할 수도 있다.

그 밖에 산화물 형광체로는 스트론튬 바륨 실리케이트를 들 수 있으며 활성 물질은 유로피움(Eu)을 사용한다. 이 형광체는 스트론튬과 바륨의 조성비를 조절하여 녹색에서부터 오렌지색까지 발광하는 형광체를 제조할 수 있다.

2.4.3.2 질화물 형광체

최근 LED용 적색 형광체로 질화물 계열의 형광체가 주목받고 있다. 현재의 백색 LED는 청색 LED와 황색 형광체를 조합한 구성이기 때문에 녹색과 적색 성분이 부족하여 색 재현성에 문제가 있기 때문이다. 그 중 α-사이아론 형광체 $Ca_p(Si, Al)_{12}(O,N)_{16}:Eu$은 황색 발광을, $CaAlSiN_4:Eu$은 적색 발광을, 그리고 β-사이아론 질화규소를 이용한 형광체는 녹색 발광을 나타낸다. 이들 형광체는 화학적으로 안전성과 내구성이 우수하며 300～460 nm 파장의 빛으로 여기가 가능하여 응용 범위도 매우 넓다. 그러나 이 형광체는 상압에서 제조하는 일반 형광체와는 달리 제조 시 고온 고압 체임버가 필요하여 제조가 어렵고, 양산 기술도 확립되지 않아 상용화까지는 시간이 더 소요될 것으로 보인다.

연습문제

2.1 대표적인 LED 패키징용 봉지재 2가지는 무엇인가?

2.2 솔더 선택 시 고려사항은 무엇인지 4가지 이상 쓰라.

2.3 용융 솔더의 표면장력을 저하시켜 젖음성을 향상시키는 첨가 물질은 무엇인가?

2.4 LED 칩의 접착에 사용되는 접착제의 주요 기능을 4가지 이상 쓰라.

2.5 전단 속도가 증가하면 점도가 감소하는 물질을 무슨 유체라 하는가?

2.6 고분자 접착제를 온도 변화에 따른 부피 팽창 정도로 그려 보면 부피가 급격하게 변화하는 변곡점이 존재하는데, 이 부분을 무엇이라 하는가?

2.7 에폭시의 경화제로 가장 많이 사용되는 경화제는 무엇인가?

2.8 에폭시의 내자외선 성능이 떨어지는 이유를 설명하라.

2.9 실리콘의 대표적인 가교 반응 2가지를 쓰라.

2.10 LED용 형광체의 대표적인 활성 물질 2가지를 쓰라.

03 LED 패키징 공정

그림 3.1에 LED 패키징 공정에 대한 흐름도를 나타내었다. LED 칩의 접합 방법으로는 플립칩 방법을 이용하는 방법, 고분자 접착제를 이용하여 칩을 접착하는 방법, 그리고 LED 칩에 플레이팅된 유테틱 메탈을 이용하는 방법이 있다. 이들 접착 방법 중 가장 많이 이용되는 방법은 공정성이 가장 뛰어난 에폭시를 이용한 칩 접착 방법이며 고열전도성이 필요한 칩의 경우 플립칩 접합 방식이나 유테틱 접합 방식이 이용되고 있다. 접착이 끝난 칩은 이후 전류를 흘려줄 수 있도록 와이어 접합을 하는데 보통 구리, 알루미늄, 금 와이어 중에 금 와이어를 주로 이용한다. 접합 방법으로는 방향성이 없는 볼 와이어 접합 방법과 한쪽 방향으로만 접합할 수 있는 에지 와이어 접합 방법 중에 볼 와이어 접합 방법을 이용한다. 이후 칩을 보호하고 광추출효율을 증가시키기 위하여 봉지재를 이용하여 봉지를 하게 되는데, 주로 일반 포탄형 LED는 에폭시를 고출력 LED

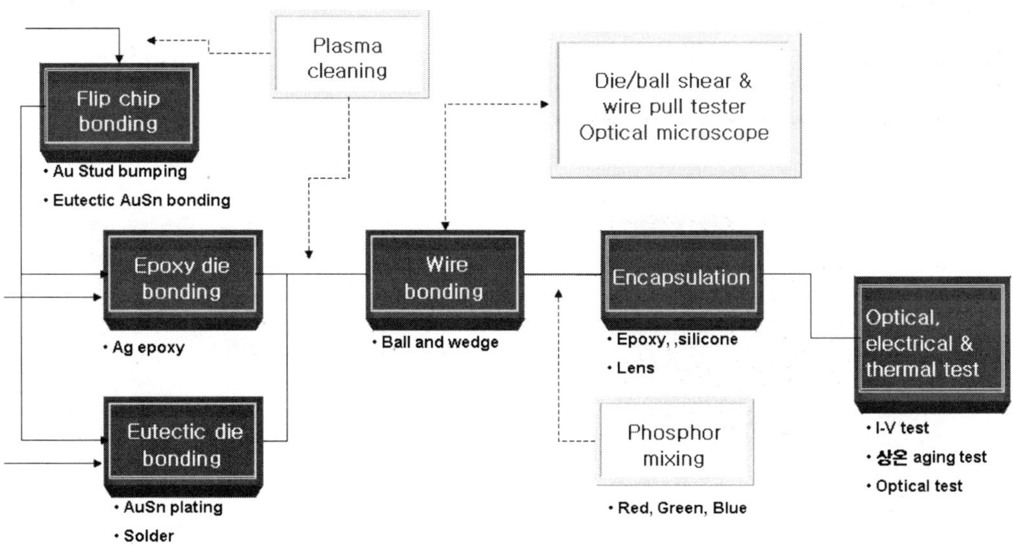

그림 3.1 LED 패키징 공정도

는 실리콘을 이용하여 봉지한다. 필요에 따라서는 이 봉지 공정 중에 봉지재와 형광체를 혼합하여 LED에서 발산되는 빛의 일부를 장파장으로 변환시키기도 한다. 패키징 공정의 최종은 제작된 패키지의 특성 측정인데 광학적, 열적, 간단한 환경 테스트 등을 거치게 된다. 위와 같은 LED 패키징 공정에 대하여 상세히 살펴보면 다음과 같다.

3.1 플립칩 공정

3.1.1 플립칩 접합

플립칩은 그림 3.2에 보이는 바와 같이 일반 칩과는 다르게 칩을 뒤집어 붙인 칩이라는 의미로, 시작은 전자 제품의 패키지에 있어서 실장 밀도를 올리고 제품의 크기를 줄이기 위한 목적으로 시작하였다. LED 분야에서는 미국의 루미레즈 사가 이 기술을 LED

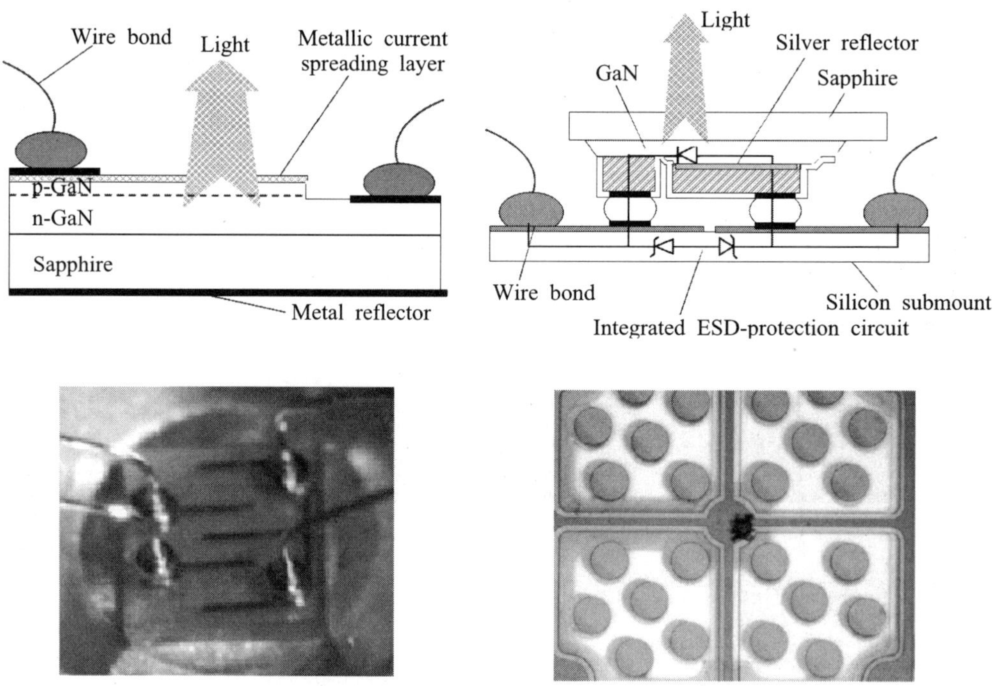

(a) (b)

그림 3.2 (a) 일반 칩 접합과 (b) 플립칩 접합

칩의 접착에 도입하였으며 현재도 이 기술 분야를 주도적으로 이끌고 있다. LED에 있어서 플립칩은 다음과 같은 특징을 가진다.

- 광추출 효율의 증가
  볼 와이어가 차지하는 면적이 없으므로 보다 넓은 면적의 칩에서 빛이 발생하므로 추출효율이 증가함.
- 열 방출 증가
  열이 주로 발생하는 칩의 활성층이 아래쪽에 위치하고 기존에 칩에서 보였던 열전도가 원활하지 않았던 사파이어층이 위쪽에 위치하게 되므로 방열성이 뛰어남.
- 신뢰성 증가
  광추출 효율 및 열 방출이 용이하여 결과적으로 LED의 신뢰성이 증가하게 됨.
  서브마운트에 제너다이오드의 실장.
- 공정비용의 증가
  팹 공정 및 정밀한 플립칩 공정이 소요되어 공정비용이 증가함.

표 3.1은 플립칩의 주요 공정을 나타내고 있다. 플립칩 공정은 크게 스터드 범프를 이용한 방법, 솔더 범프를 이용한 방법, 그리고 전도성 접착제를 이용하는 방법으로 나눌 수 있다. 이들 공정 중 LED에 가장 많이 적용되고 있는 공정은 Au 스터드 범프를 이용한 방법이다. 초창기에는 신뢰성이 매우 뛰어난 유연 솔더를 이용하여 LED를 제작

표 3.1 플립칩 공정의 비교

특성	Au-Au 범프	솔더	전도성 접착제
접촉 방법	Au-Au 스터드 범프	리플로 범프	전도성 입자의 분포
접촉저항	< 10 miliohms	< 10 miliohms	> 25~50 miliohms
접합 온도	~200 ℃	270~350 ℃	~200 ℃
Underfill 공정	가능	가능	가능
칩간 접착(< 1 mm)	쉬움	어려움	매우 어려움
접촉 피치(< 150 μm)	가능	어려움(300~350 μm)	어려움(> 200 μm)
기판 형태	flex type, 3D packaging	FR4, flex type 어려움	가능
열충격성	낮음	높음	낮음
공정 중 낱개만 테스트	가능	불가능	가능
소량 생산	가능	불가능	불가능

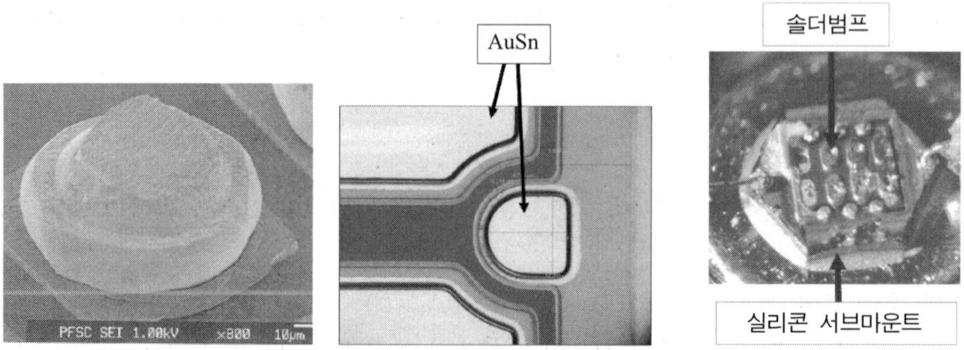

(a) 스터드 범프 (b) 유테틱 범프 (c) 솔더 범프

그림 3.3 플립칩 범프의 종류

하기도 하였으나 환경 오염의 문제로 현재는 Au 스터드 범프를 이용하여 제조하고 있다. Au 스터드 범프를 이용하면 공정이 타 플립칩 공정에 비하여 간단하고 양산성도 매우 뛰어나 LED의 양산에 적합하다. 이 밖에도 AuSn이라는 유테틱 메탈을 플레이팅한 후 플립칩 하는 방법도 적용되었으나 용융 시 녹은 유테틱 금속이 범프 간의 쇼트 문제를 일으키거나 접착 시간이 비교적 많이 소요되어 양산성이 떨어져 상용화되지는 않았다.

범프는 그림 3.3에 나타낸 바와 같이 다양한 형태 및 재질로 만들 수 있는데, 금, 주석 합금을 플레이팅하는 방법, 와이어를 이용하여 싱글 볼 범프를 만드는 방법, 스크린 프린팅을 이용하는 방법 등이 있다.

플립칩 접합을 하기 위한 LED 칩과, 서브마운트의 팹 공정이 끝나면 서브마운트와 LED 칩을 붙이기 전에 플라즈마 클리닝과 양면의 접착 패드 또는 범프는 정렬을 해야 한다. 칩에 열과 압력 또는 초음파을 가하여 서브마운트에 붙일 때 완전하게 칩과 서브마운트가 정렬되었다고 하여도 실제 접착은 약간씩 어긋나게 된다. 따라서 정밀한 플립칩 접합을 위해서는 정열도 중요하지만 누르는 하중 압력 및 초음파의 파워도 중요하다. 그림 3.4는 이와 같은 플립칩 공정 중 스터드 범프를 이용한 플립칩 공정과 정열을 위한 칩과 서브마운트의 정렬 표식을 간단히 나타내었다. 플립칩 접합의 정렬에 사용되는 카메라는 상하를 동시에 또는 따로따로 볼 수 있는 듀얼 카메라를 사용한다.

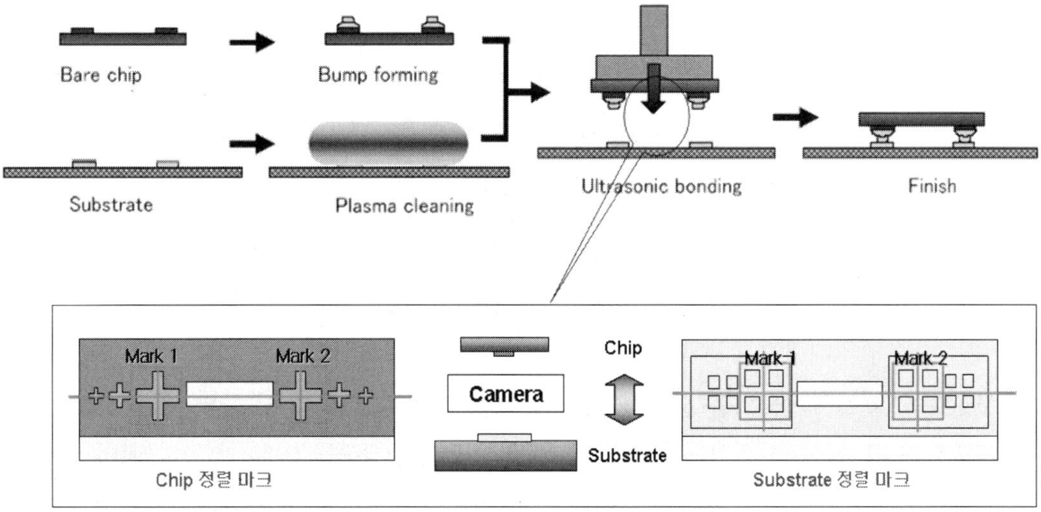

그림 3.4 플립칩 접합 공정도

3.1.2 언더필 공정

플립칩 된 전자소자에 있어서 언더필(underfill) 공정은 칩과 기판을 연결하는 솔더의 신뢰성을 증가시키기 위해서 폭넓게 사용되고 있다. 반도체의 패키징에 있어서는 언더필 공정은 플립칩 소자와 플라스틱 기판과의 접착성을 향상시키기 위하여 주로 쓰이지만 LED에 있어서는 그림 3.5에 보이는 바와 같이 사파이어 기판과 실리콘 기판과의 열

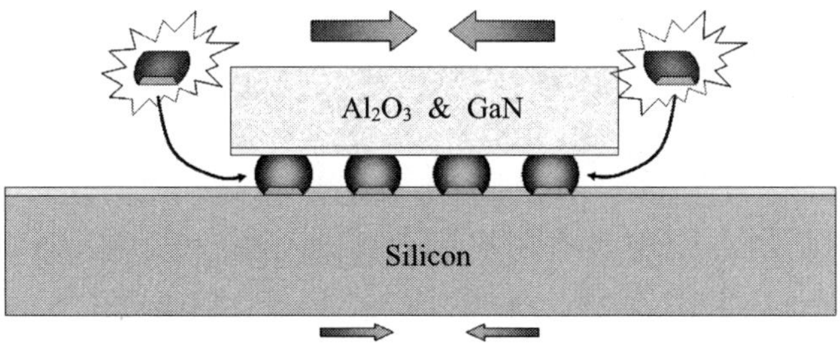

GaN	5.6
Si	2.4
Sapphire	7.5

Coefficient of Thermal Expansion($\times 10^{-6}/K^{-1}$)

그림 3.5 열팽창계수의 차이에 따른 범프 변화

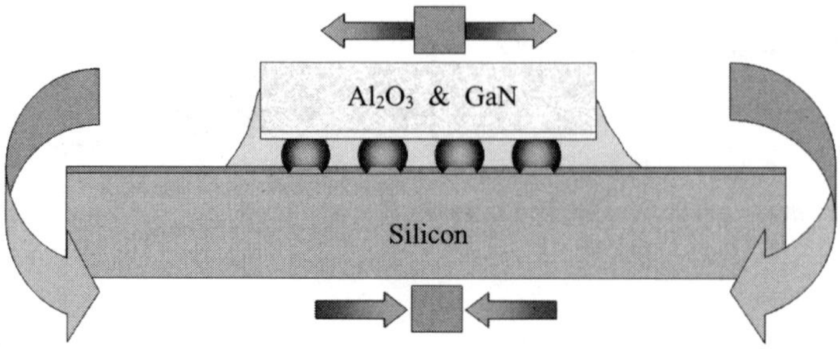

그림 3.6 열팽창계수의 차이로 인한 뒤틀림

팽창계수의 차이에 의한 플립칩 범프의 크랙을 방지하기 위해서 사용된다. 칩 성장의 기판으로 가장 많이 사용되는 사파이어 기판의 열팽창계수는 $7.5\times10^{-6}/K^{-1}$이며 실리콘의 열팽창계수는 $2.4\times10^{-6}/K^{-1}$이므로 수축 시에는 그림 3.5에 보이는 바와 같이 사파이어 기판이 서브마운트로 쓰인 실리콘보다 더 많이 수축하여 양쪽 기판을 연결하고 있는 범프의 형상을 한쪽으로 찌그러트리게 된다. 반면 팽창 시에는 반대 현상이 일어나 범프가 반대쪽으로 찌그러지거나 그림 3.6에 보이는 바와 같이 실리콘 기판 쪽으로 휘는 현상이 발생한다. 결과적으로 두 기판 사이에서 접합 역할을 하는 범프는 지속적인 스트레스를 받아 크랙이 발생하고 소자의 신뢰성을 떨어뜨리게 된다.

언더필 물질은 이와 같은 플립칩 소자의 신뢰성을 향상시키기 위하여 두 기판 사이의 공극을 채워 주는 물질로 다음과 같은 물성을 요구한다.

- 언더필 물질의 요구 물성
  - CTE 값이 작을 것
  - Modulus 값이 클 것
  - 열적 안정성이 높을 것
  - 플립칩 범프 사이로 잘 스며들 것
  - 대부분 에폭시를 사용함
  - 보관은 −40 ℃ 이하에서 할 것 등

3.1.2.1 모세관력을 이용한 언더필 공정

이 공정은 플립칩의 언더필 공정 중 가장 많이 이용되는 공정으로 그림 3.7에 보이는 바와 같이 플립칩의 측면에 언더필 물질을 떨어뜨리면 모세관력에 의해서 언더필 물질이 스며드는 원리를 이용한 방법이다. 언더필 물질의 토출은 디스펜싱 방법과 제팅 방

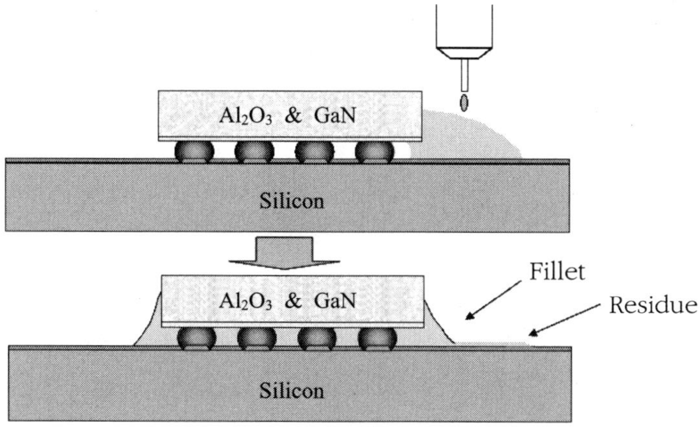

그림 3.7 모세관력에 의한 언더필

식 모두 가능하며 물질은 매우 폭넓게 선택할 수 있다. 현재 국내 회사는 언더필 물질을 개발 완료하고 시장 진입 중이며 대표적으로 SK케미칼, 제일모직, 대주전자재료 등이 있다. 세계적으로 유명한 회사는 독일의 헹켈, 일본의 나믹스가 있으며, 그 밖에 Ablestik, Cookson Electronics, Loctite, Emerson & Cuming, Zymet 등이 있다. 한편 모세관력에 의한 언더필 방법은 비록 자동화 장비를 이용하여 진행된다 하여도 디스펜싱 속도나, 모세관력에 의해 스며드는 속도에 제한이 있어 양산성은 개선해야 할 문제점으로 지적되고 있다.

대표적인 디스펜싱에 의한 언더필 패턴을 그림 3.8에 나타내었다. 이 방법 외에도 여러 가지 패턴이 있는데 칩의 형태나 크기에 따라 다르다. 간단한 I 패턴은 사각형의 플립칩에 사용될 수 있으며 디스펜싱 후 나머지 3면에 대한 충진이 필요할 수도 있다. 이 방식의 단점으로는 한쪽만 디스펜싱하기 때문에 큰 칩의 경우 스며드는 데 시간이 걸린다는 것이다. 따라서 3 mm 이하의 칩에 주로 적용된다. LED 플립칩의 경우 보통 1 mm 이므로 이 방법을 적용하면 알맞다. 점 패턴의 경우 I 패턴보다 스며드는 데 시간이 오래 걸리며 따라서 매우 작은 칩의 경우에 적용될 수 있다. 장점은 공정 속도가 빠르다

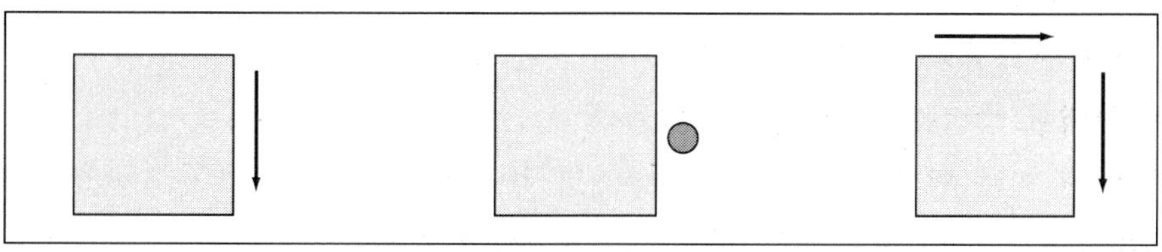

(a) Line Pattern (b) Dot Pattern (c) "L" Pattern

그림 3.8 언더필의 디스펜싱 패턴

는 것이다. 마지막으로 L 디스펜싱 패턴을 살펴보면 이 방법은 접착제의 디스펜싱 후 충진이 2면에서 이루어진다. 칩은 주로 3~6 mm 크기의 칩에서 사용되는데 LED 플립칩의 경우 3 mm를 넘는 경우가 없으므로 이 방법을 사용하지 않는다. 충진 속도는 I 패턴보다 2~3배 빠르며 주로 반도체의 칩 스케일 패키지에 적용한다. 이 밖에도 매우 큰 소자를 위한 U자형 패턴도 있으나 이 방법은 공기 방울이 트랩될 우려가 많은 방법이다.

이 방법에 의한 양산성은 언더필 물질이 플립칩의 틈새에 스며드는 시간으로 표현할 수 있는데 식 (3.1)에 나타내었다. 여기서 t는 언더필 물질이 스며드는 시간이며 공정 시간을 길게 만드는 변수로는 언더필 물질의 점도와 이동하는 거리, 공정 시간을 짧게 만드는 변수는 플립칩의 높이나 표면 응력 그리고 작은 접촉각이다. 현재 상용화되어 있는 LED 플립칩은 대부분 1 mm×1 mm 이하여서 언더필 물질의 이동 거리는 매우 짧으므로 LED 플립칩의 언더필 공정 시간을 짧게 하기 위해서는 언더필 물질의 점도를 낮게 하는 것이 매우 중요하다.

$$t = \frac{3\mu L^2}{h\gamma\cos\theta} \tag{3.1}$$

t = flow time　　μ = absolute viscosity

L = distance traveled　　h = gap height

γ = surface tension　　θ = wetting angle

3.1.2.2 플럭싱 언더필 접착

모세관력에 의한 언더필의 양산성을 개선하기 위하여 비유동성의 물질을 이용하는 방법이 개발되었다. 그림 3.9에 보이는 바와 같이 이 방법은 플립칩 공정 이전에 비유동성의 물질을 기판에 먼저 토출하고 플립칩 하는 방법으로 주로 에폭시나 변형된 에폭시를 사용한다. 플립칩 공정은 주로 리플로 공정에 의해서 이루어지며 온도는 보통 220~230 ℃, 시간은 4~6분 사이이다. 그러나 최근의 LED 분야의 플립칩에 있어서는 리플로에 의한 플립칩보다는 열초음파 방식에 의한 플립칩 방법이 주류를 이루고 있기 때문에 이 언더필 방법은 잘 사용되지 않는다.

모세관력에 의한 언더필 에폭시는 경화제로 주로 아민 계열을 많이 사용하는데 플럭싱용 에폭시는 무수물 계열 또는 카르복실 에스테르 계열을 많이 사용한다. 반면 첨가물에 있어서는 모세관용은 약 30~60 wt% 함량의 물질을 열팽창계수를 줄이기 위하여

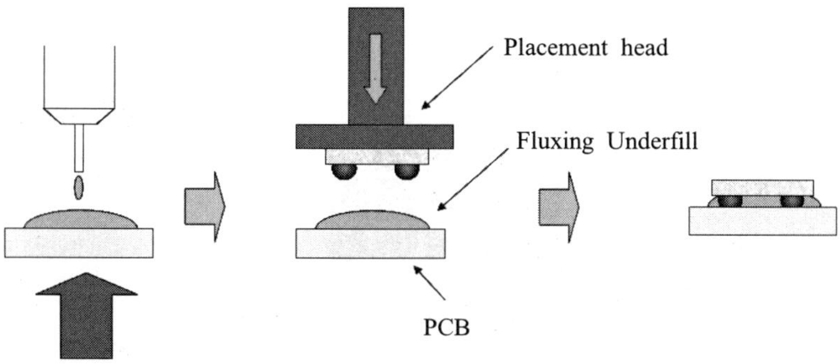

그림 3.9 플럭싱에 의한 언더필 공정

사용하나 플럭싱용은 플립칩의 전기적 접촉을 방해하지 않도록 50 wt% 이하의 물질을 사용한다. 따라서 가교 후 기본적인 물성은 이 두 가지 에폭시 모두 비슷하지만 열팽창계수는 차이를 보인다. 첨가물이 많이 들어가 있는 모세관력에 의한 에폭시보다 첨가물이 상대적으로 적게 들어는 플럭싱용 에폭시가 열팽창계수가 크다.

플럭싱에 의한 언더필의 힘은 식 (3.2)에 나타내었다. 이 공정에서 제일 중요한 요인은 플립칩의 하중 압력인데 이 압력은 디스크의 크기나 언더필 물질의 봉지재 하강 속도에 비례하고 디스크와 기판의 높이에 반비례한다.

$$F_{\text{under fill}} = \frac{3\pi R^4 \mu(-V)}{h^3} \tag{3.2}$$

$F_{\text{under fill}}$ = force exerted by underfill

R = radius of the disk

μ = viscosity of underfill

v = placement velocity

h = height between disk and substrate

3.1.2.3 웨이퍼 레벨 언더필

언더필 공정의 세 번째 방법으로는 플립칩을 붙이기 전에 열가소성의 고분자 프리폼을 사용하는 방법이다. 주로 이 방법은 그림 3.10에 보이는 바와 같이 웨이퍼 레벨에서 적용할 수 있는 장점이 있어 양산성 면에서는 가장 뛰어나다. 프리폼은 비전도성의 열가소성 고분자를 사용할 수도 있고 z-방향으로 전도성이 있는 이방성의 필름 접착제를 사용할 수도 있다.

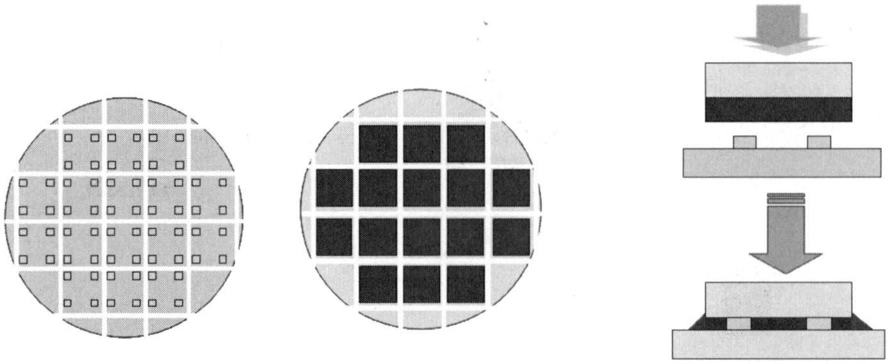

(a) Bumped Wafer (b) Underfill Coated Wafer (c) Assembly

그림 3.10 웨이퍼 레벨 언더필

3.1.3 테스트

플립칩 및 언더필 공정 후 칩의 신뢰성을 측정하는 방법으로는 여러 가지가 있는데, 대표적인 방법으로 thermal cycling test, 고온, 고압, 고습 실험, 그리고 고온 저장 실험이 가장 일반적으로 사용된다. 각 신뢰성 실험에 대한 세부 조건은 표 3.2와 같다.

3.2 다이 접합 공정

LED 칩의 접착층은 앞서 접착제의 역할에서도 언급하였듯이 칩을 고정해 주는 역할과 칩에서 발생하는 열을 방출하는 역할을 한다. LED 칩은 매우 좁은 면적에서 많은

표 3.2 플립칩의 신뢰성 측정 조건

실험명	실험 조건
Thermal Cycling and Thermal Testing	−40 ℃, 25 ℃, 100 ℃, 25 ℃, 30 min. 5 min. 30 min. 5 min 1000 cycles
Pressure Cooker Test	121 ℃, 100% RH, 168 hr
Highly Accelerated Temperature/Humidity Test	130 ℃, 85% RH, 96～100 hr
High-Temperature Storage Test	150 ℃, 3000 hr

열을 발생하기 때문에 일반적인 고분자 접착제나 유테틱 접착제는 피하는 것이 바람직하다. 물론 85% 이상의 납이 함유된 솔더를 사용하면 좋은 접착 물성을 가지기는 하나 RoHS 요구사항에 어긋나기 때문에 사용할 수 없다.

3.2.1 접착제 도포 방식

접착제를 도포하는 방식으로는 대량으로 한꺼번에 토출하는 방식과 각각의 접착 지점에 하나하나 토출하는 방식이 있다. 대량으로 한꺼번에 토출하는 방식으로 대표적인 방법은 스텐실링, 프린팅, 핀 타입, 스탬핑 방법 등이 있으며, 개별 방식으로는 자동 디스펜싱 방식과 제팅 방식이 대표적이다. 이들 방식의 장단점을 표 3.3에 나타내었으며 일반적인 접착제와의 상관관계를 표 3.4에 나타내었다. LED 칩의 접착 분야에 있어서는 대부분 시린지와 니들을 사용하는 자동 토출 방식을 사용하고 있으며 컴퓨터와 비전 시스템을 이용하여 연속공정으로 진행하고 있다. 이 공정의 장점은 원하는 위치와 면적에 점, 선, 면 형태로 토출할 수 있다는 것과 기판의 형태와 크기에 크게 구애받지 않

표 3.3 접착제 도포 방식의 종류

형태	용도	장점	단점
핀	표면실장	매우 빠름, 연속공정 가능	접착제 조절이 어려움
스탬프	표면실장	공정 속도가 빠르고 넓은 면적에 적용 가능	접착제 조절이 어려움
스크린, 프린팅	표면실장	대량 생산 가능	디자인에 따른 새로운 마스크 필요, 소량 생산에 적합하지 않음, 세척 어려움
디스펜싱	시간, 압력 형태	조작이 쉽고, 세척이 용이함	많은 작은 양 토출 시 공정속도 개선 필요
	나사 형태	다양한 접착제 사용 가능	접착제의 점도에 영향을 많이 받음
	피스톤 펌핑	접착제의 점도에 영향을 받지 않고 넓은 면적의 접착제 토출도 가능	세척이 까다롭고, 공기방울 영향이 많음
제팅	스프링, 압력을 이용한 분사	디스펜싱 방법보다 10～50% 이상 속도 빠름	세척이 까다롭고 접착제의 점도에 영향을 많이 받음
프리폼	칩온 보드	쉬운 접착제 높이 조절	프리폼을 미리 제작하여야 함

표 3.4 도포 방식과 접착제와의 관계

Material	Process						
	Needle	Fluid jet	Stencil Print	Screen Print	Pin Transfer	Stamp Transfer	Film Bond
Insulative die-attach paste	◎	○	○	○	○	○	
Isotropic die-attach film							◎
Anisotropic die-attach film							◎
Isotropic paste	○		◎	○		○	
Anisotropic paste	○	○	○	◎		○	
Underfill	◎	○	○	○			

는다는 것이다.

오래전부터 멀티칩 모듈이나 마이크로 소자 그리고 LED 패키지를 표면실장할 때 접착제를 도포하기 위하여 스크린 프린팅 방식을 사용하였다. 스크린 프린팅 방식은 접착층의 두께를 조절할 수 있다는 장점을 가지고 있으며 배치 프로세스 방식이기 때문에 대량 생산 시 유리하다. 실례로 총 4만 개의 도트를 형성할 때 디스펜싱 방식은 1.5분/1,000개가 소요되지만 스크린 프린팅 방식은 0.5분/1,000개밖에 소요되지 않아 약 3배의 공정 시간을 단축할 수 있다.

3.2.2 니들 선택

원하는 접착제 양을 토출하기 위해서는 알맞은 니들을 선택해야 한다. 만일 니들을 잘못 선택하여 접착제 양을 너무 많이 토출하면 옆 소자와 쇼트가 일어날 수도 있으며 낮은 접착 강도로 인하여 저온~고온 열순환 충격 테스트 시 칩이 떨어질 수도 있다. 니들의 안쪽 구경은 반드시 원하는 도트 크기의 50%는 되어야 한다. 예를 들면 0.7~0.9 mm의 도트를 디스펜싱하고자 한다면 니들의 크기는 대략 0.4 mm가 되어야 하며 이는 22-G의 니들을 사용해야 함을 의미한다. 표 3.5에 사용되는 니들의 안쪽 구경과 도트의 크기 그리고 토출되는 양을 나타내었다.

표 3.5 니들 게이지 크기

Microliters	Millimeters(ID)	Tip gauge	Dot Standards
0.5	0.84	18	○ ○ ○ ○
0.10	0.41	22	◦ ◦ ◦ ◦
0.075	0.33	23	◦ ◦ ◦ ◦
0.025	0.25	25	◦ ◦ ◦ ◦
0.01	0.20	27	• • • •
0.050	0.15	30	· · · ·
0.0089	0.1	32	· · · ·

3.2.3 디스펜서 장치

디스펜서는 접착제의 토출 시 접착제가 재현성 있게 토출할 수 있도록 하는 가장 중요한 장치이다. 따라서 접착제 토출 기기의 경우 많은 회사들이 재현성 있는 정밀한 토출을 위하여 기술 개발을 하고 여러 가지 기기를 판매하고 있다. 물론 접착제 토출 기기를 구입할 때 가장 중요한 체크 포인트도 접착제 토출의 정밀성 및 재현성이다. 대표적인 접착제의 토출 시스템은 크게 세 가지를 들 수 있으며 시간과 압력을 이용한 방법, 오거(auger)를 이용한 펌핑 그리고 선형 피스톤을 이용한 방법이다.

- 시간-압력 펌핑 방법 : 가장 오래되고 간단한 방법으로 현재도 가장 많이 사용되고 있다. 이 방법은 펄스 형태의 고압 공기를 일정 시간 방출하여 시린지의 접착제를 밀어내는 방식으로 니들 밸브 및 시간을 조절하여 접착제의 토출량을 결정한다. 장점으로는 가격이 저렴하고 간단하며 동작 방법이 단순하다는 것이며, 단점으로는 시린지에 남아 있는 접착제의 양에 따라 토출 압력이 변한다는 점, 반복되는 토출에 의해 시린지 내의 온도가 변한다는 점을 들 수 있다. 최근의 디스펜서에서는 이와 같은 단점을 보완하기 위하여 시간에 따라 토출 압력을 보정하여 토출량을 정밀하게 제어하는 방식을 사용하고 있다.

- 오거 펌핑 : 이 시스템은 접착제를 압력을 이용하여 오거가 장착되어 있는 저장 용기에 넣고 오거가 저장 용기에 들어 있는 접착제를 니들로 밀어내는 방식이다. 이 방식은 고속의 토출에 있어 접착제 토출량의 변화를 최소화한 방식으로 시간-압력

방식보다 접착제의 점성에 대한 영향을 적게 받는다. 단점은 필러의 함량이 높은 접착제의 경우 열이 발생한다는 것과 장비의 가격이 비싸고 세척하기가 까다롭다는 것이다. 따라서 필러의 함량이 높은 LED용 실버 에폭시의 경우는 이 방식을 사용하기가 곤란하다.

- 선형 피스톤 펌핑 : 이 펌핑 방법은 선형 피스톤을 이용하여 시린지 내의 접착제를 밀어내는 방식으로 지정된 용량만큼의 접착제를 밀어내기 때문에 접착제의 점성에 거의 영향을 받지 않는 장점이 있다. 반면 시간-압력 형태는 ±10%의 용량 변화가, 오거 타입은 ±4%의 용량 변화율을 가지고 있다.

3.2.4 디스펜싱 시 발생하는 문제 및 원인

LED 칩의 접착 시 접착제의 점도는 빠른 공정을 위하여 점도는 낮게 유지하는 것이 중요하다. 보통 접착제의 점도를 낮게 유지하기 위하여 온도는 50～70 ℃ 근처에서 유지하며 지정된 시간 내에 접착제를 사용해야 한다. 또한 접착제는 반응성이 높기 때문에 냉동 보관은 필수이며 잘못된 보관 역시 점도를 증가시키는 원인이 된다. 점도가 높아진 접착제를 사용하면 여러 가지 문제점이 발생하는데 대표적인 것이 접착제의 끌림 현상이다.

이 밖에도 잘못된 토출로 인하여 여러 가지 문제가 발생하는데 스트린징, 테일링, 도트의 누락, 위성도트 등이 있다. 스트린징은 접착제가 니들로부터 끊어지지 않아 발생하는 문제로 주위의 소자나 기판을 오염시킨다. 원인으로는 접착제의 토출 용량이 니들의 직경보다 너무 낮거나 니들의 z축 토출 높이가 너무 높아 발생한다. 이 문제는 니들의 직경을 낮추거나 토출 높이를 니들 직경의 1/2 이하로 낮추면 해결할 수 있다. 이 밖에도 스트린징의 원인으로 보드상의 정전기나 부정확한 z축 타격 높이, 보드의 밴딩 등을 들 수 있다.

테일링은 도트의 크기가 니들의 내경보다 2배 이상 작을 때 발생하는데, 0.4 mm의 니들을 사용할 경우 도트의 크기는 적어도 0.75 mm는 되어야 한다. 또한 토출 후 접착제의 수축 속도를 빠르게 하면 테일링을 방지할 수 있다. 도트의 누락은 토출 압력이 부정확하거나 니들이 막히거나 공기방울이 침투하여 발생하는데, 칩의 접착 강도나 신뢰성을 떨어뜨리는 원인이 되므로 주의를 기울여서 공정 중 발생하지 않도록 해야 한다. 위성 도트는 토출 높이가 너무 높거나 니들의 크기에 비하여 토출되는 접착제의 양

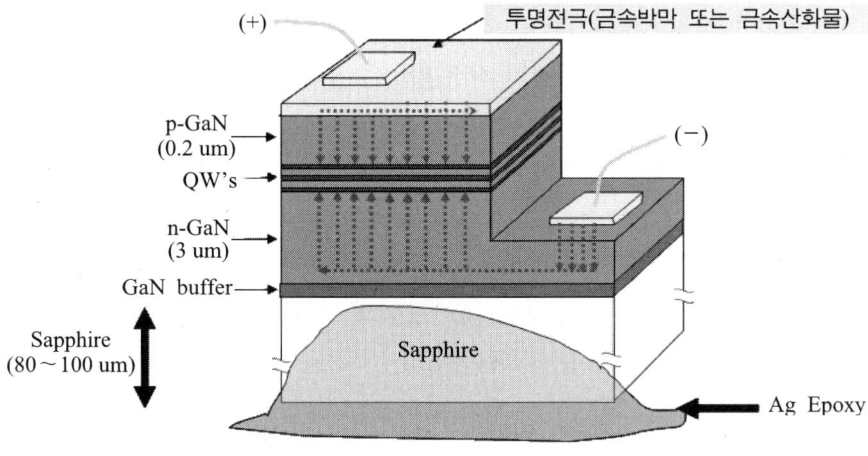

그림 3.11 Ag 에폭시의 접착 높이

이 너무 많을 때 발생하는데, 역시 보드를 오염시키거나 접착강도를 떨어뜨리는 원인이 된다.

LED 칩용 접착제로 가장 많이 사용하는 접착제인 Ag 에폭시는 사용 전 상온에서 최소 1시간가량 방치하여 에이징 후 사용해야 하며, 상온에서는 Ag와 에폭 시간의 비중차이로 인하여 부분적인 농도의 차이가 발생할 수 있으므로 교반을 실시하여 사용해야 한다. 칩의 접착 높이는 약 10 μm 정도로 유지하는 것이 알맞으며 에폭시 접착제의 접착 높이는 그림 3.11에 나타낸 바와 같이 칩의 $\frac{1}{2}$ 이하로 유지하는 것이 중요하다. 만일 접착 높이가 칩의 중간 높이 이상 측면을 타고 올라가게 되면 칩의 p 전극과 n 전극의 쇼트가 일어나 LED가 작동하지 못하게 된다.

3.2.5 접착제의 경화

접착제의 토출과 칩의 접착이 끝나면 점성의 접착제를 고화시키고 접착 강도를 발현시키기 위하여 반드시 가교를 실시해야 한다. 대부분의 경우 가교는 분자량이 낮은 저분자 물질이나 올리고머를 고분자 형태로 변화시키는 반응이며 사용되는 에너지는 주로 열이나 자외선이다. 그 밖에 접착 메커니즘으로는 열가소성 고분자를 열을 이용하여 녹였다가 식히면서 접착시키는 방법이나 폴리이미드처럼 프리폴리머에 열을 가하여 이미드 환을 만드는 형태 등도 있다. LED 칩의 접착제로 주로 사용되는 에폭시는 열경화성 형태가 대부분이며 축합 반응이나 첨가 반응에 의해서 가교 반응이 일어난다. 이들 에폭시는 반응성이 매우 다양하며 어떤 것은 150 ℃에서 1시간 이상 가열해야 가교 반응이 완료되는 것도 있지만 어떤 형태는 상온에서 주제와 경화제를 혼합만 해도 수 분 내에 경화가 완료되는 것도 있다. 반응성이 높은 에폭시는 경화제로 주로 1차 또는 2차 지방족 아민 또는 3염소화, 3불소화 아민을 사용한 것이며, 오랜 시간 가열하여 경화시키는 에폭시의 경화제는 방향족 무수물 형태를 사용한 에폭시이다. 열은 LED 접착제의 경화에 있어 가장 많이 사용하며 컨벡션 오븐이나 적외선램프가 장착된 컨베이어 화로를 사용한다. 그 밖에 가교 방식으로는 마이크로파, 자외선, 습기를 이용한 경우가 있으며 이들 방법의 장단점을 표 3.6에 나타내었다.

- 열경화 : 열경화 방식은 보통 일반형, 빠른-가교 타입, 스넵-가교 타입, 세 종류로 나뉜다. 일반형은 LED용 접착제에 가장 많이 적용되는 방식으로 150～170 ℃에서 30～120분 동안 가열하여 가교시키는 방식이다. 주 이용처는 LED 패키지 전반과 멀티칩 패키지와 같은 고신뢰성 모듈에 주로 사용된다. 가열은 주로 공기나 질소가 순환되는 컨벡션 오븐을 이용한다. 빠른-가교 타입은 생산성을 높이기 위하여 인라인 시스템으로 경화하기 위한 방법으로 보통 15분 이내에 가교 반응이 완료된다. 스넵-가교 타입은 150 ℃ 이상의 온도에서 보통 1분 이내에 이루어지며, 공정은 컨베이어 벨트를 이용하여 진행되며, 컨베이어 벨트가 적외선 화로를 통과하며 가교가 이루어진다. 이 밖에도 경화 시 고압의 압력을 가하여 공정을 진행하는

표 3.6 접착제 가교방식의 장단점

가교방법	장점	단점
열	낮은 가격 기존 장비 활용	가교 시간이 많이 걸림
적외선	표면실장에 유리 높은 투과율	추가 가교 공정 필요
마이크로파	빠른 가교 속도 열팽창계수 차에 의한 스트레스 감소	가교 조건이 까다로움 전용 장비 필요
자외선/가시광선	빠른 가교 열에 민감한 소자에 유리 공정에 소요되는 비용 낮음 에너지 절감	추가 열가교 필요 자외선 접착 전용 접착제 필요
습기	별도의 에너지 불필요 상온 경화 열에 민감한 소자에 유리	폴리우레탄, 실리콘 접착제 등에 제한됨 가교 시간이 매우 오래 걸림 추가 가교 필요

경우도 있는데 이럴 경우는 경화 시 발생하는 공기나, 휘발성 물질의 증발을 억제하여 버블이 발생하지 않도록 함으로써 신뢰성을 향상시킬 수 있다.

- 자외선/가시광선 가교 : 광반응성 접착제는 소자에 열을 가하지 않고 빠르게 접착할 수 있다는 점에서 장점을 가지며 물질의 종류는 아크릴레이트, 에폭시 아크릴레이트, 우레탄 아크릴레이트가 대표적이다. 자외선 경화 접착제는 가교 시간이 5～20초로 매우 짧아서 생산성이 우수하며, 가교 시간은 광개시제, 자외선의 파장 및 파워에 의해서 결정된다. 예를 들면 365 nm의 파장에서 50 mW/cm^{2}의 파워로 가교하면 10～20초 소요되던 가교 시간이 150 mW/cm^{2}으로 가교하면 5초가 소요된다. 일반적으로 가교파장은 250～400 nm 사이이며 조사 파워는 적어도 150 mW/cm^2 이상이다. 이때 광원은 중압(medium pressure) 수은 램프가 주로 사용된다.

- 마이크로웨이브 가교 : 다양한 파장의 마이크로웨이브가 접착제와, 봉지재 그리고 코팅 물질을 빠르게 가교하기 위하여 개발되었다. 본 가교의 마이크로웨이브는 고정된 주파수가 아니고 스위프된 주파수를 사용한다는 것이 기존의 가열 방법과 차이를 보이고 있다. 조절 인자는 주파수, 주파수 대역 넓이 그리고 스위프 속도이다. 장점은 가열 방식에 비하여 가교 속도가 2～10배 빠르다는 것이며 단점으로는 온도가 균일하지 않다는 것이다.

- 습기 가교 : 본 가교 방식은 접착제가 공기 중의 습기와 반응하여 고분자가 생성되는 메커니즘을 가진다. 대표적인 수지로는 시아노아크릴레이트, 실리콘 그리고 폴리우레탄이 있다. 장점은 열이나 그 밖의 에너지가 없이도 가교가 가능하다는 것이며 단점은 가교 반응이 완료될 때까지 수일이 소요된다는 것이다. 또한 상대 습도와 접착제의 두께에 대해서도 가교 속도가 다르다는 것과 습도가 너무 높으면 반응이 급속히 진행되어 공기방울이 발생할 수도 있다는 것도 단점으로 지적되고 있다. 따라서 이들 접착제는 LED 분야와 같이 빠른 가교 속도와 높은 신뢰성을 요구로 하는 분야에는 사용이 어렵고 창틀 등의 실란트 등에 주로 사용되고 있다.

3.2.6 경화 온도의 영향

접착제 경화 시 가교가 불완전하게 되면 에폭시의 주제와 경화제가 일부 남게 되며 접착제는 완전하게 고분자화되지 않고 결과적으로 접착제의 물성에 영향을 미치게 된

표 3.7 가교 온도에 따른 Tg 변화와 CTE 변화

Cure Schedule (℃/hours)	Tg (℃, by TMA)	CTE (25~100 ℃, ppm/℃)
130/2	117	22.9
146/2	127	23.8
160/2	137	26.3
175/2	146	24.3

다. 불완전한 가교 반응은 기계적 물성과 Tg, 전기적 특성을 감소시키고 휘발 가스와 흡습을 증가시킨다. 불완전 경화의 원인으로는 짧은 가교 시간, 낮은 가교 온도, 이액형 접착제의 경우 두 타입의 잘못된 혼합량 그리고 가교 반응을 방해하는 불순물 등이 원인이 될 수 있다. 표 3.7은 가교 온도에 따른 Tg의 변화와 CTE의 변화를 나타낸 것인데 가교 온도가 낮을수록 Tg 값이 낮음을 알 수 있고 CTE 값도 최적의 경화 온도에서 가장 높음을 알 수 있다. 경화 온도가 낮으면 가교 반응이 불완전하게 일어나 Tg가 낮으며 경화 온도가 너무 높으면 휘발성 가스가 발생하고 그에 따른 접착제 내부에 공극도 발생하여 CTE 값이 낮아진다. 따라서 접착제 가교 시에는 제조사에서 제시하는 방법으로 가교 반응을 진행해야 원하는 물성을 얻을 수 있다.

한편 경화 조건이 접착제 제조사에서 제시한 방법과 일치하여도 경화가 일어나지 않거나 불완전하게 일어났다면 이는 접착제가 유통이나 공정 중에 오염되었다는 것을 의미한다. 아민류나 습기는 아크릴 수지의 경화 반응을 방해하며, 유기주석, 유기금속, 황함유 화합물, 그리고 아민류는 첨가 반응 형태의 실리콘의 가교 반응을 방해한다. 실제로 설파이드 계열의 형광체를 사용하면 실리콘 봉지재의 경화 시간이 매우 길어짐을 알 수 있다.

경화를 과하게 하면 경화가 불완전하게 되는 것보다는 물성의 손실이 크지는 않지만 적잖은 문제가 발생한다. 접착층의 가교 밀도가 너무 증가하면 부서지기 쉬워지며 진동이나 충격에 대한 저항성이 떨어진다. 따라서 최적의 경화 조건을 찾기 위하여 여러 가지 방법을 동원하고 있는데 대표적인 것이 가교 조건에 따른 물성 변화를 추적하는 것, FT-IR을 이용하는 방법 그리고 DSC를 이용하는 방법이다. FT-IR을 이용하는 방법은 가교 조건에 따라서 반응성 그룹의 피크가 사라지는 것과 반응 후 발생하는 그룹의 피크가 생성되는 것을 추적하여 경화 조건을 알아내는 방법이며, DSC를 이용하는 방법은 접착제의 총 발열량(A_{total})을 측정한 다음 실제 공정 조건(A_t)에서 발생하는 발열량을

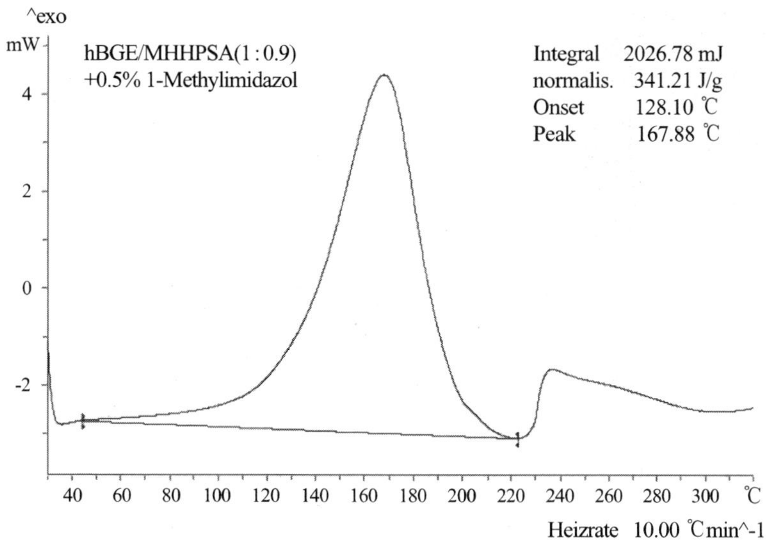

그림 3.12 에폭시의 경화에 따른 총 발열량(BASF의 hBGE 에폭시)

측정하여 고분자 반응의 정도를 계산하는 것이다. 그림 3.12는 BASF에서 제조한 에폭시의 총 발열량을 나타내는 그림이다.

$$\% \text{ 변화율} = A_t / A_{\text{total}} \times 100 \tag{3.3}$$

3.2.7 접착제의 접착 강도

접착제에 접합된 LED 칩은 제품으로 출하되기 위해서 용도에 적합한 강도를 가져야 한다. 그러나 최종 제품으로 제작된 패키지는 접합 강도를 측정할 수 없으므로 봉지 공정 이전에 접합 강도를 측정함으로써 내구성을 미리 추정할 수 있다. LED 칩의 접착 강도는 그림 3.13에 보이는 것처럼 접합된 두 물체를 분리하는 여러 가지 방법 중 주로 전단 강도 테스트 방법을 이용하고 있으며, 가장 많이 사용되는 Ag 에폭시의 접합 강도는 1.5 mm×1.5 mm, 실리콘 칩의 경우 40 N 이상의 전단 강도를 나타내고 있다.

그림 3.14는 미국의 MIL-STD-883E의 칩의 전단 강도 표준을 나타내고 있는데, 칩의 면적이 64×10^{-4} in^2 이상인 경우 전단 강도가 2.5 kg 이상이면 양호한 강도이며, 칩이 5×10^{-4} in^2 이하일 때 0.04 kg 이상이면 양호로 판정할 수 있다. 또한 칩의 접착층이 50% 이상 접합되어 있을 때까지 접합 강도가 그림의 1.25배이면 양호, 접착층의 10% 이상 접합되어 있을 때까지 접합 강도가 그림의 2배이면 양호로 판정할 수 있다. LED

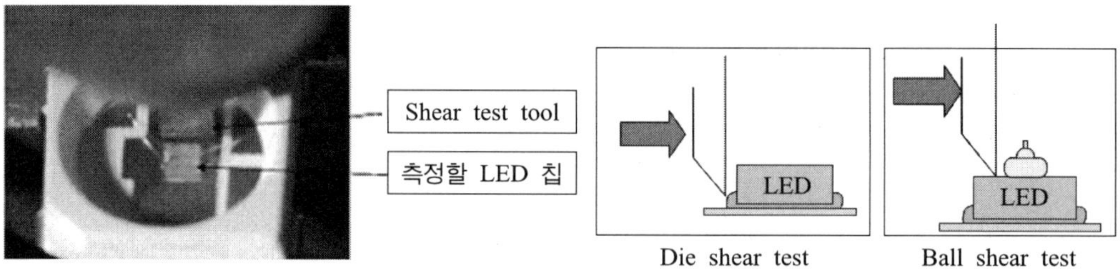

그림 3.13 LED 칩의 전단 테스트

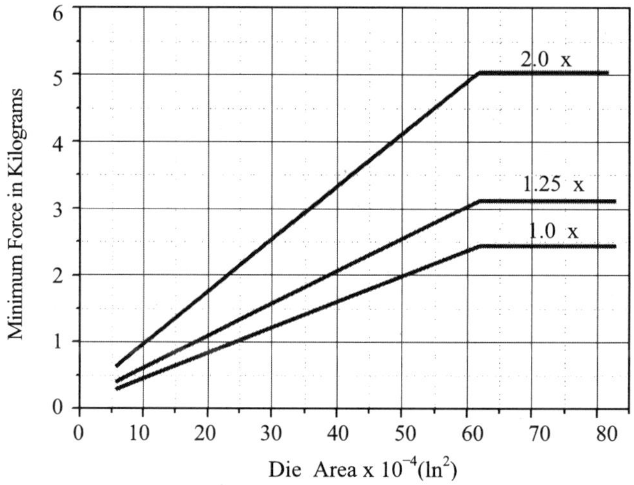

*Minimum force versus die attach area

그림 3.14 칩의 전단 강도 표준

칩의 접착 강도는 이 규정을 따르면 무난할 것으로 사료된다.

상기의 접착 공정에 미치는 영향 인자를 종합적으로 요약하면 다음과 같다.

접착제의 특성

- 점도
- 칙소성(형상 유지성)
- 저장에 대한 안정성(실온 및 저온에서의 보존)
- 초기 점도의 안정성
- 유동 특성
- 입도 분포
- 퍼짐성
- 온도 안정성(도포 시, 도포 후)이 필요하다.

- 기타 : 부품 실장 시의 점착성, 색상 등등.

❖ 장비의 설정 조건
- 노즐의 내경
- 도포 압력
- 도포 시간
- 도포 온도
- 노즐의 높이
- 노즐 상승 시간 등.

※ 장비의 설정 조건은 본드의 선택에 따라 달라질 수 있음.

❖ 기판의 표면 상태

본드 도포 공정에 있어서 기판 표면의 상태도 중요한 인자가 된다. 본드의 특성 중에 특히 퍼짐성은 기판 표면의 상태에 크게 좌우되어 가판의 표면 상태에 따라 도포되는 도트 형상이 다르게 된다.
- 기판 레지스트 종류
- 도포명의 패턴, 실크 인쇄 유무
- 플럭스 유무
- 기판의 휨, 이물 등.

3.3 와이어 접합

3.3.1 캐필러리

캐필러리(capillary)는 금 와이어의 끝에 전기적인 방전에 의해 형성된 볼을 안정되게 접착시키고 와이어를 걸림 없이 이동하여 루프를 만들고 2차 본드를 형성시키며 마지막 단계로 와이어를 절단해 주는 역할을 한다. 캐필러리는 볼 와이어 접합 방식의 핵심 부품으로 세라믹 타입의 캐필러리가 가장 많이 이용되고 있다. 세라믹 캐필러리는 접합에 이용되는 소모품이며 접합 대상에 맞추어 설계, 제조한다. 세라믹 캐필러리는 광통신용 페룰의 양산 기술인 사출 성형 기술을 이용하여 제조하며 가공 기술의 발달로 고경도이며 긴 수명을 보장한다. 최근에는 고경도와 긴 수명을 위하여 기존에 알루미나 세라믹을 사용하던 것을 Zirconia Toughened Alumina Ceramic을 사용하며 수명 연장을 위하여 Diamond Like Carbon을 코팅하기도 한다. 이 밖에도 재질을 루비를 이용하여 제작함으로써 수명을 획기적으로 연장한 제품도 판매되고 있으나 세라믹 캐필러리에 비하여 3～5배가량 비싼 것이 단점이다.

캐필러리는 볼 와이어 접합의 생산성을 향상시키기 위하여 복잡한 구조를 띠고 있는데 그림 3.15와 같은 여러 가지 명칭을 가지고 있다.

- B.P.P : Bond Pad Pitch
- L.H : Loop Height
- B.T : Bond Thickness
- W.D : Wire Diameter
- H : Hole
- C.D : Chamfer Diameter
- ICA : Inner Chamfer Angle
- FA : Face Angle
- OR : Outer Radius
- FAB : Free Air Ball

캐필러리 안쪽의 홀을 inner chamfer, 캐필러리 아래쪽 홀의 직경을 chamfer diameter

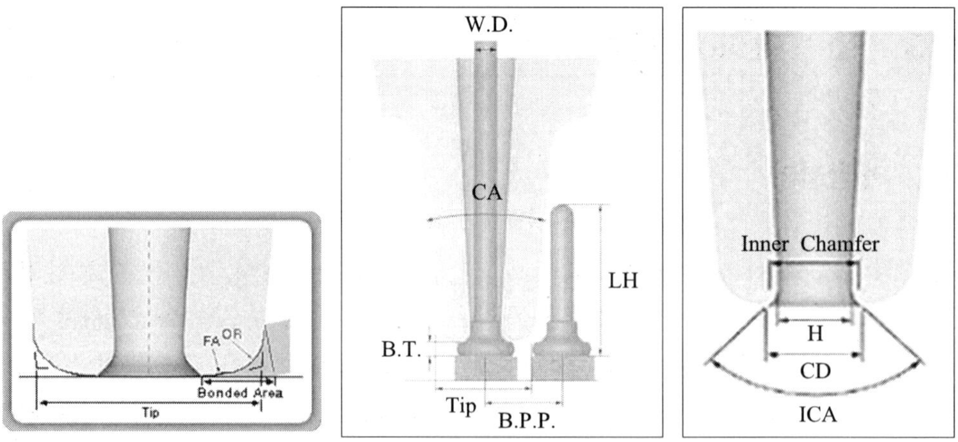

그림 3.15 캐필러리 각 부의 명칭

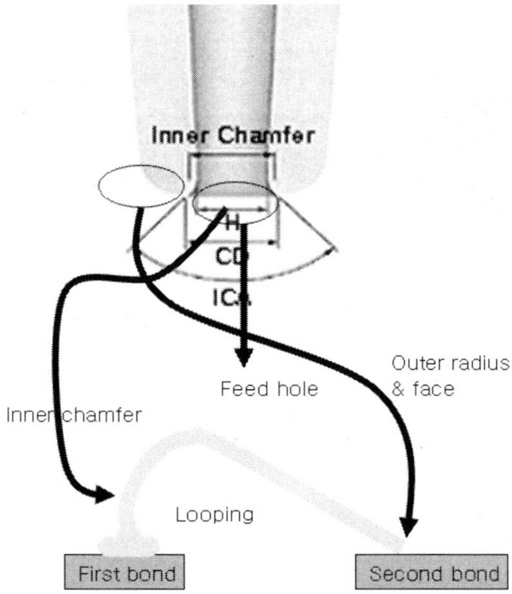

그림 3.16 캐필러리의 각 부위가 와이어 접합에 미치는 영향

(CD), 바닥면의 바깥쪽을 outer radius라고 한다. 캐필러리의 각 부분들은 볼 와이어 접합 시 각각의 공정에 영향을 미치는데 그림 3.16과 표 3.8에 그 영향 인자들을 나타내었다. Inner chamfer는 주로 첫 번째 볼 와이어 접합에 영향을 주며 볼의 크기, 강도, 중심점, 와이어 루프 등에 영향을 주고, face angle과 outer radius는 루프와 2차 접합의 강도에, 그리고 tip diameter는 피치 간격과 2차 접합의 강도 등에 영향을 미친다. 따라서 LED의 와이어 접합 시 공정의 효율성을 최대화하기 위해서는 상기의 캐필러리 특성에 맞추어 알맞은 캐필러리를 선택하는 것이 매우 중요하다.

표 3.8 볼 와이어 접합 영향 인자

Feature	Affected	
Feed Hole	• Wire centering	• Looping
Inner chamfer	• Ball bond centering • Bond size • Tail bond strength	• Ball bond strength • Looping
Face angle & outer radius	• Second bond strength	• Looping
Tip diameter	• Pitch	• Second bond strength

• Wire Type별 HAZ 비교

wire size 1.0 mil

Type	HAZ Length(μm)	Ball Neck Grain(μm)	Wire Grain(μm)
M	230~280	8.0~9.0	3.0~3.5
L	130~160	6.0~7.0	2.0~3.0
T	160~190	4.0~5.0	2.0~2.5
R	140~160	3.0~4.0	1.5~2.0
XC	100~130	3.0~4.0	1.5~2.0
UB	120~150	3.0~4.0	1.5~2.0

그림 3.17 볼 와이어의 부분 명칭

볼 와이어 접합에서 와이어의 형태는 그림 3.17과 같이 세 부분으로 나눌 수 있다. 전기적 방전에 의해 형성된 볼(ball)이 와이어의 끝단에 존재하며 방전의 세기에 따라 볼의 크기는 달라진다. 볼 다음에 존재하는 구간은 heat affect zone(HAZ)으로 루프의 높이와 밀접한 관계가 있다. 보통 HAZ은 그레인(grain) 크기가 와이어보다 크며, 방전 시 볼이 형성될 때 발생한 열에 의해서 영향을 받는 구간으로 와이어 구간보다 경직된 구간이다. 마지막 구간은 일반 와이어 구간으로 칩이나 소자에 전기 에너지를 공급하는 역할을 하는 구간이다.

캐필러리를 잘못 선택하면 볼 와이어 접합 시 오류가 발생하는데 그 현상을 살펴보면 다음과 같다.

- **홀의 크기가 알맞은 경우** : 홀은 주로 와이어 공급과 접합 루프와 관련되어 있으며 보통 와이어 크기의 1.3~1.4배 정도 되는 것을 사용하는 것이 알맞다. 홀이 알맞으면 와이어의 공급과 루프 형성이 쉽게 된다(그림 3.18).
- **홀의 크기기 작은 경우** : 홀의 크기가 작으면 와이어와 홀의 마찰력이 증가하여 루프가 잘 형성되지 않으며 경우에 따라서 접합된 볼이 떨어지는 경우도 있다(그림 3.18).
- **홀의 크기가 큰 경우** : 홀의 크기가 크면 와이어가 잘 이동할 수는 있으나 정확한 위치에 볼 접합이 되지 않아 볼이 접합 패드에서 벗어날 수 있다(그림 3.19).

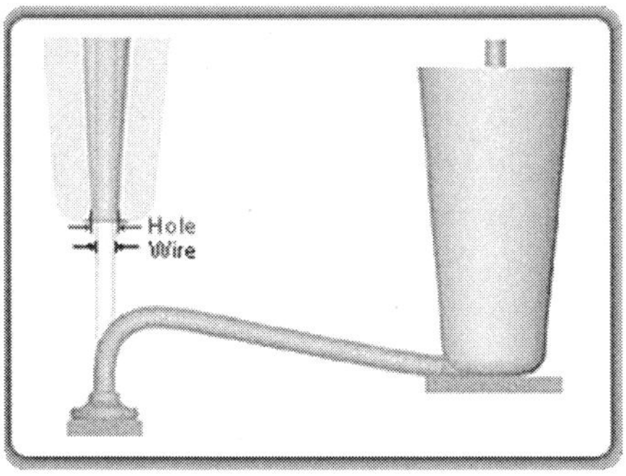

(a) Optimum Hole

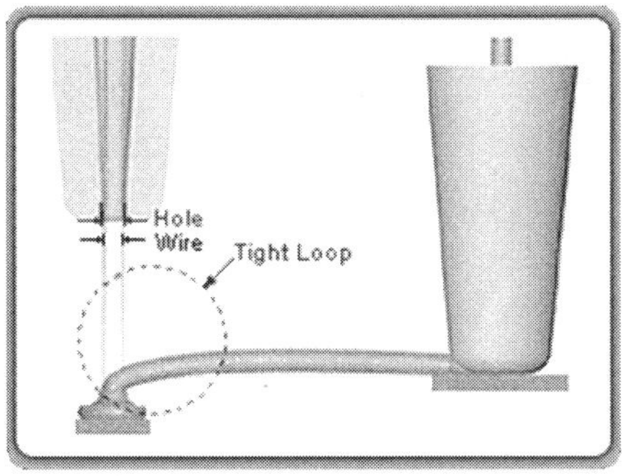

(b) Smaller Hole

그림 3.18 (a) 캐필러리의 홀의 크기가 알맞은 경우와 (b) 작은 경우 볼 와이어 접합 형태

(a) Optimum Hole

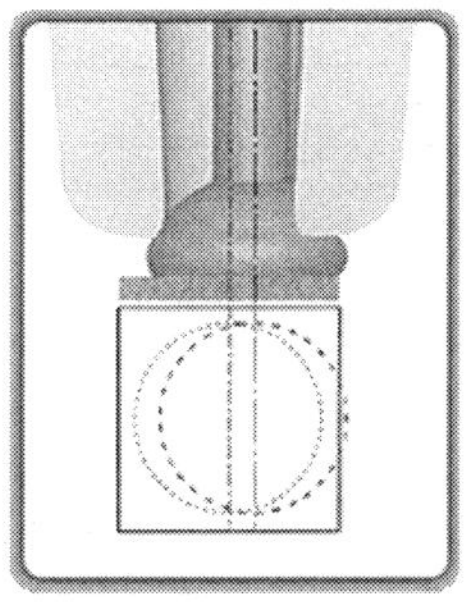

(b) (Off-Center Bond) Larger Hole

그림 3.19 홀의 크기가 큰 경우 볼 와이어 접합

따라서 사용하는 와이어의 굵기에 따라서 추천하는 캐필러리 홀의 크기가 있는데 그림 3.20에 나타내었다. 캐필러리 홀의 크기는 사용하는 와이어의 1.4배 굵기의 것을 사용하는 것이 통상적이다.

캐필러리 팁의 크기는 주로 볼 와이어 접합 시 2차 접합에 직접적인 영향을 미치며 주로 접합할 패드의 피치에 따라 그 크기를 결정한다.

- **팁의 크기가 큰 경우** : 2차 접합 면적이 넓어져 접착 강도가 증가하는 장점이 있으나 패드의 피치가 좁은 경우나 플립칩 접합처럼 접합해야 할 패드가 매우 좁은 경우 접합이 어려울 수 있다(그림 3.21).
- **팁의 크기가 작은 경우** : 2차 접합 면적이 좁아져 접착 강도가 감소하는 단점이 있으나 고밀도로 와이어 접합할 수 있는 장점이 있다(그림 3.21).

챔퍼 직경(CD)은 챔퍼와 챔퍼 안쪽각을 포함한다. CD는 free air ball(FAB)을 안정적

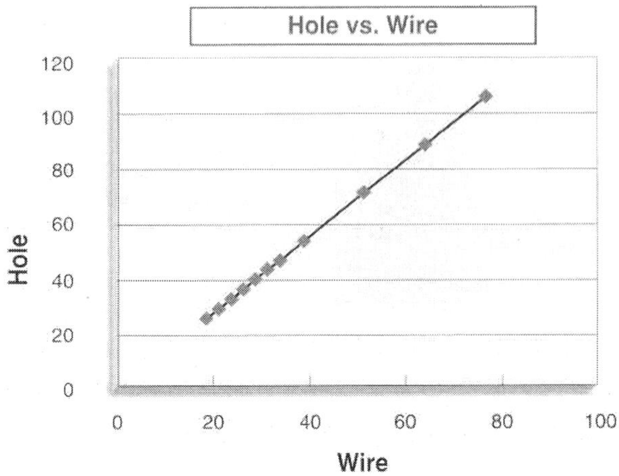

WIRE	18	20	23	25	28	30	33	38	51	64	76
HOLE	25	28	32	36	39	43	46	53	71	89	107
REMARKS	Wire×1.4										

그림 3.20 홀과 와이어의 추천 크기

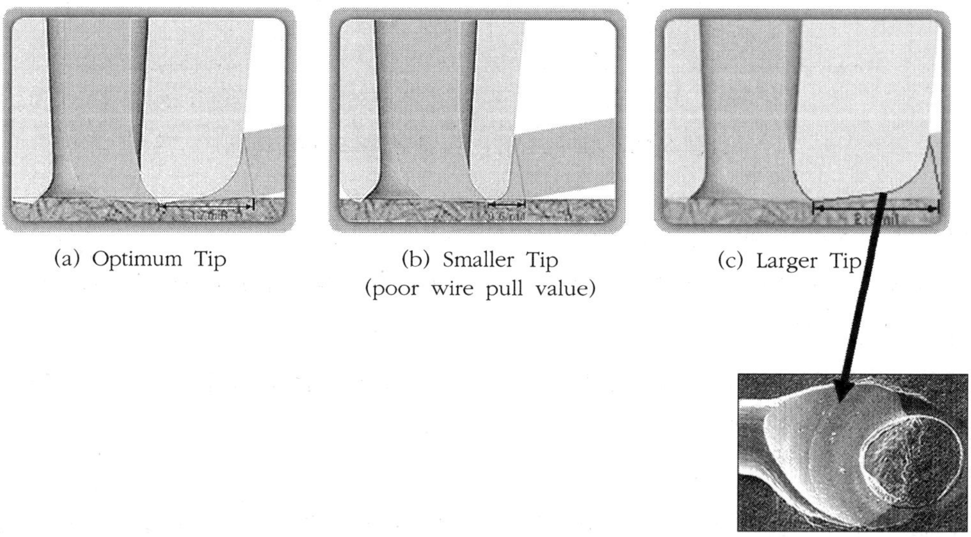

(a) Optimum Tip (b) Smaller Tip (poor wire pull value) (c) Larger Tip

그림 3.21 팁의 크기가 2차 접합에 미치는 영향

으로 잡아 주며 첫 번째 접합이 될 수 있도록 도와준다. 볼이 접합 패드에 접촉하면 초음파와 하중을 가하여 볼 접합이 되도록 유도하며 접합 볼의 형태도 결정한다. 이와 같은 CD의 역할을 그림 3.22에 나타내었다. 만일 챔퍼가 없다면 FAB는 안정적으로 캐필러리에 고정되지도 않게 되며 접합 시 볼이 챔퍼의 홀을 막아 더 이상 공정을 진행할

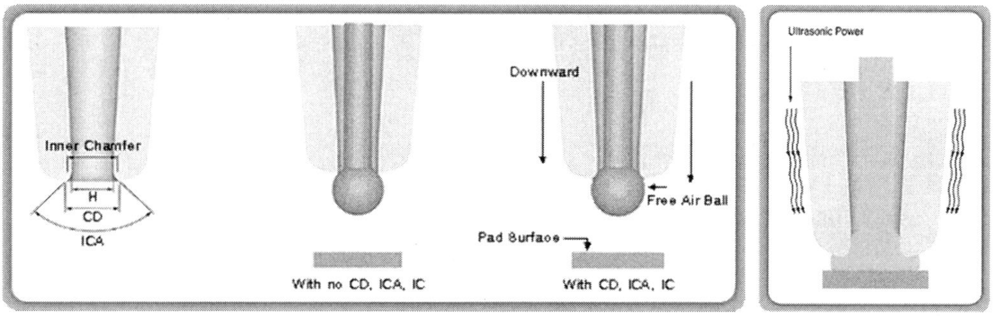

그림 3.22 챔퍼의 역할

수 없게 만들 수 있다. 따라서 챔퍼의 역할은 볼 와이어 접합 시 매우 중요한데 그 역할을 상세히 살펴보면 그림 3.22와 같다.

- H, ICA, IC, CD가 알맞은 경우 : 1차 접합 시 범프 형태가 알맞으며 2차 접합 시 형성되는 루프가 부드럽게 형성됨(그림 3.23).
- ICA, IC, CD가 없는 경우 : 1차 접합 시 범프가 매우 얇게 되며 2차 접합 시 형성되는 루프가 꺾이게 됨(그림 3.23).
- CD가 작은 경우 : 1차 접합 시 범프의 밑면 넓이가 넓게 형성되며 2차 접합 후 와이어 테일 접합이 약하여 와이어가 캐필러리 안쪽으로 딸려 올라가 FAB 형성이 어려움(그림 3.24).
- CD가 큰 경우 : 1차 접합 시 범프의 밑면 넓이가 좁게 형성되며 2차 접합 후 와이어 테일 접합이 너무 강하게 되고 반대로 2차 접합 강도는 약하게 되는 단점이 있음(그림 3.24).

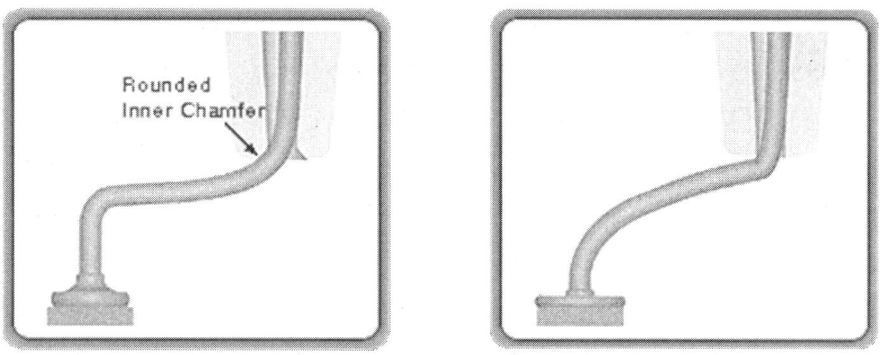

(a) (b)

그림 3.23 (a) 챔퍼가 있는 경우와 (b) 없는 경우 루프의 형태

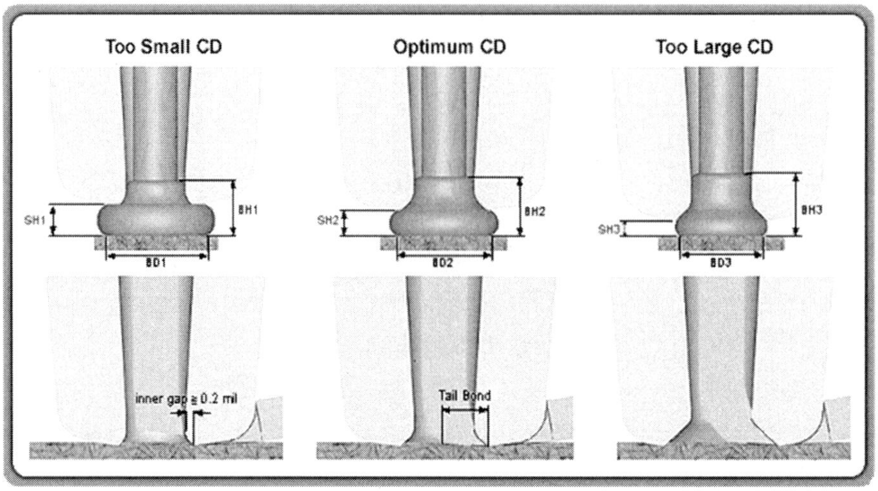

그림 3.24 CD의 크기에 따른 범프 형태와 2차 접합에 대한 영향

3.3.2 접합 와이어의 종류 및 특징

와이어 접합에 사용되는 와이어는 사용되는 제품의 신뢰성, 생산성, 원가, 성능 등을 고려하여 선택하며, 종류는 크게 금 와이어, 알루미늄 와이어, 구리 와이어 세 종류를 들 수 있다. 이들 와이어의 특징에 대해 간단히 살펴보면 다음과 같다.

3.3.2.1 금 와이어

금 와이어는 대기 중에서 표면의 산화가 일어나지 않으며, 볼이 알맞은 높이로 패드와 접합하며, 내화학성과 내식성이 뛰어나 봉지재가 고분자인 LED용으로 적합하다. 판매되는 금 와이어를 루프의 높이에 따라 분류하면 high 루프, middle 루프, low 루프로 나눌 수 있다. 와이어의 루프 형태는 그림 3.25와 같으며 사용 목적에 따라 높이가 다른 루프를 사용한다. 먼저 high 루프는 루프의 높이는 높지만 길이가 짧아 칩의 가장자리나 패키지가 와이어와 접촉하지 않도록 접합하는 데 주로 사용된다. 그리고 로프의 높이가 높기 때문에 진동에 강한 반면 수지의 유동에 따라 영향을 받기 쉽다. 주로 트랜지스터, LED, IC에 이용된다. Middle 루프 와이어는 IC에 가장 많이 사용되며 low 루프 와이어는 결정 영역을 짧게 하여 루프의 높이를 낮게 한 것으로 휴대폰용 키패드처럼 패키지가 얇은 곳에 이용된다.

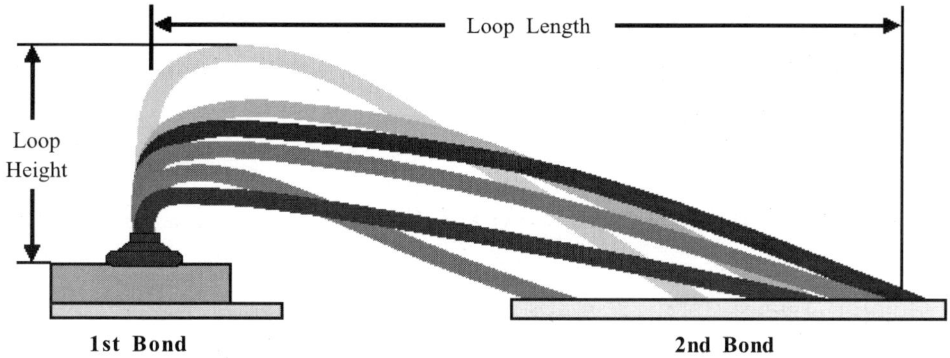

그림 3.25 금 와이어의 루프 종류

LED의 종류가 다변화됨에 따라 사용되는 와이어의 종류도 다변화되고 있는데 이에 대해 살펴보면 다음과 같다.

- 다핀화 소자 : 소자의 핀 개수가 많아지면 루프의 길이가 길어지며 다음과 같은 특성이 요구된다. 인접 와이어와 접촉하지 않도록 와이어의 직진성이 뛰어나야 함, 수지의 몰딩 시 와이어의 변형이 적어야 함, 패키징 공정 중에 발생하는 물리적 스트레스나 열적 스트레스에 강해야 하며 특히 볼 넥의 강도가 높아야 함.
- 박형 패키지 : 패키지의 두께가 얇게 되면 칩 위의 봉지재 두께도 얇게 되고, 와이어의 높이도 제한된다. 휴대폰용 키패드 LED의 경우 총 두께가 0.4 mm가량 되고 기판과 칩의 높이가 0.2 mm를 상회하므로 high 루프는 물론, 종래에 폭넓게 사용되는 middle 루프 와이어도 키패드 상부로 와이어가 노출되므로 사용할 수 없다. 이 때문에 0.1 mm 이하의 low 루프가 사용되고 있다. low 루프를 만드는 방법으로는 접합 시 기기의 루프를 제어하여 만드는 방법, low 루프 와이어를 사용하는 방법, 방전 시간을 짧게 하여 한계 결정 영역 길이를 짧게 하는 방법 등이 있는데 전자의 방법으로 루프를 제어하면 지나친 응력이 볼의 목 부분에 가해질 수 있으므로 주의를 요한다. 또한 low 루프 와이어는 결정 영역의 길이를 짧게 하기 위하여 첨가 원소를 가한 것인데 첨가 원소가 과량이면 볼의 하부에 딤플을 형성하여 신뢰성을 떨어뜨릴 수 있다.
- 좁은 피치 : 좁은 피치라 함은 패드 피치 > 0.12 mm, 패드 크기 > 0.1 mm를 말하는데 보통 볼 와이어 접합의 볼은 와이어 지름의 2.5배 전후, 초음파 압착 후 볼의 지름은 와이어 지름의 3배가량 된다. 좁은 피치에 대응하기 위해서는 볼의 크기를 얼마나 작게 형성하느냐에 달려 있으며 보통 지름이 작은 와이어를 사용하

여 볼을 작게 형성한 후 접합한다. 그러나 와이어의 지름이 너무 작으면 와이어의 강도가 약하게 될 수 있으므로 신뢰성에 영향을 주지 않는 범위 내에서 지름이 작은 와이어를 사용해야 한다.

접합 후 와이어는 원하지 않는 형태로 변형될 수 있는데 다음과 같은 원인에 의한다.

- **와이어의 구부러짐** : 접합 후 와이어가 구부러지는 일은 접합, 캐필러리, 와이어에 기인하는 것 등 여러 가지 원인들이 복합적으로 작용하여 일어난다. 캐필러리 내부와 와이어 표면과의 마찰에 의해 와이어가 구부러질 수 있으며 2차 접합 때 초음파의 진동 방향과 와이어의 방향이 맞지 않아 와이어의 구부러짐이 발생할 수 있다. 따라서 최근에는 캐필러리 챔퍼 부분을 마찰이 적게 일어나도록 매끄럽게 가공하기도 하고, 2차 접합 때 초음파 진동 방향과 와이어의 방향에 영향을 받지 않도록 제어할 수 있는 방식을 도입하고 있다. 이 밖에도 와이어 자체에 의해서도 구부러짐이 발생할 수 있는데 와이어 자체의 감김성, 와이어 내부의 스트레스 불균일성, 와이어 표면의 평활성, 청결도 등을 들 수 있다.
- **와이어의 변형** : 봉지재의 주입 때 봉지재에 의해 접합된 와이어가 밀려서 변형하는 형태이다. 이 변형은 사용하는 봉지재의 종류, 점도, 충진제의 종류 및 양에 따라 영향을 받는다. 와이어의 변형에 관계된 와이어의 요인으로는 와이어의 루프 길이, 높이 고온 시 와이어의 강도와 관계가 있으며, 루프의 높이가 낮고 짧을수록 변형은 적게 일어난다. 와이어의 변형에 지배적인 요인으로는 와이어의 고온 강도를 들 수 있는데 250 ℃에서 와이어의 파단 강도와 와이어의 변형과 상관관계가 높은 것으로 알려져 있다.

3.3.2.2 알루미늄 와이어

알루미늄 와이어는 금 와이어와 같은 긴 역사를 가지고 있으나, 실용화되면서 큰 기술의 변화 없이 오늘에 이르고 있다. 금 와이어처럼 LED 패키징 공정에는 많이 사용되고 있지 않지만 일반적으로 높은 신뢰성을 요구하는 세라믹 등의 기밀 패키지의 접합에 이용되고 있다. 알루미늄 패드와 주로 접합하여 알루미늄-알루미늄 접합이 되며 높은 신뢰성을 나타낸다. 접합은 웨지 접합을 실시하기 때문에 결전에 방향성이 있으며 값싼 IC 등에 이용된다.

고순도 알루미늄 와이어는 파워트랜지스터 등에 사용되고 있으며 가격적인 장점 때문에 사용되고 있다. 사용 환경은 금 와이어보다 넓지 못하며 내식성이 있는 분야에는 사용되지 않는다.

3.3.2.3 구리 와이어

구리 와이어는 금 와이어보다 낮은 가격 때문에 사용하려 하였으나 구리의 경도가 높아 칩의 패드에 손상을 주거나 칩에 크랙을 발생시켜 LED 분야에서는 사용되지 않고 있다. 현재 일부에서 트랜지스터에 사용하는 예도 있다고 한다.

3.3.3 와이어 접합

와이어 접합 방식은 크게 두 가지로 분류할 수 있다. 주로 금 와이어를 이용하는 열 압착 방식과 알루미늄 와이어를 이용하는 초음파 접합 방식이다. 열 압착 방식은 명칭에서도 알 수 있듯이 열과 압력을 이용하여 메탈 패드와 와이어를 접합하는 방식으로 기판의 온도를 보통 300 ℃ 이상까지 상승시켜 접합한다. 와이어의 접합 공정은 이어서 설명하는 초음파를 이용한 볼 와이어 접합 방식과 유사하나 초음파 대신 높은 압력을 이용하는 것만 다르다. 그러나 LED의 패키징 공정에서는 열압착 방식을 사용할 수 없다. LED 칩의 접착제로 사용되는 에폭시의 Tg가 보통 100 ℃ 이하이며 200 ℃가 넘어가면 에폭시의 열분해가 시작되기 때문이다. 그리고 LED용 패키지로 사용되는 프레임인 PPA가 고온에서는 열화되어 황변화되기 때문에 열 압착 방식을 사용할 수 없다.

LED 패키징 공정에서 사용되는 와이어 접합 방식은 상기 열 압착 방식을 개선한 초음파를 이용한 볼 와이어 접합 방식이다. 고온($<$ 150 ℃)을 가하지 않아도 되고 접합 속도도 빠르기 때문에 LED의 와이어 접합 방식으로 알맞다. 본 방식은 주로 금 와이어를 이용하며 초음파 에너지는 그림 3.26에 나타낸 바와 같이 캐필러리를 통하여 금 와이어에 전달된다. 전달된 초음파 에너지는 볼을 접합 패드에 마찰시켜 열 압착 방식처럼 두 메탈 간을 접합시키는 역할을 한다. 본 접합 방식은 1차 접합으로 볼을 형성하여 접합하기 때문에 웨지 와이어 접합 방식처럼 2차 접합 방향이 방향성을 가지지 않는 장점을 가지며, 이러한 장점은 그림 3.27처럼 다수의 칩을 장착한 LED 패키지나 제너다이오드를 장착한 LED 패키징 공정에 매우 유용한 장점이 된다.

열 초음파 방식의 접합 속도는 초당 5회 이상이며 실제 속도는 접합 패턴의 형태나 접합할 LED 칩의 개수에 따라 조금씩 바뀐다. 이 밖에도 볼 와이어 접합의 접합 속도

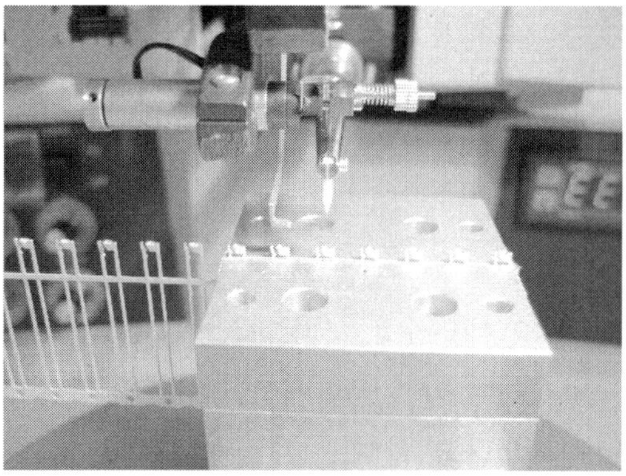

그림 3.26 초음파를 이용한 볼 와이어 접합 방식

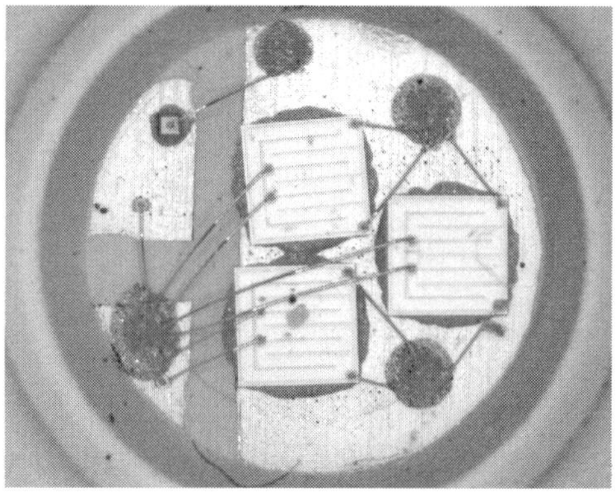

그림 3.27 하바텍 사(대만)의 3 in 1 패키징

는 LED 칩이 얼마나 정확하게 인식할 수 있는 위치에 접합되어 있는지, 그리고 회전되어 있지 않은지와 같은 요인도 영향을 미치며, 와이어 본더의 인식 시스템이 보정할 수 있는 오차 범위 내에 위치하는 것이 중요하다. 그림 3.28은 이상적인 볼 와이어 접합 형태를 나타낸 사진이다.

와이어 접합할 기판의 표면은 매우 깨끗해야 하며 조작 시 맨손으로 만지면 오염될 수 있으므로 장갑을 끼고 만져야 한다. 실제 리드프레임을 손으로 만지면 검은색의 지문 형태가 리드프레임을 오염시키는 것을 쉽게 볼 수 있으며, 만일 와이어 접합해야 될 부분을 손으로 만졌다면 이 부분은 신뢰성을 확보할 수 없으므로 패키지로서 사용하면 안 된다. 와이어 접합할 리드프레임은 보관 시에도 각별한 주의를 기울여야 되는데 깨끗하고 탈습된 환경하에서 보관해야 하며 여건이 된다면 질소가 퍼지는 데시케이터를 사용하면 좋다. 기판의 접합 패드는 은이나 금으로 코팅된 형태의 것이 좋으며 와이어는 팔라듐(palladium)이 미량 혼합된 것을 사용하면 접합 강도가 증가하여 신뢰성이 향

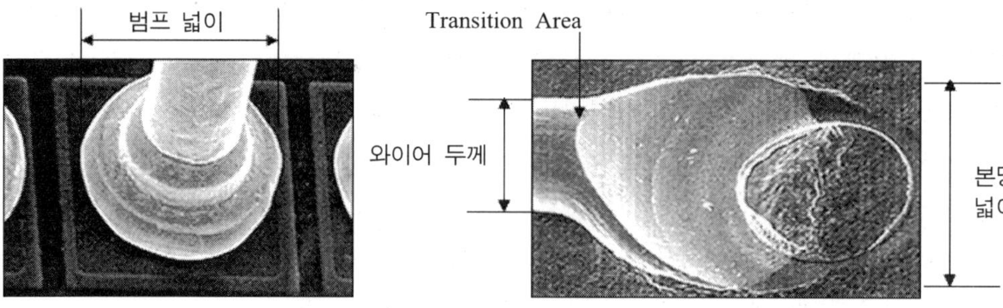

(a) 1st Bonding (b) 2nd Bonding

그림 3.28 이상적인 1차, 2차 와이어 접합 사진

표 3.9 와이어 접합 시 조정 인자

Parameters	Unit	비고
Temperature	℃	와이어 본드를 위해 열적인 분위기 조성
US Power	mW	Initial ball 형성 후 와이어를 칩 패드 및 L/F에 부착 시 캐필러리에 전해지는 Ultrasonic
Force	g	캐필러리를 통해 볼, 와이어를 눌러 주는 힘
Time	msec	본드 시 US power 및 Force가 전달되는 시간

상된다.

볼 와이어 접합 시 접합 인자는 표 3.9와 같이 크게 네 가지로 나눌 수 있다.

기판의 표면 온도와 초음파의 세기, 볼을 누르는 하중, 그리고 초음파를 유지하는 시간이다. 볼 접합 시의 1차 접합 조건과 스티치 접합하는 2차 접합의 조건은 약간 다르게 해야 하며 보통 2차 접합의 조건이 1차 접합의 조건보다 조금 약하게 설정된다. 일반적으로 1차 접합 시 초음파의 세기나 볼을 누르는 하중이 강할수록 접합 강도가 증가하기는 하나 접합 패드가 손상을 입어 신뢰성이 떨어질 수 있으므로 신뢰성을 확보할 수 있는 Go/No 스펙을 설정하고 스펙에 맞게 공정을 진행하는 것이 중요하다.

초음파를 이용한 볼 와이어 접합은 그림 3.29와 같은 공정을 반복하여 진행된다. 금 와이어는 캐필러리를 통과하여 존재하며 볼은 와이어의 끝 부분에 전기적인 방전에 의

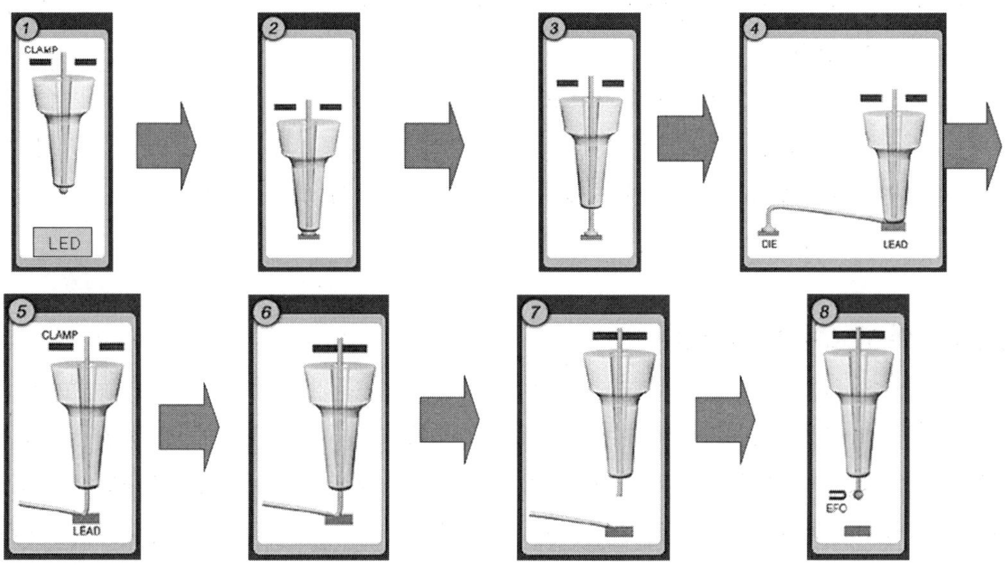

그림 3.29 초음파를 이용한 볼 와이어 접합의 반복 진행

해 형성되어 있다. 볼이 접합하고자 하는 패드의 표면에 접촉하고 초음파와 압력을 가하여 메탈 접합이 일어난다. 이후 캐필러리는 2차 접합할 위치로 이동한다. 2차 접합할 패드의 접합면에 접촉한 후 초음파와 압력을 가하여 접합한 후 캐필러리는 상승하고 이후 클램프가 와이어를 잡아당겨 와이어를 끊어낸다. 마지막으로 와이어의 끝 부분에 전기적인 방전을 통하여 볼을 형성하고 다시 공정이 진행된다.

웨지 와이어 접합 방식은 알루미늄 와이어 접합 방식에 주로 이용되고 있는 방식으로, 와이어에 전기 방전을 일으켜 볼을 형성시킨 후 그 볼을 접착하는 방식이 아니고 웨지라고 하는 툴에 초음파를 인가하여 와이어를 접합 패드 표면에 진동시켜 접합하는 방식이다. 물론 반도체 패키징 공정에서 패드 피치가 급격히 줄어들어 골드 와이어가 웨지 접합 방식에 적용되기는 하나 LED 분야에는 아직 많이 이용되고 있지는 않다.

웨지 접합은 초경합금으로 만들어진 툴을 이용하여 접합하고자 하는 와이어를 물리적으로 변형하여 접합에 이르도록 하는 방법이다. 와이어의 변형을 위해 와이어가 웨지의 뒤쪽 구멍으로 들어가서 웨지의 밑면에 위치하도록 하며 웨지의 눌림에 의하여 접합이 이루어진다. 웨지 와이어 접합 방식의 반복 공정을 살펴보면 그림 3.30과 같다.

와이어는 웨지 뒤쪽의 구멍을 통과하여 웨지의 밑면에 존재하며 웨지는 1차로 접합하고자 하는 위치로 움직인다. 웨지가 와이어를 눌러 접합하고자 하는 패드의 표면에 접촉하고 초음파와 압력을 가하여 메탈 접합이 일어난다. 이후 웨지는 2차 접합할 위치로 이동한다. 2차 접합할 패드의 접합면에 접촉한 후 초음파와 압력을 가하여 접합한 후 웨지와 와이어가 상승하면서 와이어를 잡아당겨 와이어를 끊어낸다. 이어서 다음 접합 위치로 이동한다.

표 3.10에 앞서 언급한 알루미늄 와이어를 사용한 방식과 금 와이어를 사용한 방식의 장단점 및 공정에 관한 간단한 사양을 정리하였다. LED 패키징 공정 조건 설정 시 이들 와이어의 종류 및 공정에 관한 사양을 파악하여 적용할 필요가 있다.

3.3.4 와이어의 burnout

와이어의 두께 및 길이는 와이어가 전송할 수 있는 전류의 크기를 결정한다. 특히 LED는 전류를 많이 소비하는 소자이고 패키지 내에 존재하는 칩의 배치에 따라서 전압이 높을 수도 전류가 높을 수도 있기 때문에 소요되는 전류 및 전압을 잘 계산하여 와이어의 크기를 결정해야 한다. 표 3.11은 금 와이어 및 알루미늄 와이어의 크기에 대한 허용 전류를 나타낸 표이다. 보통 접합 크기나 사용되는 전류가 높지 않으면 0.001인치

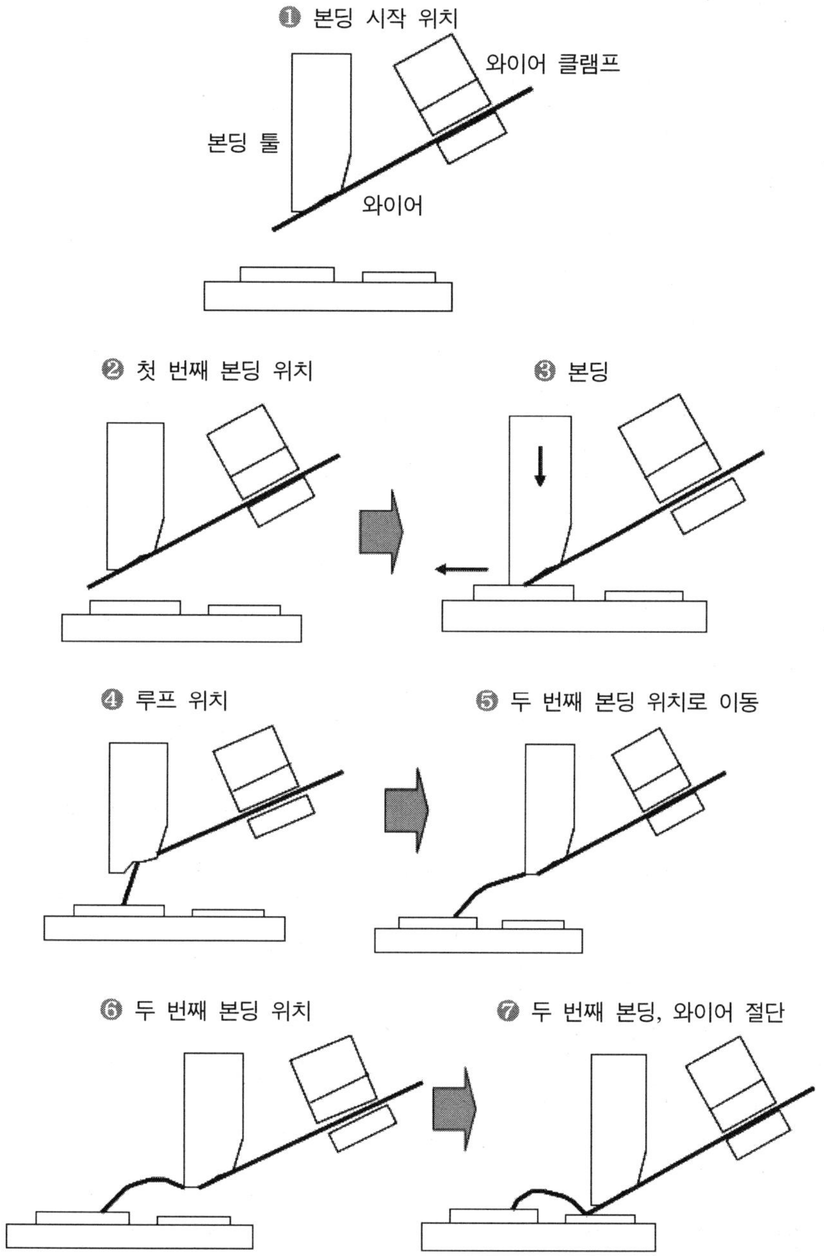

그림 3.30 웨지 와이어 접합 순서

표 3.10 접합 방식의 종류와 장단점

항목	Al 방식	Au 방식	
	초음파 압착식	열 압착식	초음파 병용 열 압착식
사용 와이어 및 직경	Al-Si 1% 직경 20~50 um 고순도 Al 직경 100~500 um	Au 직경 20~50 um	
접합 방식과 속도	초음파, 하중 R.T~150도 0.2 s/wire	저온, 하중 300~350도 0.15 s/wire	온도, 하중, 초음파 150~250도 0.15 s/wire
소자 고정 방법	주사나 솔더로 접착	Au -Si 공정접합 Ag 페스트	주사나 솔더로 접착
장점	저온에서 작업 가능 패드면 청정도의 영향이 적음	방향성이 없음 양산성이 큼	방향성이 없음 양산성이 큼 저온에서 작업 가능
단점	방향성이 있음 양산성이 떨어짐	고온에서 작업 패드 면의 청정도의 영향이 큼	열 압착법보다 작업이 복잡

표 3.11 와이어 크기에 따른 최대 허용 전류량

물질	직경(mil)	최대 전류 허용량(A)	
		길이 < 약 1 mm	길이 > 약 1 mm
금	1	0.949	0.648
	2	2.683	1.834
알루미늄	1	0.696	0.481
	2	1.968	1.360
	5	7.778	5.374
	8	15.742	10876

(1 mil) 크기의 와이어를 사용한다. 그러나 LED에 있어서 가장 많이 사용되는 1 mil은 최대 0.5 A의 전류를 흘릴 수 있으므로 1 A 이상의 전류를 흘릴 필요가 있을 때는 2 mil 크기의 금 와이어를 사용하는 것이 좋다. 그림 3.31은 금 와어와 알루미늄 와이어가 burnout되는 전류의 최대치를 실험한 것인데 1 mil 크기의 금 와이어는 0.5 A 근처에서, 2 mil 크기의 금 와이어는 1.5 A 부근에서 burnout됨을 알 수 있었다. LED 패키징에서는 잘 사용하지 않지만 알루미늄 와이어는 금 와이어의 약 2/3 정도의 전류에서

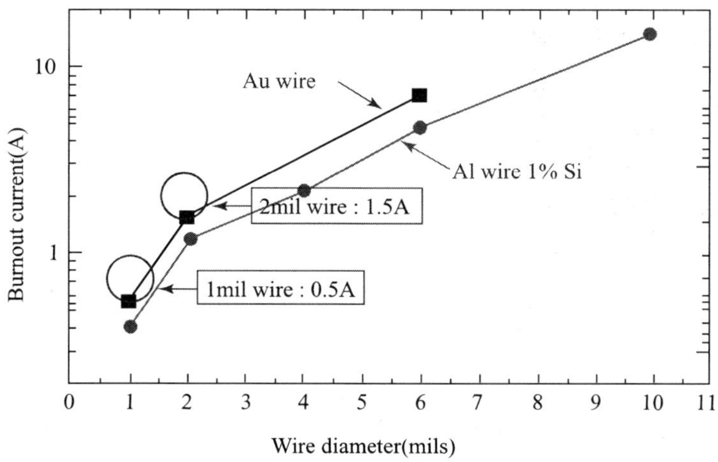

그림 3.31 와이어가 burnout되는 전류 용량

burnout됨을 알 수 있었다. 한편 패키징 공정에서 가격이 1 mil 크기의 와이어보다 저렴한 0.7 mil 크기의 와이어도 사용하기도 하는데 와이어를 캐필러리에 삽입하기도 어렵고 와이어가 잘 끊어져 공정이 자주 멈추는 일이 발생한다.

3.3.5 와이어의 접합강도 평가

LED 소자가 실장된 최종 제품이 제 수명을 다하기 위해서는 다른 부품들의 내구성도 중요하지만 특히 와이어의 접합 강도가 일정 수준 이상으로 높아야 한다. 와이어의 접합 강도가 낮을 경우 지속적인 열적 스트레스를 받으면 오픈되는 일이 빈번이 발생하기 때문이다. 이에 따라 접합된 와이어의 접합 강도를 미리 측정함으로써 내구성을 잠정적으로 예측할 수 있는데 패키징 공정 중 와이어의 접합 강도가 요구되는 임계값에 도달하지 못하였을 때는 공정을 멈추고 해결책을 찾아야 한다. LED의 와이어 접합에 있어 접합 강도를 측정하는 방법으로는 와이어 풀(pull) 테스트와 볼 쉐어(shear) 테스트가 대표적이다. 이들 강도를 측정하는 장비를 제작하는 회사는 영국의 DAGE 사와 일본의 Rhesca 사가 유명하다.

3.3.5.1 와이어 풀 테스트

일반적으로 와이어의 인장 강도를 측정하기 위한 풀 테스트는 칩과 접합되어 있는

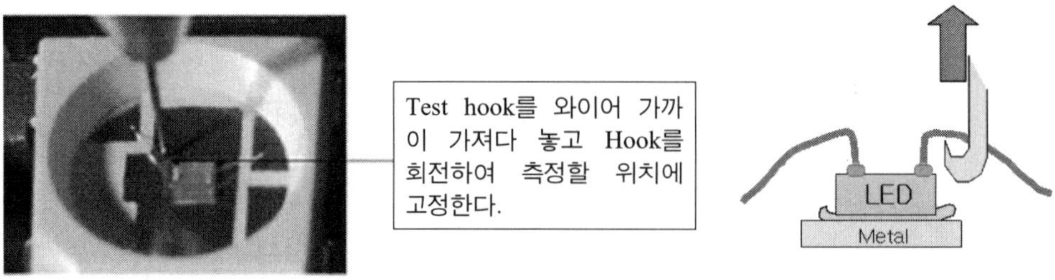

풀 테스트인 경우

그림 3.32 와이어 풀 테스트 사진 및 방법

와이어를 인장 시험기의 훅에 걸어 끌어당겨 변형량과 응력값을 측정하는 방식이다. 와이어 풀 테스트는 그림 3.32에 나타낸 바와 같이 진행하며 우선 훅을 천천히 내려 와이어의 측면까지 위치한 후 와이어에 걸어 인장 테스트를 실시한다. 일반적으로 인장 강도는 와이어의 인장 시험에서 와이어가 파단에 이를 때까지의 최대 인장 하중을 시편의 단면적으로 나눈 값을 말하는데, LED에 있어서는 와이어의 굵기에 따른 최소 인장 하중 값이 설정되어 있어 이를 통과하면 와이어 접합이 잘되어 있는 것으로 판단하고 공정이 계속 진행된다.

와이어의 풀 테스트는 정확도가 ±5% 이내의 변동률을 가지는 장비로 진행한다. 보통 균일하고 느린 속도로 와이어를 인장하며 장비에서 속도는 설정할 수 있다. 와이어가 끊어지는 형태는 실제 와이어의 풀 강도 못지않게 중요하며 다음과 같이 여러 가지로 분류할 수 있다.

- 와이어의 볼이 떨어지는 경우
- 볼의 윗부분이 끊어지는 경우
- 와이어의 중심 부분이 끊어지는 경우
- 2차 접합 와이어 접합 부분의 위쪽이 끊어지는 경우
- 2차 접합된 부분이 떨어지는 경우
- 접합 패드가 떨어진 경우

이상의 실패 모드 중에 세 번째 모드가 가장 와이어 접합이 잘된 경우이며 그 다음이 두 번째와 네 번째 모드이다. 만일 첫 번째와 다섯 번째 모드가 발생하면 와이어 접합 공정에 문제가 발생함을 나타내는 것으로 시급히 공정 조건을 개선해야 한다. 칩 쪽의 접합에서 볼 접합이 떨어지는 것은 부적절한 접합 조건, 칩 패드(chip pad)의 오염

때문일 가능성이 높으며, 칩 쪽에서 접합 부분이 끊어지는 것은 잘못된 접합 툴이나 접합 압력을 과하게 설정했기 때문일 가능성이 높다. 2차 접합 부분에서의 접합부의 끊어짐은 주로 과도한 접합 압력이나, 기판 패드의 오염 문제, 그리고 불량인 캐필러리를 사용하였거나 수명이 다하여 발생하는 문제일 가능성이 높다. 마지막으로 2차 접합이 떨어지는 것은 접합 패드의 금속 플레이팅 문제, 접합 조건이 약하게 설정될 경우, 접합 패드의 오염 문제일 가능성이 높다. 이러한 와이어 풀 테스트의 실패 모드는 공정을 개선할 수 있는 중요한 기본 자료로 사용되므로 데이터베이스화를 잘해야 한다. 대표적인 실패 모드와 그 가능한 원인 그리고 대책을 살펴보면 표 3.12와 같다.

와이어 접합에 사용되는 와이어는 종류 또는 크기에 따라서 필요로 하는 최소 강도가 설정되어 있는데 미국의 MIL-STD-883E에 잘 나타나 있다. 파괴 모드일 때 와이어가 가져야 하는 최소 강도와 비파괴 모드일 때 와이어가 가져야 하는 최소 강도를 표 3.13 및 3.14에 각각 나타내었다. 일반적으로 알루미늄 와이어보다 금 와이어가 같은 크기일 때 강도가 더 강하다. LED의 와이어 접합에 가장 많이 사용되는 1 mil 크기의 금 와이어의 경우, 파괴 모드 시 요구되는 최소 강도는 3.0 gf 이상이며 비파괴 모드로 측정할 때는 2.4 gf 이상이다.

표 3.12 와이어 접합 시 발생하는 불량 유형과 대책

불량 모드	발생원인	대책
Ball neck broken, Ball lift	캐필러리 마모 칩 패드 problem(hardness, 오염 등) 캐필러리 수직도 편차 L/F 흔들림	캐필러리 교체 1회/100 K 칩을 질소 분위기하에 보관 캐필러리 적용 전 수직도 확인 Holder 수시 확인
2nd bond broken, Lift	과도한 조건 설정 캐필러리 마모 및 이물질 오염 L/F 불량(Alignment 불량, 오염) 캐필러리 수직도 편차	최적 조건 설정 캐필러리 교체 1회/100 K L/F 검사, 베이킹(baking) 철저 캐필러리 수직도 확인 작업 시 핑거 코트(Finger coat) 착용
Ball size over	과도한 스파크(spark) 번호 설정	볼 사이즈 축소 Power, Force 하향 조정
Miss bonding	Chip tilt & rotate	다이본딩(die bonding) 후 칩 상태 수시 확인 Ag-Epoxy 관리 철저

표 3.13 와이어의 풀 테스트 시 파괴 강도

Wire composition & diameter	Construction	Minimum bond strength(gf)
Al 0.0007 in Au 0.0007 in	Wire	1.5 2.0
Al 0.0010 in Au 0.0010 in	Wire	2.5 3.0
Al 0.00125 in Au 0.00125 in	Wire	Same bond strength limits as the 0.0013 in wire
Al 0.0013 in Au 0.0013 in	Wire	3.0 4.0
Al 0.0015 in Au 0.0015 in	Wire	4.0 5.0
Al 0.0030 in Au 0.0030 in	Wire	12.0 15.0
Any	Flip-Chip	5 grams-force × number of bonds(bumps)

표 3.14 비파괴 모드의 와이어 강도

Al and Au wire diameter(inches)	Pull force(gf) Al	Pull force(gf) Au
0.0007	1.2	1.6
0.0010	2.0	2.4
0.00125	2.5	3.2
0.0013	2.5	3.2
0.0015	3.0	4.0
0.0030	9.5	12.0

3.3.5.2 볼 쉐어 테스트

볼 쉐어 테스트는 그림 3.33과 같은 순서로 진행된다. 전단용 툴이 장착된 모듈이 기기 상부로부터 내려와 와이어 볼이 접합되어 있는 근처의 기판 표면까지 이동한다. 이후 툴은 다시 설정된 높이만큼 상승한 후 와이어의 볼을 미리 설정된 거리만큼 밀어 강도를 측정한 후 제자리로 돌아온다. 이때 상승 높이가 너무 높으면 툴이 와이어 볼의 상부를 밀어 접합 강도를 정확히 측정할 수 없으므로 주의를 요한다. 와이어 볼의 전단

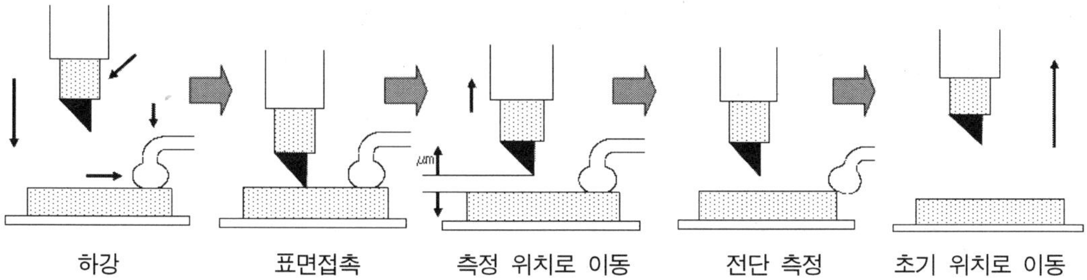

그림 3.33 와이어 볼의 전단응력 측정 절차

시험은 파단 시 주로 볼과 접합 패드의 계면에서 일어나므로 접합 강도의 평가는 접합 계면의 접합 상태를 파악하는 데 많은 도움이 된다.

볼 와이어에 접합된 볼의 최소 전단 응력 강도는 gf로 표시하며 와이어의 종류 및 크기에 따라서 요구되는 값이 다르다. 와이어의 크기 및 종류에 따른 볼의 크기 및 볼의 전단 강도는 ASTM designation : F 1269-89에 언급이 되어 있으며 이들 자료 중 LED에서 가장 많이 쓰이는 1 mil 크기의 금 와이어의 볼에 대한 최대 강도를 알아보면 그림 3.34와 같다. 1 mil 크기의 금 와이어를 사용했을 때 최소 볼의 크기는 약 70 ㎛이며

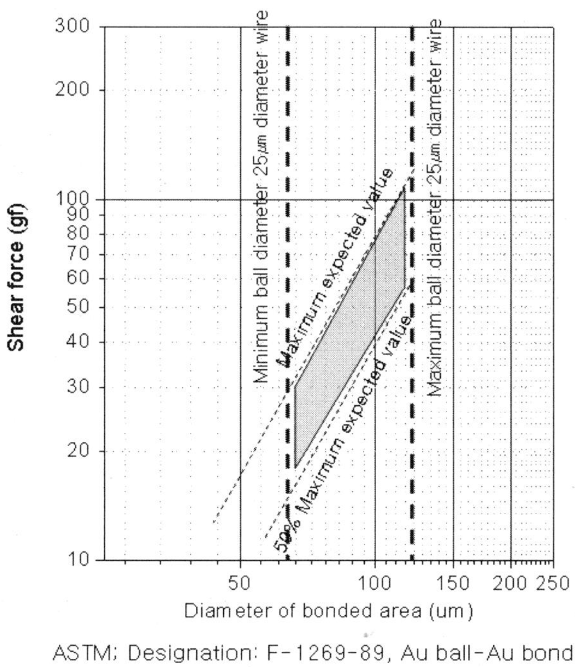

그림 3.34 금 와이어의 볼 쉐어 강도 윈도우

표 3.15 볼의 전단응력 최소 요구 강도 및 평균 강도

Diameter(mils)	Minimum Shear Average(grams)	Minimum Individual Shear Reading(grams)
2.0	12.6	5.7
2.5	20.6	12.4
3.0	30.8	21.1
3.5	43.4	31.7
4.0	58.3	44.3
4.5	75.6	59.0
5.0	95.1	75.5

최대 크기는 130 μm이다. 이때 볼의 전단 응력의 최대 크기는 볼의 크기에 따라 30~100 gf 범위이며 공정에서 허용되는 볼의 전단 강도는 최대 전단 강도 크기의 50%인 20~60 gf이다. 각각의 볼 전단 응력의 최소 강도는 파는 사람과 구매자의 합의하에 결정하는 것이 바람직하며, 별다른 합의가 없다면 보통 1 mil 크기의 금 와이어이면 15 gf가 무난하다. 보통 전단 강도가 15 gf 이상이면 와이어 풀 테스트 시 별다른 영향을 주지 않는다고 알려져 있다.

표 3.15에 나타낸 바와 같이 JEDEC Standard 22-B116에 보면 금 와이어와 알루미늄 합금의 접합 시 요구되는 개개의 최소 강도와 측정한 샘플의 최소 표준 강도가 설정되어 있다. LED의 패키징에서 많이 사용되는 2 mil 크기의 금 와이어의 경우 평균 최소 요구 전단 강도는 12.6 gf, 그리고 이때 개개의 샘플은 5.7 gf가 넘어야 함이 설정되어 있다. 그러나 이렇게 제시된 강도들은 단지 참고 자료일 뿐 공장 라인에서의 기준 강도는 각각의 제품들이 쓰이는 최종 용도에 맞게 조금씩 변형되어 설정되어야 한다.

3.3.5.3 2차 접합 강화 방법

참고로 LED 칩과 전극 패드를 연결하는 와이어는 물리적 스트레스나 열적 스트레스를 받으면 와이어 접합 부분이 떨어져 제품의 신뢰성을 떨어뜨리는 원인이 되어 왔다. 주로 와이어의 볼 접합 부분보다는 2차 접합 부분이 접합 강도가 약하여 떨어지는 경향이 많았는데 최근에는 이러한 단점을 보완하기 위하여 2차 와이어 접합 부분에 추가 처리를 행하고 있다. 그림 3.35에 최근에 대표적인 2차 와이어 접합 신뢰성 향상 처리 사

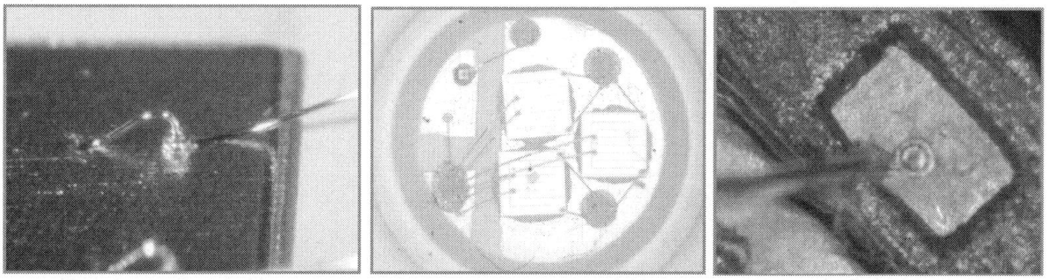

2nd bond 위에 한번 더 와이어 본딩함 | 2nd bond 위에 Ag epoxy로 봉지함 | 2nd bond 위에 bumping함

그림 3.35 2차 와이어 접합 강도 증가 기술 예

진을 보이고 있다. 좌측으로부터 2차 와이어 접합 부분에 다시 한 번 와이어 접합을 짧게 처리하여 접합력을 강화시킨 사진, 중간 부분은 2차 와이어 접합 부분에 Ag 에폭시 접착제를 도포하여 와이어가 떨어지더라도 전류는 계속 흐르게 하는 방법, 그리고 가장 우측에 있는 사진은 가장 많이 도입하고 있는 2차 와이어 접합 위에 범핑을 하여 와이어의 접착 강도를 향상시키는 방법이 도입되고 있다.

3.4 플라즈마 클리닝 공정

플라즈마 클리닝은 물이나 유기용매를 사용하지 않는 세척 공정으로 공정이 매우 간단하여 LED 패키징 공정에 많이 사용되고 있다. 보통 패키지의 표면에 남아 있는 유기 잔사 물질을 아르곤과 같은 불활성 가스 분위기상의 체임버 내에서 RF 에너지 소스를 이용하여 산화시키거나 휘발시켜 세척한다. 공정 중에 발생한 휘발된 오염 물질은 불활성 기체와 혼합되어 제거된다. 플라즈마 클리닝 장비는 그림 3.36과 같은 형태를 띠고 있으며, 플라즈마가 발생 시 체임버 내부는 그림 3.36의 오른쪽과 같은 구조이다. 공정의 장점은 매우 많으나 간단히 나타내면 다음과 같이 나타낼 수 있다.

- 안전하고 경제적인 공정이다.
- 유기용매를 사용하지 않으므로 패키지의 박피나 공기 오염 등의 우려가 없다.
- 공정 시간이 수 분 이내로 매우 짧다.
- 상업적으로 일반화되어 장비 구매가 용이하다.
- 다이 접합이나 와이어 접합 시 접착력을 증가시킨다.

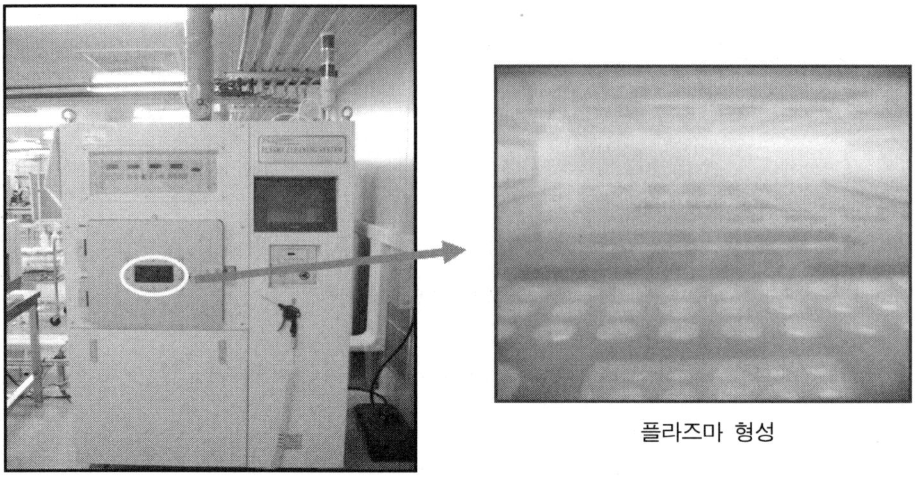

그림 3.36 플라즈마 클리너

- 언더필 공정에서 발생하는 버블 억제 효과가 있다.

반면 공정의 한계점도 있는데

- 심한 오염 물질의 경우 제거 시간이 오래 걸린다.
- RF 에너지가 칩을 손상시킬 수 있다.
- 은(Ag) 코팅 패키지의 경우, 표면의 색상을 변화시킬 수 있다.
- 고분자 재질의 LED 패키지 표면을 손상시켜 색상을 변하게 할 수 있다.

3.4.1 플라즈마 클리닝 메커니즘

유기용매나 물을 이용하는 세척 공정과 달리 플라즈마 클리닝 공정은 패키지 표면에서 오염 물질이 분자나 원자 단위로 반응한다. 플라즈마 세척은 보통 RF 에너지의 정도와 사용되는 가스의 특성에 따라 반응 특성이 달라지는데 대표적인 반응 메커니즘은 다음과 같다.

- 아르곤 가스를 이용하는 방법 : 이 방법은 사포를 이용하는 방법과 유사하며 표면은 사포로 민 것처럼 거칠게 되고 이때 표면에 존재하는 입자나 이온 염 형태의 잔존물을 제거하게 된다. 아르곤 가스는 높은 에너지의 플라즈마를 형성하고 체임버

안에는 양전하를 띠는 아르곤 입자와 전자가 존재하게 된다.

$$Ar + e^- \rightarrow Ar^+ + 2e^- \quad (3.4)$$

- **산소 가스를 이용하는 방법** : 사용되는 가스는 아르곤 가스와 산소이며 체임버 안의 플라즈마는 불순물을 산화시켜 제거하게 된다. 대표적인 오염 물질로는 오일류, 그리스, 실리콘, 에폭시 등이 있다. 체임버 내의 산소는 반응성이 매우 강한 활성 산소로 변환하며 이 산소는 유기물질을 산화시켜 이산화탄소와 물로 변화시킨다.

$$O_2 + e^- \rightarrow 2O^* + e^- \quad (3.5)$$

$$[-C_xH_y-]_n + O^* \rightarrow CO_2 + H_2O + e^- \quad (3.6)$$

- **수소 가스를 이용하는 방법** : 산화 금속이나 다른 무기 산화물 등의 오염 물질을 제거하기 위해서는 수소와 같은 환원 가스를 사용한다. RF 플라즈마 내에서 수소 분자는 해리되고 높은 활성 원자로 변환하는데 이 원자는 산화물을 환원시켜 금속과 물을 생성한다. 동시에 아르곤 가스는 표면에 생성된 산화된 잔존물과 산소를 제거한다.

$$H_2 + e^- \rightarrow 2H^* \quad (3.7)$$

$$MeO + 2H^* \rightarrow H_2O + Me \quad (3.8)$$

와이어 접합 전에 패키지 표면의 유기 오염물질을 제거하기 위한 전형적인 플라즈마 클리닝 조건은 100 W의 RF 파워에, 10～20 m Torr 산소/아르곤 압력에, 약 10분간 처리하는 것이다. 산소 플라즈마 세척 공정 동안 Ag 에폭시의 은 표면에 산화물이 생성될 수도 있지만 이는 바로 아르곤 플라즈마에 의해 제거된다. 그림 3.37에 상기에서 언급한 대표적인 플라즈마 클리닝 메커니즘을 도식화하였다.

플라즈마 세척은 플라즈마 상태에서 발생하는 가스의 이온이나 라디칼이 패키지 표면이나 기판의 표면에 충돌하여 보이지 않는 유기막을 제거하거나, 거칠기를 변화시키는 등 물리적 화학적 변화를 일으킨다. 이 방법에 예전이 많이 사용하였던 과망간산칼륨을 이용한 습식 방법보다 간단하며 환경오염도 일으키지 않아 최근에는 이 방법이 대부분 쓰이고 있다. 결과적으로 플라즈마 클리닝 후 물질의 표면 상태는 화학적 물리적 성상이 변하게 되는데 이러한 변화를 테스트하기 가장 좋은 방법은 접촉각 측정 방법이다. 접촉각 측정 방법은 시료의 표면에 물방울을 떨어뜨리고 떨어진 물방울의 응집 정도를 측정함으로써 표면의 형태를 간접적으로 추정할 수 있는 측정법이다.

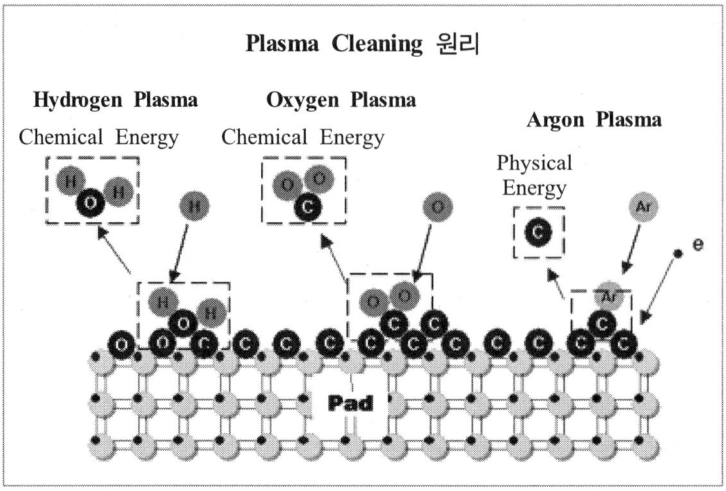

그림 3.37 플라즈마 세척 메커니즘

3.4.2 접촉각 테스트

그림 3.38은 표면이 금으로 도금된 시료의 플라즈마 세척 전후 접촉각을 나타낸 그림이다. 플라즈마 클리닝 조건은 아르곤 가스 300 sccm, RF 파워 400 W, 처리 시간은 360초였다. 플라즈마 클리닝 전, 금도금 표면의 접촉각이 54인 것에 반하여 플라즈마 처리 후에는 접촉각이 34도로 금도금 표면의 성상이 바뀌었음을 나타내고 있다.

이와 같은 접촉각의 변화는 전자의 충돌로 인하여 발생된 양전자를 띤 아르곤 입자와 전자가 금도금 표면과 충돌하여 발생된 현상으로 표면에 친수성의 관능 그룹이 생성

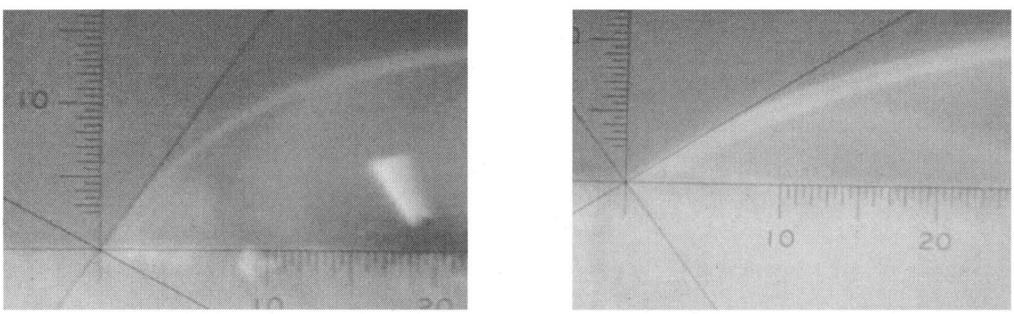

(a) 금도금 표면 (b) 플라즈마 클리닝 후

그림 3.38 플라즈마 세척 전후 금 표면의 접촉각 변화

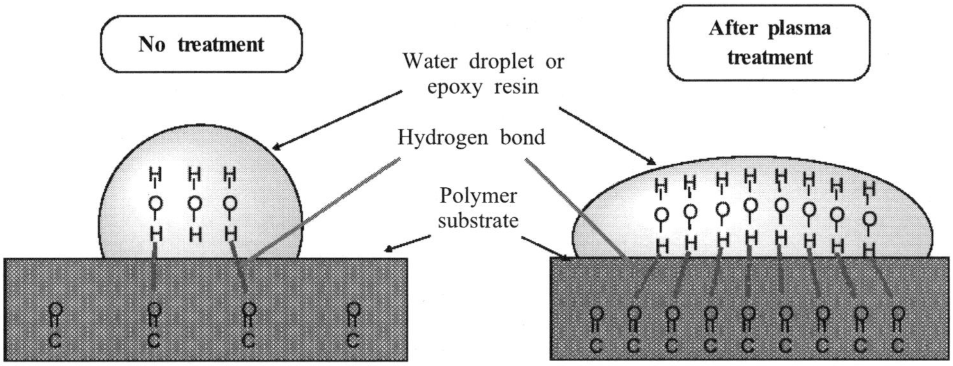

그림 3.39 플라즈마 클리닝 전후 표면의 화학 구조 변화

되었기 때문이다. 이렇게 금도금 표면의 접촉각 변화를 도식화하여 설명하자면 그림 3.39와 같이 나타낼 수 있는데, 시료가 고분자인 경우 플라즈마 세척 전에는 빈도수가 많지 않았던 극성의 키톤 그룹이 플라즈마 세척 후에는 매우 증가함으로써 물과의 친화력이 높아져 접촉각이 작아짐으로써 설명할 수 있다.

3.4.3 플라즈마 클리닝이 와이어 접합에 미치는 영향

앞서 언급하였듯이 패키지나 기판의 표면은 접촉각이 작은 상태, 즉 젖음성이 좋아지는 상태로 가면 접착제의 퍼짐성이 좋아 칩의 접착 신뢰성이 좋아지고 와이어 접합 시 접합 강도도 증가하게 되는데 이에 대한 결과를 표 3.16에 나타내었다. 실험 방법은 실험계획법(DOE)에 의해서 시행하였으며 3인자 2수준 실험을 8회 반복하였다. 처리 시간은 60초와 360초를, 아르곤(Ar) 가스의 양은 100과 300 sccm, 그리고 RF 파워는 100과 400 W를 사용하였다.

플라즈마 처리 후 볼의 전단 강도는 모두 증가하였는데, 특히 4, 5, 8번 조건이 볼의 전단 강도를 가장 많이 향상시키는 것으로 나타났다. 더 상세한 조사를 위하여 미니텝 프로그램을 이용하여 이들 인자들의 영향 정도를 살펴보았는데, 그 결과를 그림 3.40에 나타내었다. 주어진 조건 내에서, 시간이 60초에서 360초로 증가하면 전단 강도 증가는 약 2 gf가 향상되었으며, 아르곤의 투입량을 100 sccm에서 300 sccm으로 증가시키면 이 역시 약 2 gf의 강도 증가가 일어났다. RF 파워의 경우는 100 W에서 400 W로 증가시키면 강도가 약 3.5 gf 향상되어 본 플라즈마 클리닝 조건에서 볼의 전단 강도를 가장 많이 증가시키는 영향 인자임을 알 수 있었다. 그러나 세 인자의 차이는 크지 않은 것으

표 3.16 플라즈마 세척 조건이 볼 전단 강도에 미치는 영향(DOE 사용)

	Time(초)	Ar (sccm)	RF	Share strength(gf)
	-	-	-	52.302(SD : 4.7)
1	60	100	100	55.906(SD : 2.2)
2	360	100	100	56.465(SD : 5.7)
3	60	300	100	52.531(SD : 4.0)
4	360	300	100	61.665(SD : 6.1)
5	60	100	400	61.536(SD : 4.1)
6	360	100	400	56.094(SD : 2.5)
7	60	300	400	59.018(SD : 3.1)
8	360	300	400	62.265(SD : 9.1)

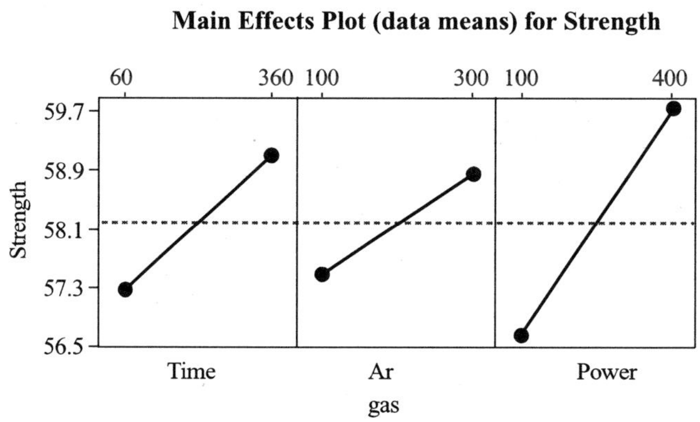

그림 3.40 실험계획법에 의한 플라즈마 세척 조건의 main effect plot

로, 결과적으로 플라즈마 클리닝에서는 이 세 인자 모두 중요한 인자임을 알 수 있다. 실제로 플라즈마 세척 공정에서는 공정에 맞는 최적화 세척 조건을 도출하여 공정에 적용하는데, 예를 들면 플라즈마 세척 시간을 최대한 짧게 하고자 한다면 세척 시간이 가장 짧은 조건에서 전단 강도가 잘 나오는 조건을 설정하는 것을 들 수 있다.

3.4.4 기타 클리닝

표 3.17은 플라즈마 세척 공정 외에 다른 세척 공정들의 장단점을 나타내고 있다. LED 패키징 공정에서는 플라즈마 세척 공정이 공정의 편리함을 장점으로 주로 이용되고 있으며, 다른 세척 공정들은 LED 패키징 분야에서는 별로 이용되지 않고 나름대로의 장점을 무기로 특화되어 반도체 공정과 같은 타 세척 공정에 적용되고 있다.

표 3.17 여러 가지 세척 공정의 장단점

세척 방법	장점	단점
유기 용매	• 접착제나 솔더의 페이스트 잔존물을 제거할 수 있다. • 상온에서 금속 패드에 손상을 주지 않고 제거할 수 있다. • 사용 범위가 매우 넓다.	• 용매가 대부분 인체에 유해하며 인화성이며 가격이 비싸다. • 방폭 장치를 설치해야 한다. • 건조 속도가 느리다.
알칼리 용액	• 비교적 가격이 저렴하다. • 휘발성 물질이 없으며 냄새도 거의 없다.	• 알칼리 용액에 잘 녹지 않는 접착제 잔존 물질이 잘 제거되지 않는다. • 사용 범위가 제한되어 있다. • 나중에 잔존 알칼리를 세척하는 공정이 추가로 필요하다.
초음파 세척	• 접착제 잔존 물질을 폭넓게 제거할 수 있다. • 인화성이 없으며 욕조의 수명이 길다.	• 공정 중 별도의 추가 진동을 필요로 한다.
플라즈마 클리닝	• 건조 공정이다. • 오염이 없으며 특히 산소 플라즈마의 경우 유기 잔존 물질을 효과적으로 제거할 수 있다. • 공정 시간이 짧다.	• 칩을 손상시킬 수 있다. • 심하게 오염된 경우 세척이 어렵다.

3.5 봉 지

LED 패키징에 있어서 봉지(encapsulation)는 LED 칩과 와이어를 보호하고 칩의 광추출효율을 향상시키며 형광체와 혼합하여 LED 칩에서 발생하는 파장을 장파장으로 변환시키기 위하여 행한다. LED 봉지 공정에 사용되는 물질은 앞서 보았듯이 많은 종류가 있으며 패키지의 종류 및 사용 목적에 따라 몰딩 방법 및 장비의 종류도 다양하다.

3.5.1 봉지 공정의 종류

액체형 봉지재는 대부분 용매를 함유하고 있지 않으며 일액형 봉지재와 이액형 봉지재로 나눌 수 있다. 일액형 봉지재는 투명성이 이액형 봉지재보다 낮으나 공정 중에 봉지재를 혼합하는 공정이 없어 간단하지만 반응성이 강하여 보관 수명은 보통 이액형보다 짧다. 이액형 봉지재는 현재 고출력 LED 봉지재 분야에서 가장 많이 사용되고 있으며 경화제와 주제로 이루어져 있다. 이들 액체형 봉지재는 열을 가하면 짧은 사슬이 그물망 형태를 이루며 고분자 형태로 경화되며 경화된 후에는 다시 열을 가해도 녹지 않는다. 반면 트랜스퍼 몰딩 방법에 사용되는 고체형 봉지재는 경화 후에도 다시 열을 가하면 액상으로 변하는데 이는 봉지재가 열가소성 특징을 가지고 있기 때문이다.

표 3.18에 대표적인 LED의 몰딩 방법을 나타내었다. 디스펜싱 방법은 SMD 형태의 패키지에 주로 사용하며 다품종 소량 생산에 유리하다. 디스펜싱 방법은 니들을 사용하여 토출하기 때문에 봉지재의 종류나 점도 등에 별로 영향을 받지 않고 이용할 수 있는 장점이 있다. 이 형태는 몰드 컵이 필요 없는 SMD 형태의 패키지에 주로 적용하며 최근의 고출력 형태의 LED는 대부분 이 방법으로 생산한다. 캐스팅 몰딩 방식은 몰드 컵을 적용하여 생산하는 포탄형 LED 형태에 주로 사용하는 방법으로 다품종 소량 생산에 유리하고 재료비가 저렴한 장점이 있다. 트랜스퍼 몰딩 방법은 고가 장비와 금형을 이용하여 생산하는 형태로 소품종 대량 생산에 유리하다. 한 번에 수백 개 이상의 제품을 생산하고 고체 형태의 열가소성 봉지재를 사용하기 때문에 경화 시간도 매우 짧은 것이 장점이다. 그러나 SMD 형태의 제품은 생산할 수 없는 단점이 있다. 진공 프린팅 방법은 COB 형태의 다수 개의 칩을 한 번에 몰딩하는 방법으로, 진공 분위기에서 봉지재를

표 3.18 LED 봉지방법

	디스펜싱	Casting Mold	Transfer Mold	진공 프린팅
출발 물질 성상	이액형, 일액형 (액체 형태)	이액형, 일액형 (액체 형태)	Pellet형(고체 형태)	틱소성의 일액형
투자비(설비)	Medium	Medium	High	High
생산성	다품종 소량 생산에 유리(SMD 형태) 경화 시간이 길다.	다품종 소량 생산에 유리(Mold cup) 경화 시간이 길다.	소품종 대량 생산에 유리(금형) 경화 시간이 짧다.	대량 생산 경화 시간이 길다.
재료비	High(고출력)	Low	High	High
신뢰성	우수	우수	가압성형하므로 상대적으로 우수	우수

씌우기 때문에 봉지층에 기포가 발생하지 않는 장점이 있다. 그러나 편평한 면에 봉지층을 돔 형태로 씌우기 때문에 틱소성이 강한 봉지재를 사용해야 하는 단점이 있다.

고분자를 이용하는 봉지는 nonhermetic 패키징 방법이다. LED 칩은 고분자 봉지층을 투과하는 미량의 가스에 노출된 상태로 볼 수 있으며 대표적인 가스가 산소와 수분이다. 산소는 일반적으로 LED에 별 문제를 일으키지 않지만 수분은 많은 영향을 미친다. 수분은 많은 화학 반응의 매개체로 작용하기 때문이다. 대표적인 물질이 염소 이온(Cl^-)인데 물이 존재하면 염소 이온은 와이어 접합이나 패드에 손상을 준다. 염소는 대부분의 에폭시에 존재하는데 이런 이유로 봉지재 내의 염소의 농도나 기타 이온의 농도는 엄격히 조절되어야 한다. 보통 이온의 농도는 10 ppm 이하로 조절되어야 한다. 이 밖에도 봉지재의 흡습률도 중요한데 고습 조건하에서도 흡습률이 1% 이하가 되는 것이 좋다.

액체형 봉지재는 일액형의 경우 반응성이 높아서 반응성을 억제하고 오랜 기간 보관하기 위하여 저온에서 보관할 필요가 있으며, 이액형의 산무수물 형태의 경화제도 반응성이 높으므로 저온에서 보관해야 한다. 일반적으로 이들 봉지재는 온도가 높을수록 반응성이 높으며 150 ℃에서 1시간이면 반응이 완료된다. 반대로 온도가 낮으면 반응성이 떨어지며 보통 −40∼−50 ℃에서 보관하면 1년까지 보관할 수 있다. 이들 봉지재는 이동 시에도 저온 상태로 이동해야 되는 경우가 많으므로 저온 상태로 이동이 필요할 경우 드라이아이스나 냉동고에 보관하여 이동해야 한다.

3.5.2 봉지 공정 순서

LED의 봉지 공정은 배합 → 혼합 → 토출 → 경화의 순서로 간단히 나타낼 수 있는데 이들 공정을 진행할 때 주의할 점을 나타내면 다음과 같다.

- 배합 : 에폭시나 실리콘 수지는 보통 주제와 경화제로 나뉘어 있는 이액형이 대부분 사용되고 있다. 이액형 봉지재는 주제와 경화제가 적정 비율로 반응하여 최대의 물성치를 발휘하도록 되어 있으며 주제와 경화제의 배합비는 정확히 저울로 측정해야 한다. 배합비를 어길 경우 물성은 매우 약화되며 이 두 물질의 비율을 임의로 조정하는 방법은 삼가야 한다.
- 혼합 : 대량의 봉지재를 혼합할 경우 전동 믹서 등을 이용하며, 소량의 봉지재인 경우 원심 분리형 혼합기를 사용한다. 배합비를 정확히 측정하여 혼합하였더라도 부분적으로 혼합이 이루어지지 않으며 물성이 약해지고 경화가 되지 않는 현상이

발생할 수 있으므로 주의해야 한다. 이액형 봉지재의 경우 혼합 초기에는 두 물질이 섞이지 않아 봉지재 내부에 아지랑이 같은 현상이 발생하나 혼합이 잘 이루어지면 이 현상이 사라진다. 참고로 혼합 후 봉지재는 가사 시간(pot life)이라는 것이 존재하는데, 봉지재를 혼합 후 공정에서 사용할 수 있는 시간을 의미한다. 주제와 경화제를 혼합하면 시간이 지나면서 화학 반응이 일어나 열이 발생하고 점도는 계속 상승하는데 이런 현상이 지속되면 결국 사용할 수 없게 된다. 가사 시간은 상온(25 ℃)을 기준으로 하며 온도가 높으면 빨라지고 온도가 낮으면 느려진다. 또 양이 많을수록 반응 속도는 빨라지는데 공정 담당자는 같은 종류의 봉지재일 경우 가사 시간이 긴 것을 사용하는 것이 좋다. 또한 공정의 재현성을 위하여 가사 시간이 지난 봉지재는 사용하면 안 된다.

- **탈기** : 봉지재는 봉지재 제조 공정이나 보관 공정 혼합 공정 등에서 많은 기체를 함유하는데 이를 제거해야 패키지가 깔끔하게 제조된다. 봉지 공정 중에 탈기하지 않을 경우 경화 도중 발생한 기포를 볼 수 있는데(그림 3.41), 봉지재를 혼합한 후에 탈기해야만 이러한 현상이 발생하지 않는다. 그림은 에폭시 봉지재의 탈기 조건을 나타낸 것이다.
- **토출** : 봉지재의 토출은 앞서 접착제 부분에서 언급한 여러 가지 토출 장비를 이용해 할 수 있다. 실제 공정에서는 토출 시 공기 방울이 발생하지 않도록 온도를 높여 진행해야 하며, 패키지 내에서도 토출하는 부위에 따라 공기 방울의 생성 유무가 달라질 수 있으므로 주의를 기울여야 한다.
- **경화** : 봉지재의 경화란 강도 측면에서 보았을 때 최대 물성의 80%가 이루어진 상태를 말하며 DSC로 반응열을 측정하면 더 정확히 알 수 있다. 봉지재는 경화를 불완전하게 하면 신뢰성에 문제가 발생할 수 있으므로 꼭 봉지재의 설명서에 따라서 공정을 진행해야 한다.

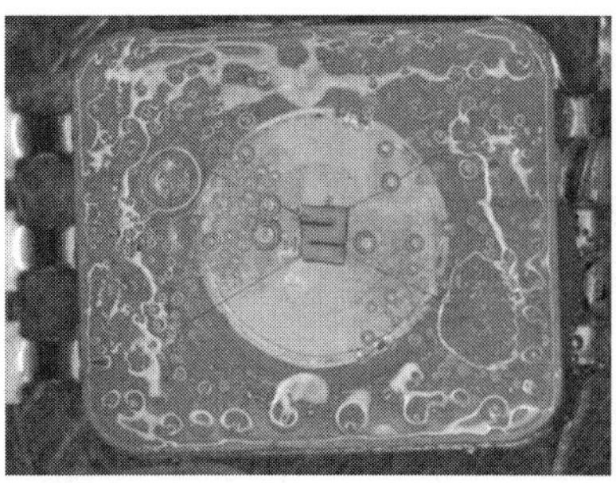

- 초음파 처리 : 3 min
- 진공 탈포 : 50±5 ℃, 66~76 cmHg 20±2 min

압력상승시간	탈포 시간	Purge
4 min	18 min	90 sec

그림 3.41 봉지재의 탈기 조건

3.5.3 댐/필(dam/fill)

디스펜서를 이용한 댐/필 공정이 최근 LED 패키징 공정에서 많이 이용되고 있다. 댐/필 공정은 주로 반도체 패키징 공정에서 이루어지던 기술인데 LED 모듈이 커지고 또한 패키지가 편평한 형태로 제조되기 시작하면서 적용되고 있다. 최근에는 열전도율이 좋은 패키지, 예를 들면 MCPCB, 세라믹, AlN 등을 이용하여 측면에 리플렉터가 없는 편평한 형태의 패키지가 많이 제작되고 있기 때문이다. 일반적으로 LED 봉지재는 점성을 가지고 있는 액상이기 때문에 편평한 곳에 토출을 하면 흘러내려 칩을 충분히 보호할 수 있을 만큼 덮지를 못한다. 따라서 봉지재가 흘러내리지 않도록 측면을 틱소성이 있는 댐 물질로 울타리를 만들어 주고 안쪽을 채워 주는 공정을 택하고 있는 것이다. 그림 3.42는 회색의 댐 물질을 이용하여 댐을 만들고 투명한 충진 물질로 필링을 한 그림을 보여 주고 있다. 그러나 이 공정은 봉지재를 단순 토출할 때보다 그림을 그리는 것처럼 디스펜서의 로봇 시스템이 많이 움직여야 되기 때문에 공정성은 떨어진다.

LED의 대표적인 봉지재인 에폭시나 실리콘은 인체에 별로 해를 끼치는 물질은 아니지만 화학물 처리 지침에 따라서 다루어야 하며 물질이 피부에 닿았을 때는 일부 사람의 경우 피부 트러블을 일으킬 수 있으므로 장갑을 끼고 작업하는 것이 좋다. 또한 이들 봉지재는 휘발성 성분이 거의 발생하지 않지만, 작업장은 환기를 하는 것이 좋으며, 경화 반응 시 미량의 휘발성 성분이 발생하므로 열 경화기는 배기가 잘되게 해야 한다. 봉지재는 경화되기 전에는 이소프로판올과 같은 알코올류에 잘 녹으므로 쉽게 제거할 수 있으며, 경화된 후에는 인체에 해를 입히지 않으므로 일반폐기물로 처리할 수 있다.

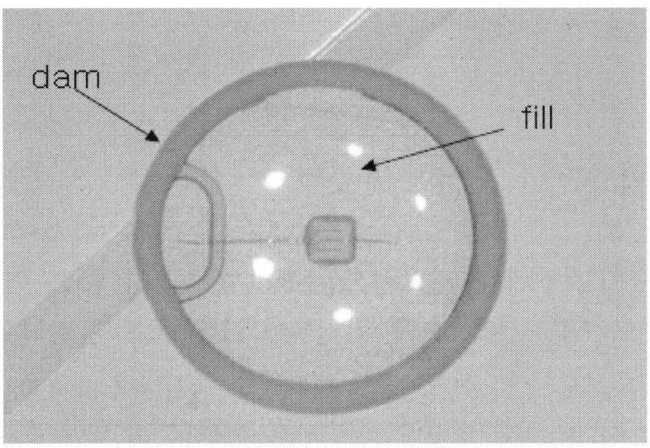

그림 3.42 댐/필 공정으로 봉지한 LED

3.6 표면실장

표면실장 기술은 엔지니어링과 과학적 원리를 이용하여 기존에 구멍이 뚫린 기판에 적용하던 실장 기술 대신 인쇄회로 기판의 표면에 소자나 LED 단품 패키지를 실장하는 기술을 말한다. 표면실장 기술은 각종 표면실장부품의 지식은 물론 장착 기술, 솔더링 기술 및 이들의 장치, 인쇄회로기판, 인쇄회로기판의 회로 패턴 설계 기술과 함께 부자재 기술, 공정 기술, 설비운영 기술, 평가 기술 등 광범위한 지식을 필요로 하는 종합적 시스템 기술이다. 이들이 각각 유기적으로 결합하여 하나의 독특한 실장공법으로 나타나게 된다. LED 패키징 분야에서는 휴대폰의 키패드나 조명 모듈, 전광판 그리고 LCD 디스플레이의 백라이트 유닛 분야에 적용되고 있다. 표면실장 기술은 기존의 구멍 뚫린 기판에 적용하던 기술에 비하여 다음과 같은 장점을 가지고 있다.

- 소자의 밀도를 높일 수 있다.
- 소자의 크기를 줄일 수 있다.
- 기판의 크기를 줄일 수 있다.
- 무게를 줄일 수 있다.
- 리드선의 길이를 줄일 수 있다.
- 소자 상호 간의 접속 길이를 줄일 수 있다.
- 자동화할 수 있다.
- 대량 생산하면 원가를 줄일 수 있다.
- 전기적인 성능을 향상시킬 수 있다.

3.6.1 실장 공법

표면실장 기술은 LED 단품 패키지를 기판 표면에 직접 실장하는 공법으로, 그 중에는 LED 칩의 실장도 포함된다. LED 칩의 실장에 대한 기술 및 솔더에 대한 설명은 앞에서 설명하였으므로 여기서는 생략한다. LED 단품 패키지의 실장은 포탄형 LED의 경우 종래의 기판에 구멍을 뚫어 실장하는 기술을 이용하고 있으며 주로 표시 소자나 출력이 낮은 조명 모듈의 실장에 이용되고 있다. 반면 표면실장 기술은 휴대폰처럼 두께가 얇은 기기의 플래시나 키패드, LED 전광판처럼 고밀도가 요구되는 곳, 그리고 많은 열 방출이 요구되는 LCD BLU 모듈 분야에 적용되고 있다. 그러나 향후 LED 칩의 성능이 향상되고 모듈의 크기가 소형화되면 고밀도 실장에 대한 요구가 강하게 되고 이에 따라 표면실장기술에 대한 기술 수요가 더 늘어날 것으로 예측된다.

3.6.2 솔더링 기술

표면실장 기술에 있어서 솔더링은 크게 플로 솔더링과 리플로 솔더링이 있고, 실장의 형태에 의해 분류된다. 플로 솔더링은 솔더를 납조에 녹여 부품이 실장된 인쇄회로기판을 컨베이어로 이송시켜서 솔더링하는 것이고, 리플로 솔더링은 인쇄 회로 기판에 크림 솔더를 인쇄하고 LED 패키지를 붙인 후 리플로 기기를 통과시켜 솔더링하는 것이다.

3.6.2.1 플로 솔더링

플로 솔더링은 수지기판에 접착제로 부품을 접합하고 리드 부품과 일괄 접속하는 방법으로 표면실장 기술의 시초라 말할 수 있다. 최근에는, 부품이 초소형화되고, 자동장착기에서의 속도가 증가함에 따라 접착제의 중요성이 대두되고 있다.

3.6.2.2 리플로 솔더링

리플로 솔더링은 접합 부분에 미리 적량의 솔더 크림을 공급한 다음, 외부로부터 열에 의해 솔더를 용융시키고 냉각시켜 고정하는 방법으로 그 특징은 다음과 같다.

- 플로 솔더링처럼 부품 본체가 직접 용융 솔더에 침적되지 않으므로 부품 본체의 열충격이 작게 된다.
- 필요한 위치에 적당량의 솔더를 공급하는 것이 가능하므로 불필요한 장소에는 솔더가 오염되는 것을 피할 수 있다.
- 솔더의 공급량을 최적화시키므로 쇼트 등의 솔더링 불량이 적다.
- 용융한 솔더의 표면장력에 의해 위치 틀어짐이 다소 발생하여도 정상 위치에 부품을 고정되는 효과가 있다.
- 국부 가열 방식을 이용하면 동일 기판상에서도 다른 솔더링이 가능하다.
- 솔더 중에 불순물 혼입의 위험성이 적고 또한 솔더 페이스트를 이용하는 경우 솔

더의 조성을 정확하게 유지할 수 있다.

리플로 공정을 이용하여 양산하고자 한다면 가열과 냉각 단계는 매우 중요하다. 이들 조건은 솔더와 패드와의 금속 접합을 결정짓는 요인이기 때문이다. 더 나아가 리플로 시스템에서 생산량과 성능을 결정짓는 인자는 예열 온도, 예열 시간, 최고 온도, 최고 온도 유지 시간, 냉각 속도 등이다. 상업적으로 유용한 리플로 방법의 형태는 상기 가열과 냉각 측면에서 장단점을 가지는 여러 가지 방법이 있는데, 대표적인 것이 전도, 적외선, vapor phase, hot gas, 대류, 저항 그리고 레이저를 이용한 방법이다. 각각의 방법들은 균일성, 가격, 성능, 양산성 등에서 장점을 가진다. 가열적인 측면에서는 레이저를 이용한 방법이 가장 빠르며 hot air를 이용한 방법이 그 다음이다. 균일성은 vapor phase 방법이 가장 좋으며 양산성은 대류/적외선 방법이 가장 좋다. 만일 실험실에서 리플로 장비를 구축하고자 한다면 소량 생산에 유리한 전도 방식이 가장 알맞다. 표 3.19에 각각의 방법에 대한 장점과 제약 요인들을 나타내었다.

리플로 공정은 작업자의 경험이 매우 중요할 정도로 종합적인 기술 분야로 주의 사항이 매우 많지만 대표적인 것을 살펴보면 다음과 같다.

표 3.19 리플로 방식의 장단점

리플로 방법	장점	단점
전도	낮은 장비 가격, 빠른 온도 변화, 리플로 공정 관찰	편평한 형태와 단면만 가능
적외선	높은 투과성, 구역 분리 가능, 조작의 용이성	수량, 기하학적 구조에 제약
Vapor phase	균일한 온도, 지속적 공정, 구종 영향이 적음	온도 변화 어려움, 최대 온도 한계, 높은 구동비용
Hot gas	낮은 가격, 빠른 온도 상승, 구역 설정 가능	온도 조절 어려움, 낮은 투과율
대류	높은 투과율, 실용성	승온 속도 느림
유도(induction)	빠른 승온, 높은 열용량	비자성 금속에만 적용 가능
레이저	국부 가열 가능, 짧은 리플로 시간, 패키지 크랙 방지	높은 가격, 양산성이 낮음, 한정된 페이스트 사용 가능
Focused infrared	국부 가열, 수리에 유리	양산성 낮음
White beam	국부 가열, 수리에 유리	양산성 낮음
수직 리플로	공간 활용도 높음	비용 상승

- 리플로 기기를 기종별로 개별 관리를 한다.
- 기판에 3점 이상 측정할 수 있는 방식의 전용 측정 치구를 이용한다.
- 일일 일회 정시 점검한다.
- 리플로 기기 조건 설정 관리서를 운용한다.
- 리플로 솔더링 온도 프로파일 설정 및 관리는 다음과 같이 행한다.
  설정(온도, 컨베이어 속도) → 프로파일 측정 → 솔더링 상태 육안 확인 → 프로파일 조정 및 에이징 → 확인 측정 → 조건 설정 관리서 작성 → 관리 일보 작성

그림 3.43은 단품 패키지가 리플로 공정을 견딜 수 있는지 가능성을 측정할 때 사용하는 온도 프로파일이다. 패키지가 이 프로파일을 3회 통과하여도 성능이나 외관상 문제가 없다면 이 패키지는 리플로 공정에 견딜 수 있는 것으로 간주할 수 있다. 이 프로파일은 리플로 공정의 전형적인 온도 프로파일을 가지고 있는데 워밍업, preheating, 리플로 단계를 포함한다. 워밍업 단계에서 승온 속도는 보통 2~4 ℃/s를 적용하며 preheating 단계에서는 1 ℃/s를 적용한다.

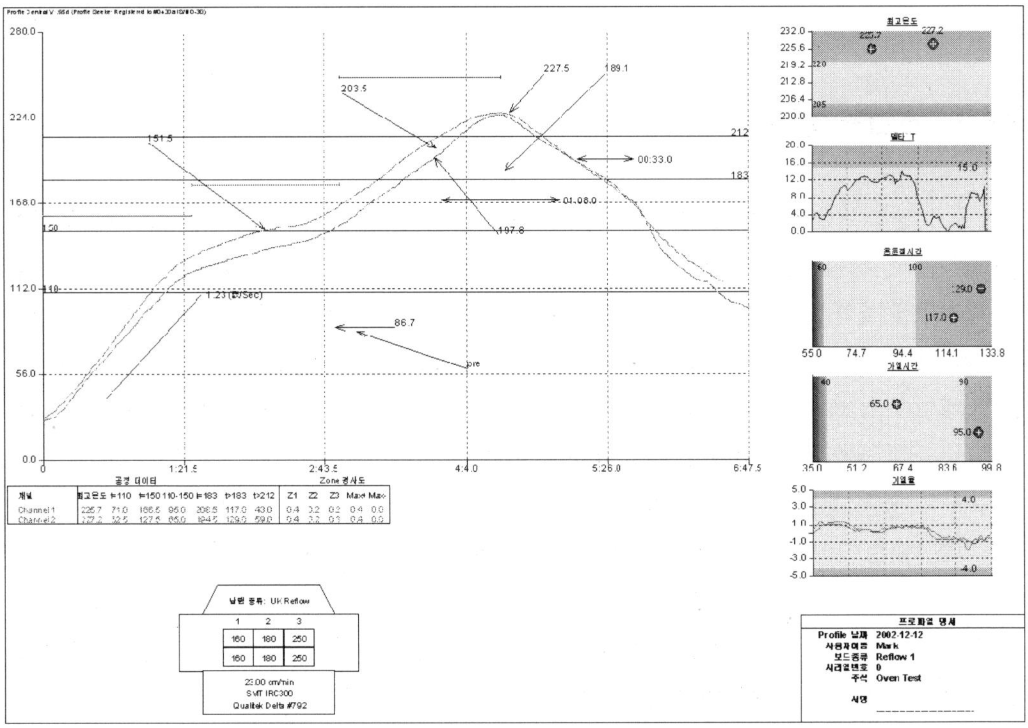

그림 3.43 리플로 온도 프로파일

표면실장 기술에 사용되는 리플로 프로파일은 제품의 양산성과 신뢰성에 직접적인 영향을 미친다. 리플로 프로파일에 영향을 미치는 인자는 다음과 같으며 각각의 영향 인자는 정도의 차이가 있을 뿐 다양한 방법으로 영향을 미친다.

- 어셈블리의 온도 분포
- 플라스틱 패키지의 크랙
- 솔더 볼
- 젖음성
- 잔사의 세척성
- 잔사의 형태 및 특성
- 솔더 연결 부분의 공극
- 솔더와 기판 표면의 금속 반응
- 솔더 접합 부분의 미세 구조
- 보드 뒤틀림
- 어셈블리의 잔존 스트레스

3.6.3 스크린 인쇄

리플로 솔더링을 하기 위해서는 기판 위의 접합 부위에 미리 솔더를 공급해 놓아야 하는데 가장 많이 쓰이는 방법이 인쇄 방법이다. 스크린 인쇄는 패턴을 형성한 스크린 마스크 위에 솔더 페이스트를 블레이드로 일정의 압력을 가하면서 이동시키고 스크린의 패턴을 따라 솔더 페이스트를 압출시켜 기판 위에 인쇄하는 방법이다. 스크린의 재질에는 스테인리스 와이어, 나일론 등을 채 모양으로 직조한 메시 스크린과 스테인리스 등의 금속판에 패턴을 에칭이나 레이저 가공한 금속 마스크가 있다.

복잡한 패턴 형상, 페이스트 도포 범위가 넓은 패턴에는 메시 스크린이 적합하고, 미세한 패턴에는 금속 마스크가 이용된다. 현재는 거의 대부분이 금속 마스크를 사용하고 있다. 스크린 인쇄에 의한 솔더 공급은, 인쇄 패턴의 정도, 해상도, 인쇄된 페이스트의 균일성에 따라 달라진다. 기판의 미세 패턴화에 의해 이들 요인이 실장 품질 향상에 점점 중요해지고 있는데 이 때문에 인쇄기 메이커는 메시 재료의 개량, 마스크 개구부 정밀도 향상, 시각인식 기술의 도입을 위한 위치 정도의 향상 등에 힘을 쏟고 있고, 솔더 제조업체도 입도가 작고, 스크린으로부터의 빠짐성이 좋은 솔더 페이스트 개발을 지속하고 있다.

솔더 페이스트 인쇄 시 주의점을 살펴보면 다음과 같다. 솔더 페이스트의 인쇄 불량은 솔더 페이스트의 성상, 스크린 재질, 두께, 인쇄될 기판의 휨, 비틀림, 인쇄기의 정밀도, 인쇄 시 속도, 인쇄압 등의 요인이 복잡하게 교차하여 영향을 미친다. 주요 불량은 인쇄의 번짐, 양 부족, 어긋남, 무너짐 등이 있고, 이들의 불량은 리플로 시에 솔더 브리지, 칩 직립, 위치 틀어짐, 솔더 부족 등으로 나타난다.

솔더 페이스트는 인쇄 방식과 패턴의 정도, 목적에 따라 각종 제품이 시판되고 있다. 금속 마스크에는 점도가 약간 높은 것이 필요하고, 메시 스크린에는 점도가 낮고, 입경이 작으며 빠짐성이 좋은 것이 사용되는 등 선택에 유의해야 한다.

기판의 휨, 뒤틀림은 인쇄 불량의 한 원인이 된다. LED 분야는 드물지만 최근에는 양면, 리플로가 주류를 차지하는데, 앞면에 리플로 솔더링을 하고, 반전하여 뒷면에 솔더 페이스트를 인쇄할 경우, 특히 수지 기판의 경우 가열에 의한 휨, 뒤틀림으로 인쇄가 안 되는 경우도 있다. 이러한 솔더 페이스트의 인쇄에서 최적 조건을 구하는 것은 높은 숙련이 필요하고, 사람의 경험으로 이루어지는 경향이 많다.

3.7 리워크

소자를 패키징한 후 리워크(rework)를 하느냐 마느냐는 수리비와 소자의 가격을 비교하여 경제적인 방향으로 결정해야 한다. LED의 단품 패키지 같이 대량 생산하는 경우는 리워크하지 않고 그냥 소자를 버리는 경우가 많으나 조명 모듈이나 LCD BLU와 같이 고가의 소자는 리워크를 고려해 보아야 한다. 그러나 이러한 리워크도 봉지재를 토출하고 경화가 끝나면 더 이상 어려워진다. 봉지재가 다시 녹지 않은 상태로 경화되었기 때문에 칩이나 와이어를 손상시키지 않고 봉지층만 제거할 수 없기 때문이다. 제거할 칩이나 소자는 와이어 접합 후 전기적인 측정이나 발광을 시켜 찾아낼 수 있으며 교체 시에는 인접소자에 해가 가지 않도록 해야 한다.

접착제로 붙여진 소자나 패키지들은 와이어나 탭, 리본, 리드 등에 의해서 연결되어 있다. 리워크하기 위해서는 먼저 이들을 제거해야 한다. 솔더로 연결된 경우는 솔더의 녹는 온도까지 온도를 올려서 제거한다.

LED에 있어 대부분의 칩들은 에폭시로 접착되어 있다. 에폭시는 열경화성 수지이며 열을 가해도 다시 녹지 않는다. 칩을 떼어 내기 위해서 온도를 매우 올리면 에폭시는 탄화되고 그 잔존물은 제거하기가 어려워진다. 따라서 에폭시가 접착제인 경우 온도를 접착제의 Tg 이상으로 올려 접착제를 부드럽게 한 다음 전단 툴을 이용하여 제거하게 된다. 만일 소자나 패키지가 산화되는 경향이 있으면 뜨거운 질소 가스를 분사하여 제거하면 된다. 보통 리워크는 모듈이나 어셈블리를 80 ℃에서 150 ℃까지 상승시켜 수행한다. 남아 있는 에폭시는 약 200 ℃가량 되는 블레이드를 이용하여 밀어서 제거하며, 이 부분에는 새로운 접착제를 도포하고 새로운 소자를 접착하게 된다.

열가소성 접착제는 리워크하기 매우 쉽다. 그림 3.44에 나타낸 바와 같이 일정 온도 이상으로 가열하면 다시 녹아 접착 강도가 작아져 쉽게 떨어지기 때문이다. 또한 소자가 떨어진 부위는 깨끗이 청소할 필요 없이 접착제의 잔사가 남아 있더라도 다시 사용할 수 있다. 가열하면 다시 녹아 접착제의 역할을 하기 때문이다. 반면 열경화성 수지는 그림 3.44에 보이는 바와 같이 가열을 해도 일정 수준 이상의 강도는 유지하기 때문에 떼어 내기가 어렵다.

고밀도로 패키지나 칩이 실장된 경우, 그리고 3차원의 패키지인 경우는 칩이나 패키지를 전단할 수 있는 툴을 측면으로 집어넣을 수 없는 경우가 있는데 이럴 때는 상기의 방법을 사용할 수 없다. LED 분야에 있어서는 3D 형태의 웨이퍼 레벨 패키지(WLP)가 대표적이다.

그림 3.45는 새로운 리워크 방법을 도식화한 것이다. 먼저 thermode라는 리워크 툴을 칩의 상부에 붙인 다음, 온도를 245 ℃에서 3 내지 5초간 가하여 칩을 제거하는 방법이다. 칩이 고밀도로 실장된 경우 적용할 수 있는 방법이며 칩을 제거할 때는 인장, 전단, 필 응력을 모두 사용할 수 있다. 이때 기판의 온도는 150 ℃로 유지하는 것이 좋다.

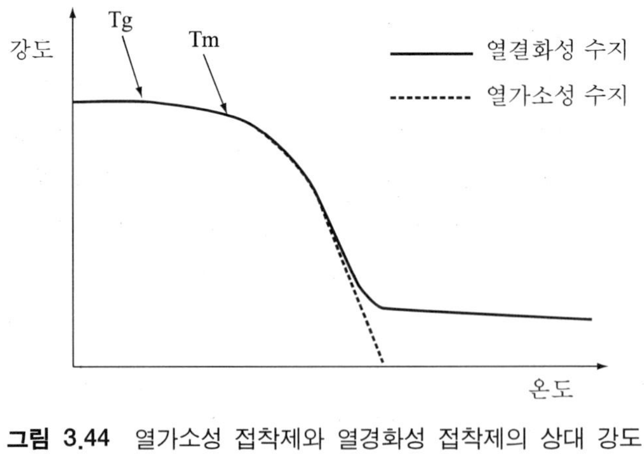

그림 3.44 열가소성 접착제와 열경화성 접착제의 상대 강도

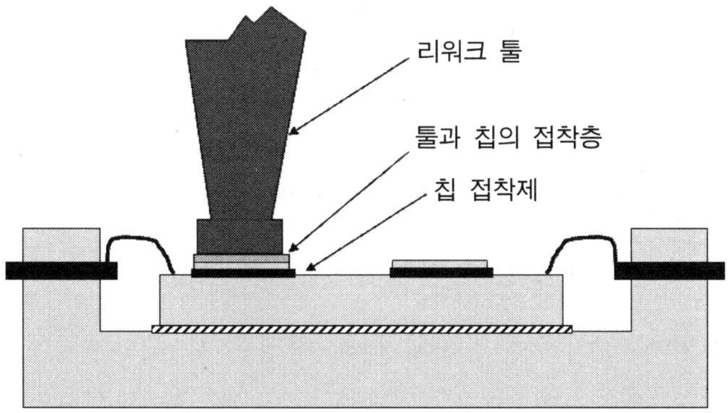

그림 3.45 고밀도 실장인 경우 칩을 제거하는 방법

이와 같은 방법 외에도 새로운 리워크 방법이 연구 개발되고 있다. 폭넓게 사용되고 있지는 않으나 다음과 같은 것들이 있다. 가열할 수 있는 와이어를 패키지와 기판 사이에 넣어 분리하는 방법으로 가열과 분리를 동시에 할 수 있는 방법이 개발되었으며, 기판의 뒷면에 저항 히터를 삽입하여 접착층만을 국부적으로 가열하여 제거하는 방법도 있다.

연습문제

3.1 언더필 물질의 요구 물성을 3가지 이상 쓰라.

3.2 접착제 토출 시 장비의 설정 조건을 5가지 이상 쓰라.

3.3 금 와이어의 끝에 전기적인 방전에 의해 형성된 볼을 안정되게 접착시키고 와이어를 걸림 없이 이동하여 루프를 만들고 2차 본드를 형성시키며 마지막 단계로 와이어를 절단해 주는 역할을 하는 핵심 부품은 무엇인가?

3.4 그레인(grain) 크기가 다른 구간보다 크며 방전 시 볼이 형성될 때 발생한 열에 의해서 영향을 받는 구간으로, 와이어 구간보다 경직된 구간은 무엇인가?

3.5 대기 중에서 표면의 산화가 일어나지 않으며, 볼이 알맞은 높이로 패드와 접합하며, 내화학성과 내식성이 뛰어나 봉지재가 고분자인 LED용으로 적합한 와이어는 무엇인가?

3.6 볼을 형성하여 접합하며, 고온($<$ 150 ℃)을 가하지 않아도 되고 접합 속도도 빠르기 때문에 LED의 와이어 접합 방식으로 가장 알맞은 와이어 접합 방식은 무엇인가?

3.7 와이어 접합 시 조정 인자 4가지를 쓰라.

3.8 길이 1 mm 이하의 1 mil의 금 와이어에 인가할 수 있는 최대 전류량은 얼마인가?

3.9 패키징 공정 중 와이어의 접합 강도를 측정하는 대표적인 방법을 2가지 쓰라.

3.10 LED 봉지 공정을 간단히 4단계로 나누어 쓰라.

04 조명용 LED 패키지의 열 및 기계적 특성과 설계

4.1 LED의 발열 특성 개론

실제로 LED가 백열등과 형광등을 대체하는 조명용으로 사용되려면 광출력을 현재보다 더 많이 높여야 하는데 고출력 LED의 경우, 소비 전력이 높아 발생되는 열을 해결하기 위해 방열(放熱)이 필수적이다. 그렇지 못하고 생성된 열을 내부에서 지속적으로 지니게 되면 소자의 온도가 상승하여 효율적인 광 방출을 저해하고 열적 스트레스에 따라 수명이 급격히 저하된다. 미국의 한 통계 자료(그림 4.1)에 의하면 전자소자의 고장은 55% 정도가 온도에 의하여, 19% 정도는 습도에 의하여 야기되는 것으로 나타났다. 이렇듯 발열 문제의 해결은 소자의 신뢰성을 제고하는 제일 중요한 요소이다.

LED 패키지의 발열의 원인은 다음과 같다.

첫째, LED에 입력된 인입전력 중에서 일부는 n층 및 p층의 저항 또는 반도체와 금속과의 접촉저항으로 인하여 줄(joule)열이 발생된다.

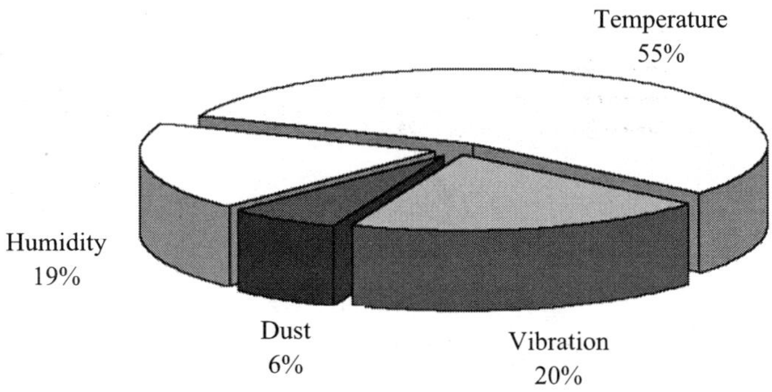

그림 4.1 전자소자의 고장을 유발하는 각종 요소
(Source : US Air Force Avionics Integrity Program)

둘째, LED 물질에서 n층에서 전자가, 그리고 p층에서 정공이 발광층 안으로 주입되고 그 인입 에너지는 발광성 재결합을 하여 광자(photon)로 방출되는데, 만일 발광층 안으로 주입된 캐리어가 격자 결함에 의하여 발광성 결합을 하지 못하고 비발광성 결합을 하게 되면 이때 격자에 의한 격자진동(phonon)으로 변환되어 열로 발생된다.

셋째, LED는 칩 내부에서 발생한 빛 모두가 램프를 통하여 외부로 방출되는 것은 아니다. 빛에 있어서 LED를 구성하는 반도체의 굴절률은 공기의 굴절률보다도 크기 때문에 LED 내부에서 표면으로 비스듬하게 나아가는 빛은 전반사가 일어나 다시 내부로 흡수되고 열로 전환된다.

넷째, LED는 전기 에너지를 주입하기 위하여 n층 및 p층 각각에 오믹 전극을 형성할 필요가 있다. 이때 고온에 의한 열처리로 인하여 발생된 금속과 반도체 계면에서 생긴 얼룩은 발생된 빛을 흡수하여 열을 발생시킨다.

LED 칩에서 생성된 열을 반드시 주변으로 효과적으로 전달시켜야만 정션 온도를 낮출 수 있다. 열전달은 하나의 매체 내에서 또는 매체 사이에서 온도차가 존재할 때 반드시 일어난다. 열전달은 전도(conduction), 대류(convection) 그리고 복사(radiation)의 세 가지 방식이 있다. 첫째, 고체나 액체와 같이 정지한 매체 내에 온도구배가 존재할 때 그 매체에서 일어나는 열전달을 전도라 한다. 둘째, 온도가 서로 다른 표면과 이동하는 유체 사이에서 일어나는 열전달을 대류라 한다. 셋째, 유한한 온도의 모든 표면이 전자기파 형태로 에너지를 방사하는 열전달의 형태를 복사라 하며, 중간 매체가 없어도 서로 온도가 다른 두 표면 사이에서는 복사에 의하여 열전달이 일어난다. 그림 4.2는 이러한 열전달의 형태에 대해 보여 주고 있다.

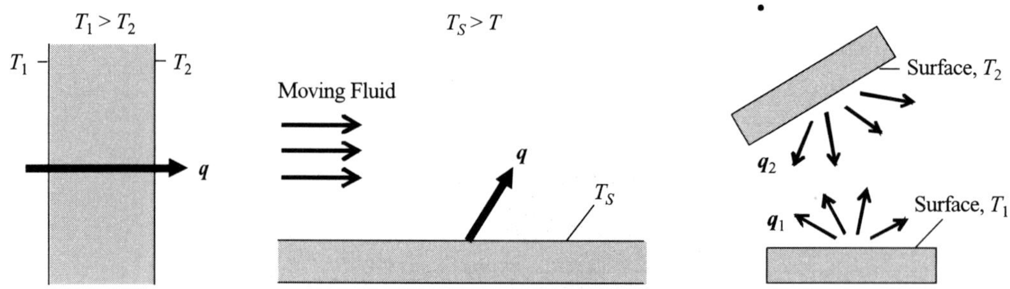

(a) 전도(conduction) (b) 대류(convection) (c) 복사(radiation)

그림 4.2 열전달의 세 가지 방식

4.1.1 전 도

LED 패키지에서 사용되는 고체에서 열전도는 다음 두 가지에 영향을 받는다. 격자라고 부르는 상대적으로 주기적인 고정된 위치에 있는 분자 진동의 격자진동파(lattice vibration wave)에 의한 것과 고체의 자유전자유동(free flow of electron)에 의해 에너지가 전달되는 것이다. 따라서 고체의 열전도도는 격자와 전자의 성분을 합한 것이다. 순수한 금속의 열전도도가 높은 것은 주로 전자의 영향에 의한 것이다. 열전도도의 격자 성분은 분자의 배열과 밀접한 관계가 있다. 고체 상태에서 결정이 가장 잘 배열된 다이아몬드는 상온에서 열전도도가 가장 높다.

패키지에서 온도구배가 존재하면 고온 부분에서 저온 부분으로 에너지가 전달된다는 사실은 이미 알고 있다. 이때 패키지 내부의 열은 전도에 의해 전달되고 단위 면적당 열전달률(heat transfer rate)은 단면적에 수직한 방향의 온도구배에 비례한다. 즉, 1차원이라 가정하였을 경우 다음과 같이 식 (4.1)로 나타낼 수 있다.

$$q'' = -k\frac{dT}{dx} \tag{4.1}$$

열 유속(heat flux) q''(W/m^2)는 전달 방향에 수직되는 단위 면적당 x 방향으로의 열전달률이며, 이 방향으로의 온도구배 dT/dx에 비례한다. 이때 비례상수 k는 열전도도(thermal conductivity)이며, 음의 부호는 열역학 제2 법칙, 즉 열은 고온에서 저온으로 흐른다는 조건을 만족시키기 위하여 붙여 준 것이다.

열전도 해석에 크게 기여한 프랑스의 물리학자의 Joseph Fourier의 이름을 따 식 (4.1)을 Fourier 법칙이라 부르며 그림 4.3과 같은 평면에서 적용하여 설명할 수 있다.

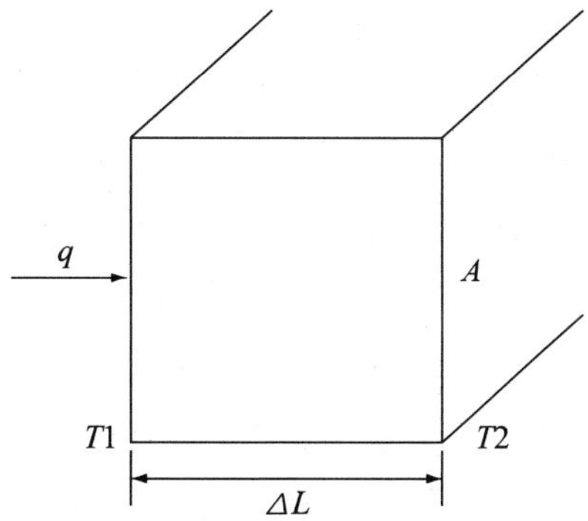

그림 4.3 1차원적인 열전도

열전달률을 와트(W)로 표시할 때 k의 단위는 W/m · K가 된다. 식 (4.1)을 일반적인 차원의 벡터 형태로 표현하면 식 (4.2)와 같이 된다.

$$q = -kA\nabla T \tag{4.2}$$

1차원적인 해석에서 열전도도가 일정하고 정상 상태(steady state)가 되어 열전달률도 일정하게 되면 식 (4.2)를 식 (4.3)으로 간단하게 쓸 수 있다.

$$q = -kA\frac{dT}{dx} \tag{4.3}$$

4.1.2 대 류

대류열전달 형태는 두 가지 메커니즘(mechanism)로 구성되어 있다. 불규칙 분자 운동(random molecular motion, 확산)에 의한 에너지 전달에 더하여, 유체의 체적(bulk) 혹은 거시적인(macroscopic) 운동에 의해서도 에너지가 전달된다. 이러한 유체 운동은 어느 순간에 많은 수의 분자들이 집합적으로 또는 집합체로서 움직인다는 것과 연관된다. 온도구배가 존재하는 경우에 이러한 운동은 열전달의 원인이 된다. 왜냐하면 집합체에서 분자들은 불규칙한 운동을 유지하기 때문에, 총 열전달은 분자들의 불규칙한 운동에 의한 에너지 전달과 유체의 체적 운동에 의한 에너지 전달과의 중첩에서 기인된다. 이러한 중첩 전달을 대류(convection)라 한다.

흐르는 유체와 경계 표면이 다른 온도일 때 그 사이에서 일어나는 대류열전달은 패키지의 최종적인 방열로 주목을 받게 된다. 그림 4.4처럼 가열된 표면 위를 흐르는 유체를 생각할 수 있다. 유체-표면 상호 작용의 결과로 흐름에 연관되어 있는 유체 속도는 표면으로부터 0에서 유한 속도 u_∞까지 변하는 유체 영역으로 발달된다. 이 유체 영역을 수력학적 경계층(hydrodynamic boundary layer) 또는 속도경계층(velocity boundary layer)이라 한다. 더욱이 표면 온도와 유체 온도가 다르다면, 온도는 표면과 유체 사이의 경계면($y=0$)에서 T_s로부터 외부 흐름에서의 T_∞까지 변화하는 유체 영역에 존재한다. 열 경계층(thermal boundary layer)이라 부르는 이 영역은 속도가 변하는 속도경계층에 비하여 작거나 크거나 혹은 같을 수 있다. 어느 경우에나 $T_s > T_\infty$이면 표면과 외부 흐름 사이에서 대류열전달이 발생될 것이다.

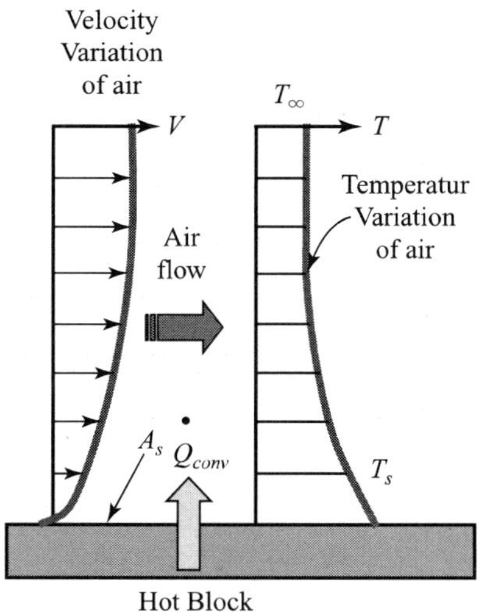

그림 4.4 대류를 통하여 고온의 표면으로부터 주변까지의 열전달

대류열전달 형태는 불규칙한 분자 운동과 경계층 내에서의 유체의 체적 흐름에 의하여 유지된다. 불규칙한 분자 운동(확산)에 의한 기여는 유체 속도가 낮은 표면 부근에서 두드러진다. 사실 $y=0$에서 유체 속도는 0이고 열은 이 기구에 의해서만 전달된다. 체적 유체 운동에 의한 기여는 x 방향으로 흐름이 진전됨에 따라 경계층이 성장한다는 사실로부터 일어난다. 사실 이 경계층 내로 전도된 열은 하류로 쓸려 내려가면서 결국 경계층 바깥의 유체로 전달된다. 경계층 현상의 이해는 대류열전달을 이해하는 데 필수적이다. 유체역학이 나중의 대류 해석에서 중요한 역할을 하는 것은 이러한 이유에서이다.

대류열전달은 흐름의 성질에 따라 분류될 수 있다. 흐름이 팬(fan), 펌프, 대기의 바람과 같은 외부 수단에 의해 발생될 때를 강제 대류(forced convection)라 한다. 이와 유사하게 LED 패키지도 강제 냉각(forced cooling), 즉 팬, 펌프 또는 대기의 바람에 의한 냉각이 아닌 방열판에 바로 냉각소자(TEC)를 두어 전도에 의한 강제 냉각 방식을 사용할 수 있다. 이에 반하여 유체 내에서 온도 변화에 의한 밀도차로부터 발생하는 부력에 의하여 흐름이 일어나는 것을 자유 대류(free convection) 또는 자연 대류(natural convection)라고 한다.

어떠한 고체 표면의 온도가 일정한 온도 T_s로 유지되고 있다고 하자. 이 물체의 주위로 온도가 T_∞인 유체가 흘러갈 경우 고체로부터 유체로 단위 시간당 전달되는 열에너지의 양 q는 고체의 표면적 A에 비례하고 또 열전달계수(h)에 비례한다. 대류열전달 현상의 특별한 성질을 고려한 전달률 방정식은 다음 식 (4.4)로 표현된다.

$$q = hA(T_s - T_\infty) \tag{4.4}$$

여기서 대류 열 유속 q(W/m^2)는 표면 온도 T_s와 유체 온도 T_∞ 사이의 온도차에 비례한다. 이 식을 뉴턴의 냉각 법칙(Newton's law of cooling)이라 하고, 비례상수 h (W/m^2 · K)은 대류열전달계수(convection heat transfer coefficient)라 한다. 대류열전달계수는 표면의 기하학적 형상, 유체 운동의 성질, 유체의 열역학적 물성 값과 전달물성 값에 의해 영향을 받는 경계층 내에서의 조건들에 의해 지배를 받는다. 자연 냉각에서의 LED 패키지 설계 시 대류열전달계수는 매우 중요한 설계 요소가 된다.

4.1.3 복 사

복사열전달은 전도나 대류와는 전혀 별개의 것으로 진행된다. 예를 들어 방 안에서 라디에이터가 열을 방출하고 있는 과정을 생각해 보면, 열원 아주 가까이에 있는 유체는 대류에 의해 가열되고 있으며, 멀리 떨어져 있는 벽이나 가구 등은 복사에 의해 원격 가열되고 있다. 이때의 전체 열전달량은 대류에 의한 양과 복사에 의한 양을 합해야 한다. 열원의 표면 온도가 일정하다면, 복사되는 에너지의 양은 대류되는 에너지의 양이 얼마이든지 간에 이와는 전혀 무관한 독립적인 관계에 따라 주어지며, 또한 대류되는 에너지의 양에 대해서도 똑같은 논의가 성립된다. 이러한 복사열전달은 대류열전달과는 달리 물체 표면의 온도뿐만 아니라 물체 표면의 색깔에 따라서도 달라지는 특성이 있으며, 또한 그 주어진 절대 온도에서 단위표면적당 최대로 방출할 수 있는 열 방출량의 상한선이 존재한다. 예를 들어 가장 이상적인 면이 있어서 그 온도에서 이론적으로 최대 가능한 양만큼 복사열을 방출하는 면이 있다고 하면 (이러한 면을 '흑체'라고 부른다.) 그 복사 에너지의 시간당 방출량 q는 다음의 식 (4.5)와 같이 된다.

$$q = \sigma A T_s^4 \tag{4.5}$$

여기에서 A는 물체의 표면적이고 T_s는 물체의 표면 온도로서 절대 온도로 나타낸 값이다. 그러나 LED의 열 설계에서 이러한 복사에 의한 열전달은 매우 적은 양으로 무시되기도 한다.

그러면 LED 패키지에서 방열은 어떠한 방식으로 진행되는가? 그림 4.5는 인입전력에 따른 정션 온도의 증가와 정션 온도의 증가에 따른 광효율의 감소 추이를 나타낸 것이다. 이렇듯 정션 온도의 증가는 광효율과 밀접한 관계를 갖고 있으며 정션 온도를 낮추

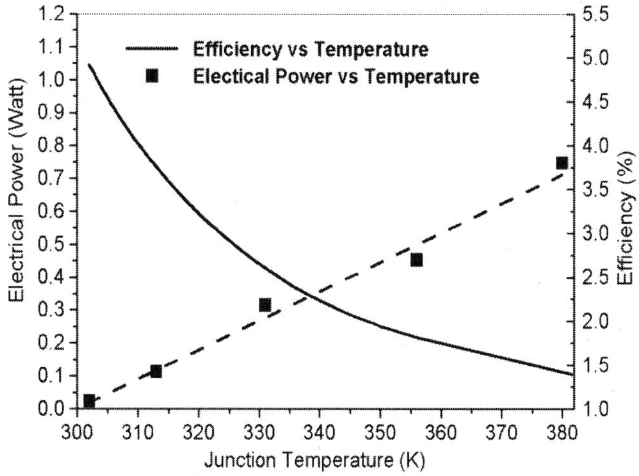

그림 4.5 인입전력에 따른 정션 온도의 증가와 정션 온도에 따른 광효율의 감소 추이
[자료 : Park et al., Optics Letters, Vol. 29, No. 22 (2004)]

는 것이 방열의 기본이다.

칩 발광효율을 향상시키기 위하여 저결함 에피성장 기술(Non polar Epi 성장), 신규 기판(향후 GaN 기판 적용), 양자점 Epi 기술 등을 중심으로 개발에 나서고 있고, 빛을 칩 외부로 최대한 끌어내기 위해서 칩 표면에 기하학적 요철 구조를 만드는 텍스처링(texturing) 기술, 포토닉 크리스털 기술 등에도 집중하고 있다. 그러나 이러한 칩효율의 향상은 한계가 있으며 칩 또한 패키지와 주변 환경에 둘러싸여 있기에 패키지 재료 개발과 모듈화 기술은 LED를 조명용 광원으로 사용하기 위해서 반드시 필요한 기술이다.

발열을 고려한 다양한 패키지의 개발은 세라믹/메탈 패키지를 중심으로 진행되고 있다. 방열 문제와 신뢰성 확보를 동시에 해결하기 위해 일본 교세라가 AlN 세라믹 패키지를 처음으로 저온동시소성(LTCC) 방식으로 상용화하면서 개발이 진행되고 있다. 루미레즈와 니치아에서도 세라믹 LED 패키지 제품이 상용화되고 있다. 국내 업체에는 삼성전기, 이노칩테크놀로지, 아모텍, 세라텍 등의 업체에서 세라믹 소재의 패키지에 대한 개발을 진행하고 있다. 한편, LG이노텍은 세계 최초로 실리콘 웨이퍼를 패키징 소재로 사용하는 웨이퍼 수준 패키지(Wafer Level Package; WLP) 기술을 개발, 상용화하는 데 성공해서 열에 비교적 강한 실리콘 웨이퍼를 패키징 소재로 사용하여 고열에 약한 플라스틱 패키지를 개선하였다. 이 외에도 서멀 비아(Thermal Via)를 통한 방열 설계 기술 및 히트파이프를 적용한 패키징 설계들이 다양하게 제시되고 있다. 그 방법들은 일반적으로 LED가 적용되는 시스템별로 방열 방법의 장단점과 제조 단가, 시스템 장착의 환경 혹은 최종품의 가치에 따라 시장이 정할 수 있을 것이다. 또한 많은 숫자의 저인가전력용 LED를 장착하는가 아니면 적은 숫자의 고인가전력용 LED를 장착하는가의 시스템 설계 스킬에 따라 방열 방법이 달라질 수 있다. 또한 향후에는 멀티칩/단일 패키지의 경우, 구동 모드에 따른 발열 특성을 각각 다르게 제어할 수 있는 기술의 발전이 기대되고 있다. 고효율 히트파이프와 히트 스프레더의 적용은 LED 시스템 차원에서 아주 중요한 요소가 될 것으로 예상된다. 이러한 방열 기술의 좋고 나쁨의 척도가 LED 패키지 또는 LED 모듈의 열저항이다. 다음 절에서 LED 패키지의 열저항에 관한 정의와 측정이론, 방법 등에 관하여 논의하겠다.

4.2 LED의 열저항

LED 패키지의 중요한 성능 평가자는 열저항이라고 할 수 있다. 세계 유수의 LED 패키지 회사들의 제품은 이러한 열저항(그림 4.6)을 표기하고 있는데 이러한 열저항은 소자의 신뢰성과 수명을 결정할 수 있는 정션 온도와 직접적인 관계를 갖는다. 정션 온도가 올라가게 되면 패키지용 수지가 변질되고 칩 자체의 내구성 역시 악화되기 때문에 칩의 정션 온도를 낮추고 전체 패키지의 열저항을 줄이는 것은 현재와 향후에도 끝없이 연구되어야 할 과제이다.

기존의 일반적인 전자소자 같은 경우, 열저항은 다음의 식 (4.6)으로 간단히 정의되어 있다.

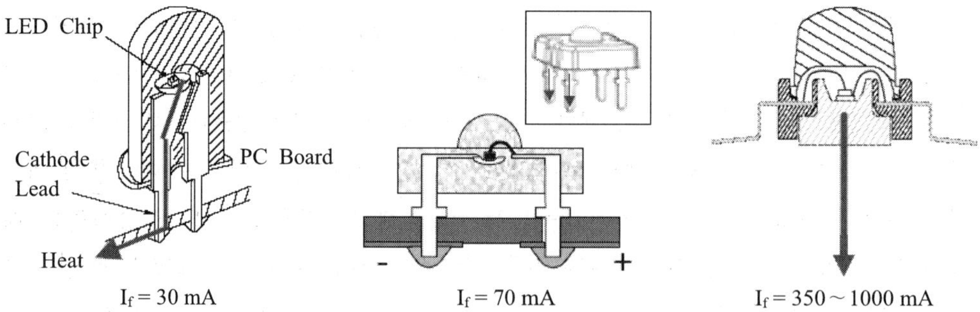

$I_f = 30$ mA, $R_\theta = 240$ K/W (a) 5 mm Lamp

$I_f = 70$ mA, $R_\theta = 120$ K/W (b) SuperFlux

$I_f = 350 \sim 1000$ mA, $R_\theta = 15$ K/W (c) Luxeon I/III/V

그림 4.6 LED의 발전에 따른 열저항의 감소(source : LumiLEDs® datasheet)

$$R_{JX} = \frac{T_J - T_X}{P_H} \tag{4.6}$$

여기서, R_{JX}는 소자의 정션으로부터 특정 환경까지의 열저항(기호 θ_{JX}로도 표기함)[℃/W], T_J는 정상 상태에서의 정션 온도[℃], T_X는 특정 환경의 기준 온도[℃], P_H는 소자에서 방산하는 열량[W]이다. P_H는 보통 소자에서 흐르는 전류 I와 전압 V의 곱으로 계산한다.

소자의 정션 온도는 테스트 조건에 따라 다음과 같이 정의된다.

$$T_J = T_{J0} + \Delta T_J \tag{4.7}$$

여기서, T_{J0}는 소자에 파워를 인가하기 전의 초기 온도[℃], ΔT_J는 파워를 인가하였을 때 변화된 정션 온도[℃]이다.

일반 전자소자 패키지와는 달리 고출력 LED에서 전체 인가된 파워는 일부분은 빛 에너지로 전환될 뿐만 아니라 동시에 열에너지로 전환된다. 또한 열로서 소모되는 인입전력은 전체의 80% 정도이므로 고출력 LED 패키지의 경우 이로부터 비롯되는 열적 노이즈는 정확한 광출력 구현을 위하여 정확하게 측정 시스템에 반영되어야 한다. 즉, 광출력 혹은 광 특성의 측정 시에 LED 패키지로부터 방출되는 열이 광 특성을 변화시키기 때문에 광출력 측정과 동시에 열 측정을 할 필요가 있다.

LED에 인가된 전력은 광출력(발광성 결합)과 열(비발광성 결합)로 전환되며 다음과 같은 식으로 표시된다.

$$P_{heat} = P_{el} - P_{opt} \tag{4.8}$$

여기서, P_{heat}는 발생된 열량[W], P_{el}은 인가된 전력[W], P_{opt}는 광출력이다. LED의 광 특성은 온도에 민감하기에 광출력을 측정 시 사용되는 적분구는 열전소자 등을 사용하여 반드시 패키지의 주변 온도를 고정해야 한다.

그리하여 LED 패키지의 열저항은 다음과 같이 계산한다.

$$R_{the} = \frac{\Delta T}{P_{el} - P_{opt}} \tag{4.9}$$

여기서, R_{the}는 광출력을 고려한 LED 패키지의 유효 열저항(단위, [℃/W] 혹은 [K/W])이다. 만약 LED 패키지의 광효율이 낮아서 충분히 무시할 정도이면 광출력을 고려한 유효 열저항과 고려하지 않은 열저항은 차이가 크지 않다. 그러나 고출력 LED 패키지일 때는 광출력도 무시할 수 없기에 반드시 고려해야 할 사항이다.

식 (4.9)에서 나타나듯이 LED 패키지의 열저항을 구하려면 제일 중요한 세 가지 파라미터 ΔT, P_{el}과 P_{opt} 값을 알아야 한다. P_{el}은 전기적인 요소로서 인가전류와 전압을 측정하면 계산될 수 있다. P_{opt}는 적분구를 사용하여 그 값을 알아낸다. 그리하여 정션 온도 측정이 패키지의 열저항을 구함에 있어서 제일 중요한 요소가 되는 것이다.

여러 가지 방법으로 정션 온도를 측정할 수 있다. 마이크로 라만 스펙트로스코피(micro-Raman spectroscopy), 문턱전압(threshold voltage), 열저항(thermal resistance), 포토서멀 반사율 마이크로스코피(photothermal reflectance microscopy), 전자발광(electro-luminescence), 광발광(photoluminescence)과 이색원의 최고점 변화율(peak ratio of a dichromatic source)을 통한 비접촉(non-contact) 방법 등등이 있다. 대부분의 방법은 간접적인 방법으로서 측정하기 쉬운 파라미터로 정션 온도를 제시하는 것이다. 다음 절에서 소개하는 열천이 측정 이론은 순바이어스 전압을 파라미터로 하여 정션 온도를 측정하는 전기적 측정법이다. 이 방법은 비접촉성 방법으로 패키지를 파괴하지 않고도 정션 온도를 측정할 수 있다는 장점이 있다.

여러 가지 재료로 구성된 LED 패키지에 있어서 접촉 열저항도 하나의 무시할 수 없는 열저항이다. 그 개념은 다음과 같다.

패키지에서 서로 다른 열전도도를 가진 물질이 그림 4.7(a)와 같이 접촉되어 있다. 패키지의 옆면이 단열되었다면 발생된 열은 그림에서 표시한 화살표 방향으로만 흐를

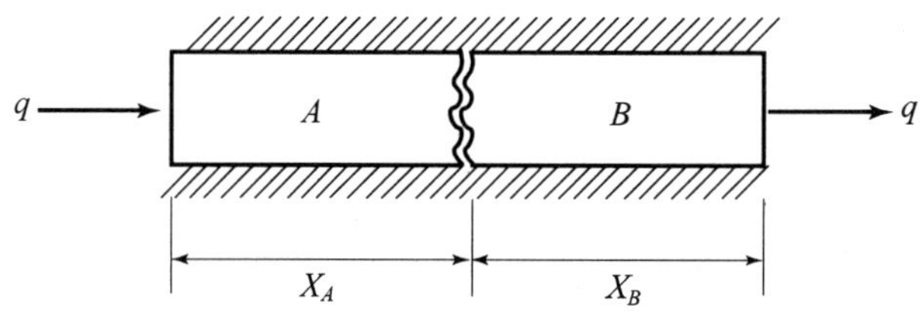

(a)

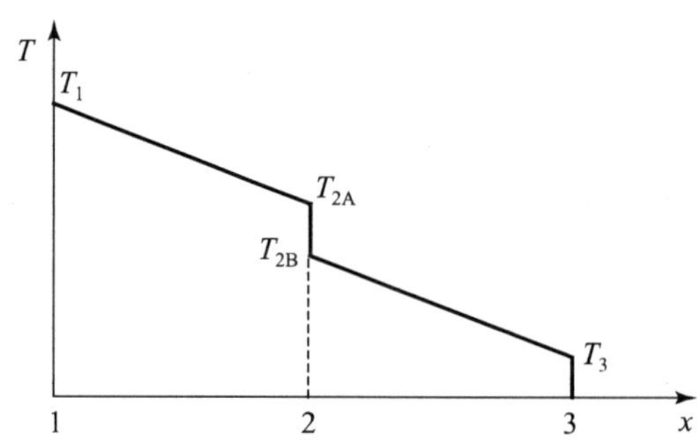

(b)

그림 4.7 (a) 접촉 열저항 모식도, (b) 두 접촉면에서의 온도 변화

것이고 정상 상태에서 열의 흐름은 일정할 것이다. 이때 패키지의 두 물질의 온도 분포는 그림 4.7(b)와 같이 됨을 알 수 있다. 이와 같이 접촉면에서의 급격한 온도 변화는 접촉 열저항에 의하여 발생된다. 1차원 정상 상태 열흐름이므로 다음과 같은 식 (4.10)이 성립한다.

$$q = \frac{T_1 - T_{2A}}{\Delta x_a / k_a A} + \frac{T_{2A} - T_{2B}}{1/h_c A} + \frac{T_{1B} - T_3}{\Delta x_b / k_b A} \tag{4.10}$$

여기서, h_c를 접촉계수라 하고, $1/h_c A$을 접촉 열저항이라 한다. 접촉계수 h_c는 패키지 물질의 재질, 접촉 표면에서의 조도 및 접촉 압력 등 여러 가지 요소에 의하여 결정된다. 접촉 열저항을 식 (4.11)과 같이 R_c로도 표현할 수 있다.

$$R_c = \frac{1}{h_c A} \tag{4.11}$$

접촉면에서의 열전달은 접촉부에서의 고체 간의 전도와 공간 안에 있는 기체(공기)를 통한 전도 혹은 자연 대류와 복사에 의해 일어난다. 따라서 접촉저항은 두 개의 병렬저항으로 볼 수 있는데 기체의 열전도계수가 고체에 비해서 매우 작기 때문에 열저항의 주원인은 주로 자연 대류에 기인한다. 이러한 접촉 열저항 문제는 이론적으로 명확한 것 같으나 접촉 면적 및 공극 두께의 값을 구하기가 어려우며 접촉 열저항을 해석적으로 구하기도 매우 어렵다. 또한 정상 상태에서는 다음의 식 (4.12)를 이용하여 실험적으로 구할 수 있으나, LED 패키지에서는 각 구조 물질의 계면의 온도차를 읽어 내는 것도 매우 어려운 일이다. 따라서 패키지 물질의 구조를 분석하는 열천이 측정법과 검증된 시뮬레이션으로부터 열저항 차이를 구하여 각 계면 물질의 열저항을 분석하는 방법이 매우 유용하다.

$$R_c = \frac{T_{2A} - T_{2B}}{q} = \frac{\Delta T_c}{q} \tag{4.12}$$

4.3 열천이 측정 이론

열천이 측정은 시간에 따른 순바이어스 전압의 변화로 정션 온도의 변화를 측정하는 방법으로서 R_c 네트워크 이론을 기반으로 한다. R_c 네트워크란 패키지 재료에서 열을 전달하는 원소들이 무한히 작게 배열되어 있으며, 이들 각 원소들이 각각 열을 주위에 전달(R 모형)할 뿐만 아니라 일정한 양의 열을 축적(C 모형)하게 된다. 따라서 R_c 네트워크 이론은 파워가 열 소스(칩)에 인가되었을 때 하나의 1차원적인 등가회로로 규정할 수 있다. 설립된 등가회로는 같은 반응 시간을 가짐으로써 구동 혹은 self-impedance를 갖고 있다. 각각의 임피던스는 소자의 열 소스로부터 R_c 모델의 구조에 따른 온도 반응을 나타내게 된다.

열천이 측정을 하기 위하여 초기 단계에서는 LED의 순바이어스 전압과 정션 온도 사이의 비례 관계인 K factor를 먼저 측정해야 한다. LED는 p-n 접합 다이오드로서 순바이어스 전압과 정션 온도 사이에는 다음과 같은 공식이 성립한다.

$$I_F = I_s[\exp(qV_F/kT_J) - 1] \tag{4.13}$$

여기서, I_s는 역방향 포화전류, q는 전하량, V_F는 순방향 전압, T_J는 정션 온도, k는 플랑크 상수, I_F는 순방향 전류이다. V_F가 0.1 V보다 클 때 식 (4.13)에서의 −1은 무시되고 다음과 같은 식을 유도해 낼 수 있다.

$$V_F/T_J = k/q \cdot \ln(I_F/I_s) \tag{4.14}$$

이 식으로부터 이상적인 p-n 접합에서 일정한 순방향 전류(감지전류)를 인가하였을 때, 순방향 전압과 정션 온도 사이에 일정한 비례 관계가 존재함을 알 수 있다. K factor의 단위는 mV/℃이다. 그림 4.8은 감지전류에 따른 K factor를 측정한 그래프이다. 감지전류에 따라 순바이어스 전압은 다르지만 선형적인 관계는 거의 일치함을 알 수 있다.

정확한 온도감응계수(temperature sensitive parameter; TSP) V_F의 측정을 위하여 감지전류는 다이오드의 전압 변화를 감지할 만큼 충분한 값이어야 하나 이로 인하여 소자의 자체 가열이 이루어지지 않을 정도로 해야 한다. 감지전류 값의 설정은 그림 4.9에서 보이는 것과 같이 다이오드의 전류-전압 곡선상에서 굴곡 부분의 값을 보고 설정하는데, 보통 100 uA에서 5 mA의 범위를 갖고 이는 다이오드의 크기에 의존한다. 보통 1 mA의 감지전류를 사용하며 특별한 경우, 다른 감지전류 값을 사용할 수 있다.

더욱 정확한 감지전류를 구하는 방법은 다음과 같다. 일정한 두 온도하에서의 일정한 값을 초과하지 않는 전류, 전압 값을 읽는다. 다음 x축을 로그 형태의 전류 값으로 하고 y축은 그에 대응하는 전압 값으로 한다. 최적의 감지전류 값은 이 두 온도하에서 모두 직선적인 부분의 전류 값을 정하면 된다. I_F 값이 결정되었을 경우, 다이오드의 순바이어스 전압과 정션 온도와의 관계를 통하여 K Factor 보정 값을 결정할 수 있다.

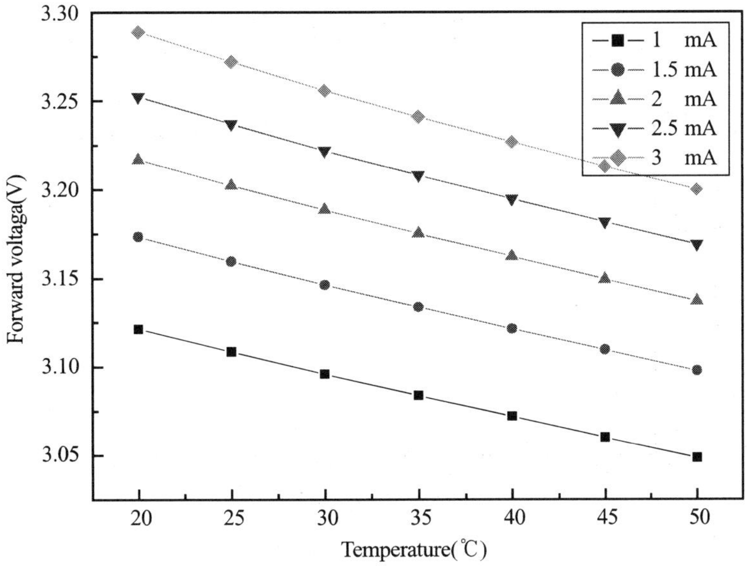

그림 4.8 감지전류에 따른 K factor

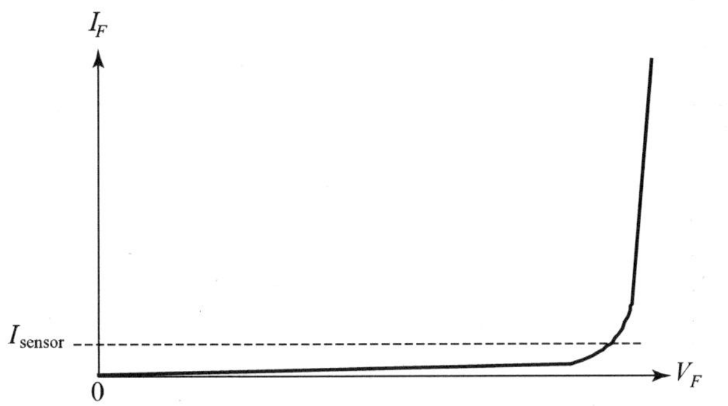

그림 4.9 감지전류의 선택

이 과정에 다이오드의 순바이어스 감지전류는 일정한 온도 분위기(항온 체임버)에서 계속적으로 인가된다. 다이오드의 순바이어스 전압의 기록은 다양한 온도의 평형 상태에서 두 점 또는 그 이상 기록이 필요하다. 감지전류만 인가하였을 경우는 자체 발열의 영향을 받지 않기 때문에 환경 온도와 정션 온도는 같다고 가정한다.

다음은 열천이 측정 과정이다. 열천이 측정에서 냉각 곡선과 가열 곡선 두 가지 방식이 있는데 LED 패키지에서는 소자의 특성을 고려하여 냉각 곡선을 선호한다. 냉각 곡선은 LED 패키지가 주어진 구동전류하에서 일정 시간 동안 작동하여 정션 온도가 평형에 도달한 후, 감지전류하에서만 작동하여 그때부터의 정션 온도의 냉각을 시간에 따라 기록하는 것이다. 구동전류하에 있던 LED 패키지가 구동전류를 끌 때 열천이와 전기적

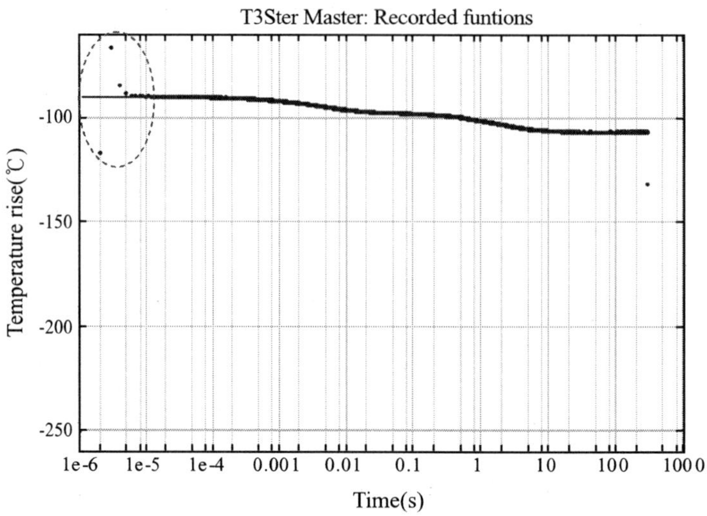

(a) 필터링하기 전 raw 데이터

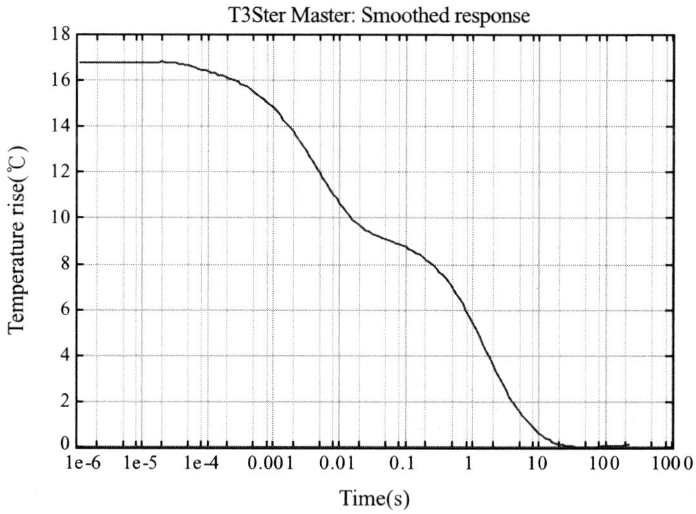

(b) 필터링한 후 냉각 곡선

그림 4.10 시간과 온도와의 함수 a(z) 그래프

천이는 짧은 시간 동시에 일어난다. 전기적 천이를 제거하기 위해 첫 번째 단계에서 전기적 천이를 필터링하고 함수 $\alpha(z)$라는 냉각 곡선을 얻는다. 여기서, $z=\ln(t)$로 정의된다. 그림 4.10(a)는 필터링하기 전 raw 데이터이고 그림 4.10(b)는 필터링한 후 냉각 곡선이다.

다음, $d\alpha(z)/dz$로 쿨링 커브를 미분하여 저장한다(그림 4.11). 이 커브로부터 Time constant spectrum을 구할 수 있는데 그 이론적 배경은 다음과 같다.

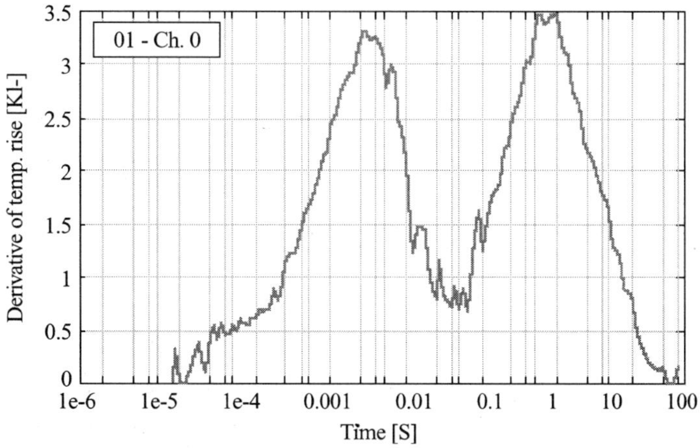

그림 4.11 로그 시간과 온도 미분함수 그래프

$$\frac{da(z)}{dz} = R(z) \otimes w(z) \tag{4.15}$$

여기서, $R(z)$를 time constant spectrum이라고 하고 $w(z)$를 weighting function이라고 하며 식 $w(z) = \exp(z - \exp(z))$로 표시된다. $R(z)$는 열저항 네트워크가 무한히 분산된 연속적인 함수이며, 다음과 같이 정의된다.

$$R(z) = \lim_{\delta z \to 0} \frac{\text{magnitudes relating time -constants between } z \text{ and } z + \delta z}{\delta_z} \tag{4.16}$$

그림 4.12(a)는 time constant spectrum의 이산성과 연속성을 반영한 그래프이다. 이론적으로 하나의 시간상수(τ)에 하나의 $R(\tau)$가 대응되지만 실지 패키지에서는 구조의 연속성 때문에 이어진 그래프로 나타난다.

$R(z)$를 구하기 위하여 식 (4.15)를 deconvolution을 진행해야 되며 이때 Bayes iteration 방법을 사용한다. 유도된 time constant spectrum은 수학적으로 아주 간단하지만 노이즈를 제거한 정확한 열천이 과정만이 정밀한 값을 얻을 수 있다. 그리하여 그림 4.12(b)와 같이 시간에 따른 time constant intensity 그래프를 얻을 수 있다.

Time constant density 그래프에 의하여 무한이 좁은 넓이의 높이를 갖는 $R(z)$함수로서 등가적인 병렬 RC Foster 회로를 구성할 수 있다(그림 4.13).

Foster 모델로부터 등가회로인 Cauer 모델을 계산해 낼 수 있다. 변환하는 원인은 Cauer 모델이 실제 물리적 의미를 더 나타낼 수 있기 때문이다(즉 열용량은 ambient와의 열용량으로 정의되었기 때문이다). Cauer 모델로부터 누적구조함수, 즉 C_{Σ}는 각 요

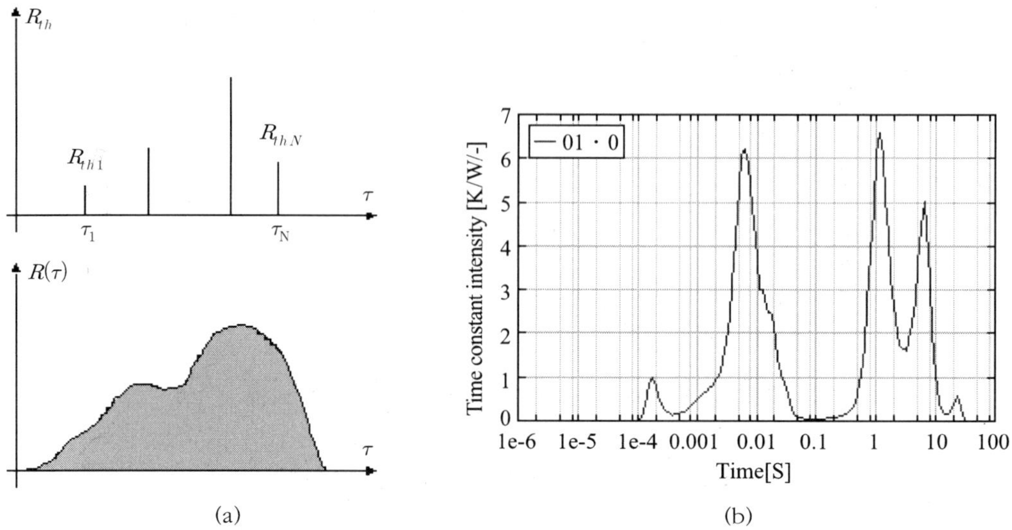

그림 4.12 (a) time constant spectrum의 이산성과 연속성,
(b) 시간에 따른 Time constant intensity 그래프

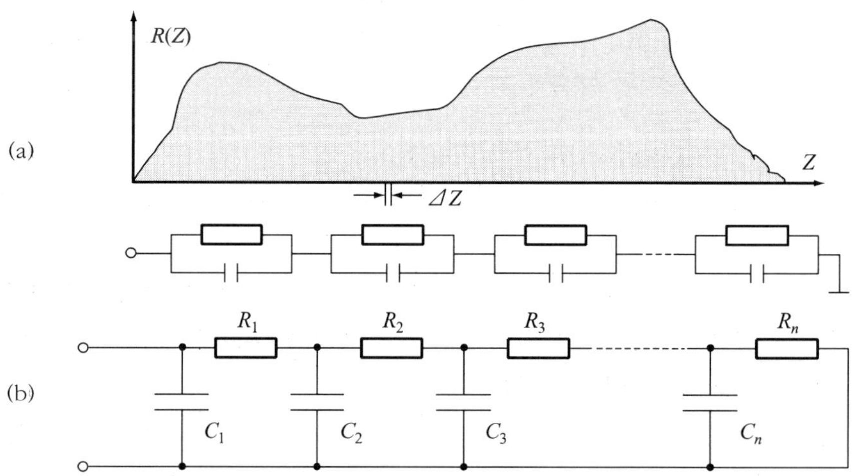

그림 4.13 구조체에서의 (a) Foster 모델과 (b) Cauer 모델

소들의 열용량 합이고 R_{Σ}는 각 요소들의 열저항 합을 그릴 수 있다.

Complex loci 계산

조화여진(harmonic excitations)에서 드라이빙 포인트와 모든 주파수에서의 트랜스퍼 저항들은 Bode 그림과 Nyquist 그림으로 나타낼 수 있다. 이것을 보통 complex loci라

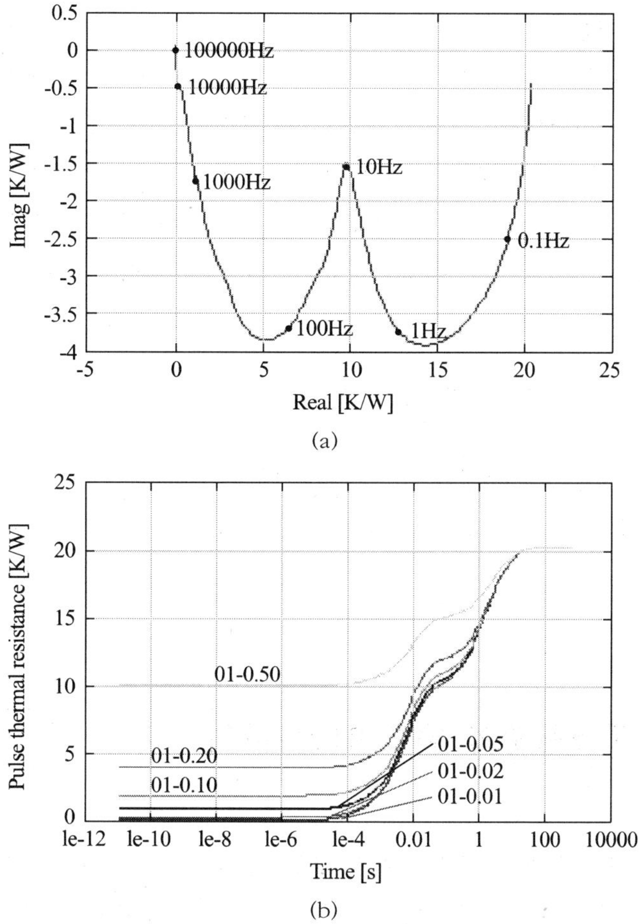

그림 4.14 (a) Complex loci 그래프, (b) Pulse에 따른 열저항

고 하며 주파수에 따른 저항의 실수 부분과 허수 부분을 보여 준다. 그림 4.14(a)는 위 샘플의 complex loci 그래프이다.

시간 변역(time domain) 함수로부터 주파수 변역(frequency domain) 함수로 변형시킬 때 $\frac{da(z)}{dz}$ 함수로부터 시작한다. 다음 식에서 간단하고 빠른 convolution 알고리즘으로 원하는 결과를 얻을 수 있다.

$$Re(Z(\Omega)) = W_R(\Omega) \otimes da/dz\,|_{\Omega = -z} \tag{4.17}$$

$$Im(Z(\Omega)) = W_I(\Omega) \otimes da/dz\,|_{\Omega = -z} \tag{4.18}$$

여기서, $W_R(\Omega) = \cos e^{\Omega}$, $W_I(\Omega) = -\sin e^{\Omega}$

펄스 열저항 계산

펄스 열저항(임피던스)은 주기적인 펄스 여진(pulse excitation)하에서의 패키지의 다이내믹한 열 특성을 나타낸다. 그림 4.14(b)의 그래프는 여러 주기에 따른 펄스 열저항을 나타내고 있다. 스위칭 시간이 충분히 짧을 때 Heating/cooling하는 주기가 짧을수록 소자의 온도가 낮다. 영 주기라면 아주 긴 스위칭 on된 상태이므로 파워 스텝 여진된 초기의 히팅과도함수를 얻게 된다. 그리고 다음 식으로부터 R_{thp} 함수를 직접 얻을 수 있다.

$$R_{thp}(z=\ln t,\ \delta)=R(z)\otimes w_{rthp}(z,\ \delta) \tag{4.19}$$

여기서, $w_{rthp}(z,\ \delta)=\dfrac{1-\exp(-\exp(z))}{1-\exp(-\exp(z)\delta)}$이다.

이 그래프는 이론적인 구형파에서 duty factor에 의한 열저항으로 나타내는 것이 특징이다.

4.4 구조함수와 발열 특성 분석

LED 패키지의 구조함수는 측정된 가열 또는 냉각 곡선으로부터 직접적인 수학적인 변환에 의해 구할 수 있다. 가열, 냉각 곡선은 열 유동 경로를 구조 모델로 구성하여 시뮬레이션에 의해 계산해 낼 수도 있다. 두 가지 방법 모두에서 인가되는 파워에 대한 단계적 구조에서 같은 위치의 온도 증가 또는 감소는 측정을 위한 스위칭되는 시간으로 측정된다. 구조함수는 열 시스템의 총 열저항과 열용량의 함수에서 주어지고 그림 4.15에서와 같이 측정된 지점에서 외부로 향하는 열 시스템의 구조로부터 얻어진다.

다시 말해, 네트워크를 Cauer 등가회로로 변환하면 열 시스템에서 열전달 해석은 실제적인 물리적 조건과 같게 해석될 수 있다. 따라서 Cauer 등가회로로부터 누적구조함수를 얻을 수 있다. C_Σ은 열용량의 합이고 R_Σ은 열저항 합으로서 열원으로부터 주위 환경까지 측정한 것이다. 이러한 구조함수 그래프의 평편한 구역은 새로운 재료를 의미하고 넓이는 열저항을 의미하며, 직선적으로 증가하는 구간은 열전달이 선형적으로 증가하는 부분을 나타내게 된다.

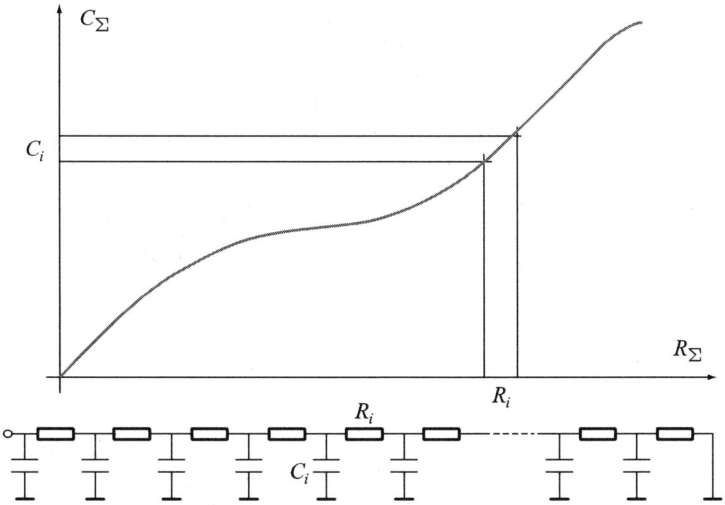

그림 4.15 누적구조함수와 Cauer 모델

그림 4.16을 보면 좀더 확실히 구분할 수 있다. 각각의 peak는 새로운 물질로 바뀌는 영역을 의미하며 영역 1, 2, 3은 각각 하나의 물질임을 의미한다. 미분구조함수는 C_Σ와 R_Σ를 편미분한 것이다. 즉, 미분구조함수는 누적되는 열저항과 누적되는 열용량으로부터 다음 식 (4.20)과 같이 유도된다.

$$K(R_\Sigma) = \frac{dC_\Sigma}{dR_\Sigma} \tag{4.20}$$

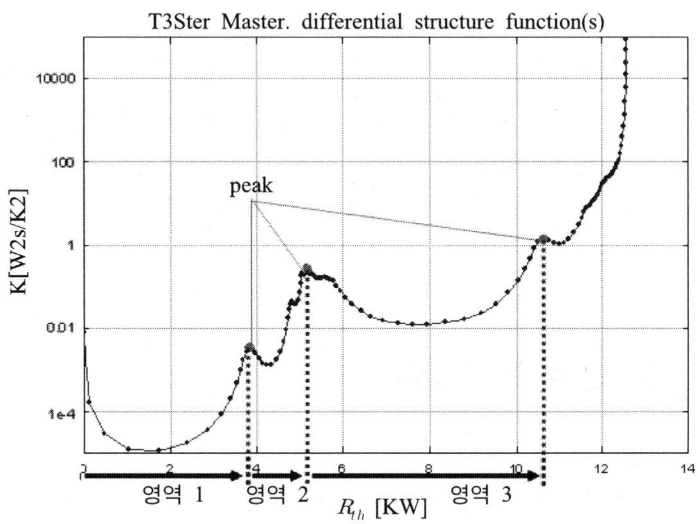

그림 4.16 미분구조함수

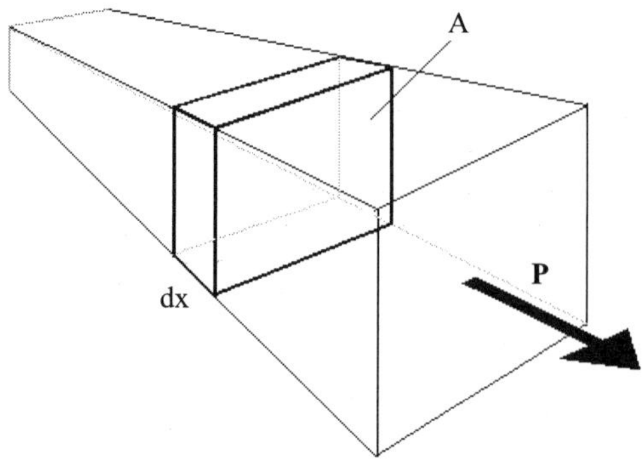

그림 4.17 구조함수의 해설

여기서, $dC_{\Sigma}=cAdx$, $dR_{\Sigma}=dx/\lambda A$로, c는 체적 열용량, λ는 열전도도이며 A는 열이 이동하는 방향의 단면적이다. 그림 4.17과 같이 고려하여 다음과 같은 미분구조함수 식 (4.21)을 얻을 수 있다.

$$K(R_{\Sigma})=\frac{cAdx}{dx/\lambda A}=c\lambda A^{2} \tag{4.21}$$

$K(R_{\Sigma})$는 재료의 c와 λ에 비례하며, 열이 흐르는 횡단면적의 제곱에 비례한다. 즉, $K(R_{\Sigma})$는 시스템의 구조와 관계되어진다. 다시 말해 누적하는 저항의 함수로서 열이 이동하는 전달 면적과 축적 저항과의 관계를 나타낸다. 이 함수가 가지는 중요한 의미는 열흐름 경로에서 재료의 새로운 표면을 나타내게 되고, 간격은 재료와 표면 사이에서의 열저항을 보여 준다는 것이다.

한 가지 분명히 해야 하는 것은 열 경로가 하나일 때에는 유도된 열저항 모델은 실제 물리적 모델과 대응된다는 것이다. 그러나 열이 여러 경로, 즉 패키지의 위 표면과 옆면, 핀 등으로 전달될 때 물리적인 구조와 구조함수로부터 얻어낸 구조는 다르게 해석되어야 한다. 복잡한 경우, 유도된 모델은 정지 혹은 펄스 열저항으로부터 3차원적인 흐름을 고려하여 상응하는 등가 물리적 구조를 형성해야 한다.

4.5 열 설계 프로그램

시뮬레이션 프로그램은 컴퓨터를 사용하여 공학도들이 실제 또는 가상의 동적 시스템 모형을 편리하게 연구할 수 있도록 한다. 시뮬레이션 프로그램은 디자인 주기와 모형을 만들 때 필요한 단가를 절약하여 여러 상황에서 가장 효과적인 시스템 또는 모형을 만들 수 있도록 도와준다. 많은 시뮬레이션 프로그램들이 특정된 문제들을 풀기 위하여 사용되고 있으며 본 장에서는 열 설계 프로그램 중 유한요소해석(FEA)과 유한체적법(FVM)에 관하여 구체적으로 논의하겠다.

4.5.1 유한요소해석과 유한체적법

유한요소해석(Finite Element Analysis; FEA)이란 구조물 내의 무한개의 미지수점들을 유한개의 이산화된 위치-절점(node)[그림 4.18(a)]으로 나타내고, 이들 간에 서로 유기적인 관계를 맺어 주는 요소(element)를 이용하여 전체 구조물이나 실제의 물리적 시스템을 절점들의 변위를 미지수로 하는 연립방정식으로 나타내고, 이를 계산하여 각 절점에서의 변위를 구함으로써 구조물 내의 임의의 점에서의 변위, 응력, 변형률 등의 결과값을 수치적인 근사화를 통해 얻어 내는 것을 말한다. 유한요소해석을 사용하는 ANSYS 프로그램은 범용 툴로서 응력, 진동, 열 해석, 전자기장, 유동해석 등등을 모두 진행할 수 있다.

ANSYS 프로그램에서 사용하는 열 해석 방정식은 다음과 같다.

$$\rho c\left(\frac{\partial T}{\partial t}+V_x\frac{\partial T}{\partial x}+V_y\frac{\partial T}{\partial y}+V_z\frac{\partial T}{\partial z}\right)= \\ q^{\cdots}+\frac{\partial}{\partial x}\left(K_x\frac{\partial T}{\partial x}\right)+\frac{\partial}{\partial y}\left(K_y\frac{\partial T}{\partial y}\right)+\frac{\partial}{\partial z}\left(K_z\frac{\partial T}{\partial z}\right) \tag{4.22}$$

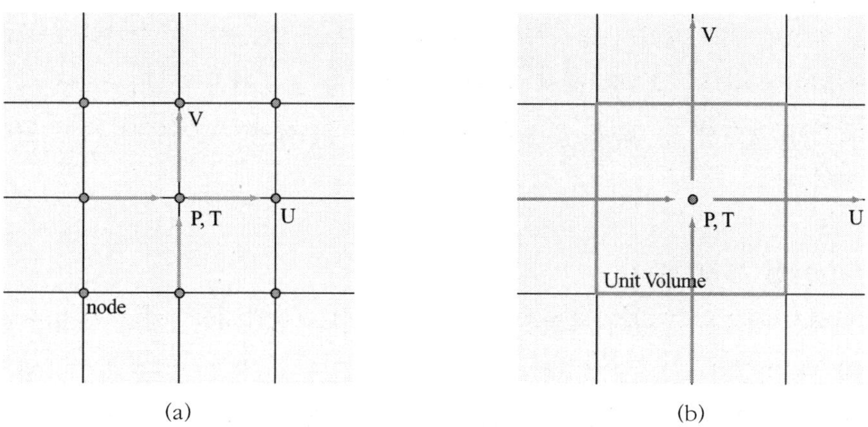

그림 4.18 (a) FEA의 최소 해석단위 절점, (b) FVM의 최소 해석단위 단위체적

여기서, ρ는 밀도, c는 비열, T는 온도, V_x, V_y, V_z 질량평균유속성분, q'''는 단위체적당 에너지 발생률, K_x, K_y, K_z는 x, y와 z 방향에서의 열전도도이다.

유한체적법(Finite Volume Method; FVM)은 복잡하고 다양한 형태의 대류에 의한 열유동을 분석하기 위해 구조물을 무한개의 체적[그림 4.18(b)]으로 공간 차분한다. 그리고 질량·모멘텀·에너지 보존 법칙에 의해 수치적으로 풀릴 수 있는 대수의 형태를 취하고, 열원에 대해 다음의 Navier-Stokes 수식을 취한다.

$$\frac{\partial}{\partial t}(\rho\phi) + div(\rho \overrightarrow{V}\phi - \Gamma_\phi grad\phi) = S_\phi \quad (4.23)$$

여기서, ϕ 의존변수, Γ_ϕ와 S_ϕ 확산계수와 열원에 관한 함수이고 ρ는 물질의 밀도, $\vec{v}$는 속도 성분이다.

Flotherm은 유한체적법을 사용하여 해석하는 열 해석 전용 프로그램이다. 전도, 대류, 복사에 관하여 2차원적뿐만 아니라 3차원적인 해석이 가능하고 정상 상태와 과도 해석, 층류와 난류, 자연 대류와 강제 대류 해석도 가능하다.

FEA와 FVM의 기본적인 해석 과정은 전처리 단계, 해석 단계, 후처리 단계로 나뉜다. 두 가지 프로그램의 세 가지 단계에 관하여 LED 패키지 열 해석 과정을 예로 들어서 설명하겠다.

4.5.1.1 전처리 단계

1) 물리적 구조 형상 생성

LED 패키지 및 내부의 실제 크기에 따라 물리적 구조 형상을 생성한다. 그림 4.19(a)와 (b)는 생성된 LED 패키지 형상이다. 패키지의 각 구성요소들은 크기와 순서가 정확하게 생성되어야 한다. 열 해석에서 중요하지 않은 둥근 모서리 부분은 그냥 각진 모서리로 간단하게 생성할 수 있다. FVM은 유체 해석 때문에 이 단계에서 해석 영역을 생성해야 한다.

2) 물질의 열 특성 입력

열 해석에서 필요한 물질의 특성은 열전도도, 비열과 밀도이다. 정상 상태의 열 해석을 진행할 때 비열과 밀도는 입력하지 않아도 된다. 표 4.1은 LED 패키지의 열 설계에서 사용된 각 부분의 물질 특성이다. 렌즈 에폭시와 몰드 같은 일부 측정이 어려운 패키지 물질의 열 특성은 보편적인 수치를 사용한다. 열 해석에서, 칩의 n타입과 p타입

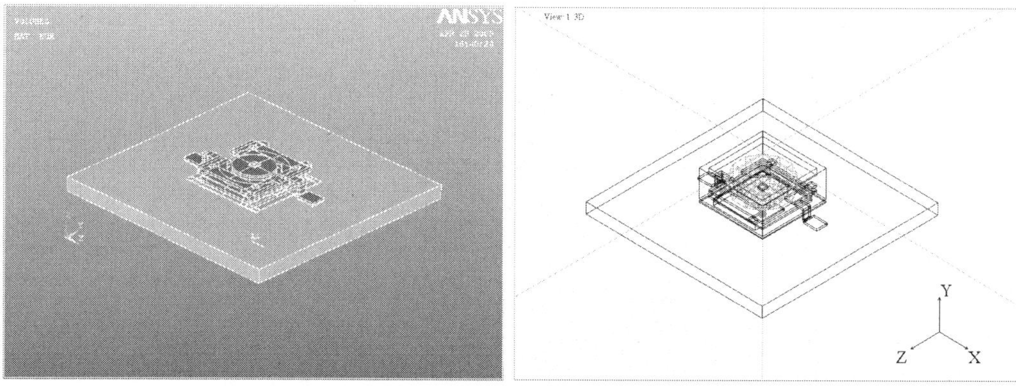

(a) (b)

그림 4.19 (a) FEA로 생성한 LED 패키지 형상, (b) FVM으로 생성한 LED 패키지 형상

표 4.1 LED 패키지 구성 물질들의 열물성치

	Thermal conductivity (W/m · K)	Density (kg/m³)	Specific heat (J/kg℃)
GaN chip	130	6170	490
Sapphire	42	3970	750
Ag paste	7.5	1820	882
Cu Slug	401	8930	385
Lens-epoxy	0.17	1820	882
Thermal compound	0.75	1120	1400
MCPCB	201	2710	913
Mold	0.23	1820	882

GaN층은 같은 열 특성 물성치를 사용한다. 각 물질의 특성은 모두 등방성으로 가정한다. 그림 4.20(a)와 (b)는 FEA와 FEM 프로그램에서 물질의 열물성치를 입력하는 패널이다.

3) 메시 또는 그리드

메시 크기와 형태를 제어하는 것은 전반 열 해석에서 제일 중요한 부분이다. 적당한 메시 크기와 형태만이 열 해석의 정확도를 높이고 또한 적은 시간 안에 열 해석을 진행할 수 있다. FEA는 요소의 형태를 메시 키를 사용하여 프리와 맵으로 선택할 수 있다. 프리는 형상이 규칙적이지 않은 것을 뜻하고 맵은 규칙적인 것을 말한다. FEA는 테트

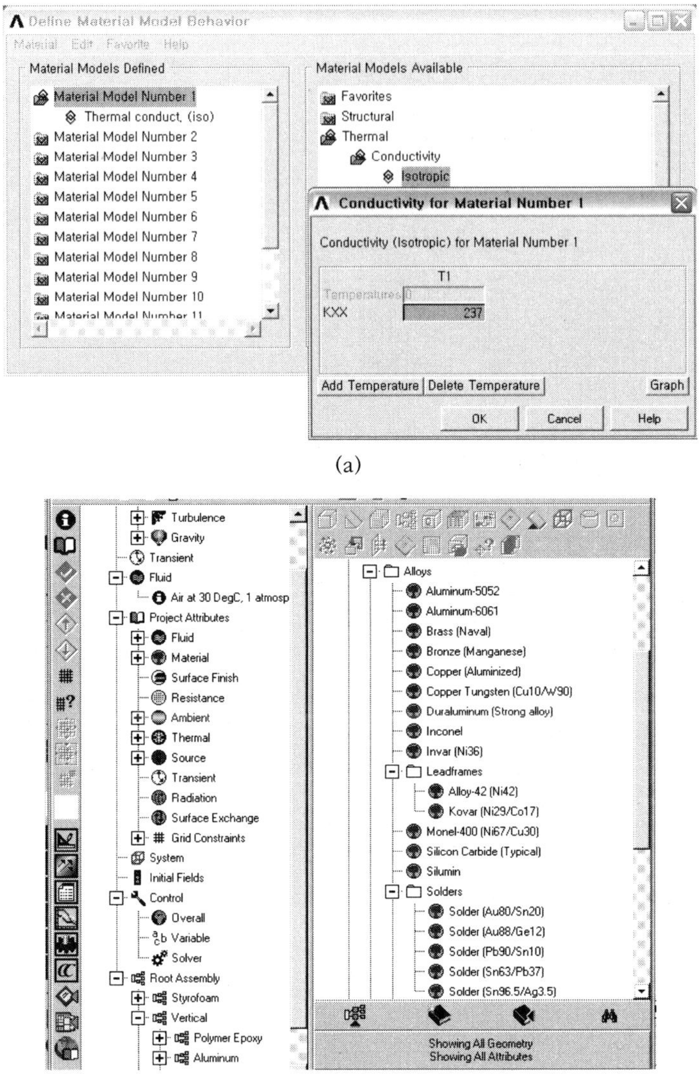

(a)

(b)

그림 4.20 (a) FEA 프로그램의 열물성치 입력 패널, (b) FVM 프로그램의 열물성치 입력 패널

라 메시 혹은 육각형 메시도 만들 수 있지만 FVM은 단지 체적 메시밖에 생성할 수 없다. FEA는 또한 범용 툴로서 요소 선택도 다양하다. 반드시 해석에 필요한 정확한 요소를 선택해야 한다. 그림 4.21(a)와 (b)는 FEA와 FVM에서 메시한 후의 LED 패키지이다. 칩 부분은 열을 생성하는 부분으로서 메시를 다른 부분보다 미세하게(fine) 해야 해석의 정확도를 높일 수 있다. FEA는 해석하려는 패키지 부분만 메시를 하지만 FVM은 패키지가 놓여 있는 주변 환경까지 메시를 하여 유동 해석을 진행한다.

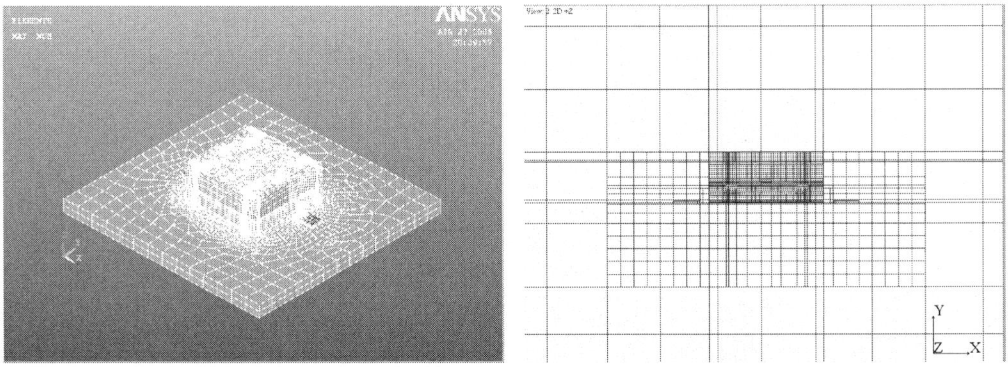

(a) (b)

그림 4.21 (a) FEA를 사용하여 프리 메시를 한 LED 패키지,
(b) FVM을 사용하여 체적 메시를 진행한 LED 패키지와 주변 환경

4.5.1.2 해석 단계

1) 열원 적용

칩에서 열이 생성되므로 칩 부분에 열원을 적용한다. 칩을 하나의 블록으로 적용할 수 있고 혹은 일정 부분을 선택하여 열원으로 적용할 수도 있다. FEA와 FVM 모두가 여러 개의 열원을 적용할 수 있고 생성되는 열량은 상수 값을 취하거나 혹은 시간에 따라 변화하는 값을 입력할 수 있다. 그림 4.22(a)와 (b)는 FEA와 FVM에서 열원을 입력하는 패널이다.

2) 경계 조건 적용

열전달에서 일반적으로 만나는 세 가지 종류의 경계 조건들은 식 (4.24)~(4.27)에 나타내었다. 이 조건들은 1차원 계에 대하여 표면 $x=0$ 위치에서 자세히 설명되어 있다. 열전달은 온도 분포에 의하여 양의 x 방향으로 일어나며, 온도 분포는 $T(x,\ t)$로 표시되는 시간종속일 수도 있다. 첫 번째 조건은 표면이 고정 온도 T_s로 유지되는 상황에 해당된다. 이것을 일반적으로 디리클레 조건(Dirichlet condition) 또는 제1종 경계 조건이라고 한다[식 (4.24)]. 두 번째 경계 조건은 표면에서 일정 열 유속 q_s''가 존재하는 것에 해당된다. 이것을 노이만 조건(Neumann condition) 또는 제2종 경계 조건이라고 한다[식 (4.25)]. 이 조건의 특별한 경우로는 $\partial T/\partial x|_{x=0}=0$인 완전 절연 혹은 단열 표면을 들 수 있다[식 (4.26)]. 제3종 경계 조건은 표면에서 대류 가열(혹은 냉각)의 존재에 해당되며 표면 에너지 평형으로부터 얻어진다[식 (4.27)].

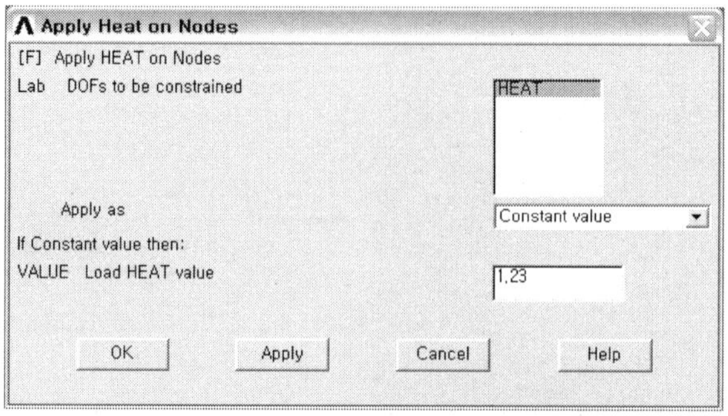

(a)

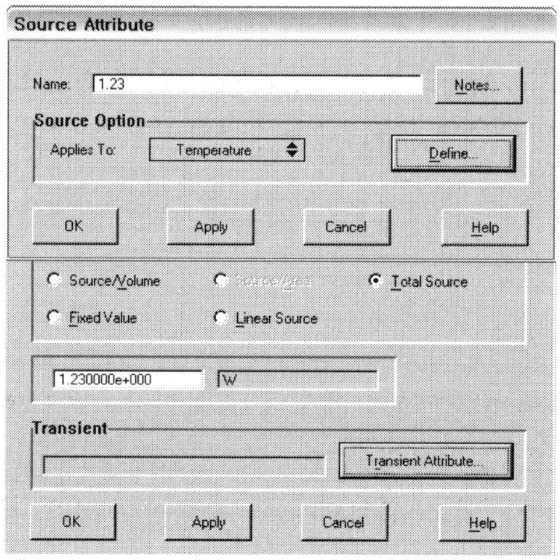

(b)

그림 4.22 (a) FEA 프로그램에서 열원 입력 패널, (b) FVM 프로그램에서 열원 입력 패널

온도가 일정한 조건은 제1 경계 조건으로 적용하고 자연 대류 조건에서는 열전달계수가 중요한 경계 조건이다. FEA 프로그램에서 패키지 외부에 경계 조건을 적용하지 않으면 단열 조건으로 해석한다. FVM 프로그램은 공기의 특성을 입력하면 대류열전달계수를 수렴에 의해서 계산하고 경계 조건으로 적용한다. 그러므로 유동 해석에서 FVM은 FEA보다 정확한 열 해석을 진행할 수 있다. FEA에서 자연 대류 혹은 강제 대류를 해석하려면 반드시 대류열전달계수를 입력해야 한다. 그림 4.23(a)와 (b)는 두 프로그램에서 서로 다르게 대류열전달계수를 적용하는 패널이다.

- 일정한 표면 온도

$$T(0,\ t) = T_s \tag{4.24}$$

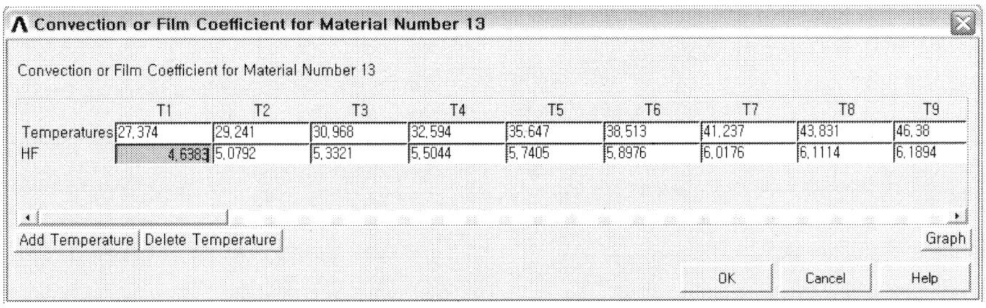

(a)

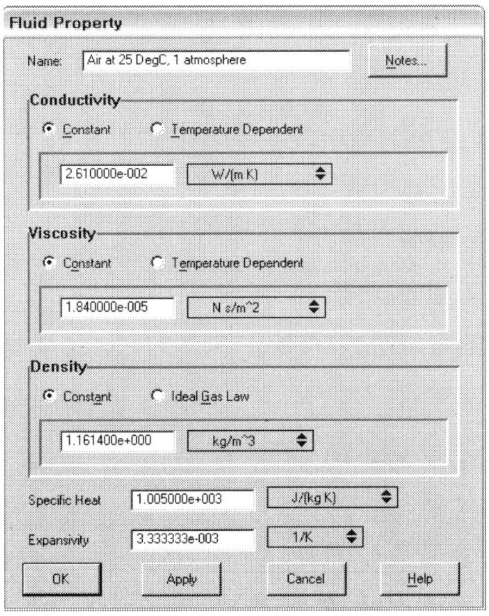

(b)

그림 4.23 (a) FEA 프로그램에서 온도에 따른 열전달계수 입력 패널,
(b) FVM 프로그램에서 열전달계수 대신 유체의 특성을 입력하여 유동 해석을 진행

일정한 표면 열 유속

(a) 유한 열 유속

$$-k\frac{\partial T}{\partial x}\bigg|_{x=0} = q_s'' \tag{4.25}$$

(b) 단열 또는 절연 표면

$$\frac{\partial T}{\partial x}\bigg|_{x=0} = 0 \tag{4.26}$$

대류 표면 조건

$$-k\frac{\partial T}{\partial x}\bigg|_{x=0} = h[T_\infty - T(0,\ t)] \tag{4.27}$$

3) 해석

모든 필요한 변수들을 입력한 후에 해석을 시작한다. 해석하기 전, 프로그램 자체가 모델링을 체크하고 에러 메시지나 권장 메시지를 알려 준다. 그 메시지에 의하여 반드시 모델링을 다시 한 번 점검해야 한다. 그러면 시뮬레이션은 무수히 많은 선형, 비선형 수식들을 동시에 풀어 결과를 도출한다. 그림 4.24는 해석할 때 FEA와 FVM에서 뜨는 메시지이다. 해석 과정은 무수히 많은 수식을 풀기에 일정한 시간이 걸린다.

시뮬레이션을 다루는 공학인이라면 반드시 유한요소 혹은 유한체적법을 사용함에 있어 한계가 있음을 깨달아야 한다. 여러 가지 변수들이 부정확한 결과를 초래하기 때문이다.

- 부정확한 입력 데이터, 예를 들어 물질의 열 특성치와 각 부분의 치수
- 부정확한 요소의 선택
- 부정확한 메시 형태와 메시 크기
- 부정확한 경계 조건과 열원 적용

이러한 변수들을 모두 정확하게 입력했을 때 해석을 통하여 정확한 결과를 얻어 낼 수 있다.

4.5.1.3 후처리 단계

해석을 진행한 후 LED 패키지의 정션 온도, 온도구배, 열 유속 등등의 정보를 얻어 낼 수 있다. FVM에서는 주변 환경의 열전달계수도 추출할 수 있다. 그림 4.25(a)와 (b)

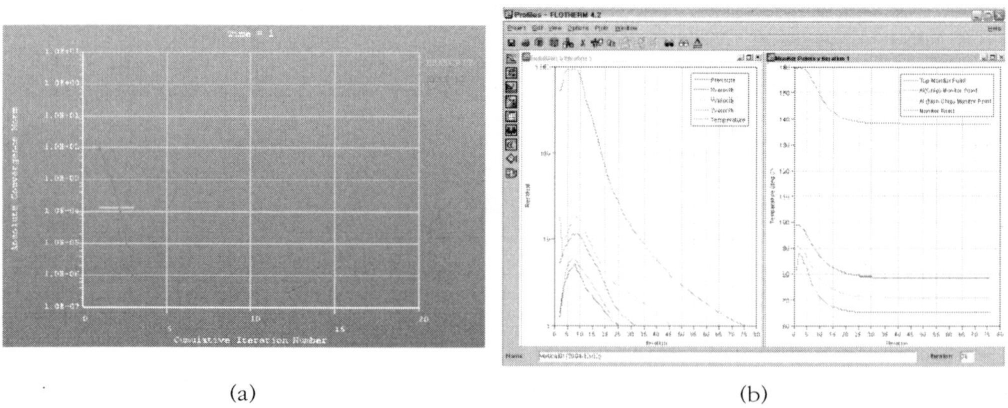

(a) (b)

그림 4.24 (a) FEA 프로그램 해석 패널, (b) FVM 프로그램 해석 패널

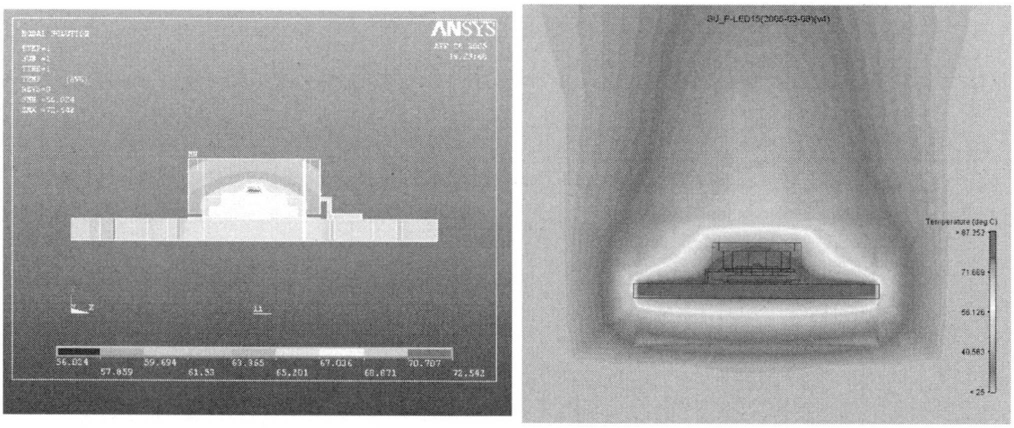

(a) (b)

그림 4.25 (a) FEA 프로그램을 통한 LED 패키지의 온도분포도,
(b) FVM 프로그램을 통한 LED 패키지의 온도분포도, 주변 환경의 온도구배

는 FEA와 FVM을 통하여 LED 패키지 온도구배를 나타낸 것이다. 해석을 거쳐 생성된 그림, 혹은 테이블로부터 사용자가 필요한 많은 정보들을 사용할 수 있다.

4.6 LED 패키지의 열 설계

LED의 칩 단위로부터 패키지의 열 설계에 관하여 구체적인 예를 들어 설명하겠다.

4.6.1 칩 본딩에 따른 LED 패키지의 열 설계

칩 레벨에서의 열 방출 경로를 파악하기 위하여 Sapphire를 기판으로 사용한 GaN-based LED 패키지에서 칩의 실장 형태를 두 가지로 디자인하여 비교 실험을 하였다. 디자인된 두 가지 형태는 epi-up 방식의 논플립칩(non-flip chip)과 epi-down 방식의 플립칩이다. 또한, Au 범프와 패드를 칩의 실장 형태에 따라 논플립칩에서 사용할 한 가지와 플립칩에서 사용할 세 가지, 총 네 가지 패턴으로 디자인하였다.

플립칩 형태로 디자인된 샘플은 실리콘 기판 위에 실장되고, 칩들은 각각 다른 열전도도(3.5, 65 W/m · K)를 가지는 열접착 물질(Ag paste)을 통해 알루미늄 금속 기판 위

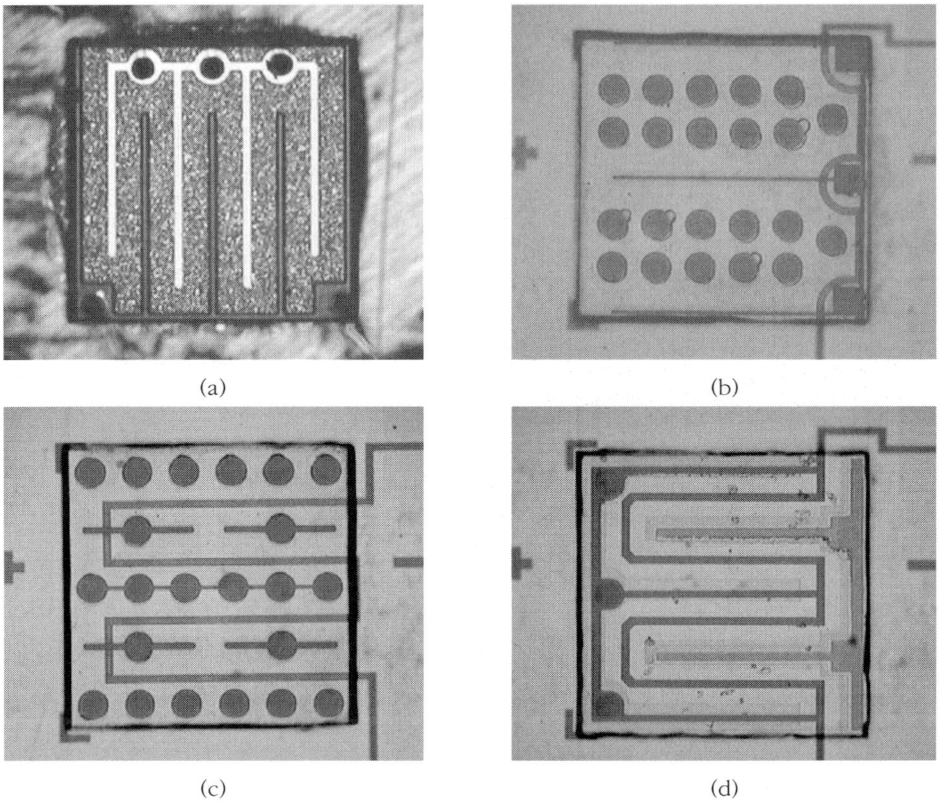

그림 4.26 LED 패키지의 칩 디자인 (a) 논플립칩, (b), (c) Au stud 범프 패턴, (d) Au stud 패드 패턴

에 직접 실장된다. 이때 사용된 알루미늄 금속 기판은 칩에서 발생한 열의 방출을 위한 방열판 역할과 외부 전극과의 연결을 위한 Chip on Board 역할을 한다. 리드프레임과 칩 패드는 골드 와이어로 전기적인 연결이 이루어지고 소자 보호를 위하여 LED용 에폭시로 도포시켰다.

LED의 패턴은 논플립칩으로 사용할 한 가지[그림 4.26(a)]와 플립칩으로 사용할 세 가지 패턴[그림 4.26(b)~(d)]의 Au stud 범프와 패드를 디자인하여 팹 공정으로 제작하였다.

그림 4.27은 LED 패키지에 대하여 20~50 ℃에서 항온조 온도 변화에 따른 순방향 전압을 측정한 온도감응계수를 나타낸 그래프이다. 각 샘플의 온도감응계수는 감지전류 10 mA에서 1.319~2.076 mV/℃로 나타났다.

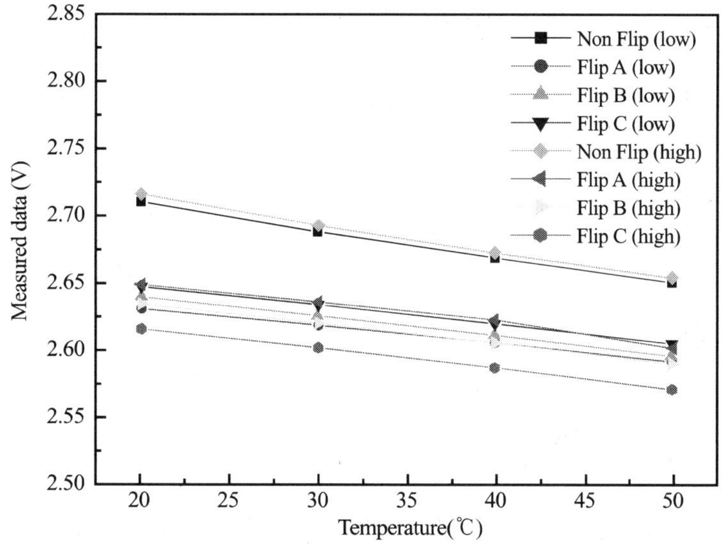

그림 4.27 LED 패키지의 온도감응계수

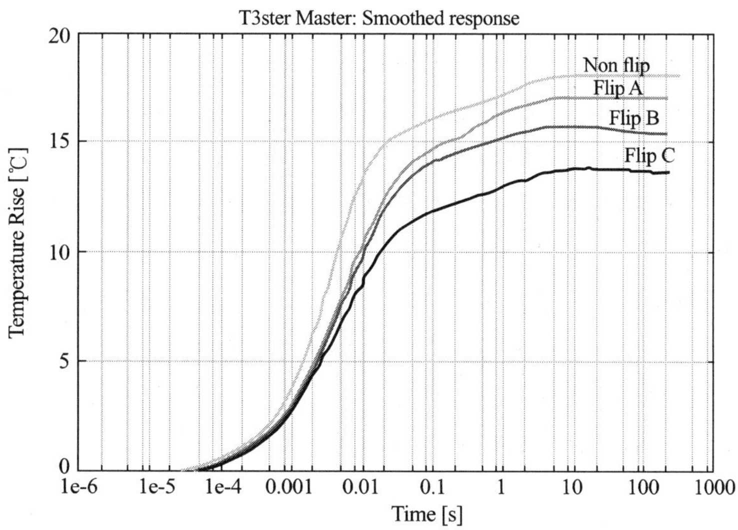

그림 4.28 LED 패키지의 냉각 곡선

그림 4.28은 논플립, 플립 A, B, C일 때 낮은 열전도도의 접착 물질을 사용하였을 때의 패키지의 냉각 곡선이다. 그림에서 논플립 샘플이 플립 A, B, C 샘플보다 접합 온도가 높게 나타난 이유 또한 논플립 샘플에서 사파이어 기판의 취약한 방열 특성이 전체 패키지의 열 특성에 영향을 미쳤기 때문이다. 그림 4.29는 본딩 물질(Ag paste)의 물성 변화에 따른 열저항을 비교한 것으로, 낮은 열전도도의 Ag paste로 제작된 패키지의 전

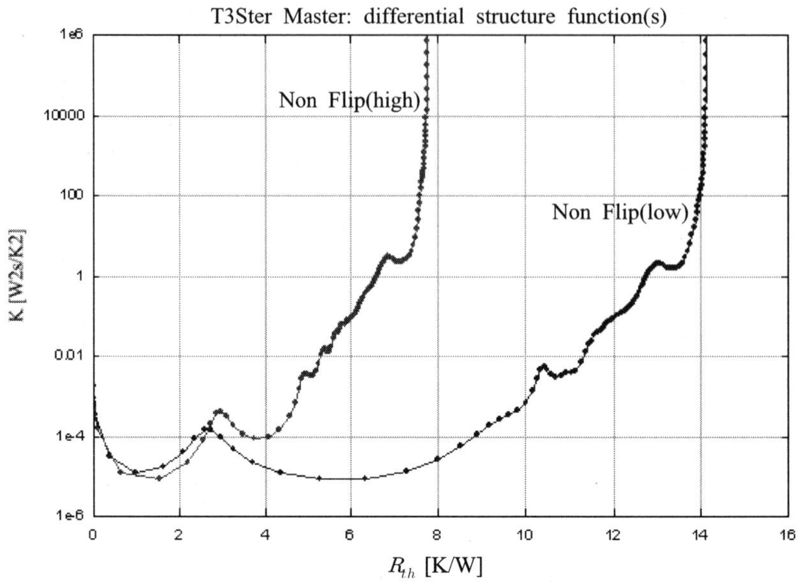

그림 4.29 논플립 LED 패키지의 Ag paste 물성 변화에 따른 열 특성

체 열저항은 14.1 K/W이고 높은 열전도도의 Ag paste로 제작된 패키지의 전체 열저항은 7.7 K/W로 측정되었다. 이는 열전도도가 높은 경우가 열전도도가 낮은 경우일 때보다 열저항이 45% 정도로 감소된 것을 보여 준다. 이를 통해 칩 접착 물질의 취약한 방열 특성은 전체 패키지의 열 특성에 직접적인 영향을 미친다는 것을 알 수 있다. 그러나 Ag paste의 열전도도 차이가 3.5 W/m · K에서 65 W/m · K로 18배임에도 불구하고 패키지 전체 열저항은 이와 같은 배수 관계로 감소하지 않은 것을 볼 수 있다. 이는 측정을 통한 패키지의 열저항은 모델링에서와 같이 순수한 재료만을 고려한 열저항이 아니라 물질과 물질 사이의 계면 열저항이 또 다른 변수로 작용하기 때문이다. 물질의 열전도도와 형상을 고려한 열저항은 식 (4.28)과 같다.

$$R_{th,cond} = \frac{T_1 - T_2}{q} = \frac{L}{kA} \tag{4.28}$$

여기서 $R_{th,cond}$는 물질의 열저항, T_1, T_2는 표면 온도, k는 열전도도, L은 길이, 그리고 A는 면적을 나타낸다. 모든 샘플에서 본딩 물질(Ag paste)의 넓이는 1.4×1.9 mm^{2}이고, 길이는 0.03 mm이다. 열전도도가 65 W/m · K인 경우 식 (4.23)을 통해 계산한 열저항은 0.17 K/W이고, 3.5 W/m · K인 경우 3.2 K/W이다. 이는 열전도도의 증가는 물질의 열저항 감소로 이어짐을 보여 주고 있다. 그러나 측정에 의한 열저항은 각 물질의 열저항 외에 다음과 같이 계면 저항 $R_{i(j-Ag)}$, $R_{i(Ag-\mathrm{sink})}$을 포함하게 되어 전체 열저항은 다음의 식 (4.29)와 같이 정의될 수 있다.

$$R_{th,total} = R_j + R_{i(j-Ag)} + R_{Ag} + R_{i(Ag-\text{sink})} + R_{\text{sink}} \tag{4.29}$$

$R_{th,total}$은 전체 열저항, R_j, R_{Ag}, R_{sink}는 각 물질의 열저항, 그리고 $R_{i(j-Ag)}$, $R_{i(Ag-\text{sink})}$는 칩과 Ag paste, Ag paste와 알루미늄 금속 기판과의 계면 저항을 나타낸다. 따라서 Ag paste의 열전도도 증가에 따른 45%의 열저항 감소는 다음의 두 가지의 영향으로 설명할 수 있다. Ag paste의 열전도율이 18배 증가함에 따라 Ag paste의 열저항이 3 K/W 감소하여 전체 열저항은 21% 감소하였다. 그리고 남은 24%의 열저항 감소는 물질 자체의 열저항보다는 물질의 열전도율이 우수할수록 물질과 물질 사이의 계면 저항이 줄어듦으로 인한 결과로 판단할 수 있다.

그림 4.30(a)와 (b)는 각각 낮은 열전도도와 높은 열전도도를 갖는 Ag paste를 사용하여 패턴 변화에 따른 전체 열저항 특성을 보여 주는 그래프이다. 미분구조함수에서 A, B, C 순으로 열저항이 감소하는 경향성이 나타났다. 칩에서 발생된 열은 Au stud 범프와 패드를 통해 전달되기 때문에 접촉 면적이 열저항에 미치는 영향을 계산하였다. 플립 A의 경우 직경이 100 um인 범프가 25개로 전체 범프의 접촉 면적이 0.196 mm^{2}이고, 플립 B의 경우 직경이 100 um인 범프가 22개로 전체 범프의 접촉 면적이 0.173 mm^{2}이다. 그리고 패드는 접촉 면적이 0.181 mm^{2}이다. 세 가지 경우 접촉 면적만을 고려해 보면 A가 가장 나쁘고 B가 가장 열전달이 잘될 것으로 판단할 수 있다. 그러나 이는 접촉 면적에 따른 단순한 비교이며, L과 k를 포함하여 계산하면 식 (4.30)과 같다.

$$\begin{aligned} R_{th,pattern\,A} &= \frac{L}{kA} = \frac{0.015\,[\text{mm}]}{290\,[\text{W/mK}] \times 0.196\,[\text{mm}^2]} = 0.263\,[\text{K/W}] \\ R_{th,pattern\,B} &= \frac{L}{kA} = \frac{0.015\,[\text{mm}]}{290\,[\text{W/mK}] \times 0.173\,[\text{mm}^2]} = 0.299\,[\text{K/W}] \\ R_{th,pattern\,C} &= \frac{L}{kA} = \frac{0.002\,[\text{mm}]}{290\,[\text{W/mK}] \times 0.181\,[\text{mm}^2]} = 0.038\,[\text{K/W}] \end{aligned} \tag{4.30}$$

식 (4.30)에 의한 계산 결과, 각각의 물질의 열저항은 크게 차이 나지 않기 때문에 다른 요인을 생각해 보아야 한다. 열저항의 차이로 생각되는 요인으로 두 가지를 생각해 볼 수 있다. 첫 번째로 p-n 접합 GaN의 열 응집 차이이다. LED는 p-n 접합 구조를 갖고 있으며 n타입 GaN에서 발생된 열과 p타입 GaN에서 발생된 열은 큰 차이를 나타내기 때문이다. 두 번째로는 전류밀도 차이로 인한 발열 차이이다. 주어진 전압에서 전하가 주입되면 반대쪽 전극으로 이동하는데 이때의 전하 이동 속도는 전하의 종류, 매

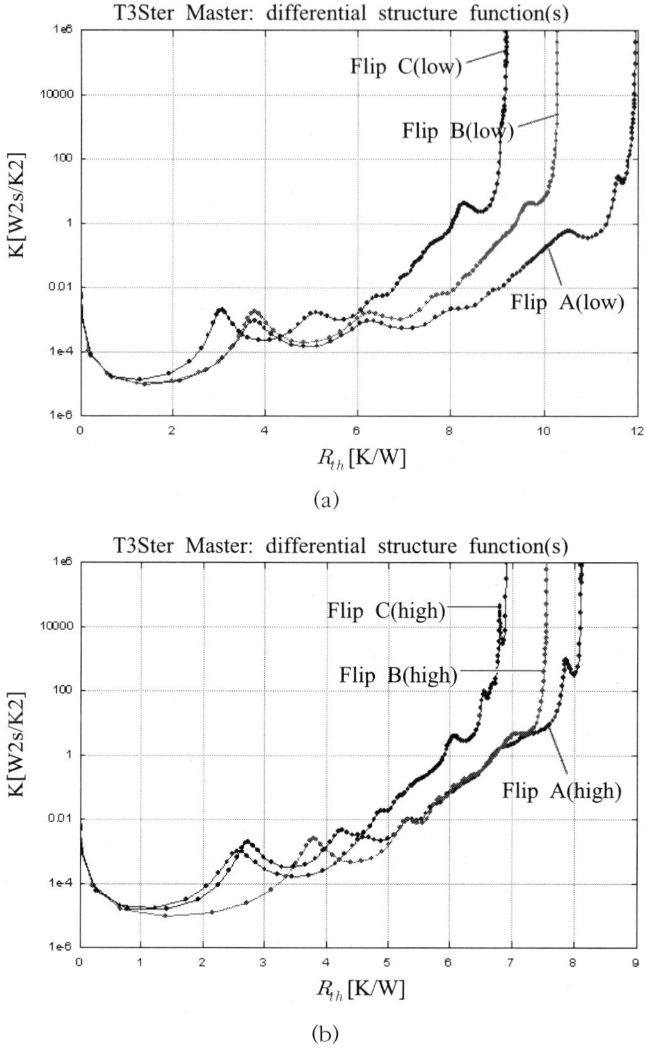

그림 4.30 (a) LED 패키지의 패턴과 패드 형상에 따른 열 특성(3.5 W/m · K), (b) LED 패키지의 패턴과 패드 형상에 따른 열 특성(65 W/m · K)

질의 구성 및 가해진 전압에 따라 결정된다. 정공의 이동도는 15 cm^2/Vs이고, 전자의 이동도는 600 cm^2/Vs으로 정공이 전자에 비해 낮다. 때문에 정공이 p타입 GaN에 밀집되어 온도가 올라가는 것이다. 패턴은 C, B, A 순으로 열 특성이 좋으며, A와 B를 비교해 보면 A는 p타입 GaN 면적이 90%로 B의 p타입 GaN 60%에 비해 넓다. p타입 GaN 면적이 넓은 A의 경우, B에 비해 발생된 열이 많아 칩의 온도가 높게 나타난 것으로 판단된다. B에 비해 C는 p타입 GaN의 면적은 동일하지만 범프가 아닌 패드로 형성된 stud로 두께가 얇아 열 유동성이 향상되어 가장 좋은 열 특성을 나타내었다. 그림

4.30(a)와 (b) 두 미분구조함수 그래프도 플립 (low) 샘플 열저항보다 플립 (high)의 열저항 역시 감소됨을 보여 주고 있다.

4.6.2 고출력 세라믹 LED 패키지의 열 설계

고출력 LED 패키지의 칩에서 발생하는 열을 효과적으로 방열하기 위해 세라믹 패키지를 설계, 분석하였다. 세라믹 물질은 순수 세라믹에 기타 배합물을 혼합하여 생성되었다.

세라믹 패키지의 경우 많은 장점을 가지고 있다. 우선 기존 LED 패키지로 사용되는 물질과 세라믹 물질의 열전도도를 비교해 보면 대표적으로 사용되고 있는 물질인 PPA의 경우 열전도도 특성은 0.4~0.5 W/m·K이며 열팽창계수는 10~25 ppm이다. 이에 비해 세라믹 자체의 열전도도 특성은 3 W/m·K로 기존의 물질과 비교하여 6배의 우수한 특성을 보인다. 그렇기 때문에 해당 재료를 통해 내부에서 발생하는 열의 분산 방열 및 더불어 외부에서 발생한 열로부터 내부에 LED 칩을 보호할 수 있는 단열재의 기능도 병행하고 있다. 하지만 기본적으로 고파워에 대한 구동과 앞으로의 LED 시스템을 고려했을 때보다 우수한 방열 특성이 요구되며 이를 위하여 LTCC(Low Temp. Cofired Ceramic) 기술을 이용하여 thermal via를 설계하고 이를 조정하여 보다 양호한 열 특성을 구현하였다. Thermal via의 재료는 열전도도가 400 W/m·K인 은을 사용하였다.

또한 패키지의 기본 기능 중 하나인 칩(chip)과의 안정성 면에서도 세라믹 패키지는 우수하다. 본체의 재료로 사용한 세라믹의 경우 LED 칩(GaN, etc.)과 유사한 열팽창계수(CTE) 5~6 ppm/K을 가짐으로 인해 열적 충격에 대한 칩의 안정성을 확보할 수 있다. 따라서 기존의 LED 패키지에서 사용 중인 PPA가 갖고 있는 문제점인 열에 대한 소재 안정성, 열 방출 특성과 금속 소재가 안고 있는 LED 칩과 금속 소재와의 열팽창계수 차이에 근거한 문제점을 동시에 해결할 수 있다. 열적 문제와 더불어 실용화를 위한 제작에서도 세라믹 패키지는 수십에서 수백 um의 두께를 갖는 시트를 기본 재료로 이용하여 제작하므로 두께 제어가 자유로우며, 보다 자유롭고 작은 사이즈의 LED 패키지 구현이 가능할 뿐 아니라 세라믹에 PCB와 같은 회로 구현 및 수 개의 패키지를 하나의 세라믹 보드(board)에 집약하여 구현할 수 있다.

디자인된 세라믹 패키지는 다음과 같이 제작되었다. 우선 세라믹과 기타 첨가물을 배합하여 캐스팅(casting) 공정을 통하여 수십에서 수백 um 두께의 기본 판을 제작한다. 그런 다음 각각의 시트에 다양한 사이즈의 via hole 가공 및 스크린 프린팅 방식을 통

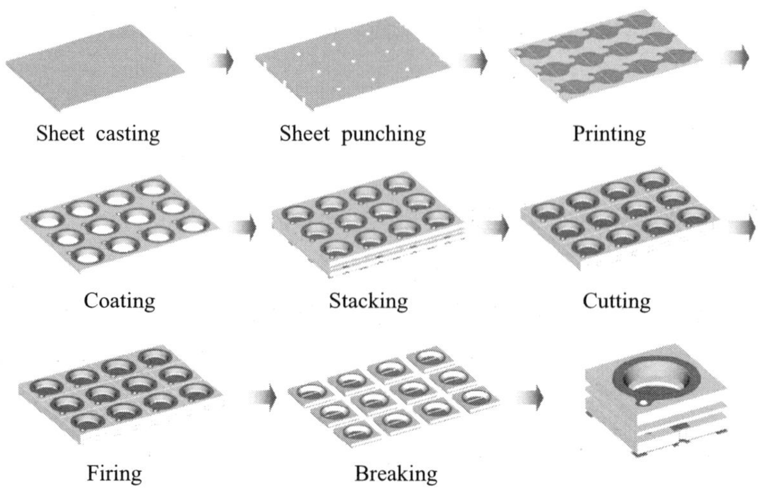

그림 4.31 세라믹 패키지 제작 순서도

하여 회로 패턴을 형성한 후, 각각의 층을 lamination 공정을 통하여 일체화 작업을 한다. 일체화된 성형체를 V groove를 이용하여 절단한다. 그리고 소성, 도금 공정을 거쳐 최종적으로 기판 형태로 제작하고 이후 LED 칩을 실장하고 에폭시와 실리콘 등을 이용하여 몰딩 작업을 진행하여 각각의 소자를 분리하여 제작한다. 그림 4.31은 세라믹 패키지 제작 공정을 나타낸 모식도이다.

그림 4.32는 국내 C사에서 제작된 세라믹 패키지의 모식도이다. GaN를 기반으로 한 고출력 LED 칩을 실장하여 각기 다른 세 가지 세라믹 패키지의 열 설계를 진행하였다.

그림 4.32에서 나타나듯이 타입 I은 하나의 thermal via를 갖고 그 직경이 1.47 mm이다. 타입 II는 16개의 thermal via를 갖고 그 직경이 0.26 mm이고, 마지막 타입은 2개의 층으로 이루어져 있으며 위층은 직경이 0.26 mm인 16개의 thermal via가, 아래층은 직경이 0.5 mm인 9개의 thermal via가 있으며, 이 두 층 사이는 0.02 mm의 Ag paste로 도포되어 있다. 세라믹 패키지의 디자인을 다양하게 함에 따라 세라믹 패키지 자체의

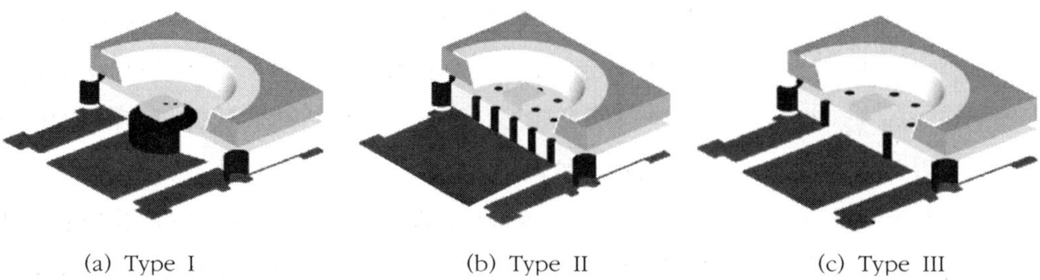

(a) Type I (b) Type II (c) Type III

그림 4.32 열 방출 경로를 다양하게 한 세라믹 패키지

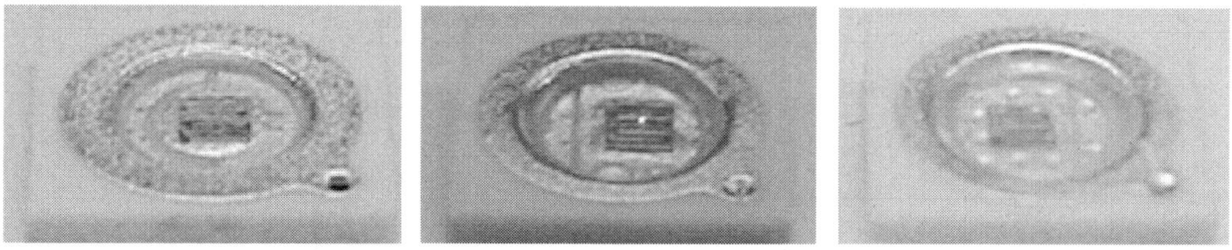

(a) Type I (b) Type II (c) Type III

그림 4.33 제작된 세라믹 패키지

특성과 열 설계 특성을 분석할 수 있다. 그림 4.33은 제작된 세라믹 LED 패키지이다. 제작된 세라믹 패키지의 열적 특성을 분석하기 위하여 K factor를 측정하였으며 각각 1.543 mV/℃, 1.485 mV/℃, 2.053 mV/℃로 측정되었다(그림 4.34).

그림 4.35는 세라믹 패키지의 구조함수 그래프이고 측정된 I, II와 III 타입의 세라믹 패키지의 열저항은 각각 48.9, 61.8, 58.5 ℃/W이다. 위의 결과들로부터 열저항이 타입 I이 제일 작아 그 열적 특성이 제일 우수한 것을 알 수 있다.

측정과 동시에 열적 모델링을 통하여 측정 결과와 비교하였다. FLOTHERM을 사용하여 열 특성 모델링을 구현하였고 열적 모델링의 경우 LED 모델의 간략화와 세밀화가 필요하다. 패키지는 GaN 칩, 실리콘 다이 접착제, 리드프레임, 세라믹 몰드 silver thermal via, 에폭시 렌즈로 실제 소자와 유사한 구조로 구성하였다. 칩 에피층의 경우 간단한 구조로 변화하였고, 골드 와이어는 그 영향을 무시하여 모델링하였다. 인가전력은 측정

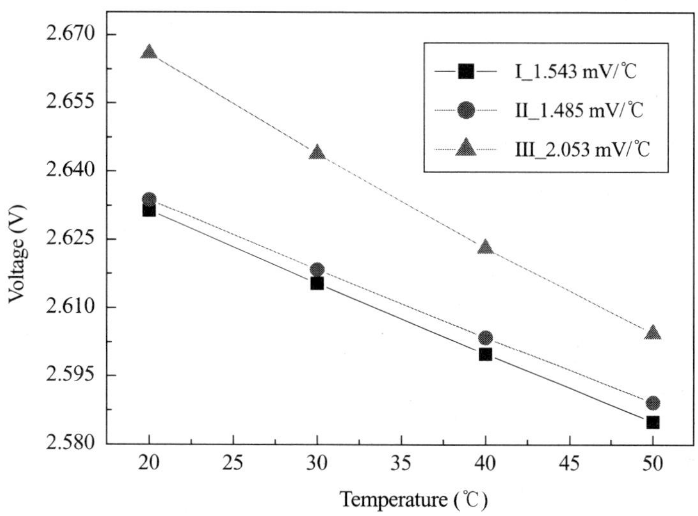

그림 4.34 K factor 측정 데이터 그래프

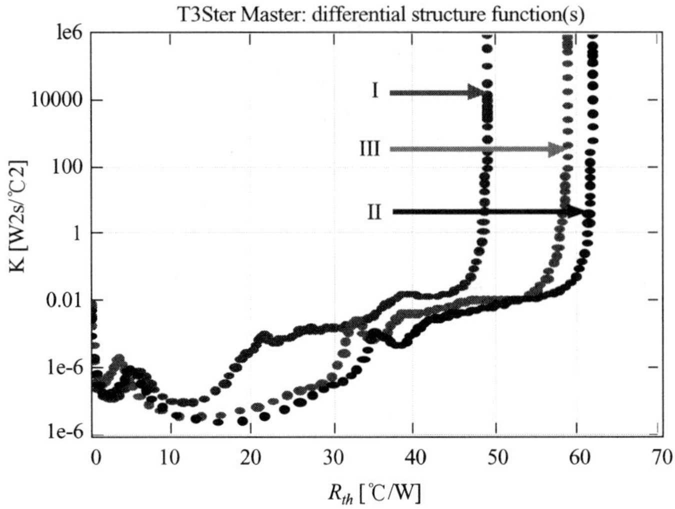

그림 4.35 세 가지 타입의 미분구조함수

을 통해 얻은 정확한 값을 시뮬레이션에서도 사용하였고 주변 환경 온도는 25 ℃로 적용하여 모델링하였다. 그림 4.36은 FLOTHERM으로부터 추출한 시뮬레이션 결과이다.

시뮬레이션으로부터 추출한 결과, 각각 세라믹 패키지의 열저항은 45.5, 49.8, 57.2 ℃/W로 나타났다. 실험과 시뮬레이션 두 가지 결과 모두 타입 I의 패키지가 열적으로 가장 우수하다는 것을 보여 주고 있다. 그러나 타입 II와 III은 실험과 시뮬레이션에서 다른 경향성을 나타내었다. 분석 결과를 통해 접촉 열저항이 타입 II, III 사이에 큰 차이를 야기하고 있음을 알 수 있었다. LED 패키지 내의 계면 특성 분석은 LED 전체 열저항을 좌우하는 매우 중요한 요소이다. 접촉 열저항이 패키지에 따라 다른 이유는 그림 4.37과 같이 thermal via 표면의 microscope 사진에서 그 원인을 찾을 수 있다.

점선으로 표시한 부분이 칩과 접촉된 면적이다. 사진은 이미 패키지에서 칩이 제거된 상태이며 사진으로부터 thermal via로 인해 접촉면이 아주 거칠다는 것을 알 수 있는데 특히 타입 II와 III에서 그 정도가 심하게 나타났다. 타입 III와 I에서 칩 아래 접촉 면적

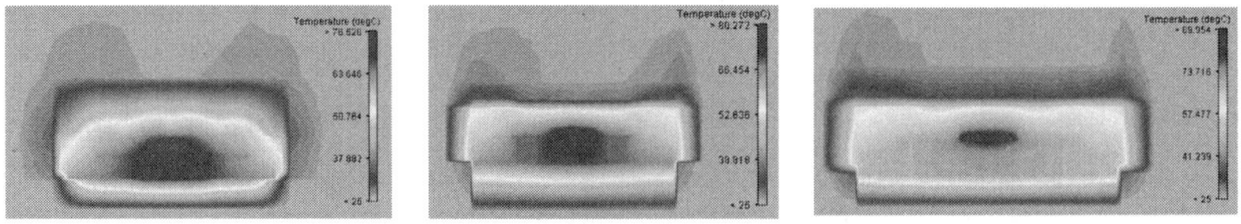

(a) Type I (b) Type II (c) Type III

그림 4.36 시뮬레이션의 온도구배

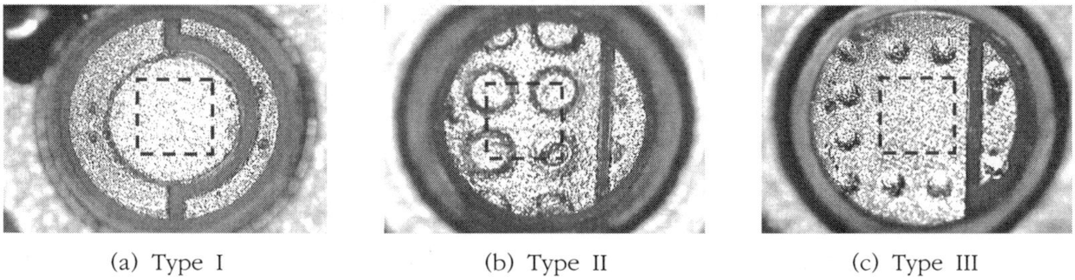

그림 4.37 LED 패키지의 계면 사진

은 아주 평평하다. 타입 II에서 4개의 thermal via가 80 μm 두께의 silver pad의 얇은 층 아래에 디자인되었다. 이로 인해 그림에서도 알 수 있듯이 칩 아래의 접촉 계면이 다른 두 종류에서보다 더 거칠다. thermal via의 한가운데 움푹 들어간 부분은 칩과 접촉이 되지 않아 열흐름이 비효율적이다. 이 거친 계면은 시뮬레이션에서는 고려되지 않은 요소이기 때문에 그 영향이 작으나 실제 소자 측정 시 매우 중요한 작용을 한다. 따라서 타입 II의 패키지는 측정에서는 가장 높은 열저항을 나타내었지만 시뮬레이션에 의한 계산에서는 낮은 열저항을 나타낸 것이다. 이로 인해 표면 거칠기가 전체 패키지의 열저항에 미치는 영향에 대해 분석하였다. 표면 거칠기의 효과를 증명하기 위해서 계면과 접촉된 면적의 비율을 달리한 시뮬레이션을 진행하였다. 그림 4.38에서 나타났듯이 유효 접촉면적의 비율이 증가함에 따라 정션 온도가 감소함을 알 수 있으며 이에 따라 열저항도 감소한다. 이는 접촉 열저항에서 표면 거칠기 효과를 설명해 주고 있다.

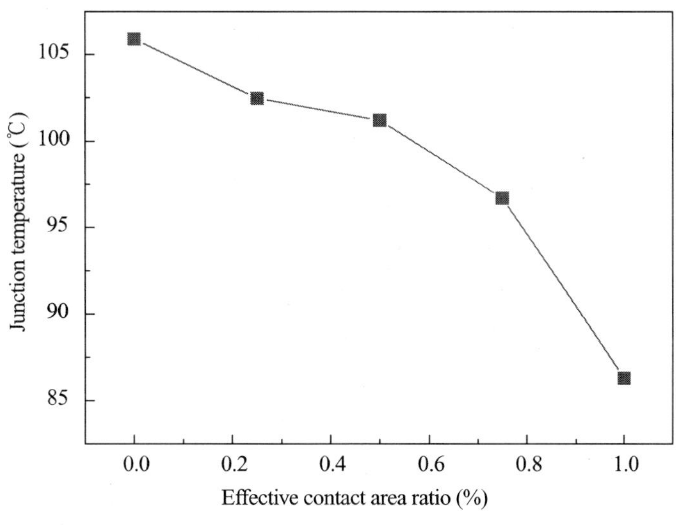

그림 4.38 접촉 면적에 따른 접합 온도

4.6.3 저열저항 고출력 멀티칩 LED 패키지의 열 설계

GaN 기반 고출력 멀티칩 LED 패키지는 S사의 것을 사용하였고 그림 4.39에 나타냈다. 패키지의 주요 구조는 비슷하나 SiC를 기판으로 한 수직 구조의 블루칩 수가 다르게 heat slug 위에 장착되었다. K factor의 측정은 25～50 ℃ 사이의 온도 범위에서 수행되었다. One, Two, Four 칩 패키지는 25 ℃ 체임버 내에서 각각 350 mA, 700 mA, 1400 mA의 작동전류, 1 mA 감지전류하에 측정하였다.

그림 4.40은 Four 칩 패키지의 등가전기회로를 보여 준다. 회로는 병렬연결이므로 단일 칩에 인가되는 전력을 같게 하기 위하여 칩의 수에 따라 일정 비율로 동작전류도 증가하게 된다. 여기서, R_s는 series resistance, I는 입력전류, $4I$는 총 입력전류이다. 8인치 적분구(Labsphere)는 LED의 광출력 측정을 위해 사용되었다. LED의 광출력은 주변 온도에 따라 민감하게 달라질 수 있으므로 TEC를 사용해 LED 온도를 25 ℃에서 고

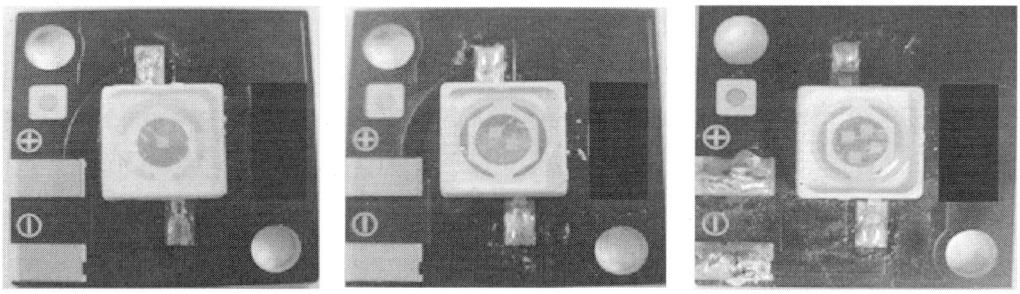

(a) One 칩 (b) Two 칩 (c) Four 칩

그림 4.39 멀티칩 고출력 LED 패키지

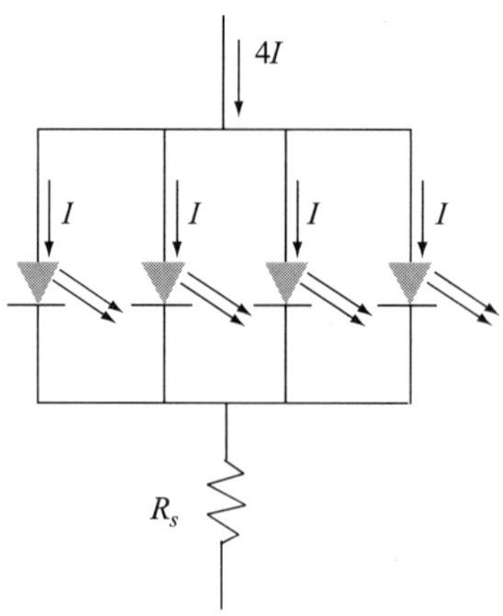

그림 4.40 Four 칩 패키지를 지닌 고출력 LED의 등가전기회로

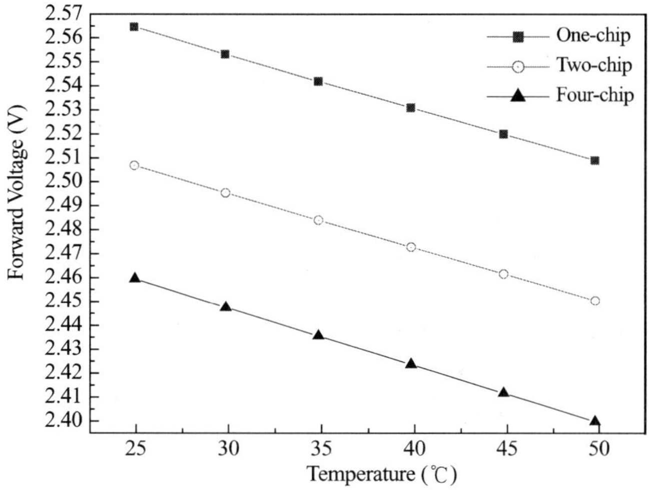

그림 4.41 1 mA 감지전류에서 One, Two, Four 칩 패키지를 지닌 고출력 LED의 *K* factor

정시킨 후 측정을 진행하였다.

그림 4.41은 멀티칩 고출력 LED 패키지의 *K* factor 측정을 나타낸 그래프이다. *K* factor는 one 칩, two 칩, four 칩일 때 각각 2.2307 mV/℃, 2.263 mV/℃, 2.400 mV/℃이다. 데이터를 보면 *K* factor가 거의 일치함을 알 수 있다. 이는 멀티칩이 병렬 전기회로로 구성되었기에 전압강하가 칩이 하나일 때와 똑같은 것이다.

그림 4.42는 멀티칩 고출력 LED의 냉각 곡선 그래프이다. 그래프에서 One 칩은 22 ℃, Two 칩은 24 ℃, Four 칩은 32 ℃의 정션 온도 증가를 보여 준다. 데이터로부터 Four

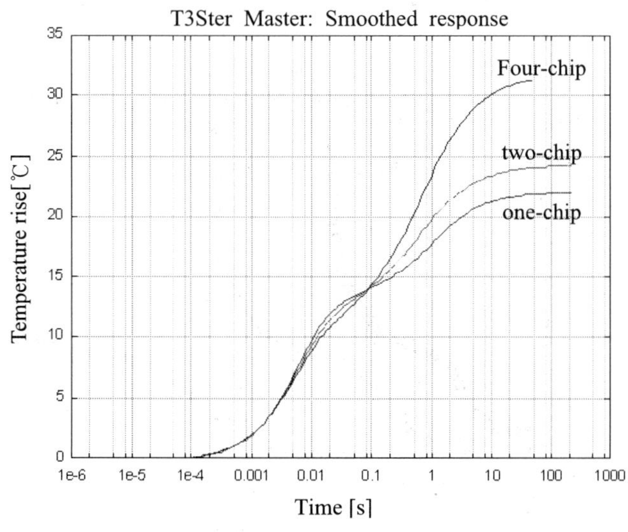

그림 4.42 감지전류가 1 mA이고 각 패키지의 동작전류가 350 mA, 700 mA, 1400 mA인 냉각 곡선

칩 LED의 온도 증가량이 가장 많고, One 칩 LED가 가장 낮음이 뚜렷하게 나타난다. 정션 온도는 인가전력에 따라 증가하였으나 증가율은 인가전력의 증가율만큼 높지는 않았다. LED 패키지의 열저항을 정확하게 측정하기 위하여 표 4.2로부터 LED의 열량 소모량을 계산하였다.

광효율은 One 칩 LED에서 Four 칩 LED에 이르기까지 약 2.8%가 감소했음을 알 수 있다.

그림 4.43(a)와 (b)는 멀티칩 LED들의 누적구조함수와 미분구조함수를 나타낸다. 그

표 4.2 각 LED 칩의 인가전력, 광출력과 Heat Power 소모량

	One 칩	Two 칩	Four 칩
P_e (W)	1.23	2.46	5.08
P_{opt} (W)	0.126	0.215	0.376
P_t (W)	1.1	2.245	4.7

(a)

(b)

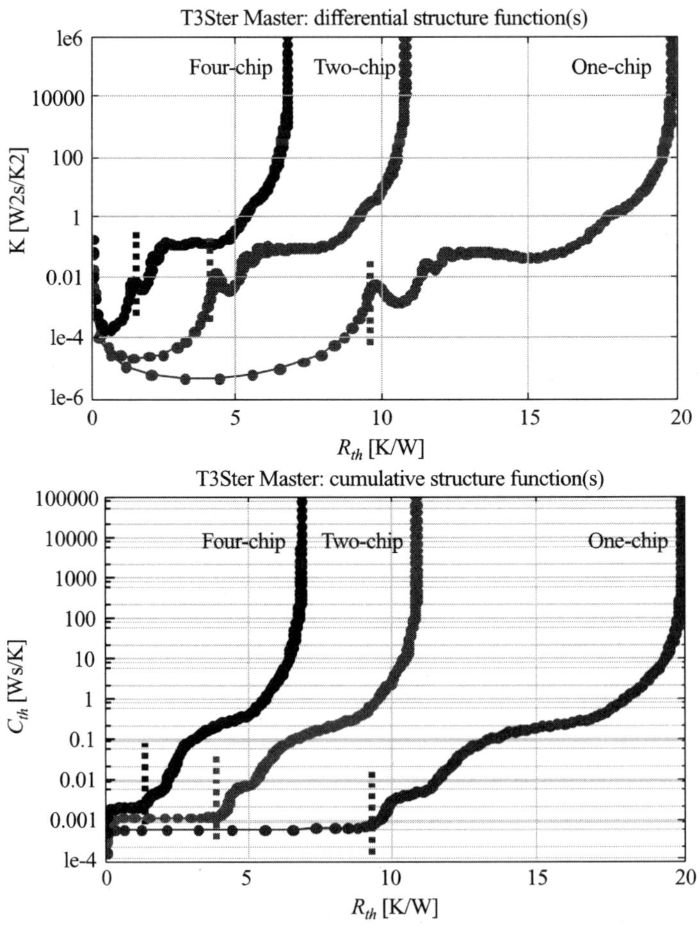

그림 4.43 (a) 멀티칩 패키지들의 누적구조함수, (b) 미분구조함수

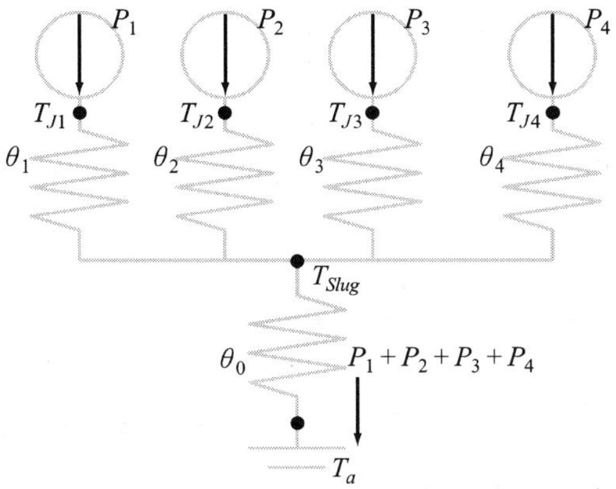

그림 4.44 Four 칩 패키지의 열적 등가회로

래프로부터 이 패키지들의 열저항 차이는 정션과 칩 접착 물질 사이에 제일 크게 나타났다(점선으로 표시). 누적구조함수와 미분구조함수의 비교는 멀티칩을 지닌 고출력 LED의 단순한 RC 모델로 얻어질 수 있다. One 칩 패키지의 경우 칩에서 칩 접착 물질까지의 열저항은 9.7 K/W이며, 접착 물질부터 슬러그까지의 열저항은 1.8 K/W이다. Two 칩 패키지의 경우, 전자는 4.3 K/W, 후자는 0.99 K/W이다. Four 칩 패키지의 경우 전자는 1.9 K/W, 후자는 0.44 K/W이다.

멀티칩 LED 패키지 내의 열저항의 변화는 그림 4.44에 나타난 열적 등가회로로부터 알아낼 수 있다. Four 칩 패키지를 예로 들어서 설명하겠다.

1D 방향으로의 열전달 경로로 가정할 때 멀티칩은 공동 열 슬러그 위에 장착되고, 열 슬러그의 온도는 같다고 가정한다. 정션과 주변과의 온도차는 패키징된 칩의 수에 따라 다음의 식과 같이 나타낸다.

$$\begin{aligned}\Delta T_{Ji,a} &= \Delta T_{Ji,slug} + \Delta T_{slug,a} \\ &= P_{ti} \cdot \theta_i + \left(\sum_{k=1}^{4} P_k\right) \cdot \theta_0 = P_{ti} \cdot \theta_i + P_{total} \cdot \theta_0\end{aligned} \tag{4.31}$$

여기서, $\Delta T_{Ji,a}$는 i번째 칩과 주변과의 온도차, $\Delta T_{Ji,slug}$는 i번째 칩과 슬러그 사이의 온도차, $\Delta T_{slug,a}$는 슬러그와 주변과의 온도차, P_{ti}는 i번째 칩의 소비열량, θ_i는 i번째 칩과 슬러그 사이의 부분 열저항, θ_0는 슬러그와 주변까지의 부분 열저항, P_{total}은 P_i의 합계이다.

따라서 전체 열저항은 다음과 같이 나타낼 수 있다.

$$\theta_{total} = \frac{\Delta T_{Ji,a}}{P_{total}} = \frac{P_{ti} \cdot \theta_i + P_{total} \cdot \theta_0}{P_{total}} \tag{4.32}$$

위 식에 따라 Four 칩을 지닌 패키지의 경우 식 (4.33)과 같이 단순화시킬 수 있다.

$$\theta_{total} = \frac{\frac{1}{4}P_{total} \cdot \theta_i + P_{total} \cdot \theta_0}{P_{total}} = \frac{1}{4}\theta_i + \theta_0 \tag{4.33}$$

전체 열저항은 $1/4\theta_i$ ($\theta_i = \theta_1 = \theta_2 = \theta_3 = \theta_4$)와 θ_0의 합이다. 이것은 칩의 개수가 늘어나면 전체 패키지의 열저항은 감소함을 뜻한다. 정션에서 슬러그까지의 열저항은 칩의 수에 반비례한다. 열저항은 전기저항과 유사하다. Four 칩의 사용은 열흐름 영역에서 면적이 4배 증가하는 것으로 간주될 수 있고, Two 칩은 2배 증가되었다. 열저항을 측정한 데이터는 앞서 고려된 이론을 바탕으로 예상한 데이터와 일관된 값을 지닌다. 정션부터 슬러그까지의 열저항은 각각 11.5 K/W, 5.3 K/W, 2.34 K/W이다. 실험으로부터 도출된 값은 이론적인 값에 정확히 일치하지는 않는다. 그 차이점은 칩과 패키지의 제조 공정과 물질의 비선형적인 열 특성에 원인이 있을 수 있다. 물질의 열전도도와 열용량은 온도에 따라 달라질 수 있다고 알려져 있다.

실험 데이터로부터 멀티칩 소자의 중요한 열적 디자인 룰을 검증하였다. 부분 열저항 θ_i와 θ_0의 변화가 전체 열저항 값을 바꿀 수 있다. 여기서 θ_i는 멀티칩에서 공동 부분까지 각각의 칩의 열저항으로 고려될 수 있다. 또한, 멀티칩에서의 열저항은 부분 열저항 θ_i와 θ_0의 비율 관계에 인하여 식 (4.34)로부터 얻어낼 수 있다.

$$R_{th} = \frac{1}{\sum_{i=1}^{N} \frac{1}{\theta_i}} + \theta_0 \tag{4.34}$$

LED 패키지 설계를 위한 식 (4.34)의 연관성은 간단한 예제를 통해 나타낼 수 있다. $\theta_0 = 1$ K/W라고 가정된 LED 패키지의 열저항은 패키지에 장착된 칩 개수의 함수로써 그림 4.45에 나타내었다.

그림 4.45(a)는 칩과 슬러그의 부분 열저항의 비율을 다르게 함에 따라 전체 열저항의 변화 범위가 크게 달라지는 것을 보여 준다. LED 패키지의 전체 열저항이 내부에 로드된 칩의 개수에 따라 감소한다는 것은 명백하다. 그러나 전체 열저항에 관한 칩의 개수의 효과는 패키지 구조 내의 슬러그에 대한 칩의 열저항 비율에 의존한다. 칩의 개수에 따른 열저항의 의존성은 θ_0에 대한 θ_i의 높은 비를 지닌 LED 패키지의 경우 더욱

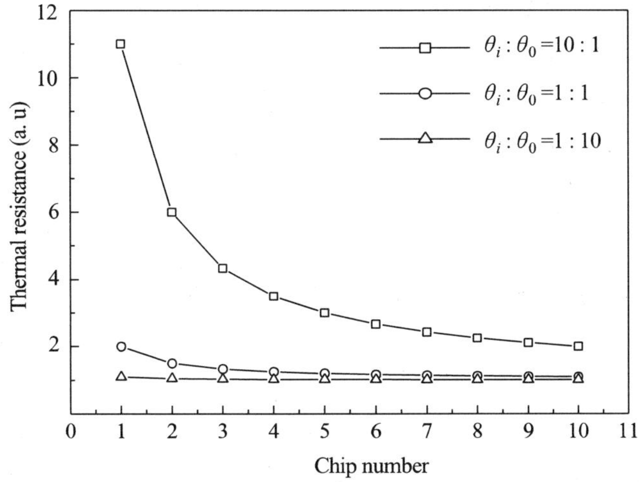

(a)

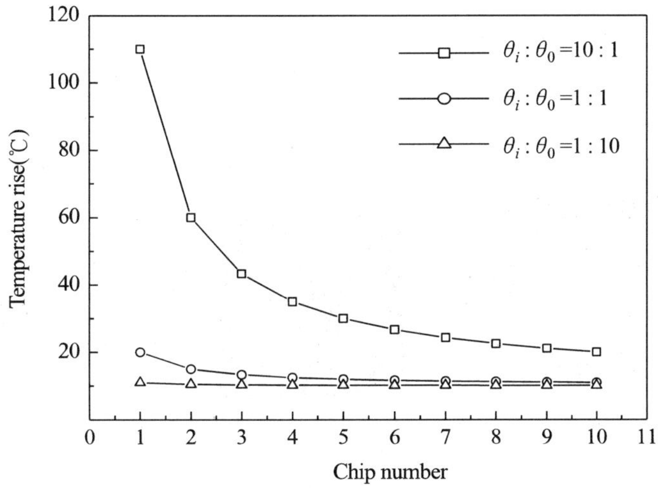

(b)

그림 4.45 (a) 패키지 열저항에 있어 칩 개수의 영향, (b) 정션 온도 상승에 있어 칩 개수의 영향

강하게 나타난다. 더욱이, 디자인 룰은 LED 패키지의 다른 요소로도 확장될 수 있다. LED 칩의 정션 온도는 다음 관계에 의해 열저항과 직접적으로 관련된다.

$$T_{Ji} = R_{th} \times P_t = \left(\frac{1}{\sum_{i=1}^{N} \frac{1}{\theta_i}} + \theta_0 \right) \times P_t \tag{4.35}$$

그림 4.45(b)는 패키지 내에 로드된 칩의 개수의 상관관계로서, LED 칩의 정션 온도

의 상승을 보여 준다. 계산은 10 W의 P_t 값으로 가정해 이루어진다. θ_0에 대한 θ_i의 비율은 LED 칩의 개수에 따른 정션 온도의 의존성을 결정하는 핵심적인 파라미터이다. θ_0에 대한 θ_i의 비율이 10일 때 Ten 칩과 싱글칩 디자인 사이의 정션 온도에서 약 5배 차이를 보인다. 한편 그런 차이는 그 비율이 0.1일 때는 무시해도 된다.

4.6.4 주변 환경에 따른 LED 패키지의 열 설계

경우에 따라 LED 패키지는 여러 가지 주변 환경에서 작동된다. 그러므로 열 설계 시 미리 주변 환경이 LED 패키지에 주는 영향을 파악해야 한다. 주변 온도, 냉각 방식(강제 대류, 강제 전도, 자연 대류), 계면 물질과 압력 등등이 열저항 측정에 영향을 주는 주변 환경이 된다. 이런 변화의 효과를 양적으로 나타내야만 실제 LED 패키지를 적용하였을 때 정확한 정션 온도를 유추할 수 있다. 항온조, 스틸 에어 체임버, wind tunnel, pressure supply를 포함한 환경의 설정은 그림 4.46에 도시되어 있다.

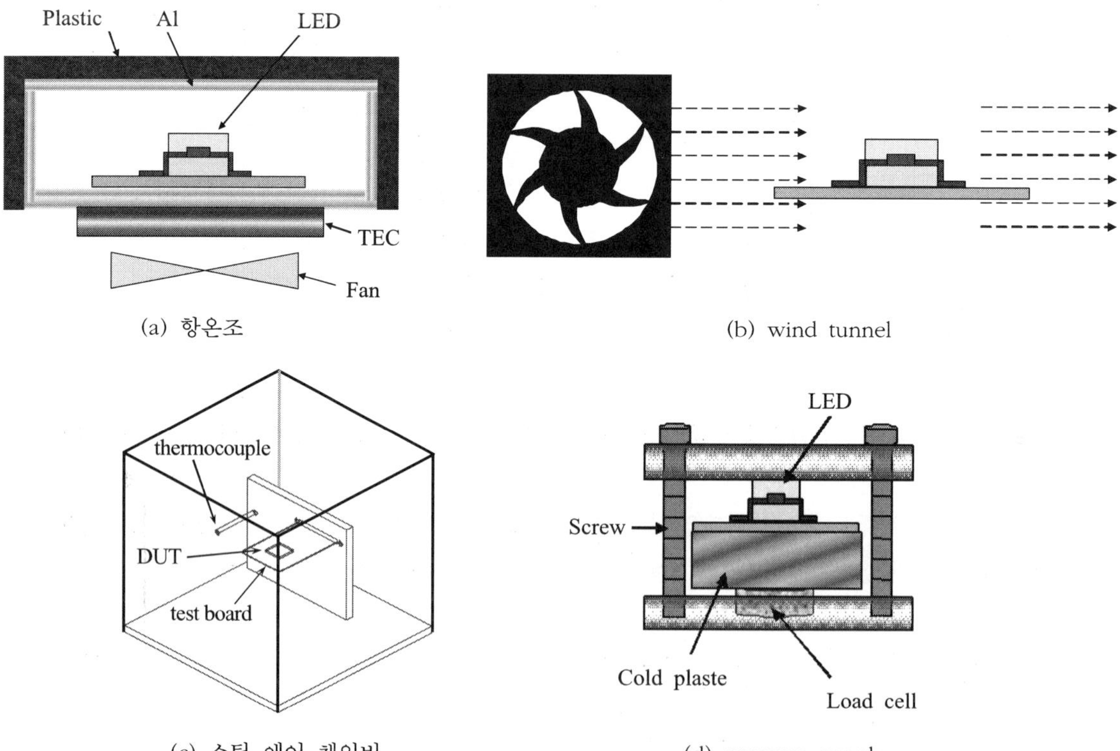

(a) 항온조 (b) wind tunnel

(c) 스틸 에어 체임버 (d) pressure supply

그림 4.46 주변 환경 설정도

필요할 경우 스틸 에어 체임버는 JEDEC 51-2 규정에 의해 제작할 수 있고 wind tunnel은 강제 대류 환경을 구현하여 공기 속도의 효과를 보기 위한 것이다. pressure supply는 순환하는 액체로 온도를 고정시킬 수 있는 금속판이 있고 두 개의 스크루(screw)로 압력을 조절할 수 있으며 압력은 load cell로 측정되며 디지털게이지로 연결되어 숫자로 표시 가능하도록 되어 있다. 따라서 pressure supply를 통해 특정 온도와 압력과의 관계를 실험할 수 있다.

4.6.4.1 주변 온도에 따른 열저항

실제 L사의 5 W LED 패키지 측정 데이터로 설명하겠다. 5 W LED 샘플은 700 mA의 구동전류와 20～50 ℃의 주변 온도 범위(항온조)에서 진행하였다. 그림 4.47에서와 같이 5 W LED의 열저항은 8.55 K/W에서 10.08 K/W로 29.6% 증가하였다.

주변 온도에 따른 열저항 증가의 원인에는 세 가지가 있다. 첫 번째는 광효율의 온도 의존성이다. 그림 4.47로부터 우리는 광효율이 12.21%에서 10.78%로 감소한 것을 볼 수 있는데, 이는 열의 질량 분율을 증가시킬 것이고 따라서 측정된 열저항은 증가한다.

두 번째 원인은 식 (4.36)과 같은 다이오드의 전압-온도 특성이다.

$$U_F = \frac{nkT_J}{q}\ln\left(\frac{I_F}{I_0}\right) + R_s I_F \tag{4.36}$$

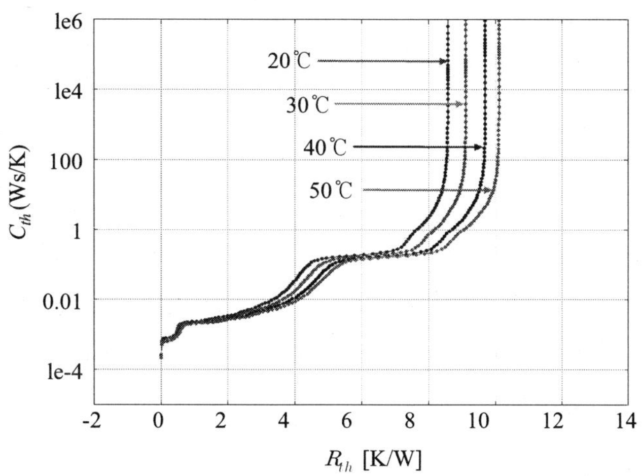

그림 4.47 700 mA의 인입전류에서 각기 다른 주변 온도에 따른 5 W 백색 LED 샘플의 누적구조함수

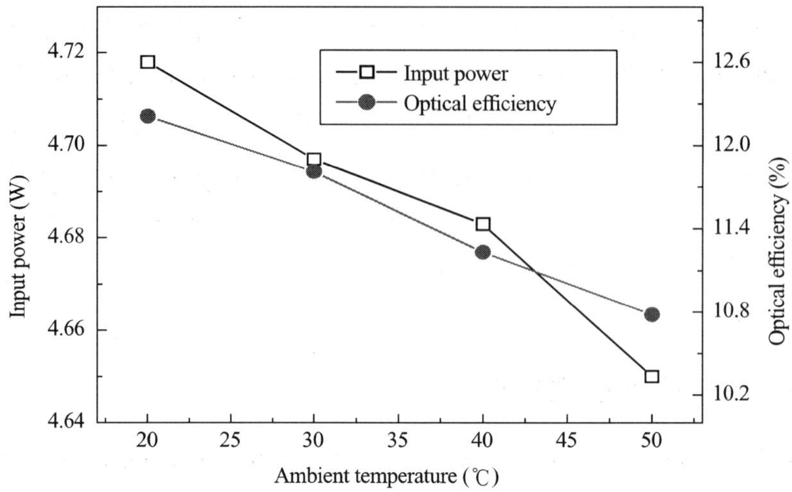

그림 4.48 700 mA의 인입전류에서 각기 다른 주변 온도에 따른 5 W 백색 LED 샘플의 인입전력과 광효율

여기서, U_F는 순방향 전압, n은 이상 계수, k는 볼츠만 상수, T_J는 정션 온도, q는 전자의 전하량, I_F는 순방향 전류, I_0는 역포화 전류이다. 인입전력은 U_F와 I_F의 제곱이므로 그림 4.48에서 우리는 식 (4.36)으로부터 예상되는 변화 경향대로 인입전력이 4.718 W에서 4.600 W로 1.4% 감소한 것을 볼 수 있다. 열저항의 정의로부터 열저항과 인입전력 간의 상호 관계를 예상할 수 있다.

세 번째 원인은 온도 증가에 따른 패키지 물질의 열전도도 감소이다. 비록 각기 다른 물질들의 열전도도의 온도 의존성은 다른 함수를 따른다 할지라도 이와 유사하게끔 일반적인 지수함수로 나타낼 수 있는데 다음과 같다.

$$\lambda = \lambda_0 \exp(\alpha_\lambda (T - T_0)) \tag{4.37}$$

여기서, α_λ 값은 1 ℃의 온도 증가 동안의 λ의 상대적인 변화와 같다. 측정 온도 범위에서 GaN, Cu, Al_2O_3, Al과 같은 LED 패키지 물질의 α_λ는 음의 값이다. 따라서 주변 온도의 증가에 따라 LED 패키지의 열전도도는 감소한다는 것을 예측할 수 있다. 식 (4.38)에서와 같이 열저항은 각각의 물질의 열전도도에 반비례하므로 물질의 열전도도 감소는 열저항의 증가를 야기한다.

$$R_{th} = t/(K \cdot A) \tag{4.38}$$

여기서, R_{th}는 열저항, t는 두께, K는 열전도도, A는 단면적을 나타낸다.

이 세 가지 요인이 복합적으로 작용하여 LED 패키지의 열저항의 증가, 혹은 감소 추이를 나타내게 된다.

4.6.4.2 공기 속도에 따른 열저항

LED의 경우 정션에서 주변 환경까지 열을 분산하기 위해 주로 두 가지 방식이 사용된다. 하나는 전도에 의한 것이고 다른 하나는 대류열전달이다. 공기 속도의 변화에 따른 영향을 고찰하기 위하여 다음과 같은 실험을 진행하였다. 서로 다른 공기 속도에서 FR4 PCB를 지닌 LED 패키지의 열저항과 서로 다른 공기 속도에서 FR4 PCB와 같은 사이즈의 Al plate를 지닌 LED 패키지의 열저항을 측정하였다. 강제 대류를 이용한 냉각 과정에서 공기 속도에 의한 영향이 뚜렷하게 나타났다. 그림 4.49에서 보여지듯이 동일한 주변 온도와 인가전력, 0 m/s에서 8.0 m/s로 공기 속도를 증가시킬 때, FR4에 부착된 LED의 열저항이 35.2 K/W에서 17.1 K/W까지 감소하고 FR4 대신에 같은 크기의 Al plate에 LED를 장착하는 경우에는 다소 차이가 발생하여 열저항이 22.8 K/W에서 13.5 K/W로 감소된다. 이는 FR4 PCB에서의 변화 속도와 비교해 상대적으로 완만한 변화라 할 수 있다. 일반적으로 강제 대류의 냉각 효과는 강제 전도만큼 좋지 않다는 사실에도 불구하고, 강제 대류 방식에서 공기 속도가 일정하게 크다면 강제 전도와 같거나 혹은 더 좋은 냉각 효과를 지닐 수 있다.

강제 대류 냉각 중에 대류열전달계수는 매우 중요하다. 대류열전달계수는 다음 식에

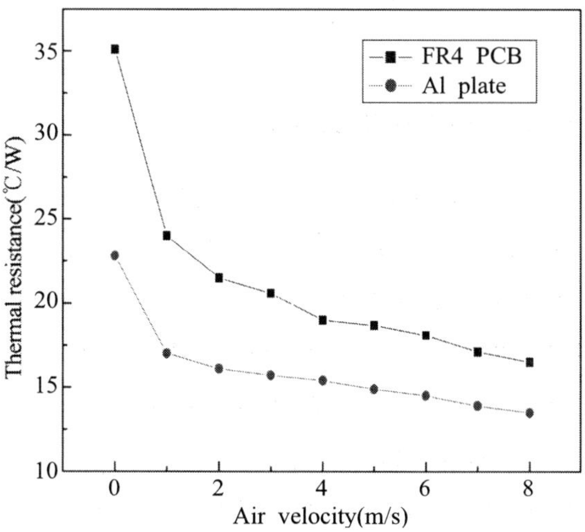

그림 4.49 부착된 PCB 재질에 따른 1W blue LED의 열저항 비교도

의해 계산될 수 있다.

$$\frac{hL}{K} = C\left[\frac{L^n \rho^2 g\beta\Delta t}{\mu^2}\right]^m \left[\frac{C_p \mu}{K}\right]^n \tag{4.39}$$

C : 표면의 기하학 형태를 바탕으로 한 상수

L : 열흐름 경로의 길이(ft)

ρ : 유체밀도(lb/ft^3)

g : 중력 가속도(4.17×108 ft/hr^2)

β : 용적 팽창

Δt : 온도 변화

μ : 점성(lb/ft hr)

C_p : 유체의 비열(Btu/lb℃)

K : 열전도도(Btu/hr ft℃)

h : 열전달계수(Btu/hr ft^2℃)

식 (4.39)에 따르면 h값은 공기 속도에 비례하여 커지며, 그로 인해 주변 공기 속도가 클수록 우수한 열분산 효과를 얻을 수 있음을 나타내고 있다. 이는 실험에서 LED 패키지의 열저항이 주변의 공기 속도가 증가함에 따라 감소한다는 것으로 증명되었다.

같은 공기 속도일 때 FR4에 장착된 LED 패키지의 열저항은 Al plate에 장착된 LED 패키지의 열저항보다 상당히 크며 이는 FR4 PCB가 LED 패키지에서 발생한 열을 충분히 방출하는 데 한계가 있음을 증명한다.

4.6.4.3 접촉 압력에 따른 패키지의 열저항

거칠거나 불안정한 표면 간의 접촉(contact)은 아주 큰 접촉 열저항을 유발할 수 있다. 그것은 단지 접촉 압력에 의할 뿐 아니라 표면의 거칠기와 접촉되어지는 물질의 종류와도 관련이 있다. 접촉 압력하에서 서로 다른 TIM 물질들을 지닌 열저항 변화에 대하여 논의한다. 첫 번째는 TIM을 사용하지 않고 실험을 하였고, 두 번째는 TIM 물질로서 thermal tape을 사용하여 실험을 진행하였으며, 세 번째는 TIM 물질로서 thermal grease를 사용하였다. thermal tape(3M tape 9885)과 thermal grease(Cooler master, PTK-002)의 열전도도는 각각 0.45 W/m·K, 4.5 W/m·K이다. MCPCB 크기는 25×25 mm이다. 그림 4.50은 세 경우에 가해지는 압력의 크기와 열저항의 변화함수 그래프를

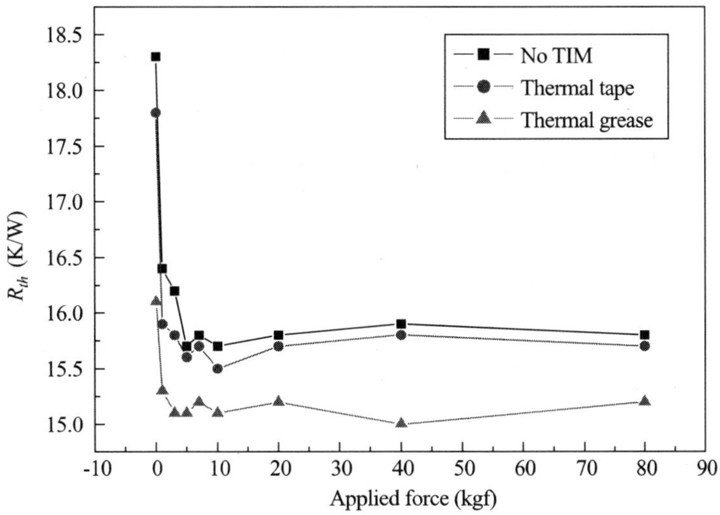

그림 4.50 20 ℃ 주변 온도, 350 mA의 인가전류에서 서로 다른 세 가지 조건하에서 압력의 세기와 열저항의 변화

보여 준다. 측정된 열저항들이 세 가지 경우 모두 외부에서 주어진 압력이 증가함에 따라 열저항이 감소하고, 일정한 압력 레벨에서 안정화에 도달하는 것을 알 수 있다. 실험에서 얻은 각각의 안정화 압력 레벨은 5 kgf, 5 kgf, 3 kgf이었다. TIM을 사용하지 않을 때 가장 높은 열저항을 얻었고 TIM 물질로서 thermal grease를 사용할 때 가장 낮은 열저항 값을 얻었다.

접촉 열저항은 열흐름 경로 내에서 접촉 부위에서의 열 상승과 통과한 열량의 비율이다.

$$R_{thc} = \Delta T_c / Q \tag{4.40}$$

접촉면에서의 온도 차이 ΔT_c에 대한 열 유량 비율 $q = Q/\pi b^2$ (W/m^2)은 접촉열전도도 또는 접촉열전달계수라고 정의한다.

$$a_c = q/\Delta T_c = 1/\pi b^2 R_{thc} \tag{4.41}$$

접촉 열전달의 이론에 따르면, 접촉 열저항은 고체 사이에서 접촉되는 영역의 불연속성 때문이다. 실제적으로 고체와 고체가 접촉할 때, 일반적으로 모든 영역에서 접촉의 가시(nominal, smoothed) 영역의 1%를 넘지 않는, 단지 제한적인 수의 부분에만 접촉한다. 불규칙한 접촉 사이에서 발생되는 공간은 고체의 열전도도보다 수십에서 수백 배 더 작은 열전도도를 지닌 TIM이나 공기에 의해 채워진다. 고체 표면과 표면 간의 틈에 매질이 채워짐으로써 열의 흐름은 접촉 spot와 gap을 향한다. 각각의 활성 접촉의 영역이 작을 때, 접촉의 열전도도는 두 개의 독립된 항의 결과 값으로서 간주된다. $a_c = a_g + a_{sp}$. 기존에 특성 지어진 접촉 gap 내 매질의 열전도도와 나중에 특성 지어진 접촉 spot의 매질의 열전도도는 열흐름 경로의 집합점에 의해 발생된다. 인가되는 힘이 증가함에 따라 a_{sp}는 접합점이 증가하는 만큼 커질 것이고, 그럼으로써 안정화에 도달한다. 그리하여 최초로부터 전체 열저항이 점점 감소될 것이다. 실험에서 a_g는 공기, thermal tape과 thermal grease로서 각각 0.03 W/m・K, 0.45 W/m・K, 4.5 W/m・K의 열전도도를 지닌다. 접촉 물질의 열전전도가 커짐에 따라 전체 패키지의 열저항은 현저하게 감소됨을 실험을 통하여 검증하였다.

4.6.5 LED 패키지에서의 에폭시의 열 설계

일반적으로 표면실장형 고출력 LED 패키지의 내부 구조는 크게 LED 칩 상부에 에폭시 몰드로 구성된 광학적 부분과 LED 칩 하부에 열적 부분으로 구성되어 있다. 열적 부분은 칩부터 방열을 위한 heat sink, heat pipe 등을 사용하여 열이 방출될 수 있는 경로를 만들어 준다. 일반적으로 에폭시 몰드는 광학적 효과를 위해 사용된다. LED 칩에서 발생된 빛의 굴절률은 공기의 굴절률보다 더 크기 때문에 칩으로부터 방출된 광자의 일부가 칩 내부로 전반사를 일으켜 열로 전환된다. 광학적으로 투명한 에폭시 몰드는 escape cone의 크기를 늘려 LED 패키지의 효율을 더 높여 준다. 하지만 실제 에폭시 몰드는 광학적 효과뿐만 아니라 열적 거동에도 영향을 미친다. 칩에서 자체 발생한 열은 전도와 대류에 의해 외부로 방출된다. 열천이 측정 방법을 통해 LED 패키지에서 에폭시 몰드에 의한 광학적, 열적 효과를 성공적으로 분리해 낸 실험에 대해 논의하겠다. 또한 에폭시 몰드의 열적 거동을 검증하기 위해 에폭시의 부피와 열전도도에 따른 열저항을 분석하겠다.

그림 4.51은 에폭시 몰드의 효과를 측정하기 위해 제작된 SMD 타입 LED의 단면도이다. 표 4.3은 그림 4.51에 사용된 LED 패키지의 세부 조건을 나타내었다.

에폭시 몰드 형성에 따른 LED 패키지의 K factor를 그림 4.52에 나타내었다.

이때 사용된 에폭시의 열전도도는 0.06 K/W이다. 에폭시 몰드 형성 전후 측정된 온도감응계수는 20 ℃에서 50 ℃ 사이의 순방향 전압을 측정하였으며, 2.082 mV/K로 일정하게 유지되었다. 이는 에폭시 몰드 형성을 위한 120 ℃의 경화 온도가 칩의 활성층과 금속 접합층에 어떠한 영향도 주지 않고 있음을 의미한다.

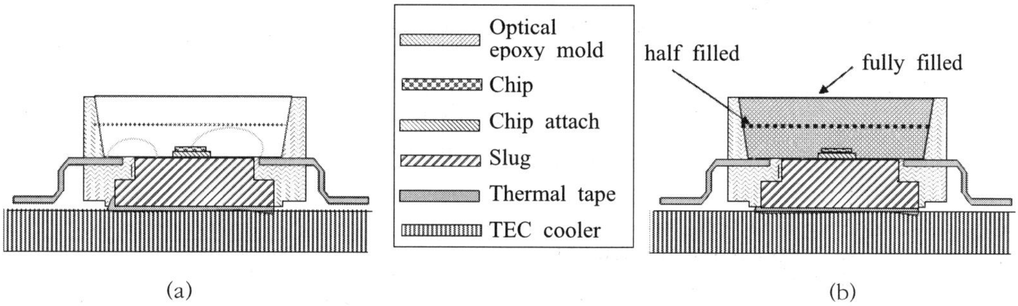

그림 4.51 (a) 에폭시 몰드 형성 전 LED 패키지 단면도,
(b) 에폭시 몰드의 부피를 조절한 LED 패키지 단면도(half filled, fully filled)

표 4.3 LED 패키지 조건

Material	without epoxy	epoxy 1	epoxy 2	epoxy 3
Thermal conductivity (W/mK)	air	0.15	0.08	0.06
Epoxy volume(mm^3)	0	46.1, 92.2	46.1, 92.2	46.1, 92.2

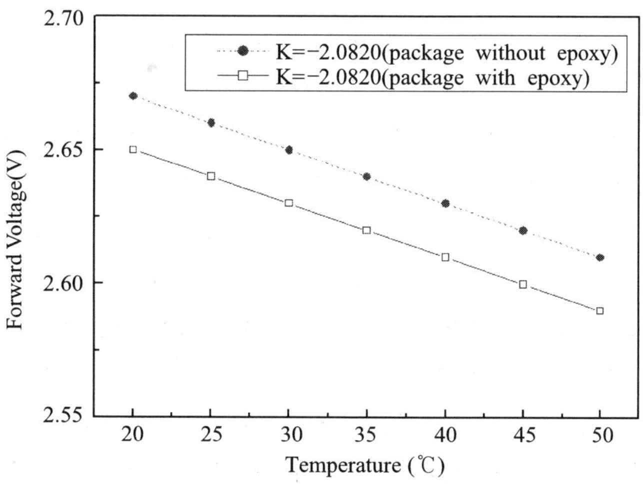

그림 4.52 정션 온도에 따른 전압 변화

그림 4.53에 에폭시 몰드 형성 전후의 열 냉각 곡선을 나타내었다. 열 냉각 곡선은 각 패키지 구역에서의 열천이 변화(시간에 따른 온도 변화)를 보여 주는 그래프이다.

각각의 패키지는 350 mA의 구동전류를 사용하였다. 여기서 두 패키지 사이의 열 냉각 곡선 초기 부분의 차이에 주목할 필요가 있다. 에폭시 몰드를 형성한 패키지의 정션 온도는 36.7 ℃로 에폭시 몰드를 형성하지 않은 패키지 37.8 ℃보다 1.1 ℃ 낮게 측정되

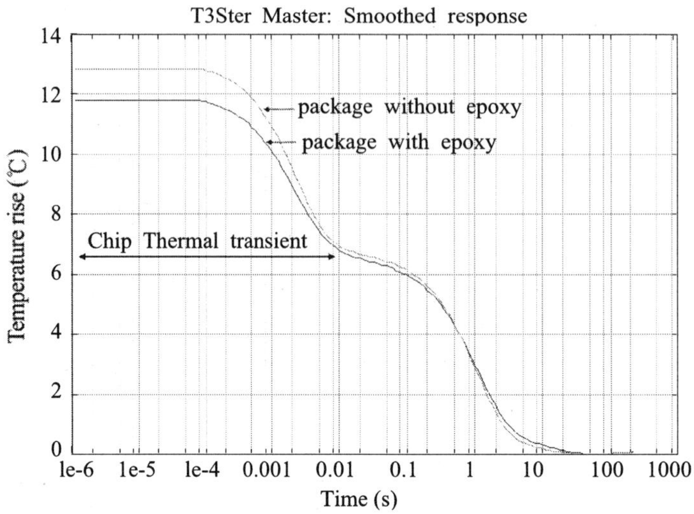

그림 4.53 에폭시 몰드 형성 전후의 열 냉각 곡선

었다. 다시 말해, 몰드를 형성시킨 LED 패키지에서 칩 부분(10^{-6}~10^{-2} sec)의 온도가 낮게 측정되었으며, 이후 패키지 구간에서는 온도 변화가 없었다. 이것은 에폭시 몰드 형성으로 인하여 칩 영역에서만 온도 변화가 발생한 것이며, 에폭시 몰드가 열적 거동에 영향을 미쳤다는 것을 의미한다. 따라서 에폭시 몰드에 의해 열분산의 효과가 강화되었다는 것을 알 수 있다. 발생된 열은 슬러그뿐만 아니라 형성된 에폭시 몰드로도 이동되기 때문에 두 패키지의 접합 온도의 차이를 무시할 수 없는 것이다. 또한 현재 측정 조건은 강제 냉각이라는 것을 간과해서는 안 된다. 대부분의 자가 발생된 열이 슬러그를 통하여 TEC로 이동되도록 설계되어 있기 때문이다. 이와 같은 직접적인 열흐름 경로를 갖고 있음에도 불구하고 접합 온도의 차이가 명확하게 관찰되었다. 따라서 실제 LED가 사용되는 조건인 자연 냉각 조건하에서는 그 차이가 더 커질 것으로 예상된다.

그림 4.54와 4.55는 칩 부분을 직접적으로 비교할 수 있도록 이동시켰으며 첫 번째 피크 이후 구간은 패키지의 구성요소이다. 에폭시 몰드를 형성시킨 LED 패키지의 열저항이 에폭시 몰드를 형성시키지 않은 LED 패키지보다 0.94 K/W 낮은 것을 확인할 수 있다. 그림 4.54에서 제시한 열저항은 에폭시 몰드의 열적 효과를 정확하게 반영하지 않았다. 열적 효과를 정확히 알아내기 위하여 인입출력은 광출력이 제거된 전기적 출력, 즉 열출력으로 대체하여야 한다. 그림 4.55에 광출력을 제거한 후 LED 패키지의 미분구조함수를 재해석한 열저항을 제시하였다. 그림 4.54와 비교하여 두 LED 패키지의 열저항 차이가 0.94 K/W에서 0.61 K/W로 감소한 것을 확인할 수 있다.

그림 4.55는 열적 출력만이 고려된 그래프이고, 이는 에폭시 몰드의 효과를 정확히

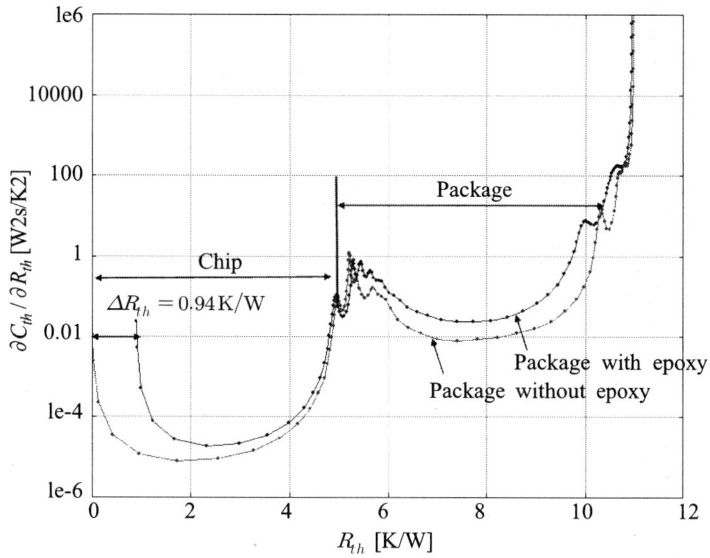

그림 4.54 에폭시 형성 전후의 구조함수(LED의 광출력 제거 전)

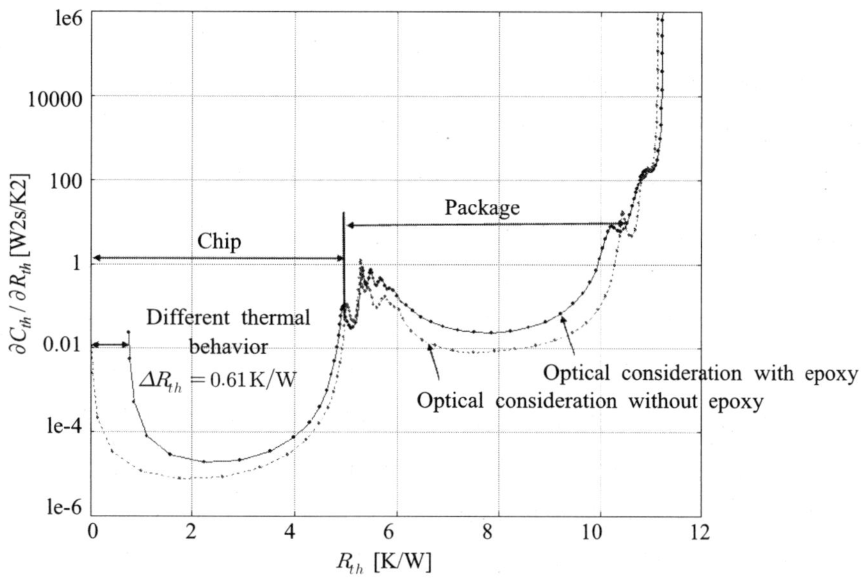

그림 4.55 에폭시 형성 전후의 구조함수(LED의 광출력 제거 후)

보여 주고 있다. 이 데이터로부터 에폭시 몰드가 광학적 기능뿐만 아니라 열적 분산 효과에도 중요한 작용을 한다는 것을 알 수 있다. 연구에 사용된 패키지 구조에서 에폭시에 의한 열저항 차이 0.94 K/W 중 열적 효과에 의한 열저항은 0.61 K/W이며, 나머지 0.33 K/W는 광학적 효과에 의한 것임을 알 수 있다. 따라서 전체 발생된 열 중 약

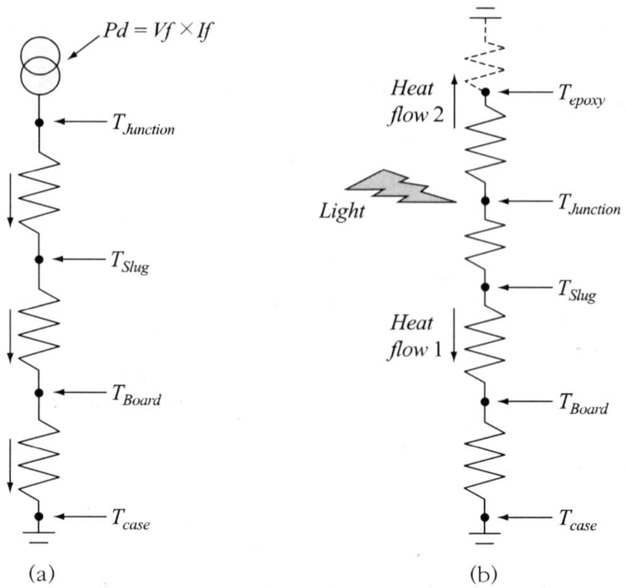

그림 4.56 (a) 고출력 LED 패키지의 일반적인 등가 열저항 모델, (b) 에폭시 몰드의 열적 효과를 고려한 등가 열저항 모델

5.51%가 에폭시를 통하여 분산된 것을 알 수 있다. 에폭시에 의한 방열 효과는 자연 냉각 조건하에서 LED 패키지를 작동하였을 때 더 큰 효과가 나타날 것으로 예상된다. 그림 4.54와 4.55의 비교를 통하여 에폭시 몰드가 열적 구성요소로서 기여한다는 것을 확인하였다. 그러므로 광학적 요소와 더불어 반드시 고려해 주어야만 한다. 이것은 LED 패키지 디자인 룰에 있어서 대단히 중요하다.

일반적으로 에폭시 몰드의 효과는 등가 열저항 회로에서 고려되지 않은 채로 그림 4.56(a)와 같이 사용되고 있다. 부분적인 열적 요소로 작용하는 에폭시 몰드에 대해 새로운 등가 열회로를 그림 4.56(b)와 같이 제안한다. LED 칩에서 생성된 열은 슬러그와 에폭시 몰드를 통해 양 방향으로 분산되며 에폭시 몰드는 자연 냉각 조건에서보다 중요한 열적 구성요소로서 작용할 것이다.

에폭시 몰드의 열적 효과를 검증하기 위하여 각각 다른 열전도도와 부피를 갖는 에폭시를 LED 칩 위에 몰딩하여 분석하였다. 표 4.4에 실험 결과를 요약하였다. 샘플 번호는 에폭시의 열전도도에 따라 분류하였다. 이 표에서 칩 부분의 열저항이 감소하는 것을 확인할 수 있으며 에폭시 몰드의 열전도도가 증가하고 부피가 증가함에 따라 칩 부분의 열저항이 감소하는 폭이 더 커지는 것을 확실하게 알 수 있다. LED 패키지에 높은 열전도도를 갖는 에폭시와 더 큰 부피를 갖는 에폭시를 도포함으로써 LED 패키지에서보다 우수한 열적 효과를 확인할 수 있었다. 에폭시 몰드가 광학적 효과뿐만 아니

표 4.4 에폭시의 열전도도와 부피에 따른 열적 효과

	sample 1	sample 2	sample 3
Thermal conductivity of epoxy	0.15 W/mK	0.08 W/mK	0.06 W/mK
Decreased chip's R_{th} of half filled epoxy mold	1.81 K/W (−14.7%)	0.92 K/W (−8.3%)	0.91 K/W (−8.06%)
Decreased chip's R_{th} of fully filled epoxy mold	2.31 K/W (−18.78%)	1.2 K/W (−10.89%)	1.05 K/W (−9.34%)

라 칩으로부터 직접적인 방열 구조로 유용하게 사용될 수 있음을 증명한다. 에폭시 몰드의 열적 효과는 실제 LED 적용에 가까운 조건인 자연 냉각 조건하에서 더욱 중요시 될 것으로 기대된다.

4.7 응력 분석 및 설계

지금까지 전자소자의 신뢰성은 소자의 정션 온도와 밀접한 관계를 갖고 있다고 연구되었다. 그리하여 전자소자의 제조 방법, 실장 방법과 냉각 기술을 적용하여 핫스팟(hot spot)의 온도를 100 ℃ 이하로 낮추기 위하여 공학자들은 노력을 기울였다. 이러한 노력들은 소자의 신뢰성과 작동수명을 연장하는 데 현저한 발전을 가져왔다. 그러나 전자소자의 고장률은 여전히 높다. 소자의 고장률을 한 단계 더 낮추어 소자의 신뢰성을 향상시키는 것이 필요하다. 실험에 따르면 대부분의 기계적 고장은 패키지 물질의 열팽창계수(coefficient of thermal expansion; CTE)의 불일치로 인해 기인된 것으로 나타났다. 이런 불일치는 큰 힘(force)과 응력(stress)을 유발하여 소자와 부속품의 분열(fracture)과 균열(crack)을 유발한다.

LED 패키지는 제작 시에 다양한 종류의 플라스틱, 메탈 등 소재들을 사용하게 된다. 이러한 재료들은 열팽창계수가 다르고 소자 설계 시 이러한 특성을 고려하지 않으면 소자의 와이어 부분, 솔더 접촉 부분, 구멍에 도금(plated through holes; PTH) 부분 등에서 아주 큰 응력과 변화율을 유발하게 된다. 온도 변화는 흔히 사용하는 섀시(chassis)와 PCB 기판 등 모든 패키지 소자의 치수 변화를 일으킨다. 치수의 변화는 주기적인 힘, 즉 소자의 반복적인 작동에 의하여 온도가 올라갔다 내려갔다 하는 데 의해서 유발된다. 치수의 변화는 또한 주기적인 열 변화에 의해서도 유발된다. 이는 외부의 온도

변화와 PCB의 온도 지체(lag)가 온도변화도(gradient)를 유발하였기 때문이다. 이러한 치수의 변화는 x, y, z축 방향에서 모두 일어나며 부속품 구조 요소의 다양한 고장을 일으키는 원인으로 분석된다.

LED 패키지가 직류전류(DC)에서 작동할 때, 소자의 정션 온도는 일정 시간 증가한 후 온도 평형, 즉 정상 상태(steady state)에 도달하게 된다. 펄스전류하에서는 인가전력이 시간에 따라 변하기에 패키지의 온도도 시간에 따라 변하게 된다. 특히 현재 많은 전자소자들이 실장될 때 표면실장기술(surface mounting technology; SMT)을 사용하고 있다. 표면실장 시, 리플로(reflow) 실장 과정에 열처리 과정을 거치게 된다. 작동 패키지의 전력을 끄거나 실장 과정이 끝나면 상승되었던 패키지의 온도는 주변 환경에 의하여 냉각된다.

LED 패키지를 구성하는 물질들은 온도가 올라가면 팽창하고 온도가 내려가면 수축한다. 서로 다른 물질이 팽창할 때 열팽창계수가 다름에 따라, 서로 밀게(push) 되고 이때 생기는 응력을 열응력이라 한다.

물질의 온도가 변화할 때 변형을 일으키게 된다. 그러나 변형(deformation)이 반드시 변화율(strain)을 일으키는 것은 아니다. 온도가 균일하고 재료도 균일한 이상적인 조건에서 세 가지 경우가 있을 수 있다. 첫 번째, 구속이 없음. 이런 경우 요소들은 자유롭게 변형된다. 그리하여 변형은 생기지만 현저한 응력은 발생하지 않는다. 두 번째, 부분구속. 이런 경우 요소는 부분적으로 구속되었다. 첫 번째 경우와 마찬가지로 변형이 생기지만 현저한 응력은 발생하지 않는다. 세 번째, 정확히 구속. 이런 경우 요소는 자유롭게 팽창하거나 수축할 수 없다. 그리하여 응력과 변화율이 발생한다.

그러나 실제 LED 패키지에서 이러한 이상적인 조건은 만족될 수 없다. 왜냐하면 첫 번째로 동작 혹은 실장 조건에서 전체 패키지의 온도는 균일하지 않다. 두 번째로 소자는 여러 요소로 형성되었기에 재료 특성도 균일할 수 없다. 그리하여 전자소자에서 온도의 변화가 있으면 응력과 변화율은 항상 발생한다.

응력과 변화율은 LED 패키지에 다음과 같은 영향을 준다. 소자의 패키지에서 칩본딩 혹은 패키지 실장 과정에 발생된 잔여 응력(residual stress)은 칩 균열을 유발한다. 또한 열응력에 의하여 칩 접착 물질과 칩이 박리를 일으켜 열전달 경로를 방해하게 된다. 이는 칩 자체가 기계적으로 안정되지 못하게 한다. 에폭시 렌즈의 변형은 본딩 와이어가 끊어질 수 있으며 이는 전기적 회로를 파괴한다. 그리고 온도변화도와 열팽창계수의 불일치로 인해 발생된 응력과 변화율은 소자의 휨(warpage), 나아가서 소자를 고장 나게 한다.

가열 시 물질의 팽창으로 발생하는 열응력은 식 (4.42)와 같이 나타낸다.

$$\sigma = E \cdot \alpha(T - T_{ref}) \tag{4.42}$$

여기서, 상수 E는 탄성계수이고 α, T, T_{ref}는 각각 열팽창계수, 온도, 기준 온도이다.

IR 리플로 공정과 기상 리플로와 같은 기판 레벨의 솔더 공정은 패키지의 파괴를 야기하는 단계까지 온도를 도달하게 한다. 솔더 공정에서 온도를 최대한 낮추는 시스템을 개발하고 열팽창계수가 비슷한 패키지 물질을 사용하는 것은 LED 패키지에서 열응력을 줄이고 신뢰성 향상을 위하여 필요할 것이다.

많은 LED 패키지는 폴리머 계열의 플라스틱 재료로 패키징되어 있다. LED 패키지를 보관할 때, 혹은 작동할 때 습기가 많은 환경에 노출되어 있으면 습기는 LED 패키지 안으로 확산되어 들어갈 수 있다. 이렇게 침투된 습기는 패키지 내부에서 칩 접착 물질 같은 물질의 접착성을 약화시킨다. 만약 접착 물질의 접착성이 감소된다면 칩은 기판으로부터 분리되고 본딩된 칩을 연결하는 와이어도 끊어지게 된다. 다른 한편, 패키지 내의 습기는 외부 습기를 흡수하여 패키지 플라스틱 부분이 팽창되게 한다. 패키지를 구성하는 물질들의 수분팽창계수(coefficient of moisture expansion; CME)가 서로 다르고 이런 수분팽창계수의 불일치는 패키지 내의 hygro-mechanical 응력을 야기한다. 패키지 내의 습기는 패키지의 온도가 상승함에 따라 증기로 된다. 이런 현상은 패키지를 PCB에 장착할 때 솔더를 녹이는 공정에서 흔히 일어난다. 체적 팽창으로 인해 증기는 높은 압력을 유발한다. 이런 높은 증기압에서 패키지는 마치 팝콘(popcorn)이 터지는 것처럼 깨지고 소자는 파괴된다. 이런 현상을 팝콘 현상(popcorn phenomena)이라고 한다.

습기 확산 모델은 질량 확산과 열전도 사이의 유사함에 그 기초를 두고 디자인되었다. 식 (4.43)은 Fick's의 확산 법칙을 이용하여 과도(transient) 습기의 확산을 나타낸 식이다.

$$\frac{\partial^2 C}{\partial x^2} + \frac{\partial^2 C}{\partial y^2} + \frac{\partial^2 C}{\partial z^2} = \frac{1}{D}\frac{\partial C}{\partial t} \tag{4.43}$$

여기서, C는 습기농도이고, D는 그 물질의 습기 확산도이다.

습기농도는 같은 물질에서는 연속적이다. 그러나 LED 소자처럼 여러 가지 물질로 패키징되었을 때, 습기농도는 물질과 물질이 접촉된 계면에서는 불연속적이기 때문에 식 (4.43)은 multi-material 패키지에서의 확산 모델의 경우에는 유한요소법으로 적용시킬 수 없다. 그것은 유한요소법은 모든 양이 해석역(solving field)에서 연속적이어야 하기 때문이다. 그리하여 수정된 식 (4.44)로 새로운 변수 W, 즉 moisture wetness fraction을 도입하게 된다. wetness fraction은 multi-material의 계면에서 연속적인 것으로 증명되어 있다.

$$W = \frac{C}{C_{sat}} \qquad 1 \geq W \geq 0 \tag{4.44}$$

여기서, C_{sat}는 재료의 포화습기농도이다. 식 (4.44)를 식 (4.43)에 대입하면 새로운 식 (4.45)를 얻게 된다.

$$\frac{\partial^2 W}{\partial x^2} + \frac{\partial^2 W}{\partial y^2} + \frac{\partial^2 W}{\partial z^2} = \frac{1}{D}\frac{\partial W}{\partial t} \tag{4.45}$$

이 식은 유한요소법을 이용한 습기 흡수 모델에서 직접 사용할 수 있다.

습기의 흡수는 몰딩폴리머, 칩의 접착 물질과 에폭시 렌즈 같은 LED 패키지 재료가 습기로 인해 부풀어 오르게 한다. 흡습성 부품(Hygroscopic swelling)은 습기의 양에 따라 선형으로 증가한다. 물질들의 수분팽창계수(CME) β의 불일치는 패키지 내의 흡습성 응력을 야기한다. 이것은 CTE의 불일치에 의해 생긴 응력과 유사하다. 식 (4.42)의 α와 T를 β와 C로 바꾸면, 흡습성 응력을 나타내는 식 (4.46)을 얻게 된다.

$$\sigma = E\beta(C - C_{ref}) \tag{4.46}$$

이 식으로부터 물질의 수분팽창계수의 불일치와 습기분포변화도(gradient)에 의한 패키지의 응력을 계산할 수 있다.

4.8 LED 패키지에서의 열-기계적 특성

플라스틱 재질의 LED 패키지와 세라믹 재질의 LED 패키지의 열-기계적 특성에 관하여 실험과 시뮬레이션을 통하여 설명하겠다. 플라스틱 재질은 흡수성이 강하므로 hygro-mechanical stress도 같이 토론하겠다.

4.8.1 플라스틱 LED 패키지의 열-기계적 특성

LED 샘플은 동일한 칩과 패키지 구조를 갖고 그룹 1, 2, 3, 4로 명명하여 구분하였다. 모든 샘플은 두 단계 전처리 과정을 거쳤다. 먼저 그룹 1, 2, 3, 4의 샘플을 85 ℃/85RH(relative humidity)의 수분 조건에서 각각 0, 3, 6, 24시간 동안 전처리를 하였다.

이 과정은 전자 패키지를 그와 같은 조건에 노출시키는 일종의 표준화된 절차로 제품의 운송이나 2차적인 실장 동안 받게 되는 실제 응력의 시뮬레이션을 가능케 한다. 다음으로 모든 샘플을 270 ℃인 히팅 블록에서 20초 동안 전처리를 하였다. 두 단계의 전처리 과정을 거친 후 샘플들의 열 특성을 파악하기 위하여 열천이 측정을 진행하였다. 각 샘플의 K factor를 구할 때 0.5 mA의 감지전류를 사용하였다. 앞서 구한 K factor를 사용하여 30 mA의 전류로 샘플을 10분 동안 구동한 후 안정화에 도달할 때까지의 냉각곡선을 측정하였다.

LED 패키지 표면실장 시의 리플로 공정에서 높은 온도구배($T - T_{ref}$)와 물질 사이의 열팽창계수 차이로 인해 열응력을 발생시킨다. 다음은 전처리 과정과 동일하게 등온 히팅 블록에서 20초 동안의 LED 가열 과정을 시뮬레이션하였다. 히팅 블록의 온도는 리플로 공정 동안의 최고 온도에 근접한 270 ℃로 하였다.

구현된 시뮬레이션 모델은 그림 4.57과 같은 표면실장형 LED 패키지이다. 칩과 리드프레임, die attach, 플라스틱 패키지 body와 광 방출 부분을 에워싼 에폭시로 구성된 모델의 크기는 3.5 mm×2.8 mm×2.0 mm이다. 칩은 논플립 형태이고 SiC 기판은 리드프레임과 접착된다. 따라서 칩의 물성치는 SiC의 물성치로 모델링되었고 세부적인 칩의 형태와 골드 와이어는 모델의 단순화를 위해 모델링하지 않았다.

시뮬레이션에 사용되는 연속적 방법은 두 단계로 이루어졌다. 첫 번째 단계로 온도구배를 확인하기 위한 열적인 시뮬레이션을 진행하였다(ANSYS). 이 단계에서는 모델의 불규칙한 형상을 고려하여 요소 SOLID87을 사용하였다. SOLID87은 모델의 불규칙한 매시에 적합한 3차원의 10-Node Tetrahedral 열적 고체 요소이다. 오직 하나의 자유도만이 각 절점에서 유용하고 3차원의 정상 상태나 열천이 분석에 적절하다. 각 물질의

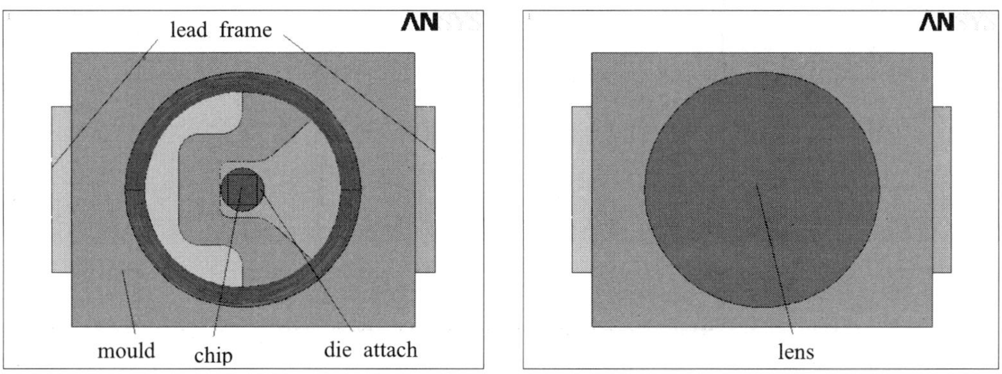

(a) 내부 구조 (b) 윗면 구조

그림 4.57 LED 패키지 구조

표 4.5 패키지 각 부분 물질의 물성

Material	SiC	Die attach	lead frame	mould	epoxy lens
k (W/M · ℃)	200	7.5	401	0.23	0.17
C (J/kg · ℃)	1000	300	385	1256	1173
ρ (kg/m^3)	2975	2400	8300	1300	980

열전도도, 비열, 밀도를 표 4.5에 나타내었다. SiC의 열팽창계수는 열천이 분석에서 칩의 최종 온도에 의존하여 나타내는데 이는 열팽창계수가 온도에 의존하기 때문이다. 동일한 매시가 열적, 구조적 시뮬레이션에 적용되므로 각 영역의 매시 농도는 응력 집중을 감소시키기 위해 적절히 조절한다. 경계 조건으로 20초 동안의 270 ℃ 공기 대류를 적용하였다.

두 번째 단계로 구조적 해석을 수행하였다. 이 단계에서는 SOLID87과 동등한 구조 요소인 SOLID92를 사용하였다. SOLID92는 3차원의 10-Node Tetrahedral 구조적 고체 요소이다. 구조적 해석에서 열적 하중은 앞선 열적 시뮬레이션에서와 동일하게 적용하였고 리드프레임의 바닥면은 수직 방향으로 고정하였다. 그리하여 정적 상태의 구조적 시뮬레이션을 진행하였다.

그림 4.58에서 나타나듯이 칩의 온도는 20초 동안 초기 온도 25 ℃에서 120 ℃로 증가한다.

그림 4.59는 패키지의 최종 온도구배를 나타내는데 (a)는 패키지 본체의 코너 부분이

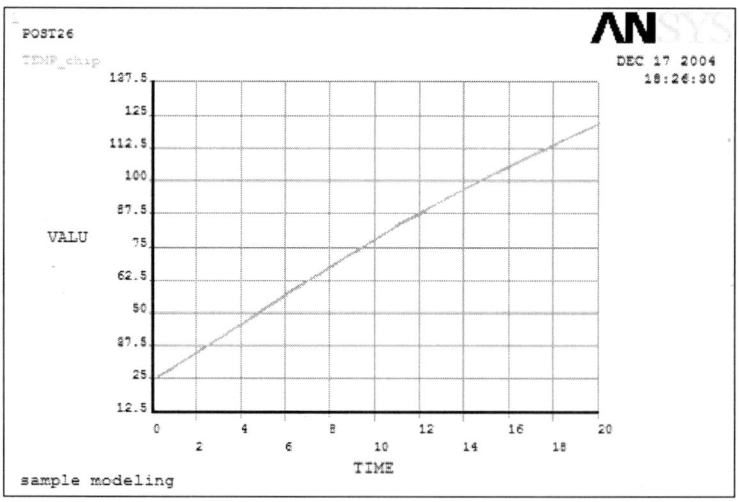

그림 4.58 시간에 따른 칩의 온도 증가

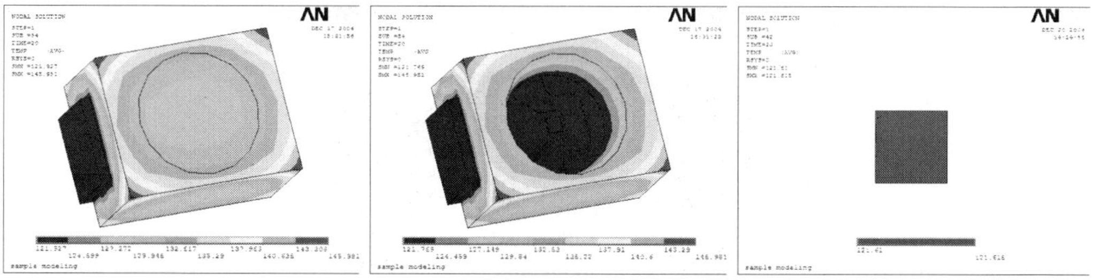

(a) 패키지 전체 (b) 패키지 내부 (c) 칩

그림 4.59 LED 패키지 각 부분의 온도구배

표 4.6 플라스틱 LED 패키지의 기계적 특성

Material	SiC	die attach	lead frame	mould	epoxy lens
α, CTE (10^{-6}/K)	14	30	18	45	45
Poison's ratio	0.31	0.35	0.34	0.35	0.49
E (GPa)	190	40	190	5.2	0.5

전체 패키지 중에서 가장 높은 온도(146 ℃)에 도달한 것을 보여 준다. (b)는 패키지 내부의 온도구배를 나타내는데 이때 리드프레임과 칩과의 온도 차이는 크지 않다. (c)에서는 칩의 온도가 대략 121 ℃로 균일하였다는 것을 알 수 있다. 이러한 각 부분의 온도 차이와 패키지 구성 성분 간의 열팽창계수(표 4.6) 차이는 다음의 구조적 해석 결과에서 확인할 수 있듯이 많은 열응력을 발생시킨다.

구조적 해석에서의 각 응력 레벨은 응력윤곽그림(stress contour plot)에서 확인할 수 있다. 그림 4.60(a)에서 보여 주듯이 칩과 칩 접착 물질 사이에 큰 열응력이 존재하는 것을 알 수 있다.

칩과 칩 접착 물질의 최대 Von. Mises 응력은 193 MPa과 91.5 MPa로 나타내었다. 이렇게 큰 응력은 칩과 칩 접착 물질이 파괴될 수 있게 한다. 리드프레임과 몰드 사이에서는 작은 응력이 발생하였다. 몰드 재료에서 나타난 최대 Von. Mises 응력은 71.2 MPa이었다. 리드프레임의 외부 가장자리에서 아주 큰 응력이 발생하였는데 이는 실지 LED 패키지에서 마이크로 사진[그림 4.60(b)]으로 보여 준 결함의 영역과 일치하였다.

다음은 FEM으로 LED 패키지의 습기 확산 모델을 구현한 것이다. 초기 조건은 패키지가 초기에 건조 상태이기 때문에 W = 0이고, LED 패키지가 습기에 노출되었을 때, 경계조건은 W = 1로 하였다. 칩과 리드는 습기를 흡수하지 않는다고 가정하여 칩과 리드의 확산도와 포화 습기의 농도는 0으로 설정하였다. 85 ℃/85 RH 조건에서 사용된

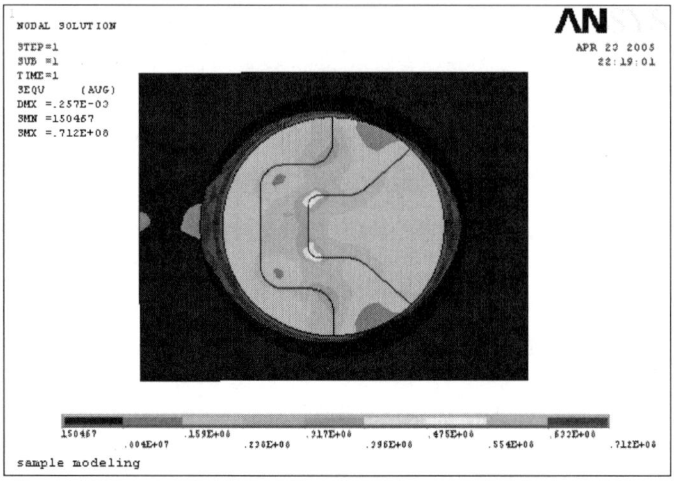

(a)

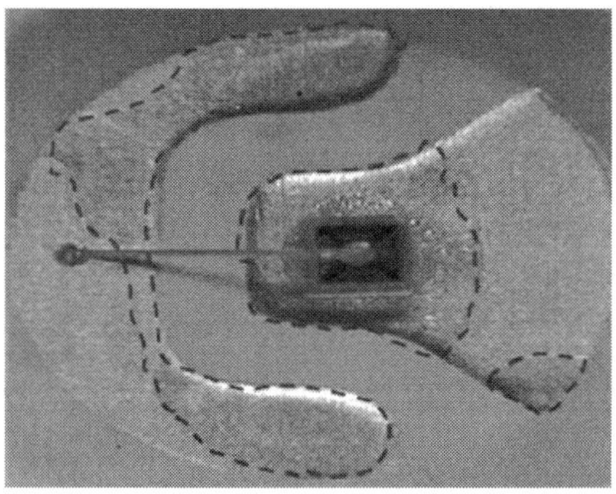

(b)

그림 4.60 (a) LED 패키지에서 각 부분에서의 응력구배,
(b) 마이크로스코프로 촬영한 박리된 LED 패키지 내부 사진

표 4.7 LED 패키지 재료의 습기 물성

Material	die attach	mould	epoxy lens
D (m^2/s)	12.5e-12	1.886e-12	1.886e-12
C_{sat} (kg/m^3)	6.20	4.88	4.88
β, CME (m^3/kg)	0.445e-3	0.210e-3	0.210e-3

LED 패키지의 재료 습기 물성을 표 4.7에 나타내었다.

습기 모델은 열전도 과정과 비교해서 구현되었다. Sequential method가 사용되었고 시뮬레이션은 두 단계를 거쳐 진행되었다. 첫 번째 열 시뮬레이션은 열 분포를 알아보기 위해 실행되었다. 이 단계에서는 샘플의 불규칙한 형태 때문에 SOLID87을 사용했다. SOLID87은 3-D 10-Node Tetrahedral Thermal Solid element이고 불규칙한 구조에 잘 맞는다. 각 절점에서의 자유도가 1인 경우에만 사용 가능하며, 3-D steady state나 열천이 분석에 적용 가능하다. 요구되는 습기 변수는 표 4.7에서 볼 수 있으며 습기의 분포를 얻기 위해 각기 다른 습기 과정의 시뮬레이션을 시행하였다. 두 번째로 스트레스 분석을 시행하였으며 필요한 재료의 변수 또한 표 4.6과 4.7에서 볼 수 있다. 이 단계에서는 요소 SOLID87과 같은 구조를 갖는 요소 SOLID92를 사용하였으며, SOLID92는 3-D 10-Node Tetrahedral Structural Solid 요소이다. 리드프레임의 바닥 표면은 수직 방향으로 고정시켰다. 정지 상태의 응력 시뮬레이션의 결과가 도출되었다.

3시간, 6시간 그리고 24시간 동안 전처리된 LED 패키지의 시뮬레이션 습기 분포는 그림 4.62와 4.63에서 볼 수 있다. 그림에서, wetness fraction은 연속적이지만 습기의 농도는 비연속적임을 볼 수 있다. 이런 이유로 인하여 실제 FEA 모델링에서는 wetness fraction을 사용해야 했다. 3시간과 6시간의 전처리 과정을 거친 샘플에서 die attach 부분에서 최대 0.01662 kg/m^{3}와 0.141 kg/m^{3}의 습도농도(moisture concentration)를 검출할 수 있었다. 이를 통해 3시간과 6시간의 전처리 과정을 통한 샘플들의 칩과 리드프레임 사이에서는 습기가 박리에 미치는 영향이 낮다고 결론을 내릴 수 있었으며, 이것은 그림 4.61에 나타나 있는 3시간, 6시간의 전처리 과정을 거친, 샘플의 칩과 리드프레임 사이의 열저항이 같은 값을 갖는 열 측정 자료로 증명할 수 있다. 측정된 샘플 모두 동일한 칩 타입과 패키지 구조이므로 각각의 LED 샘플의 미분구조함수는 전적으로 비슷한 형상을 갖는다. 3시간과 6시간의 전처리 과정을 거친 샘플은 칩에서 리드프레임까지

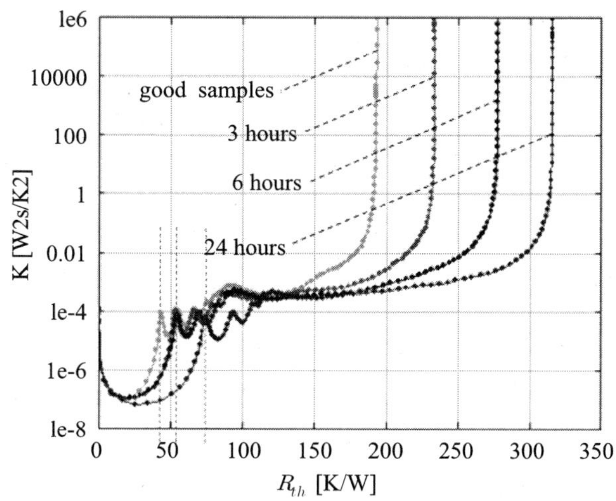

그림 4.61 LED 샘플의 미분구조함수

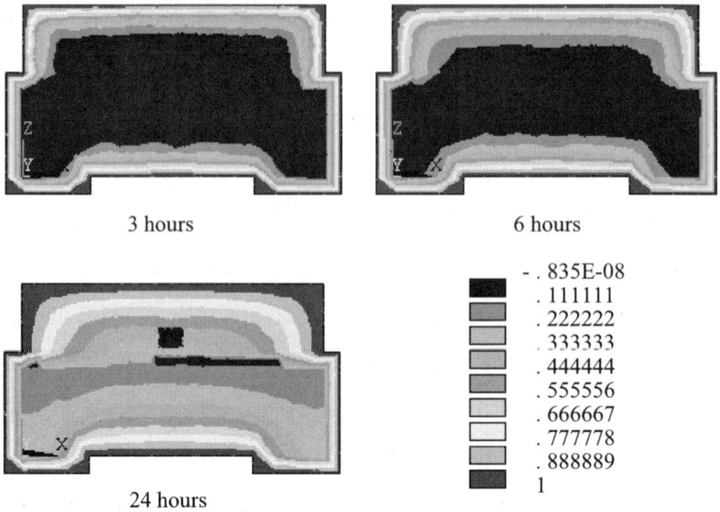

그림 4.62 LED 패키지의 wetness fraction 분포도

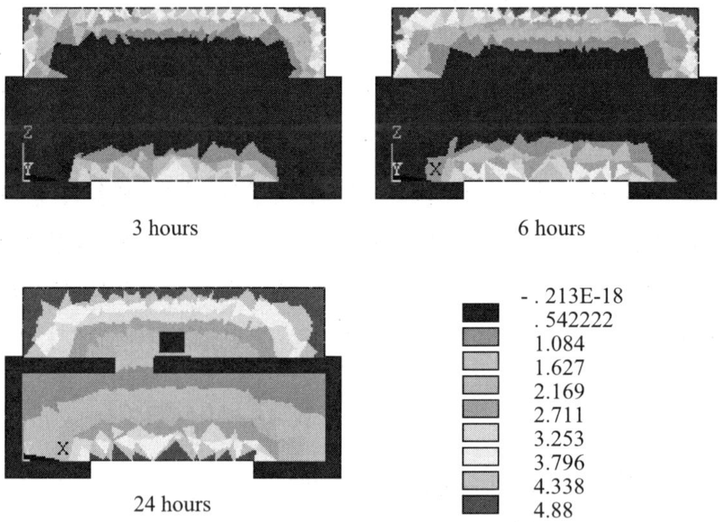

그림 4.63 LED 패키지의 습기농도분포도

의 열저항이 약 52.2 K/W로 일치하였다. 6시간의 전처리 시간은 수분이 die attach에서 확산하기에 너무 짧기 때문에 박리를 일으키고 이 현상은 시뮬레이션으로 확인할 수 있다. 칩에서 리드프레임까지의 열저항은 3시간과 6시간 동안 전처리를 한 샘플의 경우가 24시간 동안 전처리를 한 샘플(70.9 K/W)의 경우에 비해 작았다. 그러나 전처리 과정을 거친 모든 샘플은 칩에서 리드프레임까지의 열저항이 전처리를 하지 않은 샘플(41.7 K/W)의 경우보다 크게 나타났다. 따라서 칩과 리드프레임 사이에서의 박리는 전처리

시간이 길어짐에 따라 더욱더 잘 발생함을 알 수 있다. 24시간 동안의 전처리 과정을 거친 샘플은 die attach 부분에서의 최대 습도의 농도가 3.253 kg/m^{3}이었다. 이는 3시간과 6시간 동안 습기에 노출되었던 샘플들보다 박리 현상과 칩에서 리드프레임까지의 열저항 값이 많이 증가함을 알 수 있다.

시뮬레이션된 hygroscopic stress는 그림 4.64과 4.65에 나타나 있다. 칩과 die attach의 최대 Von Mises stress는 82.6 MPa와 54.6 MPa이었으며 리드프레임과 몰딩 사이의 계면에서의 최대 Von Mises stress는 19.5 MPa이었다. 이 수치는 그림 4.60(a)에서 나타내었던 열응력 71.2 MPa보다 훨씬 작은 값이다.

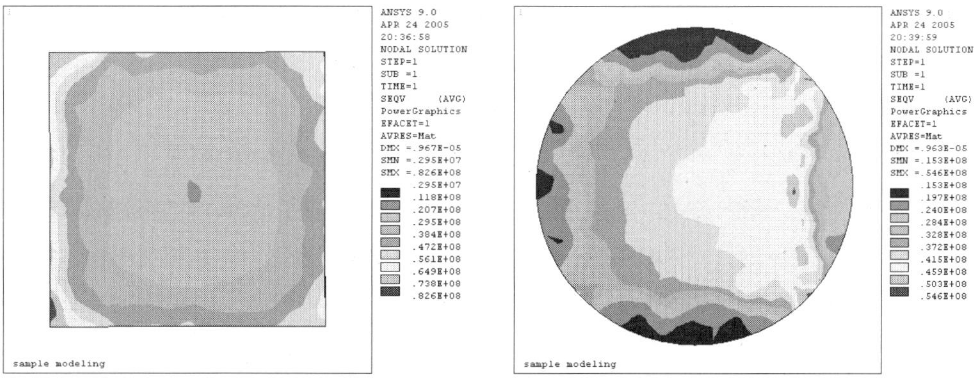

(a) (b)

그림 4.64 (a) 칩과 (b) die attach의 hygroscopic stress

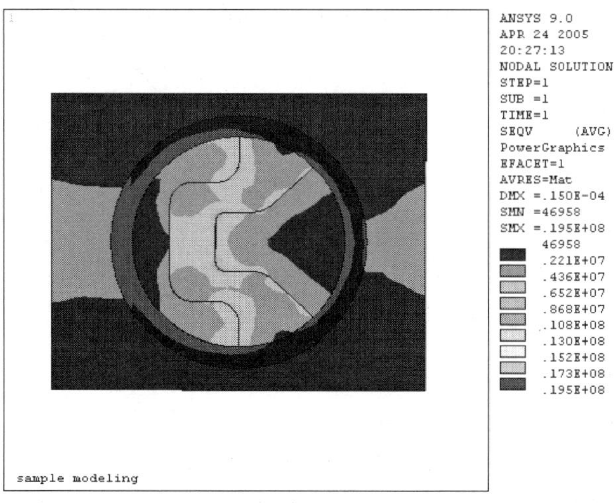

그림 4.65 몰딩 재료에서의 hygro-mechanical stress 분포도

LED 패키지의 최대 hygroscopic Von Mises stress는 82.6 MPa이었다. 이 응력은 열팽창계수의 불일치에 의해 생긴 최대 Von Mises stress 193 MPa보다 훨씬 작은 값이며, 이를 통해 열응력이 LED 패키지에 있어서 hygro-mechanical stress보다 박리에 많은 영향을 끼치는 것으로 결론내릴 수 있었고, 그림 4.66에서 볼 수 있듯이 계산된 hygroscopic stress는 습도 전처리의 시간에 따라 커졌다. 3시간에서 12시간까지의 습기 전처리 과정 동안 최대 hygroscopic stress 값은 비교적 느리고 비선형적으로 증가하였다. 그리고 12시간에서 24시간까지 습도 전처리 과정 시간이 증가했을 때는 hygroscopic Von. Mises stress가 전처리 과정과 함께 선형적으로 증가하였다. 그리고 die attach에서보다 칩 내부에서의 hygroscopic stress의 증가 속도가 빨랐다. 열응력은 주로 열팽창계수(CTE)의 차이와 온도 증가에 의해 발생된다. 따라서 열팽창계수가 잘 부합하는 물질을 패키징 물질로 선택하여 사용해야 하고 솔더 용융을 위한 리플로 과정에서 피크 온도는 가능한 낮아야 한다. 칩에서 발생되는 열응력을 줄이기 위해서 칩과 접착되는 물질은 낮은 탄성계수를 가져야 한다. 따라서 낮은 탄성계수를 지닌 물질을 submount로 사용해야 한다. 또한 현재 칩을 덮기 위해 사용되는 대부분의 에폭시는 curing 후 비교적 높은 탄성계수를 가지므로 칩에서 발생되는 열응력을 줄이기 위해서는 연성 에폭시를 사용해야 한다. 시뮬레이션에서 큰 영향을 미치는 않은 것으로 예측되었으나 hygro-mechanical 응력은 주로 패키지에 흡수된 습기에 의해 발생되므로 세라믹과 같은 패키징 물질을 방습 물질로 선택하여 사용해야 함을 제시하고 있다. 금속 리드프레

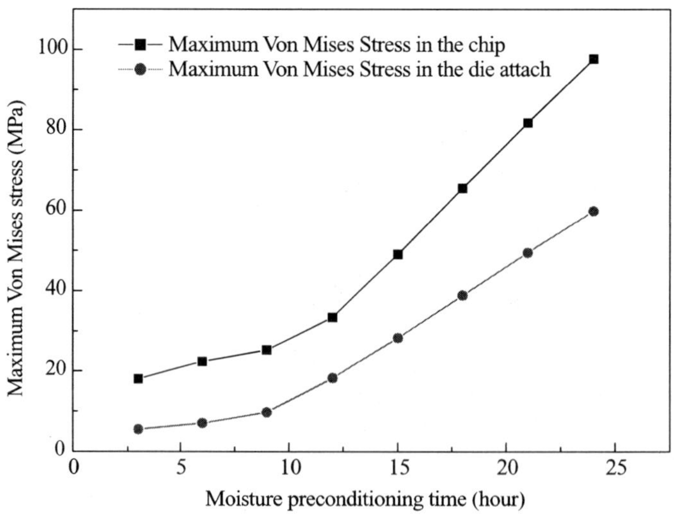

그림 4.66 습기 전처리 시간 증가에 따른 칩과 die attach에서의 hygro-mechanical Von. Mises stress

임과 몰드 사이의 계면은 완전히 봉합해야 하며 습기가 침투할 수 있는 물질이 패키징 성분에 포함되면 hygro-mechanical stress를 유발하므로 유사한 수분팽창계수(CME)를 갖는 물질을 사용하는 것을 권장한다.

4.8.2 세라믹 LED 패키지의 열-기계적 특성

세라믹 패키지로 만들어진 LED는 치수가 5.06×5.06×0.95 mm^3이고, 패키지는 칩, heat slug, lead frame, 세라믹 몰드와 epoxy lens로 구성되어 있다. 패키지의 열물성치와 기계적 물성치는 표 4.8과 4.9에서 보여 준 바와 같이 설정하였다. 샘플과 경계 조건의 구조가 대칭적이므로 오직 구조의 반만 계산하여 시뮬레이션을 진행하였다. 시뮬레이션에서 사용한 모든 구조는 실제 세라믹 LED 패키지와 같은 값을 가지게 하였다. 모델링 방식과 열-기계적 분석 방식은 4.8.1절에서 토론한 플라스틱 LED 패키지와 동일하다.

동일한 세라믹 LED 패키지에서 세라믹 재질만 플라스틱 재질로 바꿨을 때 열-기계적 특성에 관하여 동시에 토론하여 세라믹 재질이 패키지의 열응력에 주는 영향을 분석하였다.

과도 상태 열분석에서 세라믹 패키지는 20초간의 히팅 공정을 통하여 칩의 온도가

표 4.8 세라믹 LED 패키지 재료들의 열물성치

Material	sapphire	die attach	silver	mould		Epoxy lens
				ceramic	plastic	
λ (W/m · ℃)	35.1	7.5	419	3.2	0.23	0.17
C (J/kg · ℃)	753.12	300	234	989	1256	1173
ρ (kg/m^3)	3980	2400	10491	3100	1300	980

표 4.9 세라믹 LED 패키지 재료들의 기계적 물성치

Material	sapphire	die attach	silver	mould		Epoxy lens
				ceramic	plastic	
α, CTE (10^{-6}/K)	5.6	30	19.9	5.8	45	45
Poison's ratio	0.25	0.35	0.39	0.24	0.35	0.49
E (GPa)	335	40	76	76	5.2	0.5

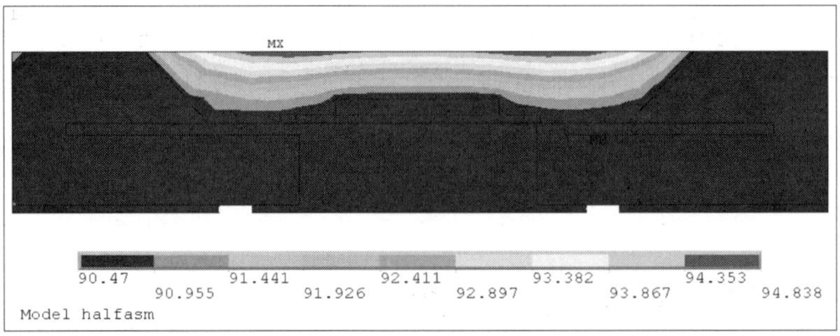

(a) 세라믹 패키지

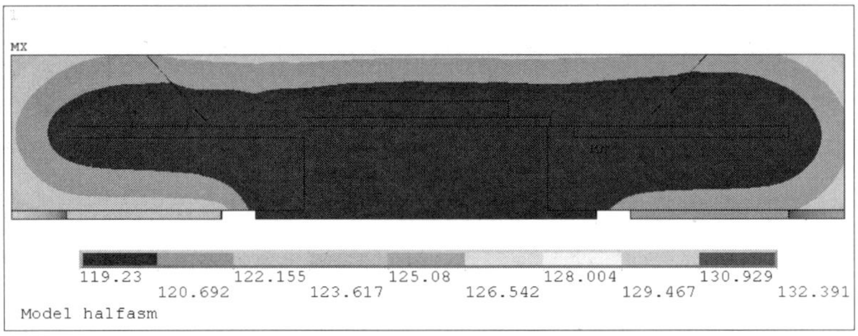

(b) 플라스틱 패키지

그림 4.67 FEA를 통한 heat block test를 할 때 LED 패키지의 온도구배

초기 온도 25 ℃로부터 95 ℃까지 상승하였다. 그림 4.67(a)에서 급격한 온도구배는 주로 에폭시 렌즈와 기타 패키지 요소로 나타났다. 칩과 heat slug, 세라믹 몰드 사이에서의 온도구배는 적은 것으로, 이는 이 물질들의 열전도도가 높기 때문이다. 플라스틱 패키지[그림 4.67(b)]는 세라믹 패키지와 비교하였을 때 더욱 높은 정션 온도와 온도구배를 나타내었다. 이것은 플라스틱 패키지의 열전도도가 낮은 원인으로 분석된다.

온도구배와 CTE의 불일치는 패키지에서 큰 열-기계적 응력을 유발하는 원인이다. 세라믹 패키지에서 계산된 열응력을 그림 4.68에 표시하였다. 그림에서 나타내듯이 높은 열응력이 칩과 칩 접착 물질 사이에 존재하였다. 경계면 지역, 특히 바깥쪽 가장자리는 더 높은 응력 레벨을 나타내었다. 최대 Von. Mises 응력은 칩에서 419.24 MPa이었고 silver epoxy 접착 물질에서는 147.85 MPa이었다. 이러한 스트레스는 칩과 칩 접착 물질 사이에 박리를 일으킬 수 있다. 박리 현상은 모서리에서 시작한 뒤 다른 지역으로 확장된다.

플라스틱 LED 패키지의 열응력도 똑같이 계산되었고 그림 4.69에 표시되었다. 최대 Von. Mises 응력은 칩에서 335.76 MPa이었고, silver epoxy 접착 물질에서 129.99 MPa

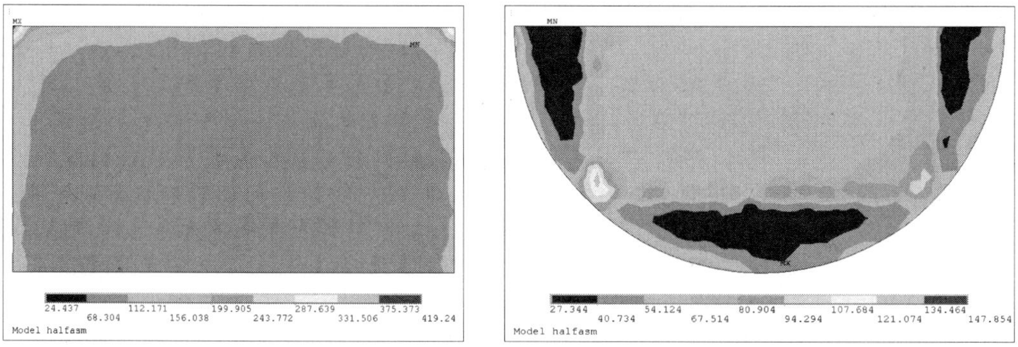

(a) 칩의 응력 분포 (b) 칩 접착 물질의 열응력 분포

그림 4.68 세라믹 LED 패키지의 열응력 분포

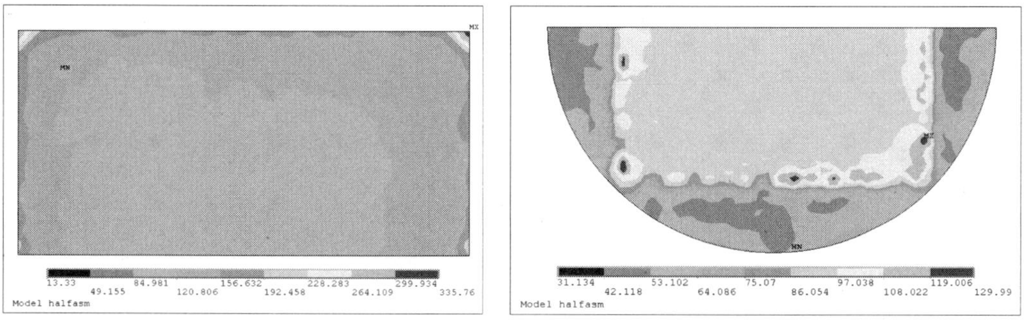

(a) 칩의 응력 분포 (b) 칩 접착 물질의 열응력 분포

그림 4.69 플라스틱 몰드 LED 패키지의 열응력 분포

이었다. 세라믹 몰드와 칩의 CTE의 차이가 적음에도 불구하고(5.6×10^{-6}/K와 5.8×10^{-6}/K) 세라믹 LED 패키지에서의 열응력이 플라스틱 몰드 LED 패키지보다 크다. 이 원인은 세라믹 패키지의 높은 탄성계수(E, elastic modulus) 때문인 것으로 분석된다. 세라믹 패키지가 플라스틱 패키지보다 훨씬 견고하기에 세라믹 몰드와 칩의 CTE의 차이가 적음에도 불구하고 큰 열응력을 나타내었다.

세라믹 몰드 LED 패키지와 플라스틱 몰드 LED 패키지의 열응력 모델링에서 두께 방향에서의 열응력이 다른 방향보다 상당량 크다는 것을 발견하였다. 그림 4.70(a)와 (b)는 세라믹 몰드 LED 패키지와 플라스틱 몰드 LED 패키지의 두께 방향에서의 열응력의 크기를 보여 준 것이다. 두 가지 경우, 두께 방향에서의 최대 열응력은 장력(tensile stress)으로 나타났다. 이 그림으로부터 칩 접착 물질의 본딩 힘(bonding strength)은 다른 방향보다 두께 방향에서 더 주의를 기울여야 됨을 알 수 있다.

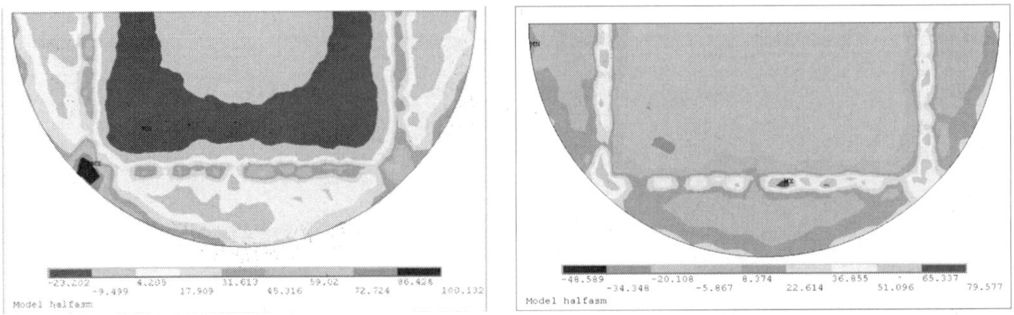

(a) 세라믹 몰드 LED 패키지　　　(b) 플라스틱 몰드 LED 패키지

그림 4.70 두께 방향에서의 칩 접착 물질의 열응력

연습문제

4.1 LED 패키지의 발열의 생성 원인에는 무엇이 있는지 서술하라.

4.2 한 가지 LED 패키지에서 전류가 350 mA일 때 전압은 3.6 V이고 광출력은 150 mW로 측정되었다. 정션 온도는 50 ℃였고 주변 온도는 20 ℃로 측정되었다. 광출력을 고려한 이 LED 패키지의 열저항을 구하라.

4.3 정션 온도를 구하는 방법 세 가지를 기술하라.

4.4 LED 패키지에서 순방향 전압과 정션 온도와의 관계를 식으로 설명하라.

4.5 열천이 측정에서 미분구조함수로부터 어떤 정보를 알 수 있는지 쓰라.

4.6 열 설계 툴에서 세 가지 경계 조건에 대해 기술하라.

4.7 멀티칩 LED 패키지의 열적 등가회로를 그려라.

4.8 LED 패키지에서 응력이 발생하는 원인에 대해 논의하라.

05 LED 패키지의 광 특성 및 설계

LED를 광학적 특성에 따라 구분한다면 크게 세 부분으로 구분할 수 있다. 칩(chip) 영역과 패키지, 그리고 요구되는 광학적 특성을 만족하기 위한 부가적인 광학부로 구분한다. 칩 영역은 재료의 선정 및 조합 비율, 성장, 그리고 후 공정에 이르기까지 실험 의존적인 특성이 강하고, 전 공정이 LED의 성능 및 수명에 미치는 영향이 매우 크다고 할 수 있다. 패키지는 칩의 특성을 잘 살리고 외부 환경이 칩에 미치는 영향을 최소화할 수 있도록 하여 LED의 특성이 안정성을 갖게 하는 매우 중요한 역할을 담당한다. 마지막으로 부가적인 광학부는 제작된 LED가 사용처에 맞게 광학적인 특성을 갖게 하는 것을 목적으로 한다. 일반 조명용으로 사용하든지, 또는 BLU와 같이 특수한 목적으로 사용되든지 LED의 최종 사용 특성을 결정지어 주는 역할을 하게 된다. 최근에는 이 마지막 단계와 패키지 단계를 일체화하는 구조적인 설계와 이를 가능케 하는 공정이 연구・개발되거나, 또는 칩과 패키지를 단일 공정 내에서 진행하는 기술들이 지속적으로 준비되고 또 일부는 상용화되고 있다. 조만간에는 이 세 가지 단계를 단일 공정에서 진행하는 시스템 프로세스의 개발이 현실화될 것으로 예상된다.

본 장에서는 LED 패키지의 광학적 특성 및 설계에 대해 집중적으로 논의할 것이다. 패키지의 광기구적 구조, 패키지 재료의 광학적 특성, 패키지의 용도별 특성 및 이를 바탕으로 한 패키지의 광추출 효율 문제 등에 대해 설명하고, 이에 기본이 되는 조명광학의 기본 개념 및 측정에 대해서도 설명할 것이다.

LED 패키지는 매우 간결한 구조로 요구되고(이는 제작업체 입장에서 금형비용이나, 공정비용, 제품의 호환성 및 신뢰성과도 연결된다.) 우수한 열적, 광학적 특성을 만족해야 한다. 광학적 입장에서 보면 LED 패키지는 설계 및 공정 변수가 매우 적은 제품이다. 공정 변수가 적다는 것은 공정의 안정성이 좋아진다고도 말할 수 있으므로 그만큼 LED를 하고자 하는 업체 입장에서는 낮은 진입 장벽을 갖고 있다고 할 수 있다. 그러나 제품을 설계하는 입장에서 보면 적은 설계 변수는 최적화할 수 있는 변수가 적기 때문에 목적에 맞는 패키지의 설계에 한계를 갖게 된다. 그렇기 때문에 구조적인 부분의 기본적인 특허는 상당히 큰 영향력을 갖게 한다. 고출력 대면적 칩이 본격적으로 시장에 선을 보이면서 이러한 부분의 변화도 조금은 엿볼 수 있게 되었다. 물론 방열 문제로 인한 구조적인 변경이 상당 부분에 해당하지만, 광추출의 향상이나 패키지 단에서 광학 특성을 결정짓기 위한 설계 개념으로 인해 다양한 형태의 패키지들이 대두되고 있다. 이러한 부분은 좀더 자세하게 다루어 보도록 하겠다.

먼저 조명광학의 기본 개념과 광 측정 용어에 대해 알아보도록 하겠다.

5.1 조명광학 기본 이론

5.1.1 빛(가시광선, Light)

단위 : nm(나노미터)

빛은 전자파의 일종으로 사람의 눈을 통해 밝기로서 감지될 수 있는 가시광선이라고 불리는 파장이며, 전자파에는 빛 외에도 TV, 라디오, 레이더 등 통신에 사용되는 전파와 X-선, 자외선, 적외선 등이 있다. 가시광선은 전자파의 스펙트럼 중 380～780 nm 사이의 파장을 말하며, 파장의 길이가 짧은 쪽으로부터 긴 쪽으로, 이른바 일곱 가지 색(보라색부터 빨강색까지)으로 나뉜다. 가시광선이라 불리는 파장을 가지는 빛들이 모여서 나타내는 것이 색이다. 빛의 파장에는 nm(나노미터)라는 단위가 사용되며, 이것은 1 mm의 100만분의 1(1 nm $=1\times10^{-6}$ mm)이라는 길이를 나타낸다.

5.1.2 광속(Luminous Flux, Φ)

단위 : lm(루멘)

광원으로부터 나오는 모든 빛(가시광)의 총량이며, 램프의 광속은 램프 제조업체가 제시하며, 또는 광속구(적분구)를 이용하여 측정할 수 있다.

1루멘은 1칸델라의 점광원으로부터 1스테라디안(steradian)으로 방사된 광속이다.

$$I = \Phi / w \tag{5.1}$$

I : 광원의 평균 구면 광도 (cd)

Φ : 광원으로부터 방사된 광속 (lm)

w : 광속을 포함하는 입체각 (sr)

점광원 주위의 전체 입체각은 4π 스테라디안이므로

$$\Phi = \mathrm{I} \times \mathrm{w} = \mathrm{I} \times 4\pi = 4\pi \tag{5.2}$$

위의 식에서 보듯이 1 cd의 점광원에서 방사된 전체 광속은 4π lm이다.

5.1.3 입체각(Solid Angle)

빛은 3차원의 모든 방향으로 방사될 수 있으므로 한 점의 주위 공간을 입체각으로 나누어서 측정하는 방법이 필요하다. 입체각에 대한 표준 SI 단위는 스테라디안으로, 구(球)의 반지름의 제곱에 해당하는 구 표면에서의 면적을 구의 중심에서부터 절단하는 입체각을 1스테라디안이라 한다. 완전한 구는 전체 4π스테라디안으로 둘러싸여 있다.

5.1.4 광도(Luminous Intensity, I)

단위 : cd(칸델라)

빛의 강도를 말하며, 광원으로부터 어떤 방향으로 얼마만큼의 광량이 방출되는지를 나타낸다.

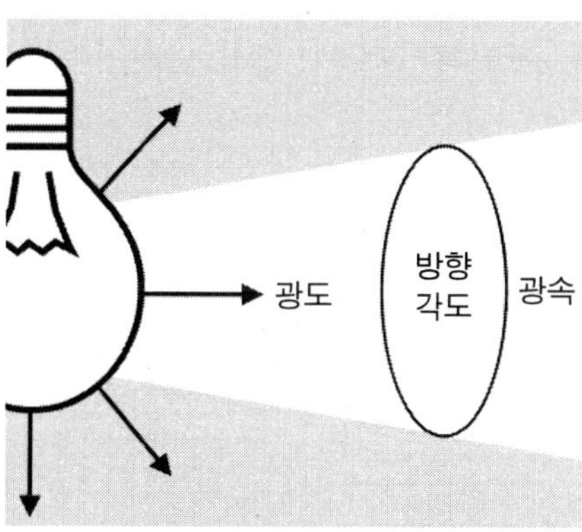

그림 5.1 광도의 개념

5.1.5 조도(Illuminance, E)

단위 : lux(룩스)

광속과 빛이 비춰지는 면적과의 비례를 말하며, 1 lux란 1 m^2의 면적 위에 1 lm의 광속이 균일하게 비춰질 때를 말한다.

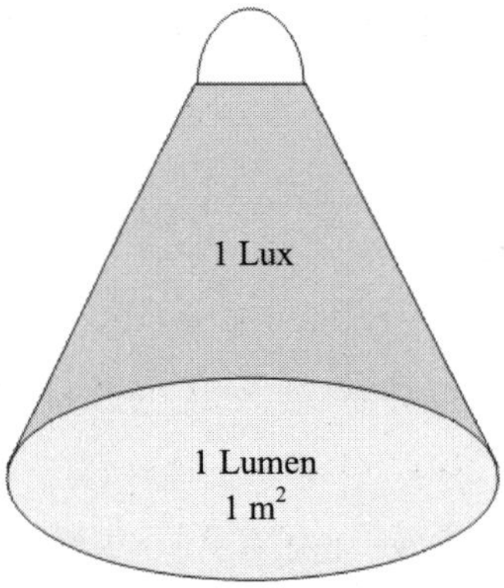

그림 5.2 조도의 개념

5.1.6 휘도(Luminance, L)

단위 : cd/m^2, nt(니트)

어떤 방향으로부터 본 물체의 밝기를 말한다. 조도가 단위 면적당 얼마만큼의 빛이 도달하는가를 표시하는 단위라면, 휘도는 그 결과 어느 방향으로부터 보았을 때 얼마만큼 밝게 보이는가를 말한다. 광원의 휘도와 빛이 비춰지는 면적은 빛의 밝기를 감지하는 데 중요한 요인이 된다.

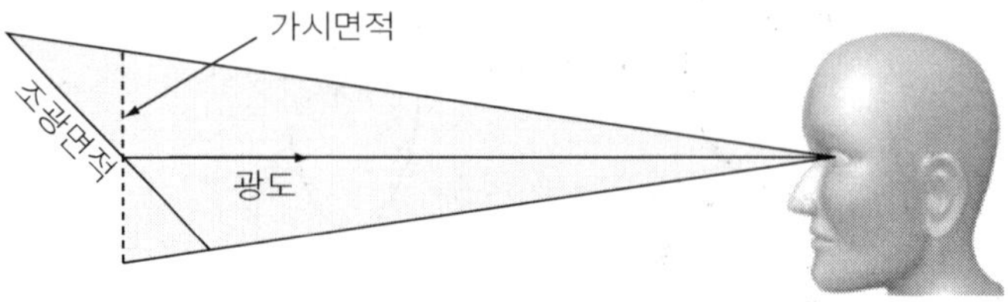

그림 5.3 휘도의 정의

5.1.7 램프효율(Luminous Efficacy)

단위 : lm/W

사용전력 대비 광원이 방출하는 빛의 양을 나타내는 효율성을 말하며, 램프의 전광속을 소비 전력으로 나눈 값이다. 일반 형광램프 FL40W(전광속 3,100 lm)의 경우, 램프효율은 3100/40 =77.5 lm/W가 된다. 램프효율이 클수록 밝고 경제적인 광원이 된다.

5.1.8 색온도(Color Temperature)

단위 : K(켈빈)

광원이 방출하는 빛의 색조를 물리적, 객관적 색조로 나타낸 것이며, 일반적으로 색온도가 낮으면 오렌지색에 가까운 따뜻한 기운이 있는 빛으로 되고 색온도가 높아질수록 한낮의 태양광처럼 백색을 띠는 빛이 된다. 더욱 높아지면 청색에 가까운 시원스런 빛이 된다.

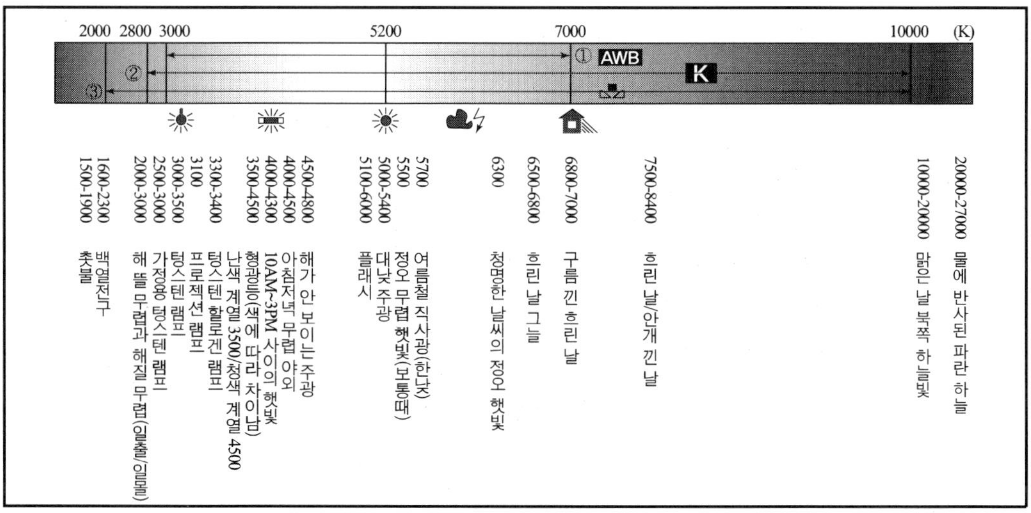

그림 5.4 색온도별 광원 특성

5.1.9 연색성

단위 : Ra(연색지수)

인공조명은 사람의 눈이 사물의 색을 자연광 아래에서처럼 제대로 인식할 수 있도록 해야 한다. 연색성이란 조명된 사물의 색 재현 충실도를 나타내는 광원의 성질을 말하며, 연색지수란 자연광에서 본 사물의 색과 특정 조명에서의 경우 어느 정도 유사한가를 수치로 나타낸 것이다.

측정 방법은 정해진 여덟 종류의 시험색을 측정하려고 하는 광원하에서 본 경우와 기준 광원하에서 본 경우의 차이로 측정한다. 측정한 광원이 기준 광원과 같으면 Ra100으로 나타나고 색차이가 클수록 Ra 값이 작아진다. 지수가 100에 가까울수록 연색성이 좋은 것을 의미하며, 일반적으로 평균연색지수가 80을 넘는 광원은 연색성이 좋다고 할 수 있다.

Lamp type	Ra
Incandescent	100
Fluorescent	
Colour / 33	65
Colour / 54	72
Colour / 82 / 83 / 84	86
Colour / 93 / 94 / 96	93
Low pressure sodium (SOX)	(−44)
High pressure sodium (SON)	26
High pressure mercury (HPL-N)	45
Blended light (ML)	60
Metal Halide (HPI)	70

그림 5.5 광원별 연색성 지수

5.1.10 분광 분포

모든 빛의 파장단위별 밀도(energy)를 나타내는 것이다. 연색성을 중시하는 경우 가시광 전역에 걸쳐서 편차 없이 균일한 빛의 밀도를 갖는 광원이 이상적인 광원이라 말

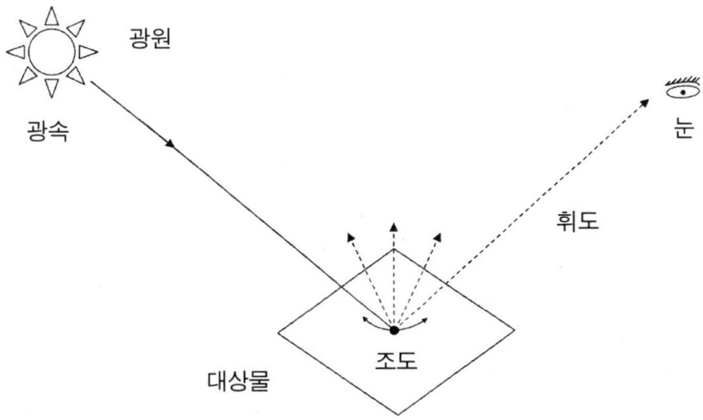

그림 5.6 분광 분포

할 수 있다. 그림 5.6은 평균 연색지수 Ra99인, 자연광에 극히 가까운 색의 외관을 갖는 형광램프(색평가용)의 분광 분포인데, 위의 조건을 충족시키고 있다는 것을 알 수 있다.

5.2 LED 패키지 재료의 광학적 특성

패키지 재료의 광학적 특성은 패키지에 사용되는 재료가 제한적이고, 매우 간결한 광 구조로 설계되어 있어 투과, 반사, 산란의 세 가지 특성으로 간단히 구분할 수 있다.

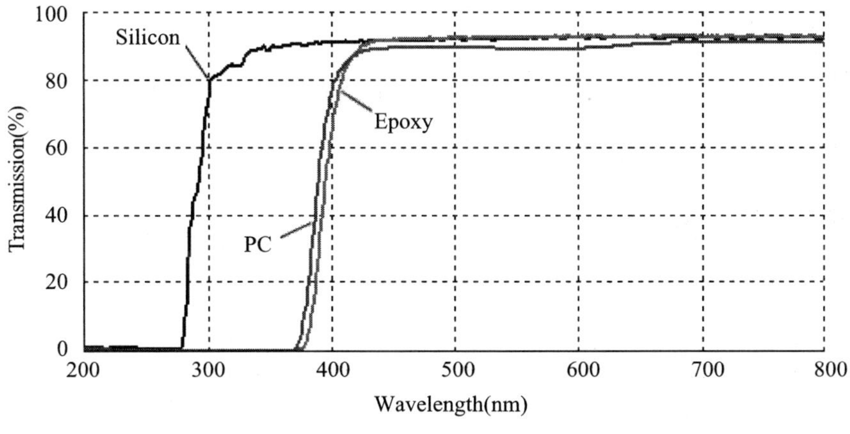

그림 5.7 LED 패키지 봉지재의 광투과율

먼저 광투과 특성을 갖는 봉지층의 경우, 일반적으로 가장 많이 사용되고 있는 에폭시와 실리콘 재질의 파장별 광투과율을 대표적인 플라스틱 광학 소재인 PC(polycarbonate)와 비교하였다. 420 nm 이상에서는 거의 유사한 투과율 특성을 보여 주고 있다. 최근에 SMD형 LED의 경우에는 향상된 투과율과 높은 광학 굴절률, 그리고 안정된 신뢰성 등을 바탕으로 실리콘 재질의 봉지재들이 많이 사용되고 있다. 특히 실리콘 재질은 UV 영역에서도 상대적으로 좋은 투과율을 보여 주므로 UV LED를 이용한 특성 제품에 많은 적용이 이루어지고 있다.

그림 5.8은 앞서 보여 준 패키지 광투과성 패키지 재료와 비교하여, 일반적으로 많이 사용되는 유리 및 플라스틱 광학 소재의 투과율을 보여 준다. 유리 소재의 경우 플라스틱에 비해 뛰어난 투과율 특성을 가지고 있음을 알 수 있다. 실재 LED를 이용한 조명 제품 중에서도 가혹한 외부 환경에 노출되어 있는 경우에는 강화 플라스틱 재질을 사용하지만, 보다 높은 신뢰성 확보를 위해 유리 소재도 부분적으로 적용되고 있다.

다음으로 패키지를 구성하는 리드프레임이나 몰드 컵 등의 반사율이 전광속, 광도 등에 영향을 주게 된다.

포탄형 LED의 경우에는 반사체가 리드프레임에 일체화된 컵(cup)이 유일하다. 그래서 일반적으로 여기에는 Ag를 도금하여 높은 반사율을 갖도록 한다.

SMD형 LED의 경우에는 구조적인 형태에 따라 조금 복잡하다. 리드프레임이 바닥면에 있는 경우, 컵의 측면부나 상측부에 있는 경우 등 디자인의 형태에 따라 다양하게 된다. 패키지의 전체적인 몰드 틀은 통상 플라스틱 재질의 PPA를 사용한다. 그리고 특별한 경우에 측면에 Al, Cr, Ni, Ag 등을 도금하여 광 반사 특성을 향상하기도 한다.

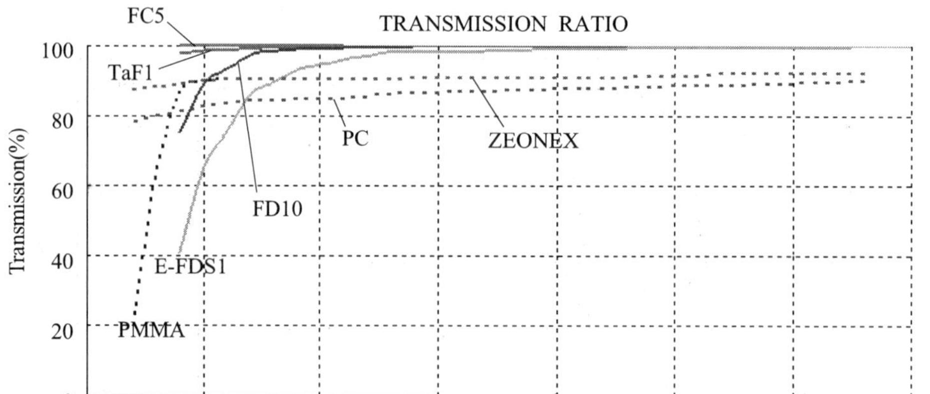

그림 5.8 광학소재별 투과율(플라스틱 : 파선 / 유리 : 실선)

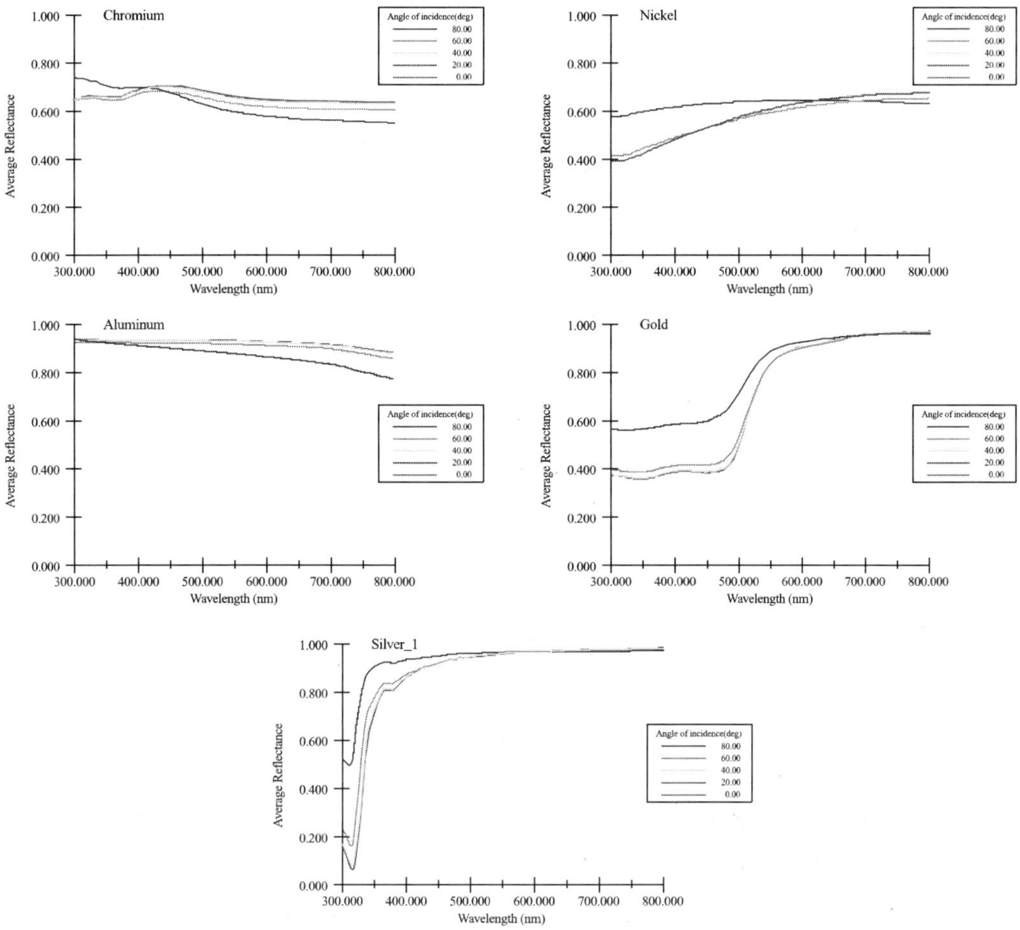

그림 5.9 각 금속막 코팅의 입사각도에 따른 파장별 반사율(LT 제공 금속막)

그림 5.9에 다양한 금속막 종류별로 광의 금속막 입사각도에 따른 반사율을 표현하였다(책 앞부분 컬러 그림 참조). 은이나 알루미늄 같은 금소막이 가시광선 전 영역에서 90% 이상의 높은 반사율을 갖고 있다. Cr, Ni 등은 40～60%대의 반사율을 갖고 있어 좋은 반사막으로 볼 수는 없지만, 막강도가 좋고 외부 환경에 강해 실제로 그 용도가 많다. 반면에 은이나 알루미늄 같은 재질은 공기 중에서 산화가 잘 되고 금속막의 강도나 밀착성이 낮아 신뢰성이 좋지 않은 단점을 안고 있다.

이러한 금속막과는 별도로 유전박막을 코팅하여 반사율을 향상시킬 수도 있다. 이 경우에는 전도부와 절연부를 잘 차단할 필요가 있고, 상온 코팅을 해야 하므로 막강도나 밀착성이 다소 떨어지게 된다.

자연계에 존재하는 모든 물체는 빛을 투과·반사·흡수하고, 투과·반사하는 과정

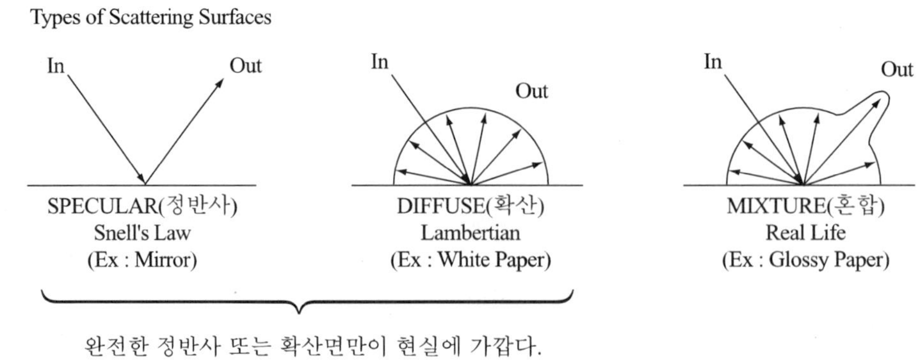

그림 5.10 광학 경계면의 산란반사 형태

중에 산란이 발생한다. 기하 광학적 입장에서 snell's law에 의한 빛의 반사 형태는 그림 5.10의 첫 번째와 같이 정반사(specular) 특성을 갖는다고 가정한다. 즉 물체의 입사하는 각도는 출사하는 각도와 같게 된다는 것이다. 아주 잘 만들어진 거울이 이에 해당된다고 할 수 있다. 이와는 조금 다르게 빛이 어느 각도로 입사하든지 출사하는 광은 전방향에 대해 일정한 강도 분포를 갖는 물리적인 면이 있을 때 그것을 확산(diffuse)면이라고 하고 lambertian 분포를 갖는다고 한다. 종이에 광을 비추면 종이에서 반사된 광은 관측자의 각도에 관계없이 동일한 강도 분포를 갖게 된다. 물론 실제 우리가 사용하고 있는 종이는 완전 확산면은 아니므로 약간의 차이는 갖게 된다. 설명한 두 가지의 산란면의 경우는 자연계에 존재하기 어려운 이상적인 상황이고, 실제는 두 가지 산란의 형태가 복합적으로 나타나게 된다. 이러한 경우가 마지막에 표현된 혼합된 형태(mixture)이다. 입사각에 대응되는 출사 위치에 specular 성분을 갖고 다른 부분에는 확산 성분을 갖게 된다. 이러한 산란반사 특성은 패키지의 광효율뿐만 아니라 지향각 분포에도 영향을 주는 중요한 인자가 된다. 아직까지 국내에서는 LED 분야에 대해 구체적인 데이터베이스가 정립되어 있지 않아 패키지의 설계와 평가에 큰 어려움을 겪고 있는 것이 현실이다.

패키지 재료의 표면 광산란 특성은 패키지의 광추출효율뿐만 아니라 지향각, 각도별 색좌표의 변화 등에 매우 큰 영향을 주는 인자로, 최근 이에 대한 실험 결과들이 발표되고 있으나 이에 대한 상용화의 적용은 잘 이루어지지 않고 있다.

그림 5.11은 몇 가지 패키지 재료들을 보여 주고 있다. 일반적으로 사용되는 패키지의 재료들은 Al, Au, Ag, PPS, PMMA, PC 등 반사율이나 투과율과 같은 광학 특성이 높고 신뢰성이 좋은 재질들이 사용되고 있다.

그림 5.11 광학적 반사 특성이 다른 패키지 재료 및 형태

그러나 동일한 소재를 사용한 경우에도 패키지의 형상 구현을 위해 제작하는 방식에 따라 표면물성이 달라지는 경우가 있다. 물론 광학적 특성 구현을 위해 고의적으로 부식을 주어서 표면을 거칠게 하거나, 정반사 특성을 강하게 하기 위해서 폴리싱(polishing)을 하기도 한다. 소재 자체가 방향성을 갖는 경우도 있다. LED 패키지에 자주 사용되는 알루미늄 재질은 대부분이 한 방향으로 groove 형태의 패턴이 형성되어 있어, 광산란 특성이 방향에 따라 차이를 갖게 된다.

정확한 평가와 패키지의 설계를 위해서는 반드시 패키지 재료에 대한 surface scattering의 측정이 필요하지만 언급한 바와 같이 표면 특성치는 동일한 재료에서도 가공 방법이나, 성형 제품의 경우에는 금형의 형태, 성형 온도, 후처리 등에 의해 그 변화가 발생하여 정확한 측정이 매우 어려운 현실이다. 또한 시료 제품의 크기가 매우 작아 측정 자체에서도 제약을 받는 경우가 많다. 이러한 어려움으로 인해 일반적으로 scattering의 특성을 간이적으로 확인해 보기 위해 레이저와 같은 collimating beam을 활용하여 재질의 표면 특성을 분석하기도 한다.

이 결과는 물론 정량적인 값을 얻기는 어렵지만 정성적인 개념 수준에서 어느 정도 근접한 시뮬레이션 결과를 유도할 수 있다.

반사컵 표면 형상에 따른 광학 특성 변화를 전산 모사 결과를 요약 정리하여 표 5.1에 나타내었다. 표의 결과를 도출하기 위하여 봉지재의 곡률, 높이 및 직경을 0.75R/0.6t/1.5 Dia으로 패키지의 H 0.8/bottom R 1.8675/tap 1.178으로 고정하였으며, 반사컵

표 5.1 반사컵 표면 형상에 따른 광학 설계 분석 결과

CASE	Surface	광도(cd)	전광속(lm)	지향각(deg)	조도(lux)-1 m
V31	Lambertian scattering	10.5	35.11	125	10.8
V32	Gaussian scattering	7.7	37.52	125	10.2
V33	specular	7.2	34.83	125	6.3

의 각도를 45도로 고정하여 패키지 표면의 형상 변화에 의한 광학적 효과를 분석하였다. 단순 snell 방정식을 따르는 기하학적 전반사와 표면 재질에 따른 산란(Lambertian & Gaussian)(그림 5.12)에 의한 광학적 효과를 간단히 비교하였다. 산란 효과가 약해지고 기하학적인 반사 특성이 강할수록 uniformity가 상당히 저하됨을 알 수 있다. V33과 같이 specular 특성만을 갖는 경우에는 원하는 지향각과 광도, 또는 조도를 얻기 위해서 상당히 세심한 기학학적 설계와 평가가 필요하게 된다.

(a) Specular Type (b) Gaussian Type (c) Lambertian Type

그림 5.12 LED 패키지 material에 대한 simple scattering experiment

5.3 LED 패키지 형태에 따른 광학적 특성

같은 사람이라도 하는 일에 따라 다른 옷을 입고 또 어떤 옷을 입느냐에 따라 전혀 다른 이미지를 보여 주기도 한다. LED의 경우에 패키지가 이와 같은 옷의 역할을 한다고 볼 수 있다.

동일한 칩을 사용하더라도 패키지의 종류에 따라 광추출효율, 지향각, 광도 등에 차이를 보이고, 심지어는 컬러 특성에서도 차이를 나타내는 경우가 있다. 그만큼 패키지의 역할이 중요하다고 할 수 있다. 그림 5.13은 다양한 형태의 패키지를 보여 주고 있다. 포탄형에서부터 RGB 3칩용 SMD 패키지, 4핀(pin) 패키지 그리고 렌즈가 마운트된 형태와 그렇지 않은 형태, 각각의 패키지들은 그 안에 실장된 칩이 동일하더라도 대부분 그 용도는 다르게 된다(그림 5.14). 그러면 큰 틀에서 패키지를 포탄형 방식과 SMD 방식으로 나누어서 좀더 상세하게 다루어 보도록 하겠다.

Multiple die(RGB), chip style

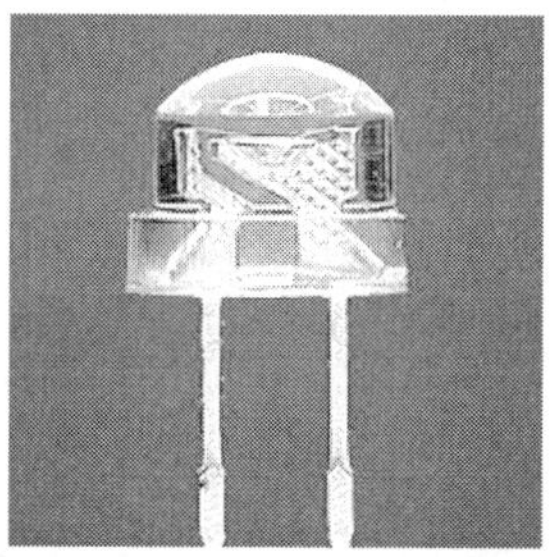
T 1-3/4

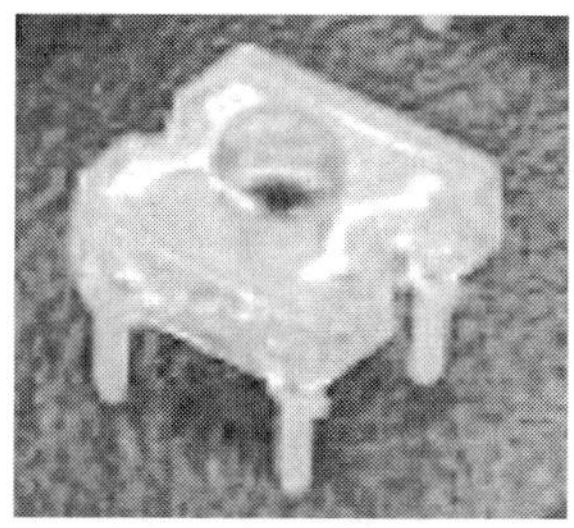
4 pin package

Single die, chip style

Lensed surface mount

그림 5.13 LED 패키지 형태

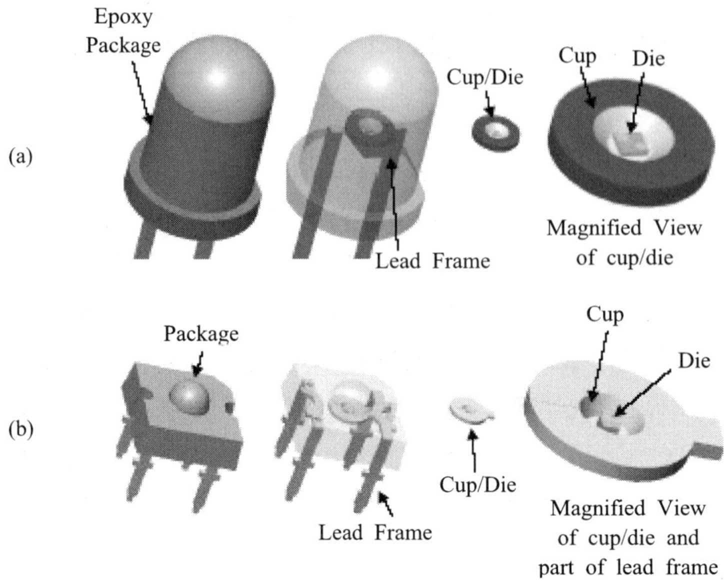

그림 5.14 (a) 포탄형과 (b) 4핀 LED Optical modeling

5.3.1 포탄형 LED

LED의 시장 확대에 가장 큰 기여를 한 패키지의 형태로, 분리된 2개의 리드프레임을 감싸고 있는 포탄 형태의 몰딩으로 구성되어 있다. 한쪽 리드프레임 컵에 LED 칩이 장착되고 와이어 본딩을 통해 칩의 전극 부분과 다른 한쪽의 리드프레임이 연결되는 구조를 갖는다(그림 5.15).

광학적 측면에서 보면 다양한 장점을 갖는 구조이다. 먼저 반구 형태의 몰딩부로 인해 상당히 높은 광추출효율을 갖게 된다. 일반적으로 발광부를 점광원으로 가정하면 발광부를 구의 중심에 위치시키는 경우에 발광부에서 발산된 모든 광은 구의 표면에 수직으로 입사하게 되고, 이러한 경우에는 매질의 굴절률에 관계없이 매질을 통과할 수 있게 된다[그림 5.16(a)].

그러나 실제로는 점광원이라는 것이 존재하지 않고 어느 정도의 크기를 갖게 되며 또 컵 부분에서 반사된 광의 경우에는 점광원과는 또 다른 광 경로를 갖게 되므로 이로 인한 차이를 갖게 된다[그림 5.16(b)].

상기 언급한 것과 같은 이유로 인해 포탄형 LED의 경우에는 상대적으로 높은 광추출 효율을 예측할 수 있게 된다. 또한 지향각을 용이하게 조정할 수 있는 장점이 있다. 다

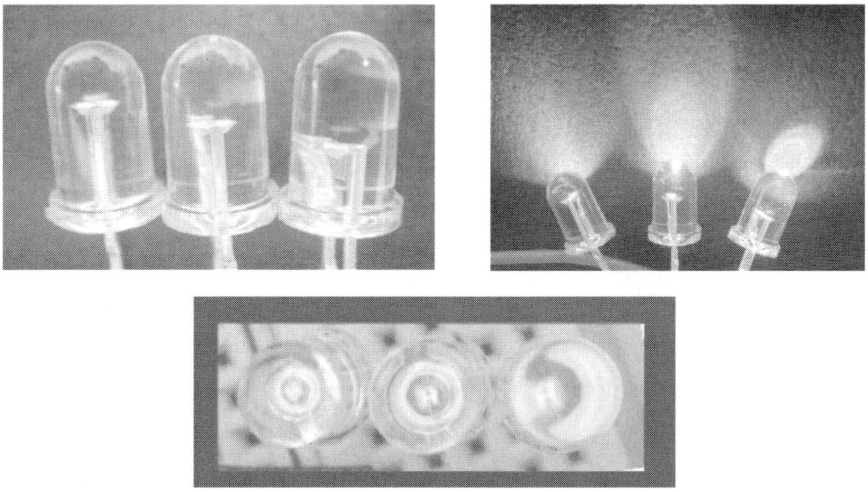

그림 5.15 리드프레임의 삽입량에 따른 LED 광 특성

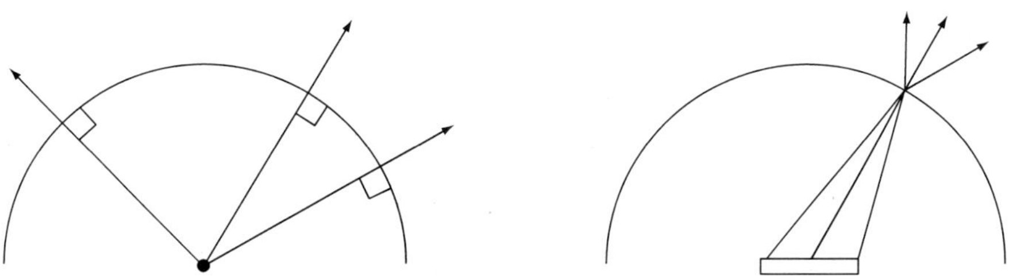

(a) 점광원인 경우 구형 매질을 수직 통과하는 광 경로

(b) 면광원인 경우 구형 매질을 지나는 광 경로

그림 5.16 점광원과 면광원의 광 경로 해석

른 SMD 패키지의 경우에는 패키지를 설계, 제작하게 되면 특별한 경우를 제외하고는 광추출 각도 분포를 변경하는 것이 불가능한 경우가 대부분이다. 그러나 포탄형 LED의 경우에는 동일한 패키지 재료를 사용하더라도 리드프레임의 몰딩 컵 내의 삽입량에 따라 지향각을 조정할 수 있다(그림 5.17). 사용되는 리드프레임의 컵의 높이와 각도에 따라 약간의 변수는 발생하게 되지만 통상의 경우 10도에서 100도까지 지향각 조정이 가능하게 된다. 이러한 지향각 조정의 장점은 요구되는 중심광도 성능을 확보하는 데 중요한 변수가 된다. 포탄형 LED의 경우에는 지향 각이 작아질수록 중심광도는 높아지기 때문에 제품 요구사양에 대응이 용이하게 되는 것이다.

포탄형의 이러한 장점에도 불구하고 고출력의 경우에는 그 사용에 한계를 갖게 된다. 고출력 대면적 칩이 될 경우에는 몰딩부의 크기가 상대적으로 커져야 광추출효율이 증

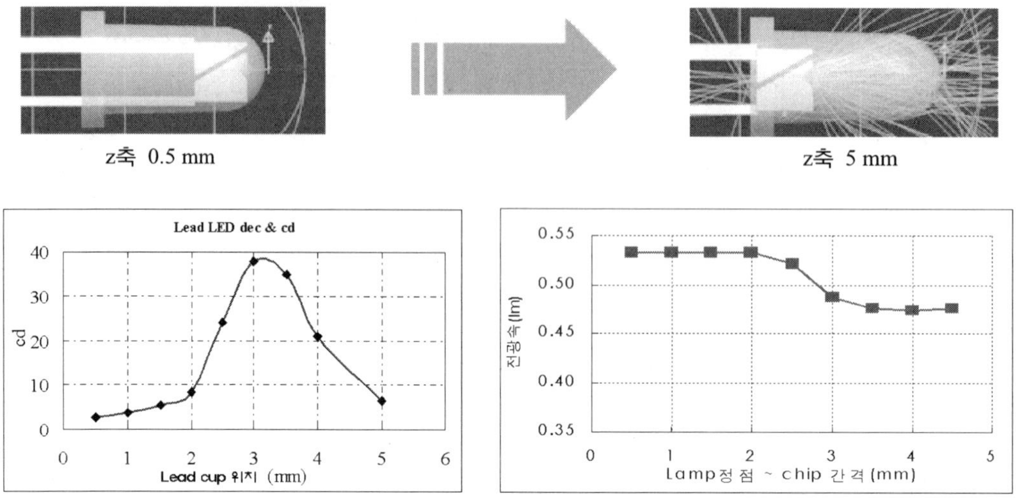

그림 5.17 리드프레임의 삽입 위치에 따른 광도와 전광속 변화

가하고 지향각 조정도 용이하다. 그러나 현실적으로 몰딩부의 크기에는 제한이 있을 수 있고 이로 인한 효용성이 제기된다. 또 본 장의 내용은 아니지만 포탄형에서 적용되는 리드프레임의 구조로는 대면적에서 방출되는 열용량을 감당할 수 없어 이로 인한 광효율 저하, 칩 수명 감소, 신뢰성 등의 문제가 발생하게 된다.

그러므로 아직까지는 포탄형 LED의 사용에 스몰 칩이나 미들 칩 정도에서 제한을 받고 있는 것이 현실이다.

5.3.2 SMD형 LED

포탄형 LED가 LED를 이용한 반도체 조명의 서곡을 울렸다면 SMD(Surface Mounted Device, 표면실장형) 형태의 LED의 개발은 조명의 대혁명을 예고한다고 해도 지나치지 않을 정도로 엄청난 잠재력과 시장 대응력을 갖고 있다. 포탄형 LED의 초기 도입은 단순히 지시형 조명이나, 보조 광원의 역할로서 만족한 반면, SMD형은 탁월한 방열 능력과 콤팩트한 사이즈, 용도에 따른 다양한 응용력 등으로 인해 보조 광원이 아닌 직접 조명을 바라보게 하였다.

여기에서는 본 장에서 주된 관점인 광학적 입장에서 SMD형 LED의 특성에 대해 좀 더 구체적으로 다루어 보도록 하겠다(그림 5.18).

LED의 광학적 특성을 논하게 되면 크게 세 가지로 나누어 말할 수 있다. 광 강도,

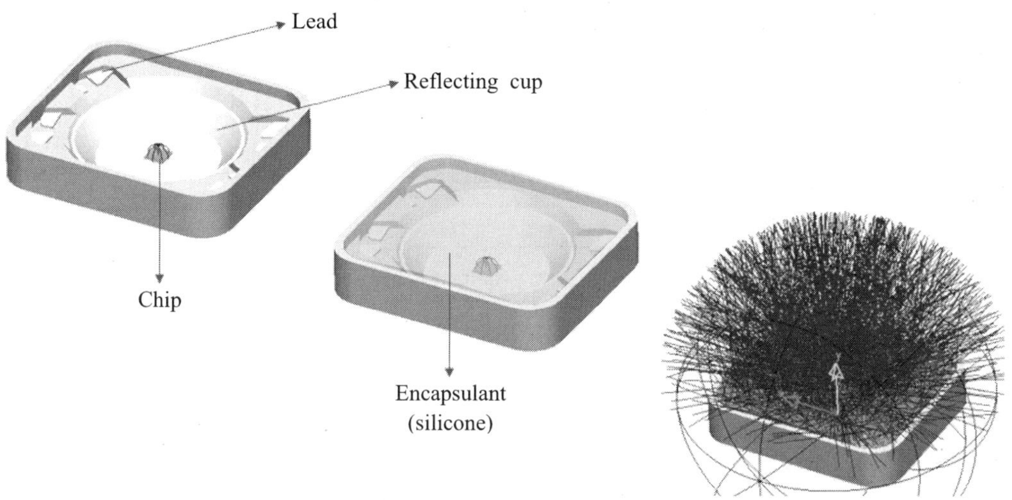

그림 5.18 광학적으로 리모델링한 SMD LED

즉 빛의 세기를 나타내는 광속, 광도(제품이나 시스템의 입장에서는 휘도나 조도라는 개념으로 대치되는 경우가 많다.), 그리고 광의 분포를 나타내는 지향각, uniformity, 마지막으로 컬러 특성을 나타내는 색온도, 색좌표 등이다. 굳이 구분을 하였지만 상호 연관성이 깊은 항목들이 있어 하나의 특성 값의 변화는 다른 특성 항목에 직접적으로 영향을 주는 경우가 많다.

5.3.2.1 광 강도

일반적으로 광속의 개념에는 광의 효율이 내포되는 경우가 많다. 패키지만을 본다면 패키지의 구조적, 광학적 광효율이 전체 광속의 변화에 미치는 영향을 평가해 볼 수 있다.

먼저 패키지의 구조적 측면을 보면, 패키지 내측 컵의 높이, 면적, 형상 등이 중요한 요인이 되고, 광학적 측면에서는 패키지 컵의 측면부나 바닥면의 반사율, 표면 거칠기 등이 광속에 영향을 주는 요인이 된다(그림 5.19).

패키지에 많이 사용되는 플라스틱이나 Al, Ag, Ni 등 메탈코팅 재질들은 광학적인 반사율이 가시광선 영역에서 40~90% 정도가 된다. 결과적으로 LED 칩에 방출된 광이 패키지의 내측 측면 반사부나, 바닥면을 만나게 되면 최소한 10~60%의 흡수 손실이 발생하게 되는 것이다. 특히 패키지의 그림 5.19(c)의 경우에서처럼 컵 깊이가 깊은 경우에는 패키지 내측에서 수회 반사하는 광들이 발생하게 되고 이러한 경우에는 흡수 손실이 매우 커지게 된다.

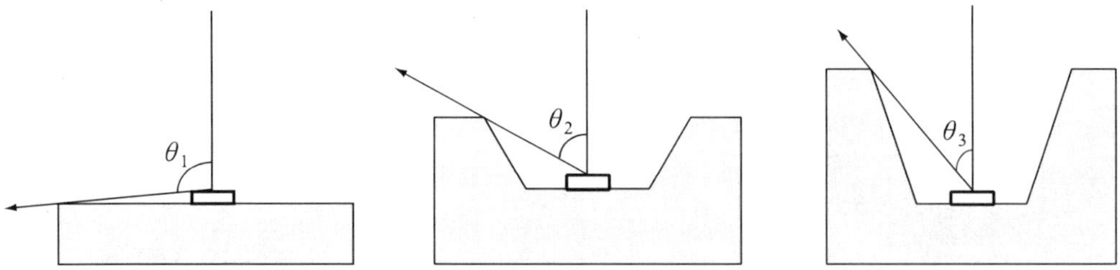

(a) 패키지 측벽이 없는 경우 (b) 일반적인 SMD 패키지 (c) 컵의 깊이가 깊은 경우

그림 5.19 패키지 측벽에 따른 광 경로 해석

그러나 광 강도를 단순히 LED 전체에서 나오는 총 광량의 의미보다 중심 강도 또는 어느 일정 각도 이내로 발산하는 광량으로 볼 경우에는 패키지 내측면의 흡수 손실보다 원하는 지향각을 벗어나는 광으로 인한 손실이 크게 되는 경우가 있어, 이러한 경우에는 그림 5.19(c)의 패키지 구성을 하게 된다.

실례로 보면, 직하형 LED BLU와 같이 넓은 각도를 유니폼하게 광분산해야 하는 경우에는 그림 5.19(a)와 같이 측벽이 없는 구조를 사용하는 경우가 많고, 같은 BLU에서도 side emitter에 적용되는 LED나, 카메라 플래시에 적용되는 고휘도 LED 같은 경우에는 그림 5.19(c)와 같은 형태의 패키지가 적용된다.

실제 제품의 경우에는 지금까지 설명한 구조적인 측면 이외에도 몰딩 작업이나 형광체 도포 등과 같이 필수적인 공정 작업이 요구되므로 그림 5.19(b)와 같은 형태의 패키지가 많이 사용되고 있다.

5.3.2.2 광 분포

LED 칩에서 발산한 빛은 멀리 떨어진 곳의 관찰자에게는 거의 점광원에 가깝게 보인다. 이 의미는 멀리 떨어진 곳의 광의 강도 분포는 광원을 보는 각도의 코사인에 해당되는 강도 분포를 갖는다고 할 수 있다. 그러므로 광원의 광축상에서 가장 높은 강도를 갖게 되고, 광축과 수직한 방향에서는 거의 0에 가까운 강도 분포를 갖게 된다. 이러한 강도 분포를 Lambertian 분포라고 한다.

그러나 LED는 그 사용 목적에 따라 각기 다른 광 강도 분포를 요구한다. 이 분포를 정량적으로 표현하기 위해 지향각(그림 5.20)이라는 광 특성 용어를 정의하였고, 일반적으로 최대 강도의 50%에 해당되는 강도를 갖는 각도 영역을 해당 LED의 지향각이라고 표현한다.

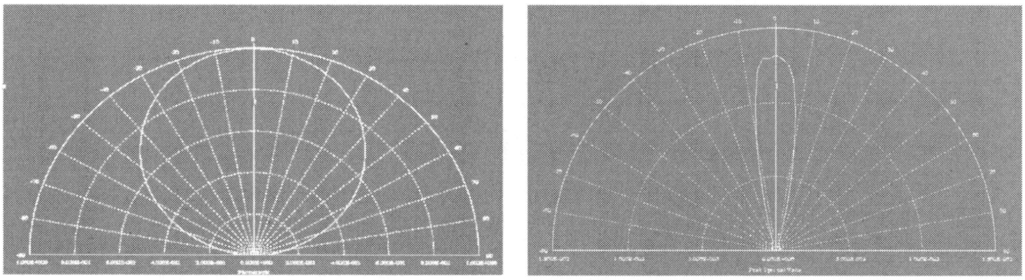

(a) 일반적인 SMD형 LED의 지향각 분포　　(b) 일반적인 포탄형 LED의 지향각 분포

그림 5.20 LED의 지향각 분포

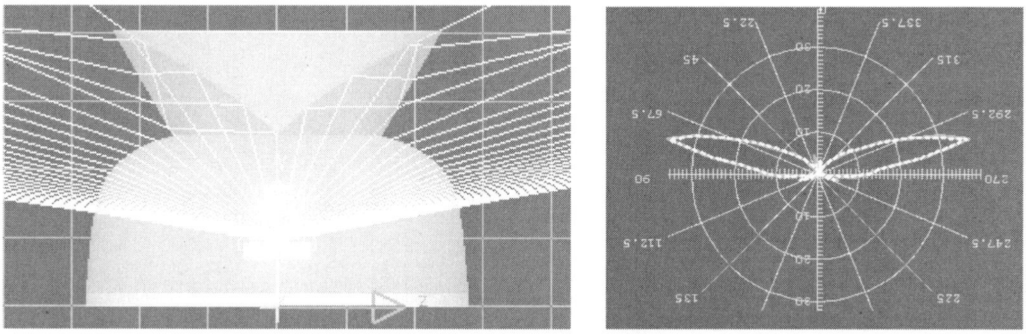

그림 5.21 side emitting lens의 광학 시뮬레이션과 그 결과

그림 5.21은 초기 직하형 BLU에 적용되었던 미국 Lumileds 사의 side emitting lens를 이용한 광학 시뮬레이션 결과를 보여 주고 있다. 지향각이 160도를 넘도록 특수하게 설계된 렌즈를 이용하여 LED BLU에서 요구되는 넓은 화각을 만족하도록 하고 있다.

5.3.2.3 컬러 특성

LED가 일반 가스 방전이나 필라멘트 광원과 달리 반도체 광원으로서 갖는 큰 특징 중 하나가 특정한 단색 컬러의 빛을 방출한다는 것이다. 그래서 여러 가지 색을 조합하기 위해 RGB 세 가지 칩을 함께 사용하여 각각에 인가되는 전류를 조정하는 방식으로 원하는 컬러를 표현한다. 또 다른 방법으로 Blue와 같은 단색 LED에 방출되는 파장에 반응성이 좋은 형광체를 사용하여 LED 고유의 파장과 형광체에 의해서 여기된 파장의 혼합으로 컬러를 표현하기도 한다. 후자의 형광체를 이용하는 방식이 현재까지 LED 시장에서 백색을 표현하는 가장 일반적인 방법이다.

우리가 흔히 말하는 백색이 물리적으로 단순히 하나의 색상으로서의 의미를 넘어 매

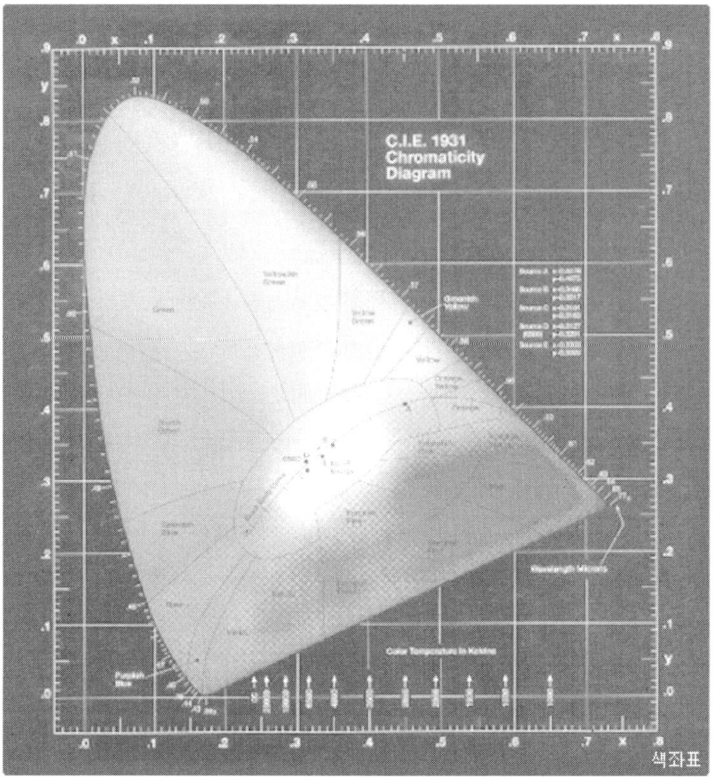

그림 5.22 CIE 1931 Chromaticity Diagram

우 넓은 의미를 갖게 된다. 사람이 느끼는 백색을 표현해 보면 그림 5.22의 색좌표도에서 보는 것처럼 영역을 갖게 된다. 단순히 언어적인 의미로는 백색이라고 표현하지만 물리적으로 다른 특성값을 갖는 물리량이 된다. 이러한 차이를 표현하기 위해 색온도로 표현하고 있고, 색온도가 높을수록 푸른색을 많이 띠고 색온도가 낮을수록 붉은색을 띤다. 이것은 어떤 물체가 빛을 띠고 있을 때, 이 빛과 같은 빛을 띠는 흑체의 온도를 이용하여 물체의 색온도를 결정한다.

보다 넓은 범위에서 보면 모든 물체색을 표현할 때 색좌표를 사용한다. 가장 많이 사용되고 있는 기준이 CIE 1931(그림 5.22)이다. 백색을 포함하여 자연계에 존재하는 모든 색을 2차원 좌표계에 표현하여 광원 또는 물체의 색을 물리적으로 나타낸다.

LED 패키지의 설계 및 평가 측면에서 컬러 특성을 볼 때 갈수록 중요해지는 항목이 각도별 color uniformity이다. 물론 색재현지수(Color Redering Index; CRI)와 같이 백색광의 자연광 재현 능력처럼 중요한 항목도 있지만 이 경우에는 칩의 파장과 형광체에 의해 거의 결정되어 버리는 값으로 패키지의 구조적, 광학적 측면에서 접근하기는 어렵

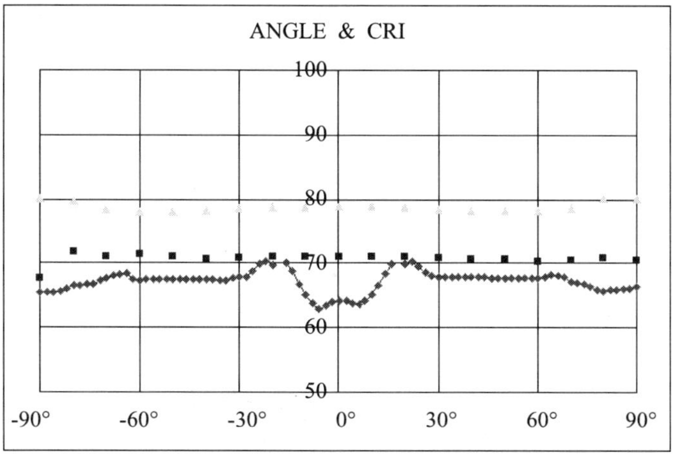

그림 5.23 세 종류 백색 LED의 각도별 CRI 측정치

다. 그러나 각도별 색균일도의 경우에는 패키지의 구조, 형광체의 도포 방법, 부가적인 광학계의 형태에 따라 그 차이가 크게 발생하게 되므로 패키지 설계 초기에 또는 공정 문제 발생 시에 대응이 반드시 필요하게 된다.

그림 5.23은 3개국의 LED 제품의 CRI 값을 각도별로 측정한 데이터이다. 노란색으로 표현된 데이터의 경우 가장 안정적이고 높은 색 재현력을 보이고 있고, 빨간색으로 표현된 제품은 포탄형 백색 LED에서 컵 내에 형광체를 도포한 경우로 중심 부분과 주변부의 색재현력에 큰 차이를 보이고 있다.

5.4 형광체 광학 시뮬레이션

형광체를 이용해 백색 LED를 제조하는 경우에 칩의 발광 분포 및 패키지의 구조, 형광체의 도포 형태에 따라 color variance가 발생된다. 또한 형광체에서 여기된 빛 중에서 외부로 방출되지 않고 내부로 back scattering되는 부분도 약 40～60%에 해당된다. 그러나 형광체의 반응을 기하 광학적으로 설명하는 것에는 한계가 있어 정확한 사전 설계와 평가에 어려움을 안고 있다.

최근 들어 이러한 형광체 시뮬레이션에 있어서의 설계와 평가의 어려움들을 해결하기 위한 여러 가지 방법들을 개발하고 있는데, 그 중 하나가 형광체의 농도를 Optical Mean Free Path의 개념을 적용하여 기하 광학적으로 해석하는 것이다(그림 5.24). 이

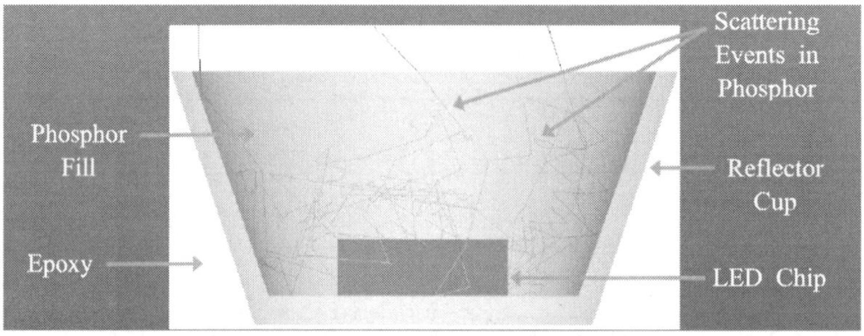

그림 5.24 Optical Mean Free Path를 이용한 형광체 시뮬레이션 방법

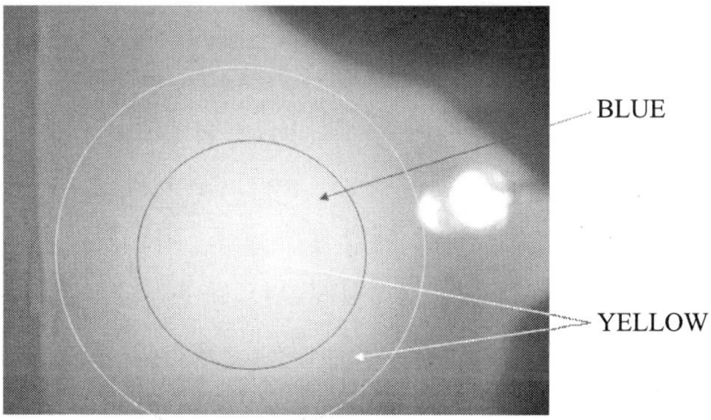

그림 5.25 5파이 포탄형 LED의 색분리 현상

방법은 빛이 형광체가 분포되어 있는 공간을 지날 때 형광체를 만날 확률의 개념이다. 즉 Mean Free Path가 짧을수록 형광체 농도가 진하게 되고 반대로 Mean Free Path가 길수록 형광체 농도는 엷게 된다.

그림 5.25에서는 실제 5파이 포탄형 LED에서 나타나는 색 분리를 보여 주고 있다. 중심에 Yellow, 그리고 Blue ring, 외각에 다시 강한 Yellow ring이 나타난다. 또 이 LED를 적용하여 제작된 조명 제품에서 나타난 색 문제를 보여 주고 있다(그림 5.26).

이러한 색분리를 갖는 포탄형 LED를 발산 각도별로 색온도를 측정하여 각도별 색 분포를 확인해 보면 그림 5.27과 같다.

각도가 작은 중심 영역에서는 색온도가 높고 주변으로 갈수록 색온도가 낮아짐을 알 수 있다. 측정된 샘플 중에 R80은 지향각이 80도인 경우이고 R40은 지향각이 40도인 경우이다. 지향각이 넓을수록 제품각의 각도별 편차는 줄어들고 중심과 주변과의 컬러 편차도 줄어드는 것을 확인할 수 있다. 그러나 그림 5.27에서처럼 색온도가 4,500 K 이하의 경우에는 형광체의 농도가 높거나 도포량이 많은 경우이므로 이러한 경우에는 각

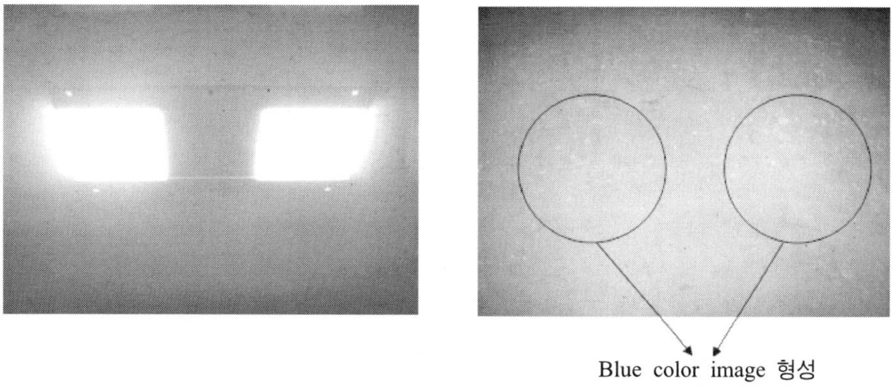

그림 5.26 5파이 포탄형 LED가 장착된 조명 제품의 Color Defect

도별 색편차가 적게 나타나게 된다. 반대로 R40과 같이 지향각이 작으면서 형광체의 농도가 적은 경우에는 칩의 발광 특성 및 패키지의 구조에 따른 각도별 색편차가 커지게 된다. 제작하고자 하는 LED가 색온도가 낮은 황색에 가까운 제품일 경우에는 상대적으로 색편차의 문제가 작아질 수 있지만 색온도가 5,000～10,000 K의 제품일 경우에는 각도별 색편차의 문제가 커질 수 있고, 또 제품 간의 편차도 크게 발생할 수 있다.

이를 최소화하기 위해 패키징 공정의 측면에서는 형광체의 침전 등을 방지하여 위치별 농도를 일정하게 유지할 수 있도록 하거나, 형광체의 두께를 칩에 대해 일정하게 유

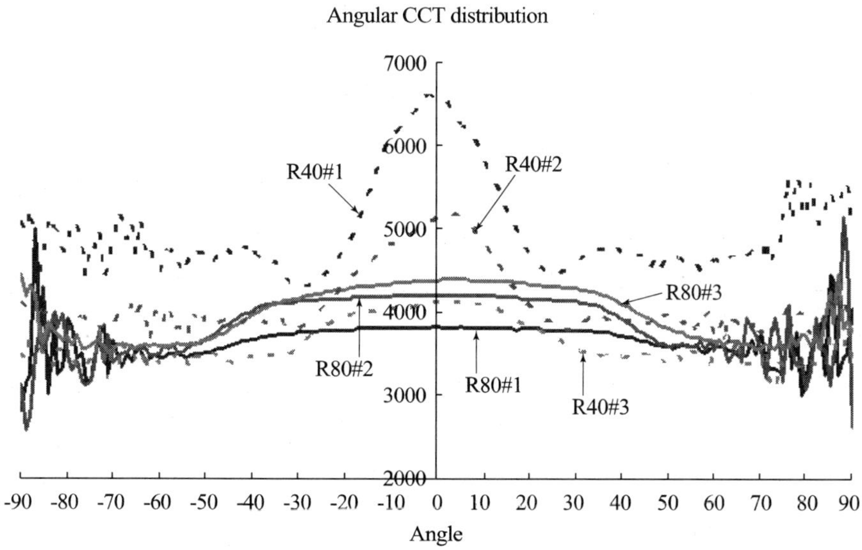

그림 5.27 5파이 포탄형 LED의 각도별 색온도 데이터

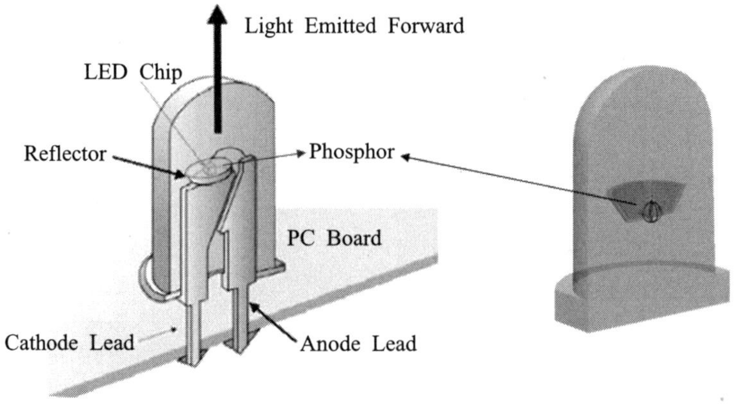

(a) 5 mm dia. LED 램프 (b) 5 mm dia. LED 램프 모델링

그림 5.28 포탄형 LED 단면도

지할 수 있는 방법들이 적용되어야 할 것이다. 광학 설계의 입장에서 보면 우선은 형광체의 도포 형태, 농도 등에 대한 정확한 시뮬레이션을 통해 문제에 대한 설계적 재현력을 확보하고, 이를 바탕으로 패키지의 구조 개선, 몰딩 방법의 변경, 부가적인 렌즈를 사용 등을 통해 색편차를 최소화할 수 있어야 한다.

백색 LED가 직접 조명 시장을 바라보고 있는 상황에서 LED 광효율 못지않게 중요한 부분이 색 편차를 최소화하는 것이 될 것이다.

이제부터는 좀더 구체적으로 포탄형 LED에서 형광체를 이용하여 백색을 구현하는 경우의 광학 설계 및 시뮬레이션에 대해 설명해 보도록 하겠다.

먼저 그림 5.28의 포탄형 LED에서 보는 것처럼 Cathode Lead 위에 위치한 reflector 내에 450 nm의 blue 칩이 실장되고 reflector 컵 내에 형광체가 포함된 봉지제가 투입된다. 일정 시간 curing한 후에 에폭시로 몰딩한다. 이와 같은 공정 중에 광학적으로 의미 있는 부분만을 모델링하여 그림 5.28(b)와 같이 디자인할 수 있다.

실제 제작할 LED의 리드와 몰딩 컵의 도면을 확보하여 이를 광학 설계 프로그램 내에서 재현한다.

중요한 부분이 칩의 모델링이다. 대부분 raytracing을 기반으로 하는 광학 프로그램에서는 정확한 칩 모델링을 하는 데 상당한 어려움이 있다. 그러나 정확하지 않은 칩의 모델링은 칩에서 실제와는 다른 발광 분포를 가질 수 있고, 이러한 경우에 LED에서 실제 제작 샘플과는 다른 결과를 보여 주게 된다.

칩 모델링을 한 후에는 형광체를 포함한 봉지층을 reflector 내에 형성시킨다. 이때 형광체의 특성치에는 그림 5.29에 표시된 형광체의 파장별 여기 값과 발광 값이 필요하

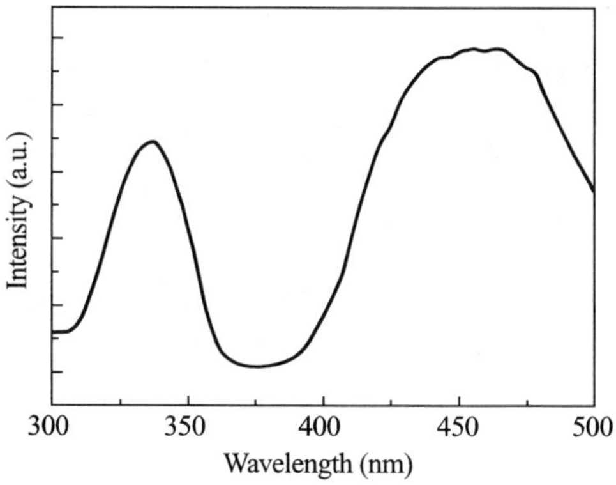

(a) Excitation Spectrum

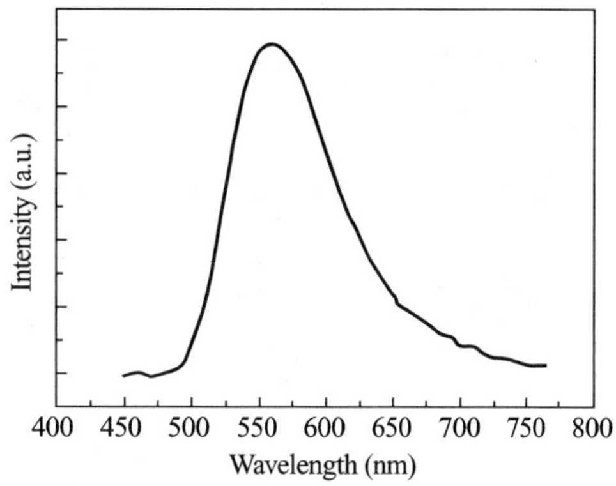

(b) Emission Spectrum

그림 5.29 YAG Phosphor의 (a) 여기, (b) 발광 스펙트럼 분포

게 된다. 이 값은 형광체 구입처에서 제시하거나 필요한 경우 측정을 통하여 얻을 수 있다. 또 형광체 변환 효율이 필요하게 된다. 이 값은 blue ray가 형광체에 충돌하여 변환된 에너지 효율에 대한 값으로, 실험을 통하여 얻을 수 있지만 실험 데이터의 편차와 측정 방법이 매우 까다롭다. 마지막으로 형광체의 농도가 필요하다. 얼마만큼의 형광체를 넣었느냐에 따라 색온도나 색좌표계의 값이 변한다. 형광체의 농도는 미리 언급한 바와 같이 기하 광학적인 방법으로 표현이 어려우므로 Optical Mean Free Path와 같은 개념을 적용하기도 한다. 그림 5.29는 YAG Phosphor의 여기, 발광 스펙트럼 값이다.

개괄적으로 설명한 시뮬레이션 방법에 따라 5파이 포탄형 LED를 모델링하고 형광체 특성 데이터를 입력하여 형광체 농도에 따른 시뮬레이션을 수행한 결과를 그림 5.30에서 보여 주고 있다. 그림 5.30은 모델링된 LED에서 방출된 광을 약 30 mm 떨어진 위치에 검출기를 두고 광 분포를 측정한 결과이다. 왼쪽의 결과는 형광체의 농도가 가장 큰 경우이고 우측으로 가면서 형광체의 농도가 점차 적어지도록 한 것이다. 형광체 농도가 강할수록 칩에서 발생한 광은 패키지의 밖으로 나오지 않고 형광체에 의해 대부분 흡수되므로 형광체에 발광된 Yellow만이 강하게 나타나게 된다. 점차 형광체의 농도가 약해지면서 칩의 발광 특성과 패키지 형상으로 인한 형광체의 위치별 농도 편차로 인해 색분리를 보여 주고 있다.

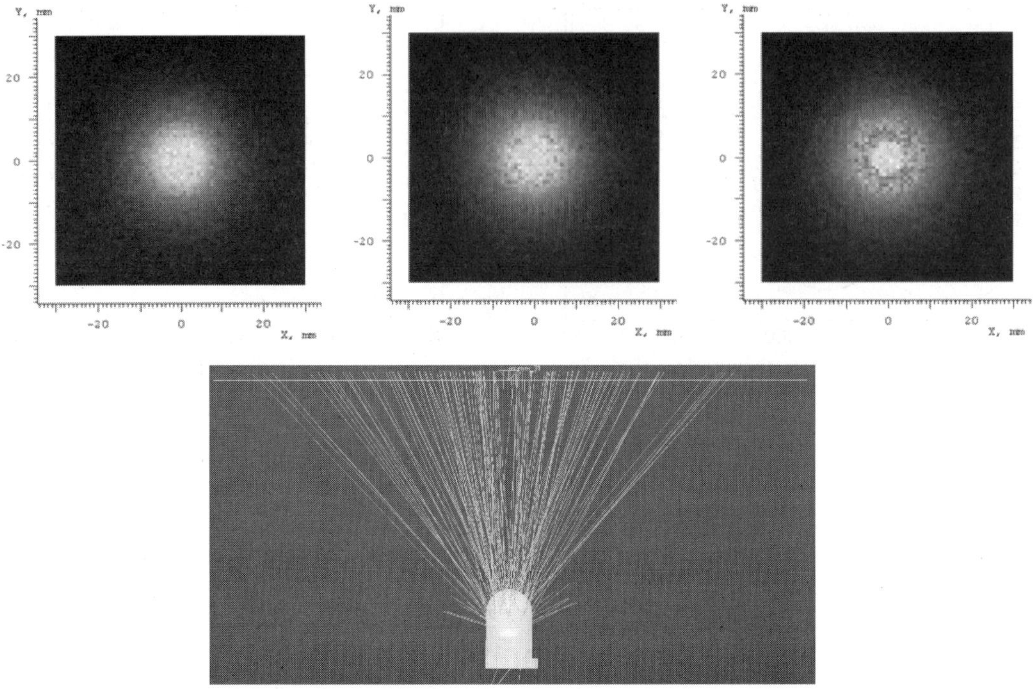

그림 5.30 형광체 농도에 따른 시뮬레이션 결과

5.5 LED 패키지 광학 설계

LED의 효율이나 성능을 다양한 형태로 이야기할 수 있지만 결과적으로 보면 광효율 향상이라는 목표로 귀결 지어진다. 칩에서의 광추출 향상을 위한 패터닝, 셰이핑(shaping)의 기하학적 모델링이 마이크로 또는 서브 마이크로 영역에서 수행되고 있고, 패키지에서도 봉지 물질의 기하학적 형태나, 고굴절률 봉지재의 개발, 고반사율을 갖는 패키지 재료의 선정, 패키지 형태의 최적화를 통한 최적의 광학 성능을 목표로 개발이 진행되고 있다.

그러나 기존의 기하 광학적 입장에서 바라보던 광의 입장이 LED와 같은 반도체 광원의 적용에 따라 microscope한 영역으로 급속도로 진행되어 감에 따라 기하 광학의 한계들이 드러나고 있다. LED의 제작 공정이 갈수록 복잡해지고, 마이크로 영역을 넘어서 나노 스케일로 진행되어 감에 따라 연구의 방향도 기하 광학의 범주를 벗어나 파동 광학적 접근을 하지 않을 수 없게 되었다. 실제로 광추출효율 향상을 위해 적용하고 있는

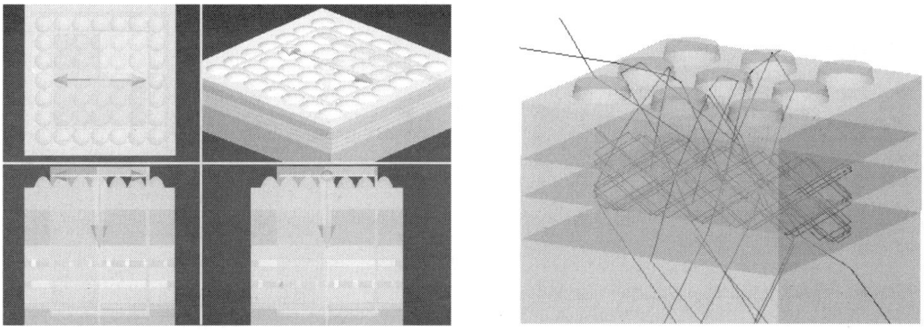

(a) FDTD 시뮬레이션 (b) 기하 광학적 시뮬레이션

그림 5.31 광 시뮬레이션 방법

PSS(Patterned Sapphire Substrate)나 PC(Photonic Crystal) 같은 경우에 그 크기가 수 마이크로에서 나노 사이즈에 이르고 있고, 이에 대한 설계와 평가를 위해 기존의 기하 광학적 입장에서의 평가는 그 효용가치를 잃고 있다(그림 5.31). 이를 보완하기 위해 최근에 LED에서도 전자기파의 입장에서 평가하는 연구들이 활발히 수행되고 있다. 이에 대한 연구는 좀더 정확하고 효율이 향상된 LED의 설계에 큰 도움을 줄 수 있을 것으로 예상된다.

5.5.1 칩 디자인

LED 조명 제품을 디자인하는 경우에는 LED 부분은 제품의 사양서에 제시된 광속 또는 광도값과 중심 파장, 그리고 지향각 데이터를 입력하여 제품 특성을 평가하거나 설계할 수 있다. 또는 샘플 LED 제품을 직접 측정하여 원하는 데이터를 추출한 후, 이것을 기본으로 광학 특성치를 입력한다.

그러나 패키지를 디자인하거나 모델링 평가가 필요한 경우에는 이러한 측정 데이터나 제품 사양 데이터를 얻는 것이 매우 어려운 경우가 대부분이다. 패키지의 정확한 특성을 설계 평가하기 위해서는 칩에 대한 데이터가 필요한데 기본적으로 칩 자체의 광학 특성치는 잘 알 수가 없기 때문이다. 그래서 칩에 대한 광학적 모델링이 필요하게 된다. 또한 칩의 광효율 향상을 위한 다양한 기술들이 적용되고 있는데, 이러한 기술들의 적용은 칩의 발광 분포에 크게 영향을 주므로 패키지 설계 시에는 반드시 이 부분을 고려해야 하는 것이다.

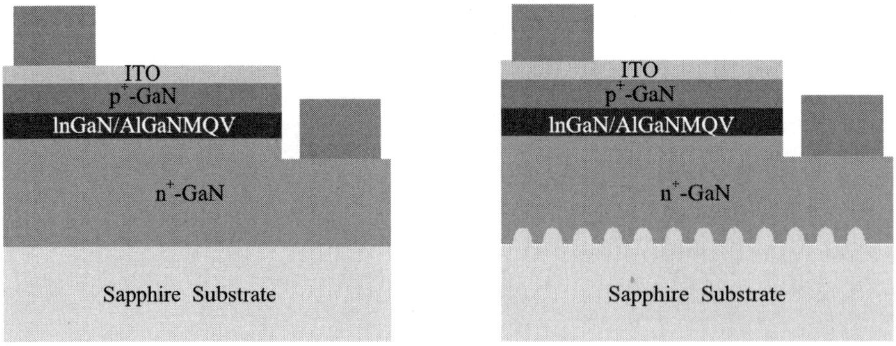

(a) Conventional Horizontal Chip (b) PSS Applied Horizontal Chip

그림 5.32 LED 칩 비교

그림 5.32는 일반적인 수평칩(왼쪽)과 PSS(Patterned Sapphire Substrate)가 적용된 수평칩을 보여 주고 있다. 실제 두 칩의 광효율 및 발광 분포는 그림 5.33과 같은 광 시뮬레이션 결과에서 잘 볼 수 있다.

그러나 칩의 모델링은 기하 광학적 영역에서는 그 한계를 갖게 된다. 칩을 구성하는 각 레이어(layer)의 두께가 적게는 수십 nm에서 수 um이므로 단순 ray optics의 개념으로 접근할 경우, 정확도에 문제가 발생할 수 있기 때문이다. 그래서 서두에 언급한 것같이 미소 영역에서는 전자기파 해석을 통한 광 시뮬레이션을 수행하고 이것을 칩 전체로 확장하여 설계하려는 노력들이 진행되고 있다.

그림 5.34에서 실제 칩 부분을 광학적으로 간략하게 모델링하는 세 가지 형태를 보여

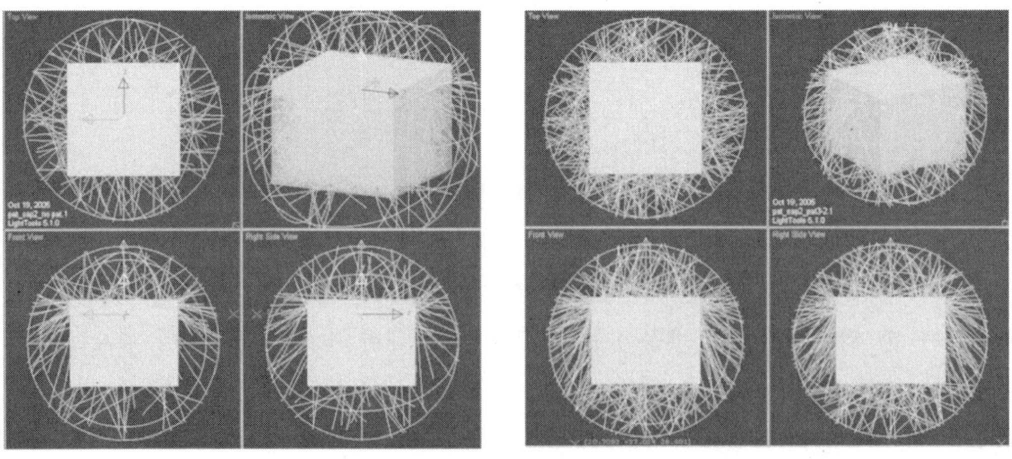

(a) no pattern sapphire (b) patterned sapphire

그림 5.33 수평칩 LED와 PSS 적용 칩의 발광 모습

주고 있다. 시뮬레이션상에서는 소스(source)를 크게 두 가지로 구분하면 표면발광 형태(surface emitting)와 체적발광 형태(Volume emitting)로 나눌 수 있다. 표면발광형 소스의 표면에서만 원하는 여러 가지 형태로 발광하도록 되어 있고, 체적형은 발광부의 입체적인 크기 내에서 발광하는 형태가 된다. 표면형은 결과적인 형태의 발광 분포에 의미를 둔 것이고, 체적형은 소스 자체의 특성에 충실하게 한 것이다. 그림 5.34(a)는 Die material 내에 표면발광형 소스를 갖는 경우이고, (b)는 die material 내에 체적발광형 소스를 갖는 경우, (c)는 칩의 표면으로부터 직접적으로 발광하는 형태이다. 즉 칩이 소스가 되는 경우이다. 이 경우에는 칩 내부의 광효율 등은 알 수 없지만, 칩 자체의 발광효율이나 광 분포가 알려진 경우라면 시뮬레이션 시간을 단축하고 모델링으로 간략화할 수 있는 장점이 있다. 세 가지 형태 중 어느 한 방법이 정확하다고 단정할 수는 없지만 각각의 경우에 해당되는 적절한 적용이 필요하다. 일반적으로 가운데 있는 Volume Emitter를 사용하는 방법이 가장 많이 사용되고 있다.

LED 칩을 구성하는 물질들의 광학 굴절률은 다음과 같다.

- GaN = 2.4
- AlGaN = 2.4
- MQW = 2.54
- Al_2O_3(sapphire) = 1.78
- N-type = 2.42/P-type = 2.45

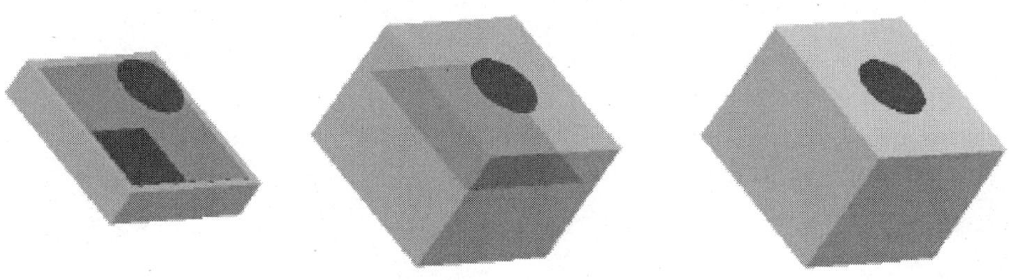

(a) 2 Surface Emitters Immersed in Die Material　(b) Volume Emitters Immersed in Die Material　(c) 2 Surface Emitters One for Top Second for the 4 Sides

그림 5.34 LED 칩의 모델링 형태

5.5.2 패키지 디자인

패키지의 광 구조적 설계에 대해서는 패키지의 광 특성 부분에서 부분적으로 설명을 하였고, 여기에서는 봉지(Encapsulant)층의 렌즈 효과와 패키지의 반사율 특성치를 실제로 고려한 UV 패키지의 설계에 대해 구체적인 예를 들어 설명하도록 하겠다. 그림 5.35와 같이 봉지층의 유무 및 그 형태에 따라 네 가지 형태의 패키지 형상이 모델링되어 있다.

또한 패키지에 4종의 금속막과 고반사율 유전막을 적용하여 패키지의 봉지 특성에 따라 광추출량을 비교하므로 패키지의 전체적인 효율 특성을 알 수 있다(그림 5.36).

봉지재를 투여하지 않은 경우와 flat형 봉지재를 투입한 경우에는 유전막의 효율이 가장 높게 계산되었고, Round형 봉지에서는 상대 반사율이 제일 높은 Ag의 추출효율이 가장 높게 계산되었다(그림 5.37).

이러한 결과는 입사각도가 작은 영역에서 반사효율이 제일 높은 유전막의 경우가 설계된 패키지의 구조가 봉지층을 적용하지 않거나, flat형을 적용한 경우 봉지층 내부에서 트랩되는 광이 상대적으로 많고 그러한 광의 입사각도가 상대적으로 적어 가장 높은

(a) 봉지재 적용 전

(b) flat 봉지 형태

(c) round형 봉지

(d) multi-cell형 봉지 형태

그림 5.35 봉지재의 형태에 따른 패키지 형상

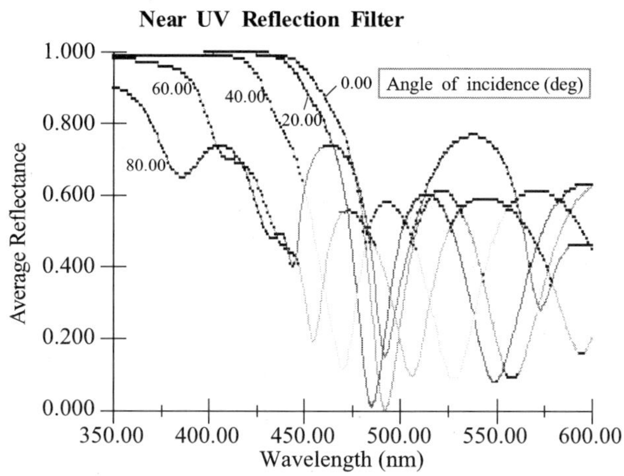

그림 5.36 다층 유전막 코팅 입사각도별 반사율

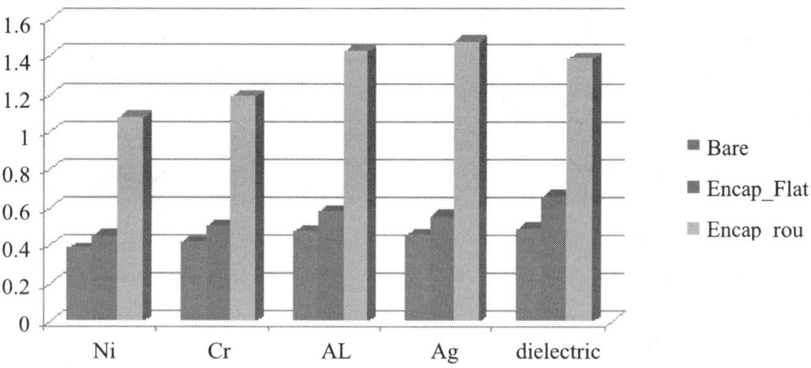

그림 5.37 패키지 반사막 종류에 따른 추출효율 비교

광효율을 보이고, 패키지 자체의 추출효율이 높아지는 round형 봉지에서는 내부에서 트랩되는 광의 입사각도가 크게 되므로 유전층이 AL이나 Ag와 같은 고반사 금속막에 비해 약간 낮은 추출효율을 보이고 있음을 알 수 있다.

그림 5.38에서는 유전막을 적용한 경우 봉지 형태별 광속과 지향각의 변화를 보여 주고 있다.

각각의 칩에 별도의 봉지층을 형성하여 광의 봉지층 투과각도를 작게 할수록 광추출은 향상됨을 알 수 있다. 그러나 이러한 형태는 형광체 투입에 따른 각도별 컬러 변화 등을 고려하여 최적화할 필요성을 갖고 있다.

지향각 특성은 봉지재 투입전이나 flat 형태에서는 lambertian 형태의 배광 분포를 보이고 있으나 round형에서는 칩의 Decenter 양이 증가함에 따라 불균일한 배광 분포를

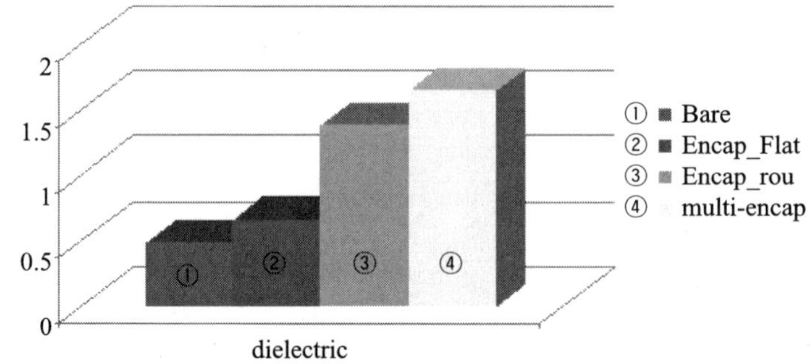

그림 5.38 유전막의 Encap 형태별 추출효율 비교

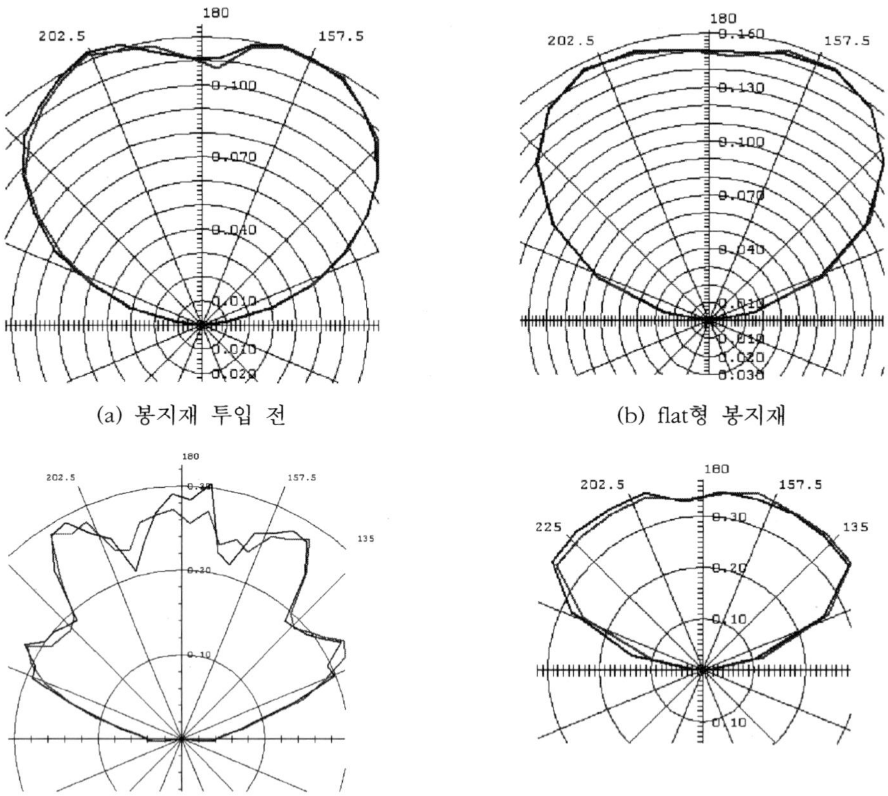

(a) 봉지재 투입 전

(b) flat형 봉지재

(c) round형 봉지재

(d) multi-cell형 봉지재

그림 5.39 유전막 적용 패키지의 봉지 형태에 따른 지향각 변화

갖게 되고, multi-cell형에서는 상대적으로 넓은 배광 분포를 갖게 되는 결과를 보여 주고 있다(그림 5.39).

연습문제

5.1 LED의 장단점을 3가지 이상 쓰라.

5.2 Surface의 특성에 따라 빛이 반사하는 세 가지 형태에 대해 간단히 그림을 그려 설명하라.

5.3 세 가지 대표적인 백색 LED 제조 방식을 쓰라.

5.4 GaN가 550 nm에서 광학 굴절률을 2.4라고 하고 Sapphire의 굴절률을 1.8이라고 할 때 GaN의 내부에서 발생한 빛이 내부에서 갇히지 않고 sapphire층으로 빠져 나가기 위한 출사 각도는 얼마인지 쓰라.

5.5 3.0 V, 20 mA의 전력을 소모하여 3 lm의 빛을 방출하는 A라는 LED와 3.0 V, 350 mA의 전력을 소모하여 40 lm의 빛을 방출하는 B라는 LED가 있다. 이 중 어느 쪽이 더 높은 발광효율을 갖는지 계산하라.

5.6 Patterned sapphire 기판을 이용하여 제작된 LED가 높은 효율을 보여 주는 이유를 설명하라.

5.7 램프 타입 LED에서 몰딩 끝 부분에서 리드 컵 내의 칩까지의 거리가 광도에 미치는 영향에 대해 설명하라.

5.8 Blue LED + Yellow 형광체를 사용하여 백색광을 만드는 경우, 중심 부분과 주변 부분의 컬러에 차이가 발생하는 경우가 있다. 그 현상에 대해 간단히 설명하고 그 원인과 대책에는 어떤 것들이 있는지 설명하라.

5.9 단색광용 LED 패키지에서 광효율에 영향을 주는 광학적 요인들에는 어떤 것들이 있는지 쓰라.

5.10 광속과 광도의 관계를 입체각을 이용하여 정의하고 1 cd의 점광원에서 방사된 전 광속을 계산하라.

06 LED 신뢰성

LED 칩 시장은 지난 5년간 매년 50% 이상의 성장세로 응용 분야의 빠른 확산에 따라 모바일 IT 기기류의 주 광원, 신호등, 전광판, 조명, 자동차 램프 등 다양한 application 시장을 형성하고 있다. 고출력 고휘도 디스플레이 백라이트용 백색 LED는 향후 급속한 상승 곡선이 예상되며 조명용 LED는 연간 120억 달러의 시장이 형성되는 기존 조명 시장에 진입하고 있으며, 자동차 조명 분야 또한 고휘도 LED의 거대 수요처로 등장하면서 기존 제품을 대체하는 시장으로 성장 잠재력이 대단히 높은 것으로 평가하고 있다.

특히 고휘도 백색 LED 패키지의 경우 RGB 멀티칩을 조합한 경우와 형광체(적색 LED + 황색형광체, UV LED + RGB형광체)를 적용하여 백색을 구현하고 있어 기존의 단일 IC 칩/패키지의 신뢰성 분석이 아닌 조명 기준에 따른 새로운 신뢰성 분석 기술이 필요하다. RGB 멀티칩 조합의 백색 LED는 개별 LED 소자의 특성 변화(누설전류의 증가, 광출력 감소, 열저항 증가 등)에 따른 전체 백색조명의 품질(광속, 색온도, 연색성 등)을 분석할 필요가 있으며, 형광체가 적용된 백색 LED의 경우 형광체의 효율 및 칩 성능의 변화에 따른 고장 현상에 대한 상관관계를 규명해야만 한다.

일반적으로 부품 또는 제품의 신뢰성은 부품 또는 제품의 고유 성능(또는 사용기능)을 유지할 수 있는 능력으로서 사용 가능한 시간(수명 시간)이 될 수 있으며 사용 가능한 동작 환경의 한계 범위(온도, 압력)를 나타낸다. 특히 발광 다이오드(LED)의 신뢰성은 대표적으로 수명 시간을 나타내고 있으며, LED의 수명 시간은 대표적으로 100,000시간 이상이라고 잘 알려져 있다. 이러한 LED의 신뢰성은 보통 1년을 8,766시간으로 기준하면 11.4년에 해당하며 10만 시간 또는 10년 이상으로 잘 알려져 있다. 일반적으로 전자 부품의 신뢰성은 부품의 기능과 밀접한 관계가 있는데 기능이 많은 부품일수록 성능 결함 발생의 요인이 많아짐에 따라 신뢰성은 약할 수밖에 없다. 이러한 관점에서 LED는 다이오드라는 물리적 단순 기능과 반도체 구조를 갖고 있어 상대적으로 일반적인 반도체 부품 중에서도 신뢰성이 높은 편에 속한다.

표 6.1 백색 광원별 특성 비교

백색광원	단위	백열등	형광등	LED 램프
효율	lm/W	10	80	50
연색성	-	100	75	90
색온도	°K	3,000	6,500	4,000
수명	시간	2,000	10,000	50,000

최근의 LED 산업은 조명 시장에 진출함으로써 조명용 광원으로서 기존의 조명용 램프와 경쟁하게 되었고 가격적인 면에서 아직은 열세이나 신뢰성 면에서 표 6.1과 같이 월등한 우위를 유지하고 있다. 기존의 백열전구의 수명 시간은 1,000~2,000시간, 형광램프의 수명 시간은 10,000시간 정도인 점을 비교하면 LED의 수명 시간은 100,000시간으로 비교할 수 없는 우수한 신뢰성을 갖고 있다. 하지만 이는 LED 소자의 신뢰성을 기준으로 한 것으로 LED 조명 제품의 신뢰성은 제품 규격에 50,000시간으로 표시되어 있으며 최근의 몇몇 제품은 50,000시간의 신뢰성을 나타내기도 한다. 비록 LED 소자의 신뢰성은 100,000시간일지라도 조명 제품으로서의 구동 환경(패키지 구조 및 재료) 및 조건에 따라서 신뢰성에 영향을 주기 때문이다.

표 6.2에서는 현재 LED 칩 및 패키지를 제공하는 대표적인 3개사(니치아, 크리, 루미레즈)에서 제공하는 데이터 규격을 근거로 비교한 신뢰성 시험항목을 비교하였다. 그러나 LED의 신뢰성 시험은 표 6.3과 같이 표준화되어 있지 못하다. 다만 기존의 통상적으로 광 부품 및 전자 부품에서 사용하는 방법을 적용하고 있어 각국별로 시험방법이 달리 적용되고 있다. 온도/습도/시간이 모두 다르기 때문에 어느 하나의 시험방법이 적정하다 할 수 없으며 시험방법에 대한 표준화가 시급히 이루어져야만 제조사별 제품의 신뢰성 비교가 상대적으로 가능할 수 있다.

또한 표 6.4에서는 제조사별로 적용되고 있는 신뢰성 시험 기준을 보여 주고 있다. 니치아 사의 경우는 표 6.3과 같은 시험 조건에서 총 100개의 샘플 모두가 순방향 전압(V_f)의 증가가 10% 이내, 광출력(Po)의 저하가 30% 미만이어야만 신뢰성 시험을 통과한 것으로 인정한다. 크리 사의 경우는 V_f 증가는 200 mV 이내 Po 감소는 10% 미만이어야 하면서 누설전류의 변화도 모니터링하도록 규정하고 있다. 루미레즈 사의 경우는 1,000시간 신뢰성 시험이 끝난 후 Po가 50% 미만이도록 자체 신뢰성 시험 기준을 갖고 있다. 3개사를 기준으로 종합하면 Po, V_f, 누설전류이나 공통적인 신뢰성 시험 항목은 Po에 대한 것으로 따로 자세히 설명하도록 한다.

표 6.2 LED 칩 제조사별 신뢰성 시험방법

Stress Test Item	Nichia	Lumileds	Cree
Resistance to Soldering Heat	◎	◎	
Solderability	◎	◎	
Thermal Shock	◎	TMSK	◎
Temperature Cycling	◎	TMCL, PTMCL	
Moisture Resistance Cycle	◎	◎	
Terminal Strength (Bending Test)	◎	◎	
Terminal Strength (Pull Test)	◎	◎	
High Temperature Storage	◎	HTSL	
Temperature Humidity Storage	◎		
Low Temperature Storage	◎	LTSL	
Steady State Operating Life	◎	RTOL	RTOL
Steady State Operating Life of High Humidity Heat	◎	WHTOL	WHITOL
Steady State Operating Life of Low Temperature	◎	LTOL	LTOL
High Temperature Operating Life		HTOL	HTOL
Mechanical Shock	◎	◎	◎
Salt Atmosphere (Corrosion Test)		◎	◎
Variable & Random Vibration / Natural Drop		◎	

표 6.3 LED 칩 제조사별 신뢰성 시험방법 예

Company		Standard Test Method	Temp.	Duration
Nichia	SSOL-3H	JEITA	60 ℃, 90%RH	500 hrs
Cree	WHTOL	JESD22 Method A108-B	85 ℃, 85%RH	1008 hrs
Lumileds	RTOL	–	85 ℃, 60%RH	1000 hrs

표 6.4 LED 칩 제조사별 신뢰성 시험 기준 예

Company	V_f	P_o	Comments
Nichia	＞+10%	＜−30%	0/100
Cree	＞200 mV	＜−10%	Leakage current (fwd, rev)
Lumileds	–	＜−50%	@1000 hrs

6.1 LED의 신뢰성 기준

LED의 신뢰성은 광출력을 기준으로 수명 시간을 산출하는 것을 나타내고 있다. 광출력은 광소자의 기본 특성으로 와트[W]로 표현하나 이는 광출력을 측정하는 수광소자의 파장별 특성을 기준으로 측정하는 단위이다.

$$Po(W) = \int_{-\infty}^{+\infty} P(\lambda)d\lambda \tag{6.1}$$

광통신 소자인 레이저 다이오드의 경우 중심 파장(λc) 대비 반치폭(FWHM)이 작을수록 광통신 특성이 향상되므로 중심 파장을 기준으로 광출력을 측정한다.

$$Po(W) = \lim_{\Delta\lambda \to 0} P\left(\lambda \pm \frac{\Delta\lambda}{2}\right) = P(\lambda) \tag{6.2}$$

LED의 경우 중심 파장 대비 반치폭이 상대적으로 크고 조명용 광원일 경우 광속[lm], 광도[cd], 조도[lux] 등으로 사용 목적에 따라 광출력을 표현하는 기준이 다르게 적용되고 있다. 광출력의 개념에서 광속이 적절하나, 광원 면에서는 광도가, 측정 편이성을 기준으로 조도가 많이 사용되고 있다. 본 장에서는 LED 광출력의 기본 단위를 광속으로 한다. 특히 백색조명용 광원일 경우 전체 파장 대역이 가시광 영역인 450～700 nm이므로 광속을 기준으로 측정함이 보편화되고 있다. 또한 기존의 광소자 중심의 신뢰성 기준은 초기 광출력의 50% 저하가 이루어지는 시간을 기준으로 수명 시간을 정의하고 있으나, 조명용 광원에 대한 신뢰성 기준은 표준화되어 있는 것은 없기 때문에 그림 6.1과 같이 30% 또는 50% 저하가 되는 시간을 수명 시간으로 L_{70} 또는 L_{50}로 정의하기도

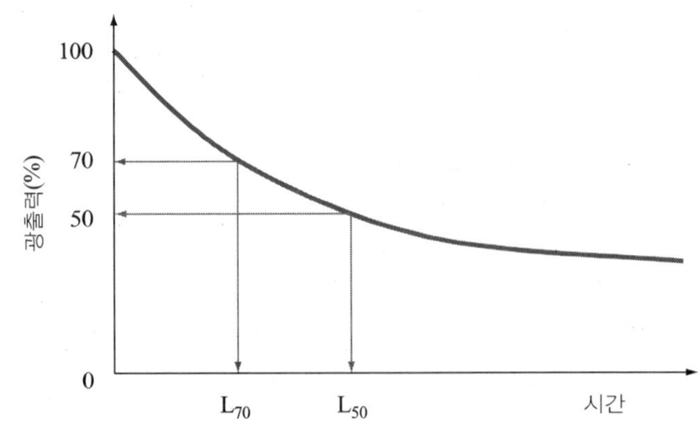

그림 6.1 LED 수명 시간 기준

한다. L_{70}은 일반 조명용 LED 램프에 주로 사용되고 있으며 니치아 사, 루미레즈 사 등에서는 출시되는 LED 제품의 데이터 스펙에서 많이 볼 수 있다. 또한 L_{50}은 장식 조명용 LED 램프에 주로 사용되고 있으며 오스람 사에서 출시되는 LED 제품의 데이터 스펙에서 많이 볼 수 있다.

1W 백색조명용 LED의 수명시험 결과가 그림 6.2에 나타나 있다. 시험 조건은 35 ℃에서 350 mA 정격전류를 구동하면서 다양한 제조사의 LED 샘플을 대상으로 측정한 결과이다. 그림 6.2를 참조하면 L_{70}을 기준으로 500시간(샘플 F)에서 100,000시간 이상(샘플 C)까지 다양한 결과를 나타내고 있다. 그러나 샘플 F를 제외하면 일반적인 경향은 10,000시간 이상을 나타내고 있어 LED 광원의 기본적인 신뢰성은 기존의 조명용 광원과 비교했을 때 그 신뢰성이 탁월함을 알 수 있다. 그러나 LED 광원은 신조명 광원으로서, 전통적으로 조명의 기능이 충분한 밝기만을 제공하였다면 LED 광원은 기존 조명과 비교했을 때 조명의 품질을 향상시키는 기능성 조명용 광원 특성을 포함하고 있다. 이러한 기능성 조명 특성은 색온도 및 연색성으로 표현하고 있다.

그림 6.3은 LED의 조명용 광원으로서 수명시험 결과를 나타내고 있다. 동일한 구동 조건에서의 LED 칩의 신뢰성 관계를 나타내고 있다. 전체적으로 파장에 따라 그 신뢰성이 결정되는 경향을 보이고 있으나 이는 LED 칩의 구조, 물질, 공정, 구동 상태 및 조건에 따른 종합적인 관계에 따른 결과로서, 동일한 구동 조건이라도 전류 및 광출력에 따른 신뢰성 측면에서의 역학적인 작용이 다를 수 있다는 점을 감안해야만 상대 비교가 가능할 수 있으며, 이러한 신뢰성 관계는 물리적으로 규명되어야만 한다.

그림 6.4는 LED 백색조명용 광원의 조명 특성인 연색성(CRI) 및 색온도(CT)와 수명

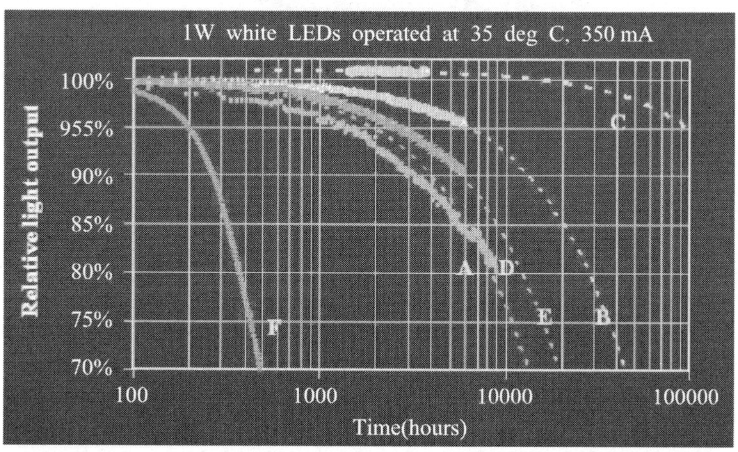

그림 6.2 LED 수명시험 예(출처 : N. Narenden, EuroLED 2007)

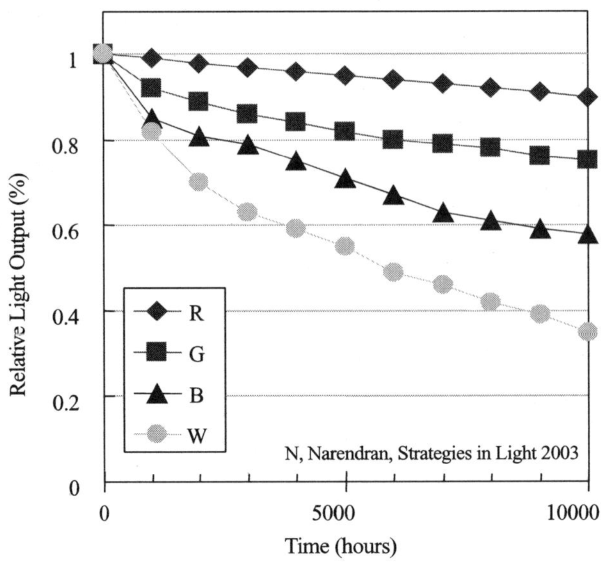

그림 6.3 LED 조명용 광원의 신뢰성

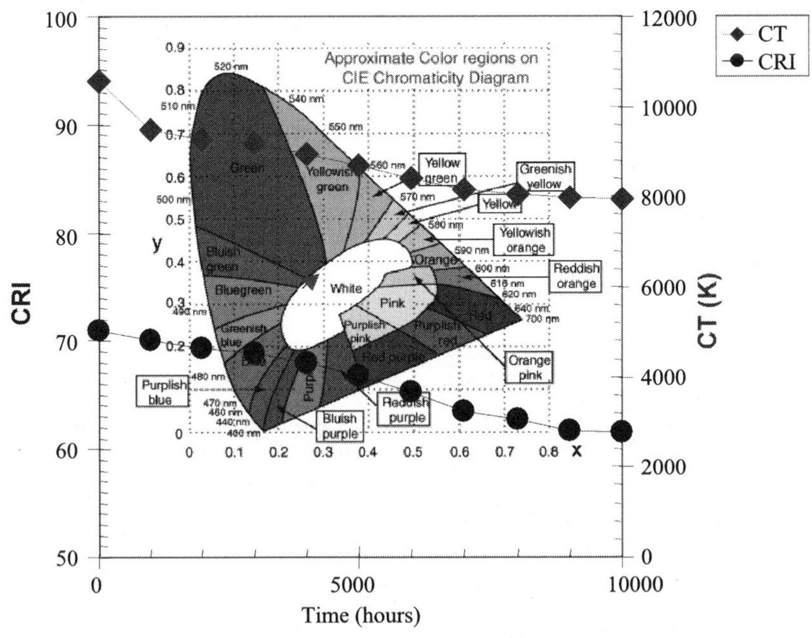

그림 6.4 LED 수명 시간에 따른 조명 특성의 변화

시험 시간의 관계를 나타내고 있다. 일반적으로 연색성 및 색온도가 저하하는 경향을 나타내고 있는데 이는 시험 조건과도 밀접한 관계가 있다. 정격전류 구동 조건에서는 LED 칩의 온도 상승에 따른 중심 파장 증가 및 이러한 중심 파장 증가는 형광체 효율

의 감소로 연결되며 전체적인 광속의 감소로 나타나면서 중심 파장의 장파장 이동에 따른 연색성 변화(적색 파장대로의 이동에 따른 연색성 지수 변동), 색온도의 감소(광속 감소 및 청색 파장대의 연색성 지수 감소)로 나타나고 있다. LED 칩의 온도 증가에 따른 광속 감소는 입력전류의 증가로 보완할 수 있으나 LED 칩의 온도 증가는 중심 파장 상승 효과를 나타내면서 전체 신뢰성은 급격히 저하될 수가 있다. 일반적으로 LED 신뢰성 시험은 정전류 구동 조건을 채택하고 있으며 조명용 광원의 구성 상태에 따라 그 특성 변화에 다른 영향을 줄 수 있다. 청색 LED와 황색형광체로 구성된 백색조명용 광원은 적색, 녹색, 청색 LED로 구성된 백색조명용 광원과 신뢰성 분석 방법을 다르게 적용해야만 한다.

6.2 LED 칩의 온도와 신뢰성의 관계

또한 백색조명용 광원 특성은 LED 광원의 구동 조건에 따라 영향을 받고 있다. 특히 LED 광원의 온도는 그림 6.5와 같이 LED 특성을 결정하는 매우 중요한 요소로 광원 품질 및 신뢰성에도 큰 영향을 미치고 있다.

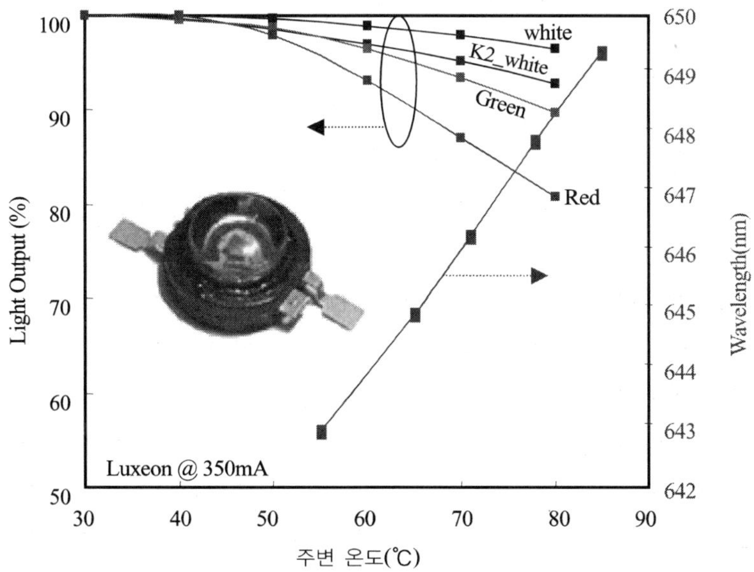

그림 6.5 주변 온도에 따른 LED 특성의 변화

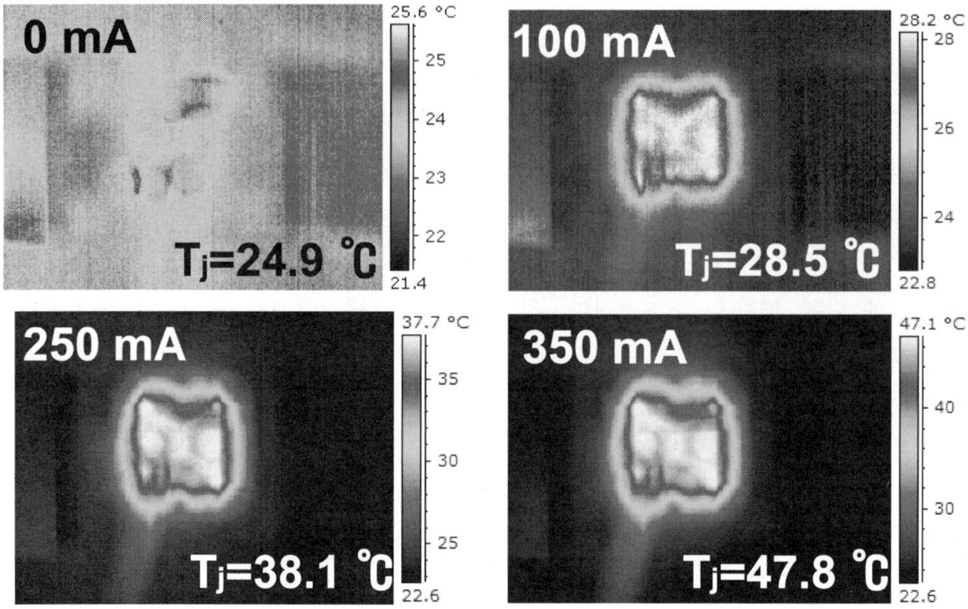

그림 6.6 LED 구동에 따른 칩 온도의 변화

그림 6.6은 LED 칩 구동에 따른 칩 온도의 변화를 열화상 카메라로 측정한 결과를 보여 주고 있다. LED 칩이 정격전류인 350 mA에서 50 ℃로 상승함을 보여 주고 있다. 이러한 LED 칩의 온도 상승은 색상 및 주파장 등의 광학 특성에 영향을 주고 있다. LED 칩의 온도가 증가함에 따라 LED에서 방출되는 광속이 감소하면서 전체 발광효율의 저하로 나타나며, 허용 한계값 이상으로 상승하면 전기 및 광학적 특성의 파괴로 LED의 고장 원인으로 작용한다.

LED 신뢰성 분석을 위하여 LED의 온도가 매우 중요한 역할을 한다는 것은 충분히 설명되었다고 본다. 이러한 LED의 온도를 어떻게 어디에서 측정할 것인가를 결정해야만 한다. 그림 6.7은 LED의 온도 측정 지점을 나타내고 있다. LED 칩이 램프형 또는 표면실장 형태로 패키지되어 있는 상태에서 LED 칩 자체의 온도를 측정한다는 것은 불가능한 것으로, LED 칩이 다이 마운팅이 되어 있는 리드플레임의 온도를 측정하거나 LED 패키지가 장착된 보드의 온도를 측정하는 방법을 사용하고 있다. 온도의 측정은 열 센서 소자인 서미스터를 장착하여 전기적으로 실시간 감지하는 방법을 사용한다.

그림 6.8은 LED 패키지 온도에 따른 수명 시간을 비교하고 있다. 전반적으로 LED 패키지의 온도가 증가할수록 수명 시간은 감소하고 있으며, 대략적으로 LED 패키지의 온도가 10 ℃ 증가하면 (40 ℃ → 50 ℃), 수명 시간은 절반 정도로(40,000시간 → 20,000시간) 감소한다고 볼 수 있다.

그림 6.9는 적색 LED의 온도에 따른 중심 파장의 변화를 나타내고 있다. 약 8 ℃ 증가할 때마다 중심 파장이 1 nm 정도 증가하는 경향을 보여 주고 있다. 전체 LED 구동

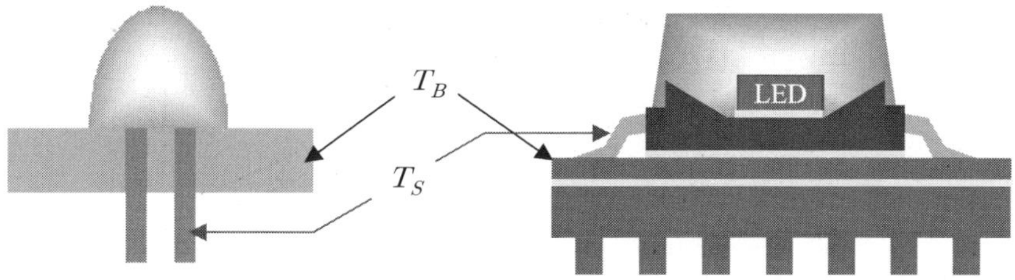

그림 6.7 LED 칩의 신뢰성 분석을 위한 온도 측정 지점. T_S(리드플레임의 온도) 및 T_B(시험보드의 온도)

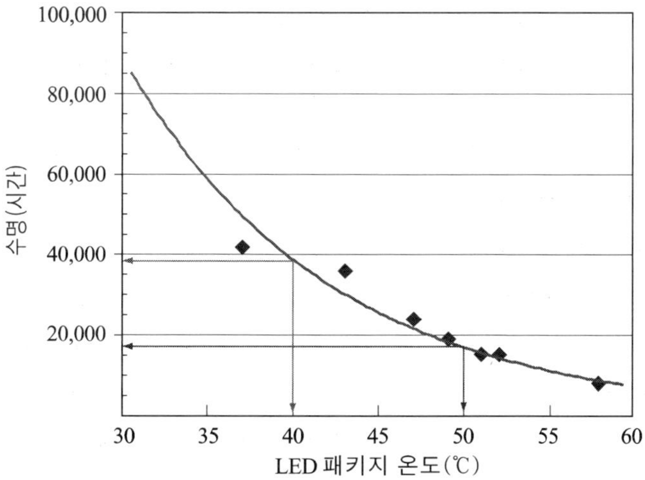

그림 6.8 LED 패키지 온도에 따른 수명시간

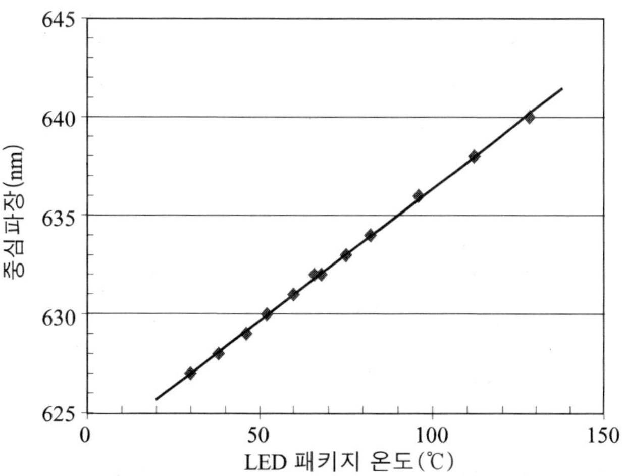

그림 6.9 LED 온도에 따른 중심 파장의 변화

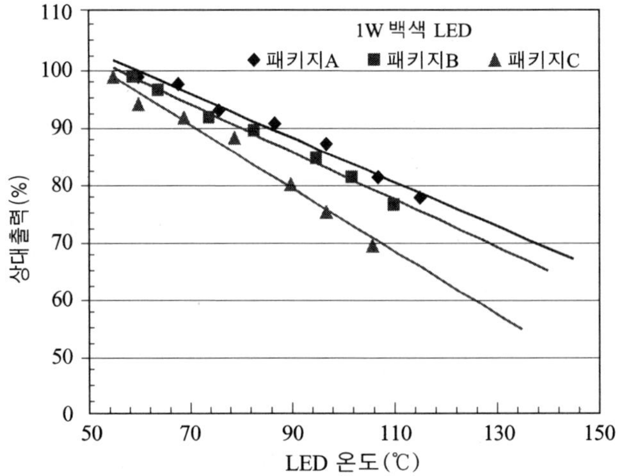

그림 6.10 LED 패키지에 따른 온도별 광출력의 변화

의 온도 조건을 고려할 때 최대 10 nm 정도 변화가 가능하다. 이러한 중심 파장의 증가는 광속의 감소로 연결되며 조명 특성의 감소에 원인이 되고 있다.

그림 6.10은 LED 패키지에 따른 온도 증가에 따른 광출력의 변화를 보여 주고 있다. 동일한 1 W 백색조명용 LED 패키지의 경우 패키지에 사용한 재료 및 구조에 따른 패키지 열 특성에 따라 광출력의 온도에 따른 변화율이 다르게 나타나는 경향을 알 수 있다. 이러한 패키지의 열 특성은 광속효율에 직접적으로 영향을 주고 있다. 패키지의 열 특성은 열저항으로 표시할 수 있으며 열저항은 최대 20 K/W 이하로 LED 칩 배치에 따른 재질과 구조 등을 최적화해야만 신뢰성을 확보할 수 있다.

그림 6.11은 LED의 온도를 시험보드에서 측정한 수명 시간과의 관계를 나타내고 있다. LED의 수명시험은 일반적으로 다량의 샘플이 하나의 시험보드에 탑재되어 수행되고 있어 개별 샘플의 온도를 실시간 모니터링한다는 것이 시간적 물리적으로 제약이 많이 따를 수 있다. 이러한 경우에는 전체 시험보드의 온도를 대표적으로 3~5개 지점에서 측정하여 LED 신뢰성 시험 온도를 산출하는 것이 더 효과적일 수 있다. 이전에 언급한 바와 같이 그림 6.11에서도 온도 10 ℃ 상승할 때마다 수명 시간이 절반씩 감소하는 경향을 나타내고 있다. 이러한 관계를 단순 적용하면 표 6.5와 같이 정리할 수 있는데 신뢰성 분석을 위한 수명시험 시간을 산출하는 데 유용하게 사용할 수 있다. L_{70} 또는 L_{50}을 산출하기 위하여 30% 또는 50%까지의 광출력 감소를 측정해야 하는데 소요되는 시간과 광출력 변화율을 계산할 수 있다.

예를 들어 본다면 시험 온도가 90 ℃일 경우 L_{70}을 산출할 경우 광출력 변화율은 30%/

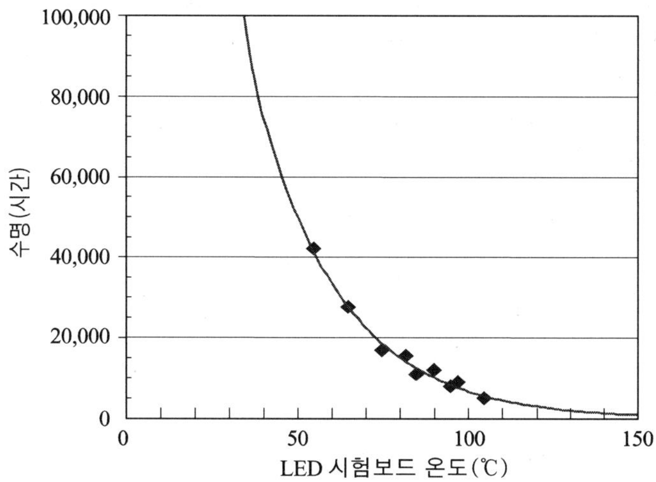

그림 6.11 LED 시험보드 온도에 따른 수명 시간의 변화

표 6.5 LED 온도 증가에 따른 수명 시간의 관계

온도(℃)	40	50	60	70	80	90	100	110	120	130
수명 시간	100k	50k	25k	12k	6k	3k	1.5k	700	300	150

3,000시간으로 0.01%/시간으로 광출력 측정기기의 오차율 범위가 ±0.5%라면 100시간(대략 4일)마다 또는 일주일에 2회 정도 광출력을 측정함이 적절할 것으로 여겨진다. 같은 방식으로 시험 온도가 80 ℃라면 일주일에 1회, 70 ℃라면 한 달에 2회, 60 ℃라면 한 달에 1회의 측정 주기를 유추할 수 있다.

6.3 LED의 가속수명시험

그림 6.12는 LED 램프의 상온에서의 수명시험 결과에 대한 일반적인 분포를 도식적으로 표현하고 있다. 기본적으로 수천에서 수만 시간 이상의 시험 시간이 소요되고 있다. 이러한 신뢰성 시험을 효과적으로 수행하기 위하여 시험 온도를 높여 시험 시간을 단축할 수 있도록 하는 것이 가속수명시험(Accelerated Life Test) 방법이다.

이러한 가속수명시험은 LED 램프의 종류에 따라 L_{70} 또는 L_{50} 기준에 따라 적용되는데, 개별 LED 소자뿐만 아니라 LED 하우징, 구동 IC, 또는 광학계를 포함하는 시스템

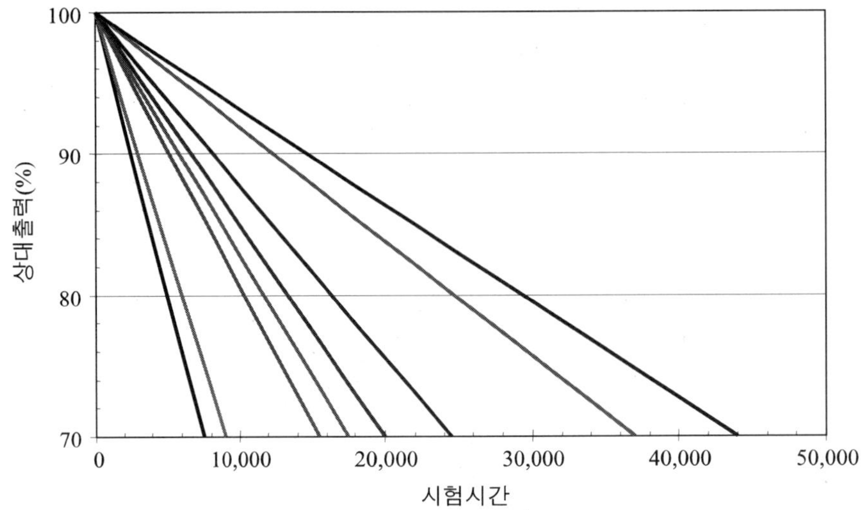

그림 6.12 LED 램프의 수명 시간 비교

에도 적용하고 있다. 가속수명시험은 정격전류를 구동하며 최소 6,000시간을 수행하면서 광출력을 주기적으로 관측하면서 광출력이 감소하는 경향을 모니터링한다. 가속 효과를 높이기 위하여 LED의 온도를 높일 필요가 있는데, 일방적으로 무리한 온도 범위는 적용 부품의 사용 조건에서의 열화 상태를 나타내야 하므로 적절히 유지되어야만 한다. 표 6.6은 미국 ASSIST에서 가속수명시험 온도로서, 권장하고 있는 내용으로 참조할 수 있도록 정리하였다.

이러한 가속수명시험을 통하여 얻어진 수명시험은 최소 6,000시간을 수행하며, 수명시간 산출을 위한 신뢰성 분석은 1,000시간에서 6,000시간 사이에서 광출력 감소율을 계산함으로써 L_{70} 또는 L_{30} 기준의 전체 수명 시간을 예측할 수 있다. 그림 6.13은 가속수명시험의 전형적인 실험 결과를 도식적으로 표현한 것이다. 이러한 LED의 시험 온도에 따른 가속수명시험 결과는 아레니우스(Arrhenius) 관계식을 이용하여 동작 조건 온도에서의 수명 시간으로 환산이 가능하다. 아레니우스 식은 원래 화학 반응 속도와 온도와의 관계를 나타내는 실험식으로서 1889년 스웨덴의 화학자 스테판 아레니우스가

표 6.6 미국 ASSIST의 LED 가속수명시험 온도

LED 종류	온도(℃)		
	T1	T2	T3
고출력 LED	45	65	85
일반 LED	35	45	55

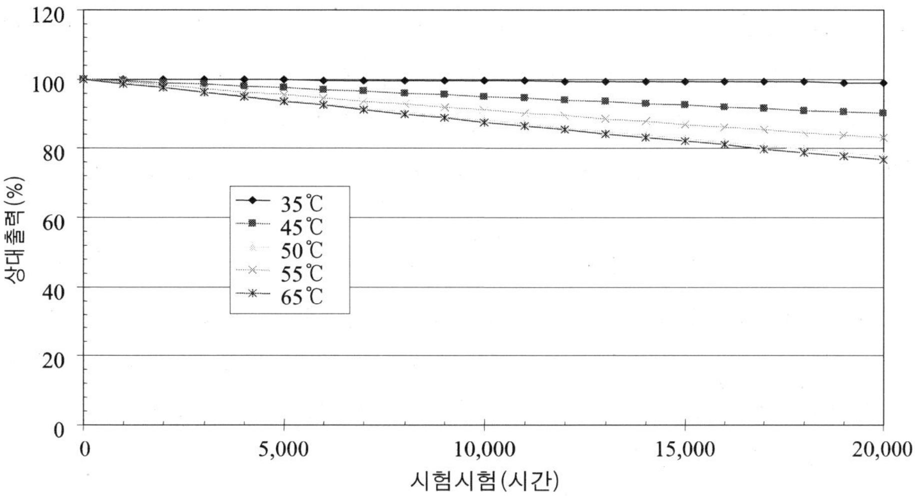

그림 6.13 LED 온도에 따른 수명시험 결과

거의 모든 반응에 적용될 수 있다는 것을 보였다. 통계역학적인 기초는 H. 아이링이 만들었으며, 다음과 같다.

$$A_F = H_T \times \exp\left[\frac{E_a}{\kappa} \cdot \left(\frac{1}{T_U} - \frac{1}{T_S}\right)\right] \quad (6.3)$$

기호	설명
H_T	Total number of hours which the unit is under test
A_F	Acceleration factor
E_a	Activation energy
κ	Boltzmann's constant (8.62×10^{-5} eV/K)
T_U	Absolute temperature at normal operating conditions
T_S	Absolute temperature at stress test conditions

위의 아레니우스 관계식은 다음과 같은 가속수명시험에 사용하는 관계식으로 적용할 수 있다.

$$\tau_1 = \tau_2 \times \exp\left[\frac{E_a}{\kappa} \cdot \left(\frac{1}{T_2} - \frac{1}{T_1}\right)\right] \quad (6.4)$$

T_1과 τ_1은 실제 사용 환경에서의 온도와 수명 시간이며, T_2와 τ_2는 가속수명시험 온

도와 측정 또는 산출한 가속수명 시간이다. 위의 관계식에서 활성화 에너지(E_a)만이 미지수로서 두 개의 시험 온도 실험값을 대입하여 산출이 가능하다. 그러나 시험 온도 범위에서의 자연함수적 선형 관계를 확인하기 위하여 세 개의 온도 범위에서 그래프를 활용한 방법이 보편적으로 사용되고 있다. 이는 두 온도만의 시험자료에서 생길 수 있는 실험적 오류의 범위를 줄이기 위함이다.

가속수명시험을 통하여 구해진 활성화 에너지는 소자의 신뢰성을 결정하는 물리적 특성상수로 재료 구조 공정에 따라 그 값이 결정된다. 일반적으로 상온에서 열화가 시작하는 단계가 0.4 eV 정도라면 LED를 포함하여 정상적인 반도체 소자의 경우 0.8~1.2 eV 수준이며, 대략 E_a가 1.0 eV일 때 시험 온도에 따른 수명 시간 관계가 10 ℃ 증가에 1/2 수명 감소의 관계가 있다.

그림 6.14는 LED 시험 온도에 따른 LED 광출력 열화율의 관계를 나타내고 있다. 광출력의 열화율은 1,000시간에서 6,000시간에서 산출한 것으로 전체적으로 자연함수식 모델에 적용 가능하며 광출력 열화 모델식은 다음과 같다.

$$\frac{I(t)}{I_O} = \exp(-a \cdot t) \tag{6.5}$$

$I(t)$는 시간 t에서의 광출력, I_o는 초기($t=0$) 광출력, a는 광출력 열화율을 나타내고 있다. 그림 6.13의 광출력 변화율(a)을 정리하면 표 6.7과 같다.

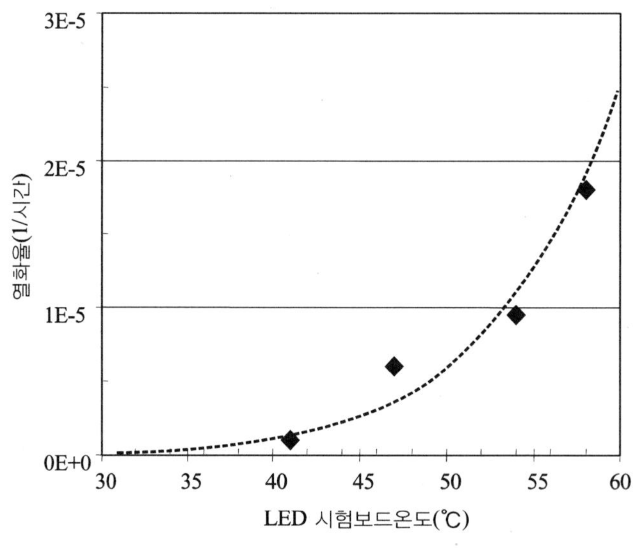

그림 6.14 LED 온도에 따른 LED 열화율

표 6.7 LED 수명시험 온도에 따른 광출력 열화율

시험 온도(℃)	열화율(1/시간)
35	5.72E − 07
45	5.25E − 06
50	1.20E − 05
55	9.30E − 06
65	1.82E − 05

광출력 열화 모델식을 이용한 예를 들어 보면, L_{70}은 표 6.7의 광출력 열화율을 이용하면 35 ℃의 경우 $a = 5.72\text{E}-07$로 다음과 같이 구할 수 있다.

$$L_{70} = \frac{\ln(0.7)}{-(5.72\times 10^{-7})} = 67{,}938\ \text{hours} \tag{6.6}$$

6.4 LED 고장 분석

Low level EL(Electro luminescence) PHEMOS(photo emission microscope) 테스트는 낮은 수준의 전류 혹은 역방향의 바이어스(bias)를 인가시켜 발광하는 패턴을 분석함으로써, 발광소자의 칩 단위에서의 발광 균일도를 평가할 수 있다. 그림 6.15(a)는 5 μA 인가 시 특정 부분에서 발광이 관찰되었으며 표면전극에서의 전류흐름이 불균일함을 나타내고 있으며, (b)는 −5 V 역방향 전압을 인가하였을 경우 leakage current에 의한 발광 패턴이 발견할 수 있었다.

순방향 바이어스에 의한 칩 단위에서 발광 균일도 평가 시 저전류 인가 시 특정 부분에 발광 영역이 생성되었으며, 이는 칩 단위에서 이 부분의 p-n 접합 부위에서 leakage current에 의한 발광으로 판단되며, 이는 칩의 불량이 되는 원인으로 판단한다. 역방향 바이어스에 의한 칩 단위의 발광 균일도 평가 시 p-n 접합 부위에서 leakage current에 의한 reverse bias photo emission이 발생했는데, 이 원인은 LED 패키지의 ESD에 의한 p-n 접합 leakage current가 발생하는 지역으로 볼 수 있다.

THEMOS(Thermal emission microscope) 테스트는 바이어스 인가 시 칩 단위에서 발생하는 열을 광학적으로 IR 광원을 검출하여, 칩 단위에서의 열 분포를 high resolution

(a)

(b)

그림 6.15 순방향 및 역방향 바이어스에 의한 칩 단위의 발광 패턴 분석

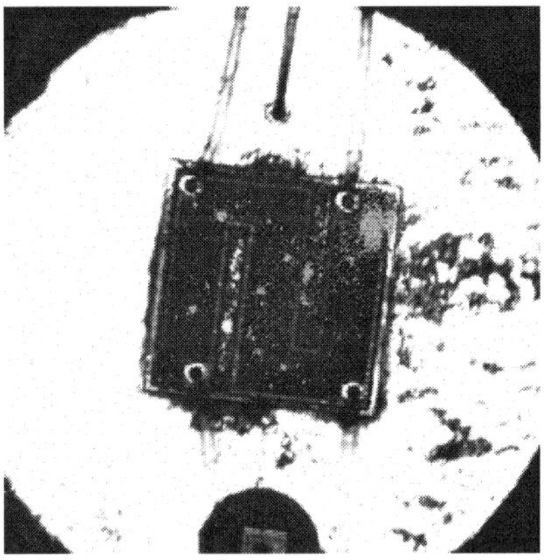

(a) PHEMOS @ 5 μA

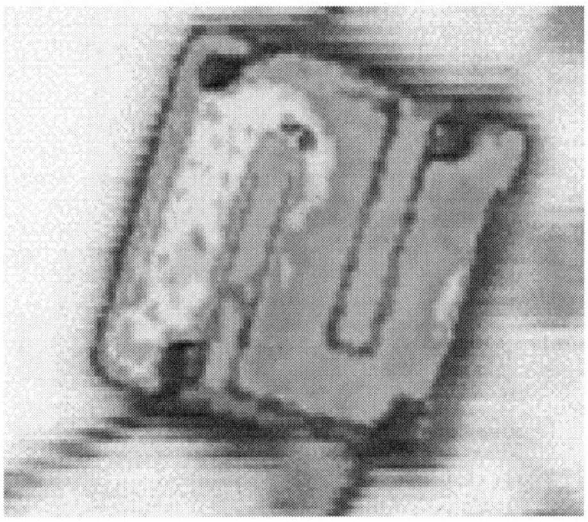

(b) THEMOS @ 3 V

그림 6.16 순방향 시험 결과

으로 측정하는 방법으로, 이를 이용하여 그림 6.16과 같이 발광 균일도와 비교 평가하면 칩 수준에서의 특성을 분석할 수 있다.

순방향 PHEMOS 테스트 시 특정 영역에서 발광하는데 이 영역에서 전류에 의한 발광 원인과 투명전극과 p-활성층과의 저항 불균일도에 의한 원인으로 볼 수 있다. 이를 순방향 THEMOS 테스트와 비교 분석하면 칩 수준에서 온도 분포가 불량 샘플에서 불균일함을 알 수 있다. LED 칩에서 불균일한 온도 분포의 원인은 투명전극과 p-활성층과의 ohmic heat generation에 의한 것으로 분석된다. 이는 온도가 낮은 초록색 부분보다 온도가 상대적으로 높은 빨간색 영역의 오믹 저항이 높다는 것으로 알 수 있다. 이러한 결과를 비교 분석하면 순방향 전압에서의 LED 칩의 발광 균일도가 투명전극과 p-활성층과의 오믹 저항 분포에 의해 특성이 달라졌음을 판단할 수 있다.

6.5 결 론

본 장에서는 LED 신뢰성의 기준과 온도 특성 및 수명 시간 산출 방법에 대해 설명하였다. LED 신뢰성은 조명 특성을 신뢰성 분석에 포함하고 있어 일반 반도체 부품과는 다른 방법과 기준을 적용하고 있다.

그림 6.17은 LED PAR 형식 램프의 시험 환경에 따른 광출력 및 조명 특성의 변화를 관측한 시험 결과로서, 이와 같은 신뢰성 시험 자료를 근거로 주변 환경의 온도 조건에 따른 램프의 특성을 예측할 수 있다. 온도 증가에 따른 광속의 감소 및 연색성 지수의

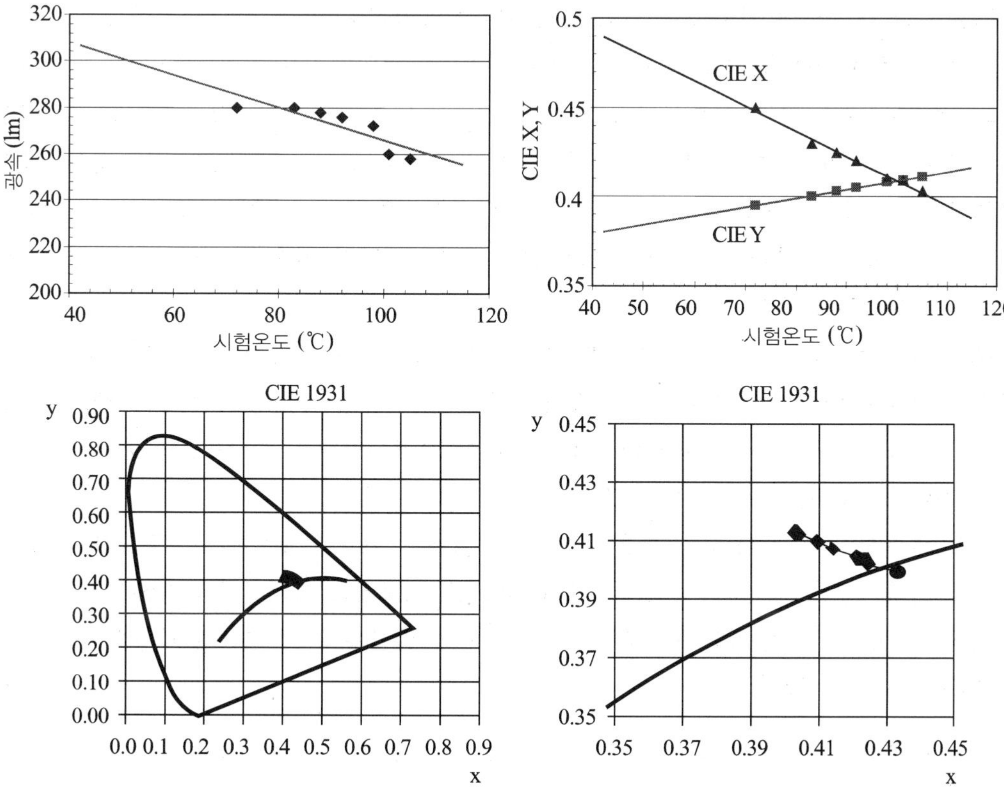

그림 6.17 PAR 램프의 시험 환경에 따른 광출력 및 조명 특성의 변화

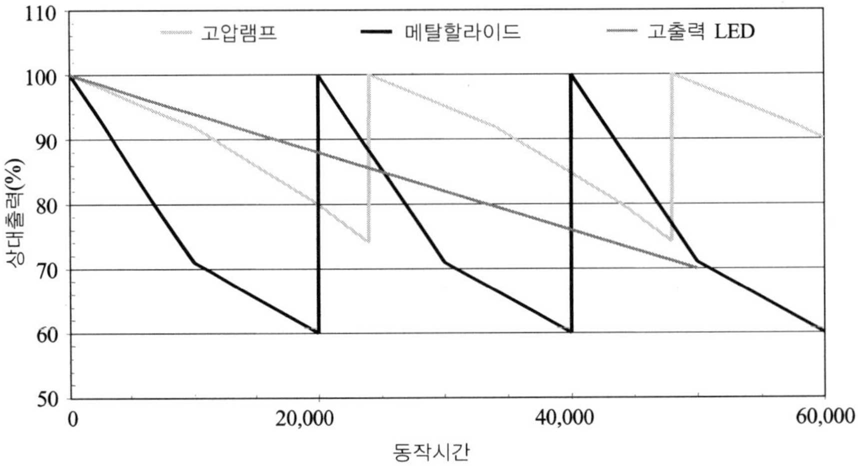

그림 6.18 300 W 가로등용 램프의 수명 시간에 따른 종류별 광속 비교

변화와 색온도의 변화를 보여 주고 있다. 특히 연색성 지수 및 색온도의 변화는 조명 특성과 직접적으로 연관되어 있어 LED 백색조명의 품질에 상당한 영향을 미치고 있다.

그림 6.18은 300 W 가로등용 램프로 사용되는 고압램프, 메탈할라이드 램프 및 고출력 LED 램프의 사용 환경을 광속 기준으로 사용 시간에 따라 나타낸 것이다. 메탈할라이드 램프의 경우 수명 시간이 10,000~20,000시간으로 L_{60}을 기준으로 매 20,000시간마다 교체를 해야 하며, 고압램프의 경우 25,000시간을 교체 주기로 가정할 경우 LED 램프의 수명 시간인 50,000시간을 기준으로 할 때 고압램프는 2번, 메탈할라이드 램프는 2.5번 교체해야 하는 추가비용을 고려할 때 LED 램프의 장수명 신뢰성에 의한 비용 절감 효과를 볼 수 있다.

LED 신뢰성은 기존 조명용 광원에 비교할 때 상당히 우수하며, 신조명 광원으로서 조명 시장에서 환영받고 있다. LED 광원의 장수명 신뢰성은 조명 시스템의 램프 교체 주기나 비용 면에서 저렴한 유지관리비로 접근이 어려운 장소나 항시 조명이 필요한 곳에 설치할 수 있다.

LED 신뢰성 분석은 LED 광원에 대한 기술 경쟁력 확보를 위한 매우 중요한 기술로서 수명시험 및 고장 분석에 대한 그림 6.19와 같은 체계적인 데이터베이스를 확보하여 국내 관련 LED 제조업체의 신뢰성 및 시장 경쟁력 향상을 위한 토대를 마련할 수 있도록 발전되어야만 한다.

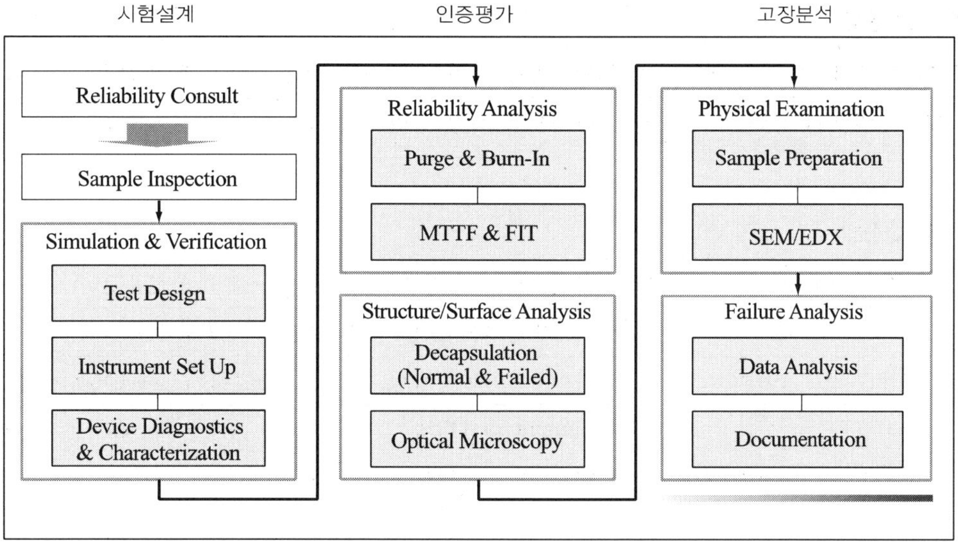

그림 6.19 신뢰성 시험 및 고장 분석 체계

6.6 LED 시험방법

LED 패키지를 모듈이나 조명 제품으로 이용하기 위해서는 생산된 제품의 특성을 측정해야 한다. 그러나 기존의 백열등이나 형광등의 측정 방법으로는 측정이나 시험방법이 LED의 측정 방법으로 알맞지 않은 경우가 많아서 시험방법의 규격화나 표준화가 시급한 실정이다. 따라서 본 장에서는 LED의 특성을 파악하고자 할 때 참고할 수 있도록 대표적인 LED의 특성 평가 항목에 대해 언급하고자 한다.

6.6.1 전기적 특성 측정

발광 다이오드의 전기적 특성은 규정에 정해진 조건하에서 규정의 전압이나 전류를 흘려 측정하며 대표적인 항목은 순전류, 순전압, 역전류, 역전압 등이 있다.

표 6.8 순전류

(1) JIS C 5951-1944	광전송용 발광 다이오드 측정 방법	6.1 순전류(I_f)
(2) EIAJ ED-4911 1993	발광 다이오드 측정 방법	6.3 순전류(I_F) 측정

표 6.9 순전압

(1) JIS C 7036-1985	발광 다이오드의 측정 방법(표시용)	8.1 순전압(V_F)
(2) JIS C 5951-1997	광운송용 발광 다이오드 측정 방법	6.2 순전류(V_f)
(3) EIAJ ED-4911 1993	발광 다이오드 측정 방법	6.1 순전류(V_F) 측정
(4) CIE127-1997	Measurement of LEDs	2.2.3 Forward voltage
(5) CIE127.2(4th Draft) 1997	Measurement of LEDs	2.2.4 Forward voltage

표 6.10 역전류

(1) JIS C 7036-1985	광전송용 발광 다이오드 측정 방법	8.2 역전류(I_R)
(2) JIS C 5951-1997	광전송용 발광 다이오드 측정 방법	6.3 역전류(I_r)
(3) EIAJ ED-4911 1993	발광 다이오드 측정 방법	6.4 역전류(I_r) 측정

표 6.11 역전압

(1) JIS C 7036-1985	광전송용 발광 다이오드 측정 방법	6.4 역전압(V_r)
(2) EIAJ ED-4911 1993	발광 다이오드 측정 방법	6.2 역전압(IV_R) 측정

표 6.12 단자 간 용량

(1) JIS C 5951-1997	광전송용 발광 다이오드 측정 방법	6.5 단자 간 용량
(2) EIAJ ED-4911 1993	발광 다이오드 측정 방법	6.5 단자 간 용량(C_t) 측정

6.6.2 광 특성 측정

표 6.13 전광속

(1) CIE84 1989	The Measurement of Luminous Flux	2.1.1 Luminous flux
(2) CIE 127 1997	Measurement of LEDs	6. Measurement of total luminous flux
(3) CIE 127.2(4th Draft) 1997	Measurement of LEDs	6.1.1 Total luminous flux 6.4.1 Total luminous flux measurement
(4) EIAJ ED-4911 1993	발광 다이오드 측정 방법	2.3(4) 측광량 측정 용어와 그 정의 광속 6.9 광속 측정
(5) JEL311 2004	조명용 백색 LED 측광 방법 통치	3.5 LED 전광속 8. 광속 측정

표 6.14 부분 광속

(1) CIE127.2(4th Draft) 1997	Measurement of LEDs	6.1.2 Partial LED Flux 6.4.2 Partial LED Flux measurement
(2) EIAJ ED-4911 1993	발광 다이오드 측정 방법	2.3(4) 측광량 측정 용어와 그 정의 광속
(3) JEL311 2004	조명용 백색 LED 측광 방법 통치	8. 광속 측정

표 6.15 휘도

(1) CIE84 1989	The Measurement of Luminous Flux	2.1.4 luminance
(2) EIAJ ED-4910 1995	발광 다이오드	부표1/부표2
(3) EIAJ ED4911 1993	발광 다이오드 측정 방법	2.3(7) 휘도 6.13 휘도 측정

표 6.16 배광

(1) CIE84 1989	The Measurement of Luminous Flux	4. Calculation to luminous flux from luminous intensity distribution
(2) CIE127 1997	Measurement of LEDs	2.1.1 Spatial distribution 5.4 Measurement of spatial and directional properties
(3) CIE127.2(4th Draft) 1997	Measurement of LEDs	2.1.1 Spatial distribution 5.4 Measurement of spatial and directional properties
(4) EIAJ ED-4911 1993	발광 다이오드 측정 방법	6.16 지향 특성 측정
(5) JIS C 5951 1997	광전송용 발광 다이오드 측정 방법	6.12 빔이 퍼지는 각도
(6) JIS C 7036 1985	발광 다이오드 측정 방법(표시용)	2.(9) 지향 특성 8.5 지향 특성

표 6.17 광도

(1) CIE84 1989	The Measurement of Luminous Flux	2.1.2 luminous intensity
(2) CIE127 1997	Measurement of LEDs	5.2.1 luminous intensity
(3) CIE127.2(4th Draft) 1997	Measurement of LEDs	4.2.1 luminous intensity
(4) EIAJ ED-4910 1995	발광 다이오드	부표1/부표2
(5) EIAJ ED-4911 1993	발광 다이오드 측정 방법	2.3(6) 광도 6.11 광도 측정
(6) JEL 311 2004	조명용 백색 LED 측광 방법 통치	7.3 발광부가 큰 LED 광도 측정
(7) JIS C 7035 1985	발광 다이오드(표시용)	부표1/부표2
(8) JIS C 7036 1985	발광 다이오드 측정 방법(표시용)	2(5) 광도 8.3 광도

표 6.18 발광 스펙트럼

(1) CIE127 1997	Measurement of LEDs	2.1.2 Spectral distribution 7.4 Measurement of the spectral distribution
(2) CIE127.2(4th Draft) 1997	Measurement of LEDs	2.1.2 Spectral distribution 7.4 Spectral Measurement of LEDs
(3) EIAJ ED-4911 1993	발광 다이오드 측정 방법	2.1(7) 분광감도 6.14 스펙트럼 분포, 피크파장, half bandwidth 측정
(4) JIS C 5951 1997	광전송용 발광 다이오드 측정 방법	6.10 피크발광파장 및 스펙트럼 half bandwidth
(5) JIS C 7036 1985	발광 다이오드 측정 방법(표시용)	2(6) 발광 스펙트럼 분포 8.4 피크발광파장 및 스펙트럼 half bandwidth

표 6.19 색도

(1) CIE127 1997	Measurement of LEDs	7.3 Colorimetric quantities determined from the spectral distribution
(2) CIE127.2(4th Draft) 1997	Measurement of LEDs	7.3 Colorimetric quantities determined from the spectral distribution
(3) EIAJ ED-4911 1993	발광 다이오드 측정 방법	6.15 색도 측정
(4) JIS Z 8724 1997	색의 측정 방법-광원색	6.10 피크발광파장 및 스펙트럼 half bandwidth

표 6.20 주파장

(1) CIE127 1997	Measurement of LEDs	7.3.1 Dominant wavelength
(2) CIE127.2(4th Draft) 1997	Measurement of LEDs	7.3.1 Dominant wavelength
(3) EIAJ ED-4911 1993	발광 다이오드 측정 방법	6.15 색도 측정

표 6.21 피크발광파장

(1) CIE127 1997	Measurement of LEDs	7.2.1 Peak wavelength
(2) CIE127.2(4th Draft) 1997	Measurement of LEDs	7.2.1 Peak wavelength
(3) EIAJ ED-4911 1993	발광 다이오드 측정 방법	6.14 스펙트럼 분포, 피크파장, half bandwidth 측정
(4) JIS C 5950 1997	광전송용 발광 다이오드 통치	2(11) 피크발광파장
(5) JIS C 5951 1997	광전송용 발광 다이오드 측정 방법	6.10 피크파장 및 half bandwidth 측정
(6) JIS C 7035 1985	발광 다이오드(표시용)	부속서2 3전기·광학적 특성
(7) JIS C 7036 1985	발광 다이오드 측정 방법(표시용)	2(7) 피크발광파장 8.4 피크발광파장 및 스펙트럼 half bandwidth

표 6.22 방사속

(1) EIAJ ED-4911 1993	발광 다이오드 측정 방법	2.2(2) 방사속 6.10 방사속 측정
(2) JIS C 5950 1997	광전송용 발광 다이오드 통치	2(6) 광출력
(3) JIS C 5951 1997	광전송용 발광 다이오드 측정 방법	6.6 광출력 6.7 적분구를 이용한 광출력

6.6.3 온도 특성 측정

표 6.23 조위 온도

(1) CIE84 1989	The Measurement of Luminous Flux	8.4 Ambient temperature
(2) CIE127 1997	Measurement of LEDs	2.2.4 Ambient temperature
(3) CIE127.2(4th Draft) 1997	Measurement of LEDs	2.2.5 Ambient temperature
(4) EIAJ ED-4910 1995	발광 다이오드	부속서2 표1 2.2.2(3) 조위 온도
(5) EIAJ ED-4911 1993	발광 다이오드 측정 방법	4.1(1) 온도
(6) JEL311 2004	조명용 백색 LED 측광 방법 통치	6. 점등 조건 부속서1 4.1 온도 부속서3 4.4 측정의 환경

(7) JIS C 5950 1997	광전송용 발광 다이오드 통치	6. 최대정격(비고2) 부속서1 표1(주3)
(8) JIS C 5951 1997	광전송용 발광 다이오드 측정 방법	3. 측정의 상태
(9) JIS C 7035 1985	발광 다이오드(표시용)	부속서2 표1 부속서3 2.2.2(3) 조위 온도
(10) JIS C 7036 1985	발광 다이오드 측정 방법(표시용)	4.1 온도

6.6.4 열 특성 측정

표 6.24 열 특성

(1) EIAJ ED-4911 1993	발광 다이오드 측정 방법	6.6 접합 온도, 열저항(R_{th}) 측정

6.6.5 수명에 관한 시험방법

표 6.25 수명시험방법

(1) JIS C 5950 1997	광전송용 발광 다이오드 통치	부속서2 표1 환경시험 및 내구성 시험
(2) JEL 311 2004	조명용 백색 LED 측광 방법 통치	3.7 LED의 수명 부속서3(참고) LED 광원에 관한 수명 특성 평가방법
(3) JEL 811 2005	조명용 백색 LED 모듈 안전성 요구사항	3.21 LED의 수명

6.6.6 신뢰성에 관한 시험방법

6.6.6.1 열적 환경시험

표 6.26 내열 시험

(1) EIAJ ED-4701/300	반도체 소자의 환경 및 내구성 시험방법	시험방법302 땜납 내열성시험(SMD 이상)
(2) MIL-STD-750-1995	Test methods for semiconductor devices	2031.2 Soldering heat
(3) JIS C 60068-20 1996	환경시험방법-전기・전자-땜납부 시험방법	
(4) EIAJ ED-4701/300	반도체 소자의 환경 및 내구성 시험방법	시험방법301 땜납 내열성 시험(SMD)
(5) JIS C 60068-2-58 2002	환경시험방법-전기・전자-표면실장 부품	性

표 6.27 온도 반복 시험

(1) EIAJ ED-4701/100	반도체 소자의 환경 및 내구성 시험방법	시험방법105 온도 사이클 시험
(2) MIL-STD-883F-2004	Test methods procedures for microelectronics	1010.8 Temperature cycling

표 6.28 열 충격 시험

(1) EIAJ ED-4701/100	반도체 소자의 환경 및 내구성 시험방법	시험방법307 열 충격 시험
(2) MIL-STD-883F-2004	Test methods procedures for microelectronics	1011.9 Thermal shock

표 6.29 온습도 반복 시험

(1) EIAJ ED-4701/200	반도체 소자의 환경 및 내구성 시험방법	시험방법203 온습도 사이클 시험
(2) MIL-STD-883F-2004	Test methods procedures for microelectronics	1004.7 Moisture resistance
(3) JIS C 60068-2-38 1988	환경시험방법(전기・전자) 온습도 조합한 시험방법	

6.6.6.2 기계적 환경시험

표 6.30 진동 시험

(1) EIAJ ED-4701/400	반도체 소자의 환경 및 내구성 시험방법	시험방법403 진동 시험
(2) MIL-STD-883F-2004	Test methods procedures for microelectronics	2007.3 Vibration, variable frequency
(3) JIS C 60068-2-6 1999	환경시험방법(전기·전자) 정현파 진동 시험방법	

표 6.31 충격 시험

(1) EIAJ ED-4701/400	반도체 소자의 환경 및 내구성 시험방법	시험방법404 충격 시험
(2) MIL-STD-883F-2004	Test methods procedures for microelectronics	2002.4 Mechanical shock
(3) JIS C 60068-2-27 1995	환경시험방법(전기·전자) 충격 시험방법	

표 6.32 정가속도 시험

(1) EIAJ ED-4701/400	반도체 소자의 환경 및 내구성 시험방법	시험방법405 정가속도 시험
(2) MIL-STD-883F-2004	Test methods procedures for microelectronics	2001.2 Constant acceleration
(3) JIS C 60068-2-7 1993	환경시험방법(전기·전자) 가속도 시험방법	

표 6.33 단자강도 시험

(1) EIAJ ED-4701/400	반도체 소자의 환경 및 내구성 시험방법	시험방법401 단자강도 시험
(2) MIL-STD-883F-2004	Test methods procedures for microelectronics	2004.5 Lead integrity
(3) JIS C 60068-2-21 2002	환경시험방법(전기·전자) 단자강도 시험방법	

6.6.6.3 그 밖의 환경시험

표 6.34 내염(塩)성 시험

(1) EIAJ ED-4701/200	반도체 소자의 환경 및 내구성 시험방법	시험방법204 염수분무 시험
(2) MIL-STD-883F-2004	Test methods procedures for microelectronics	1009.8 Salt atmosphere(corrosion)
(3) JIS C 60068-2-11 1989	환경시험방법(전기 · 전자) 염수분무 시험방법	

표 6.35 기밀성 시험

(1) EIAJ ED-4701/500	반도체 소자의 환경 및 내구성 시험방법	시험방법503 기밀성 시험
(2) MIL-STD-883F-2004	Test methods procedures for microelectronics	1014.11 Seal
(3) JIS C 60068-2-17 2001	환경시험방법(전기 · 전자) 기밀성 시험방법	

표 6.36 솔더 젖음성 시험

(1) EIAJ ED-4701/300	반도체 소자의 환경 및 내구성 시험방법	시험방법303 땜납 시험
(2) MIL-STD-883F-2004	Test methods procedures for microelectronics	1014.11 Solderability
(3) JIS C 60068-2-20 1996	환경시험방법(전기 · 전자) 땜납 시험방법	

표 6.37 정전기 파괴 시험

(1) EIAJ ED-4701/300	반도체 소자의 환경 및 내구성 시험방법	시험방법304 인체모델 정전기 파괴 시험
(2) MIL-STD-883F-2004	Test methods procedures for microelectronics	3015.7 Elastic discharge sensitivity classification

표 6.38 국내외 규격 관련 조직

CIE 규격	CIE : Commission Internationale de l'Eclairage(국제조명위원회)
EIAJ 규격	JEITA : Japan Elecronics and Information Technology industries Association (전자정보기술산업협회)
IEC 규격	IEC : International Electrical Commission(국제전기표준회의)
ISO 규격	ISO : International Standardizing Organization(국제표준화기구)
JIS 규격	JIS : Japan Industrial Standard(일본공업규격)
JEL 규격	JELMA : Japan Electric Lamp Manufacturers Association(일본전구공업회)
JIL 규격	JLA : Japan Luminaires Association(일본조명기구공업회)
MIL 규격	MIL : Military Specification and Standard(미국군용규격)
미국연방 규격	Code of Federal Regulations(미국연방규격)
KS 규격	KS : Korea Industrial Standards(한국산업규격)

연습문제

6.1 LED 램프, 백열전구, 형광등을 현재 기술 수준에서 높은 광속효율 순으로 나열하라.

6.2 LED 수명 시간을 정의할 때 일반적으로 초기 광속의 몇 %를 기준으로 하는가?

6.3 LED 칩의 열화 현상을 관찰할 수 있는 특성은 무엇인가?

6.4 LED 소자의 온도가 증가하면 나타나는 파장의 변화는 무엇인가?

6.5 LED 광원의 수명시험 중 나타나는 조명 특성의 변화는 무엇인가?

6.6 LED 소자의 수명시험 중 LED 온도를 측정할 수 있는 곳은 어디인가?

6.7 LED 온도가 50 ℃일 때 수명 시간이 5만 시간이면 60 ℃일 때의 수명 시간은 대략 얼마인가?

6.8 LED 가속수명시험 온도의 범위는 얼마인가?

6.9 LED 광원의 광출력 열화 모델식을 쓰라.

6.10 LED 광원의 열화율 a = 1.2E-5일 때 L_{50}을 구하라.

참고문헌

1. 정봉만 외, 『LED 신호등 개발 및 보급 타당성 보고서』, 한국에너지기술연구원, 1998.
2. A. Zukauskas, M. S. Shur, R. Gaska, *Introduction to Solid-State Lighting*, Wiley, New York, 2002.
3. 정봉만, 한수빈 외, 『백색 반도체 광원의 고출역화 기술개발(I)』, 한국에너지기술연구원, 2004.
4. Marc Hoffman, *Market Status of LED Traffic Signals in the USA*, International Workshop on LED Traffic Signals, Stockholm, Sweden, 1999.
5. 차세대 LED 교통신호등을 국가표준(KS)규격으로 제정, 산업자원부 공보관실 보도자료, 2000. 3. 20.
6. 김지동, 『LED 신호등 기술 및 보급동향』, 기술동향분석, Kisti, 2003, 12월
7. Lars Jonsson, *Stockholm Traffic Signal Systems*, International Workshop on LED Traffic Signals, Stockholm, Sweden, 1999.
8. LED 교통신호등을 인등품목에 추가, 산업자원부 공보관실 보도자료, 2002. 1.
9. 조홍재, 장수, 황보창권, 조두진, 『광학』, 두양사, 2002.
10. 이주신, 권해웅, 신무환, 이병우 공역, 『전자재료물성학』, 희중당, 1997.
11. http://www.etnews.co.kr/news/detail.html?id=200707060035
12. Nikkei Electronics, p29, January, 2007.
13. I. Akasaki et al. J. Cryst. Growth, p209, 1989.
14. http://www.laminaceramics.com/
15. http://www.innovationsinoptics.com/
16. http://www.stockeryale.com/
17. http://www.tirsys.com/
18. http://www.enfis.com/
19. http://www.osram-os.com/
20. http://www.optotech.com/
21. http://www.vs-optoelectronic.com/eng/index.ph
22. http://www.tridonic.co.at/kms/static_nav/index.php
23. http://www.sololuce.biz/index2.htm

24. http://www.neopac-lighting.com/
25. http://www.lednium.com/
26. http://www.optekinc.com/vled.html
27. Strategies in Light Conference, San Francisco, 2005.
28. LED照明推進協議會 編,『LED照明핸드북』, (株)オーム, 東京, p51, 2006.
29. Lee, H., and Neville, K., *Handbook of Epoxy Resins*, Ch. 6, McGraw-Hill, 1967.
30. Iver E. A., *Development of Sn-Ag-Cu and Sn-Ag-X alloys for Pb-free electronic solder applications*, J Mater Sci : Mater Electron, vol. 18, p55, 2007.
31. Hwang, J. S., *Environment-Friendly Electronics-Lead-Free Technology*, Electrochemical Publications, Great Britain, 2001.
32. Hwang, J. S., *Lead-Free Solder: the Sn/Ag/Bi System*, 1997.
33. H-Technologies Group, Inc., *International Report-Sn/Ag/Bi System*, 1997.
34. James j. L., and Dale W. S., *Adhesives Technology for Electronic Applications*, Ch. 2, Willian Andrew Publishing, New York, 2005.
35. Shukla, R. K., and Mencinger, N. P., *A Critical Review of VLSI Die Attachment in High Reliability Applications*, Solid State Technology, p67, 1985.
36. Fay, H. G., *Rheology for the Bewildered: A Loctite Guide*, Loctite Technical Paper, Aug. 1977.
37. http://www.smm.co.jp/E/material/d03film_paste.html
38. Wong C. P., and Bollampally R. S., *1999 International Symposium on Advanced Packaging Materials*, p113, 1999.
39. Ann N. N., Maneesh B., Makoto Y., *Fifth International Conference on Solid State Lighting*, vol. 5941, p15-1, 2005.
40. Rocheleau, H., *Frozen Adhesive Advantages in Electronic Manufacturing*, Electronic Mfg., pp18-19, Jul., 1988.
41. 大沼吉信,『光時代の透明性樹脂』, シ-エムシ-出版, 東京, p120, 2004.
42. Schubert E. F., *Light-Emitting Diodes*, Cambridge University Press, Cambridge, p247, 2003.
43. 김창해, 차세대조명기술・시장・개발사례 및 사업화전략세미나, 한국산업기술대학교 에너지인력양성센터 산업교육연구소, 2007.
44. Jamin L., Tie W., Ming Y., Ted T., and IK S., *Effect of Underfill Materials on Pb-Free Flip Chip Package Reliability*, 10th International Symposium on Advanced

Packaging Materials, IEEE, p.282, 2005.

45. Hiroshi Y., and Takashi T., *Resin Flow Characteristics of Underfill Encapsulant for Flip-Chip Interconnection*, IEEE Transactions of Components and Packaging Technologies, vol. 26(1), 2003.
46. Tonapi, S., and Reitz, B., *Flip-Chip Underfill: Design and Material Challenges*, Chip Scale Review, 2004.
47. Adamson, S. J., *CSP and Flip-Chip Underfill*, Advanced Packaging, 2001.
48. Gilleo, K., *Adhesives/Epoxies and Dispensing*, SMT, 1996.
49. Lewis, A., and Babiarz, A., *Conductive Adhesive Dispensing Consideration*, Proc. NEPCON West, Anaheim, CA, 1999.
50. Konarski, M. M., *Effects of Tg and CTE on semiconductor Encapsulants*, Loctite Electronics Technical Paper.
51. MIL-STD-883E, METHOD 2019.5
52. http://www.peco.co.kr/technology/technology_key_set.htm.
53. http://www.mke.co.kr:8080/product/specialty_01.asp.
54. http://www.mke.co.kr:8080/product/goldbonding_01.asp.
55. http://www.peco.co.kr/technology/technology_other_set.htm.
56. MIL-STD-883E, METHOD 2011.7
57. 김정한, 김준기, 이창우, 강남현, 김철희, 『마이크로조이닝 시험평가기법의 기초와 실무』, 산업자원부 지정 산업기술기반조성사업, p8, 2006.
58. ASTM; Designation: F 1269-89
59. EIA/JEDEC STANDARD 22--B116
60. James J. L., and Dale W. S., *Adhesives Technology for Electronic Applications*, Ch. 4, Willian Andrew Publishing, New York, 2005.
61. Mattox, D. M., *Surface Preparation for Film and Coating Deposition Process, Handbook of Deposition Technology for Films and Coatings*, (2nd Ed.), Ch. 3, Noyes Publications, 1994.
62. Albert W. L., and Ching-Ping W., *IEEE Transactions on Components, Hybrids and Manufacturing Technology*, vol. 15(4), p510, 1992.
63. Apparatus for Removing Semiconductor Devices from High-density Multichip Modules, U.S. Patent5164037.
64. ASSIST recommends: LED life for general lighting. Troy, NY : Lighting Research

Center, 2005.

65. IES Guide for the Selection, Care and Use of Electrical Instruments in the Photometric Laboratory, IESNA LM-28-1989. New York : Illuminating Engineering Society of North America, 1989.

66. Approved Method for Photometric Testing of Indoor Fluorescent Luminaires, IESNA LM-41-98. New York : Illuminating Engineering Society of North America, 1998.

67. IESNA Guide to Lamp Seasoning, IESNA LM 54-99. New York : Illuminating Engineering Society of North America, 1999.

68. Jayasinghe, L., Y. Gu, and N. Narendran. Characterization of thermal resistance coefficient of high-power LEDs. Sixth International Conference on Solid State Lighting, Proceedings of SPIE 6337, 63370V, 2006.

69. Approved Method for Life Testing of Incandescent Filament Lamps, IESNA LM-49-01. New York: Illuminating Engineering Society of North America, 2001.

70. Approved Method for Photometric Testing of Indoor Luminaires Using High Intensity Discharge or Incandescent Filament Lamps, IESNA LM-46-04. New York: Illuminating Engineering Society of North America, 2004.

71. National Lighting Product Information Program. In press. CFL residential downlights. Troy, NY : Lighting Research Center.

72. Rea, M. S., ed. *IESNA Lighting Handbook: Reference and Application*, 9th ed. New York: Illuminating Engineering Society of North America, 2000.

73. 大沼吉信,『光時代の透明性樹脂』, シ-エムシ-出版, 東京, p71, 2004.

74. N. Narendran, Y. Gu, J. P. Freyssinier-Nova and Y. Zhu *Extracting phosphor-scatered photons to improve white LED effieciency*, phys. stat. sol (a)202 No. 6. R60-R62, 2005.

75. Phosphor-Based White LEDs by Lighting Research Center in LED Lighting Institute, 2003.

76. Tsung-Xian Lee, Ko-Fon Gao, Wei-Ting Chien and Ching-Cherng Sun, *Light extraction analysis of GaN-base light-emitting diodes with surface texture and/ or patterned substrate*, Optics Express 6670 Vol. 15, No.11, 2007.

77. Sun Ho Jang and Moo Whan Shin, *Thermal analysis of LED arrays for automotive headlamp with a novel cooling system*, IEEE Trans. Dev. Mater. Reliab. Vol. 8, No. 3,

pp.561-564, 2008.

78. Lan Kim and Moo Whan Shin, *Implementation of side effects in thermal characterization of RGB Full-color LEDs*, IEEE Electron Device Lett., Vol. 28, No. 7, pp.578-580, July 2007.

79. Lian Qiao Yang, Jianzheng Hu, Lan Kim and Moo Whan Shin, *Effects of measurement variables on thermal resistance in LED package*, phys. stat. sol. (c) 3 No. 6, June, pp.2187-2190, 2006.

80. Lan Kim, Jong Hwa Choi, Sun Ho Jang, and Moo Whan Shin, *Thermal analysis of LED array system with heat pipe*, Thermochimica Acta. 455, pp.21-25, 2007.

81. Lianqiao Yang, Jianzheng Hu, and Moo Whan Shin, *Thermal analysis of GaN-Based Light Emitting Diodes with different chip sizes*, IEEE Trans. Dev. Mater. Reliab. Vol. 8, No. 3, pp.571- 575, 2008.

82. Lianqiao Yang , Jianzheng Hu, and Moo Whan Shin, *Dynamic thermal analysis of high Power LEDs at pulse condition*, IEEE Elec. Dev. Lett.,Vol.29 (8) pp.863-866, 2008.

83. Lianqiao Yang, Sun Ho Jang, W. J. Hwang, and Moo Whan Shin, *Thermal analysis of high power GaN-based LEDs with ceramic package*, Thermochimica Acta. 455, pp.95-99, 2007.

84. Lianqiao Yang, Jianzheng Hu, Sunho Jang and Moo Whan Shin *Thermal design of ceramic packages for high power light-emitting diodes*, Semicond. Sci. Technol. 22, pp.705-708, 2007.

85. Lan Kim and Moo Whan Shin, *Thermal Resistance Measurement of LED packages with multi chips*, IEEE Trans. Component and Packaging Technology, Vol.30(4), pp.632-636, 2007.

86. Lianqiao Yang, Jianzheng Hu, and Moowhan Shin, *Investigation of Thermal Measurement Variables in High Power GaN-based LEDs*, Solid State Phenomena, Vol. 124-126, pp.483-486, 2007.

87. Jianzheng Hu, Lianqiao Yang, Moo Whan Shin, *Mechanism and Thermal Effect of Delamination in Light-Emitting Diode Packages*, Microelectronics Journal, Vol. 38, pp.148-154, 2007.

88. Jianzheng Hu, Lianqiao Yang, Woong Joon Hwang and Moo Whan Shin, *Thermal and mechanical analysis of delamination in GaN-based light emitting diode package*,

J. Crystal Growth, 288, p157, 2006.

89. Jianzheng Hu, Lianqiao Yang, and Moo Whan Shin, *Thermal and mechanical analysis of high power LEDs with ceramic packages*, IEEE Trans. Dev. Mater. Reliab. Vol. 8, No. 2, pp.297-302, 2008.

90. Jianzheng Hu, Lianqiao Yang, Lan Kim and Moo Whan Shin *The ageing mechanism of high power InGaN/GaN light-emitting diodes under electrical stresses*, Semicond. Sci. Technol. 22 pp.1249-1252, 2007.

91. Jianzheng Hu, Lianqiao Yang, and Moo Whan Shin *Electrical,optical, and thermal degradation of high power GaN/InGaN light-emitting diode*, J. Phys. D- Appl. Physc., Vol. 41. pp.1-4, 2008.

연습문제 풀이

제1장

1.1 색의 결정은 원추세포에 의해서 이루어지고 물체의 명암은 간상세포에 의해서 이루어진다. 세 종류의 원추세포는 각각 440 nm, 545 nm, 580 nm 근처에서 최대의 감도를 갖기 때문에 각각을 B, G, R 원추세포라 한다.

1.2 입사각과 반사각은 같다.
반사광은 입사광선과 법선으로 이루어진 평면상에 있게 된다.

1.3 장벽에 가해지는 강한 전계에 의해 전자 또는 정공이 평균 자유행정 동안에 에너지를 얻어 원자와 충동하여 가전자대의 공유결합전자를 전도대로 올려 전자-정공의 대를 만든다. 이것이 또 강전계에 의해 원자에 충돌하여 많은 전자-정공의 대를 만들게 된다. 이를 전자사태항복이라고 한다.

1.4 n형 반도체와 금속의 접촉 시
$\Phi_m > \Phi_s$ 때 정류 특성
$\Phi_m < \Phi_s$ 때 옴 특성
p형 반도체와 금속을 접촉 시
$\Phi_m > \Phi_s$ 때 옴 특성
$\Phi_m < \Phi_s$ 때 정류 특성

1.5 소자의 응용을 위한 결정성장 방법 중의 하나는 단결정으로 이루어진 웨이퍼상에 얇은 박막결정을 성장시키는 것이다. 주된 방법으로는 액상 에피택시(liquid phase epitaxy; LPE), 기상 에피택시(vapor phase epitaxy; VPE), 분자선 에피택시(molecular beam epitaxy; MBE)가 있다.

1.6 표면에 도달한 광자가 랜덤하게 scattering되도록 표면 패턴을 형성하는 방법(fixture), 칩의 모양을 절두형 역피라미드형으로 제작하는 방법(truncated inverted pyramid; TIP 또는 ATON과 그의 플립칩 NOTA)들이 있으며, 최근에는 특정 파장의 광자만 선택적으로 투과 또는 반사시키도록 LED 표면에 광자결정(photonic crystal)을 패터닝하는 방법 등이 있다.

1.7

기술적 측면	경제/사회적 측면
- 제품의 소형화, 슬림화 가능 칩 사이즈 0.3~1 mm - 고속응답 ~108초 on-off 스위칭(백열등 = 0.15초) - 장수명 5만~100만 시간 (@30% degradation) - 고효율 Up to 55% 외부양자효율 - 변조 가능 Up to 500 Mbps (w/GI POF @650 nm) - 온도에 따른 광 특성 변화 (주로 적색 LED) - 저전력 소자 백열등 대비 15% 소비 전력 - Cold light : No Infrared radiation	- 한국이 강점을 갖는 전방위 산업에 응용 (자동차, 휴대용 가전제품, LCD 모니터) - 친환경 산업 (무수은, 무폐기 유리) - 좋은 색순도에 의해 깔끔한 거리 미관 조성 - 고성장 산업(GAGR 47%) - 높은 초기 구매가격 $200/klm(형광등 $2/klm) - 표준화 규격이 전무하여 제품의 규격이 매우 다양함 - 산업의 팽창에 따른 잦은 특허 분쟁 - 각국의 주요 국가 전력사업

1.8 LED가 고휘도로 가면서 방열 문제가 심각해짐에 따라 등장한 새로운 구조의 LED라고 볼 수 있다. 칩의 온도 상승은 칩의 수명과 패키지 재료의 내구성에 영향을 미치기 때문에 반드시 억제되어야 할 사안으로서 서브마운트의 열전도성, 에폭시레진의 내열성, 내자외성 등이 고려된 다각적인 패키지 구조이다.

1.9 자동차의 경우 스위치, 카오디오, 대시보드 등 자동차 안에서 빛을 발하는 곳에 LED가 최근 몇 년간 해마다 20%에 가까운 성장률을 보이고 있으며, 후미등에 이어 전조등 등 외부 등의 경우도 LED램프가 빠른 속도로 채택되어 생산되고 있다. 이미 세계 자동차용 외장등의 40% 이상이 LED등으로 교체되고 있다.

제2장

2.1 에폭시, 실리콘

2.2 사용 목적 및 다른 공정에 부합하는 합금의 녹는점, 사용 목적에 맞는 기계적 물성, 접착이 잘 이루어질 수 있는 금속 특성, 환경 안정성, 기판과의 젖음성, 유테틱 vs 비유테틱(noneutetic) 구성

2.3 플럭스

2.4 칩과 패키지, 패키지와 기판 또는 기판과 힛싱크 등의 면과의 기계적 접촉, 기판이나 패키지와의 전기전도, 열 방출, 스트레스의 발산

2.5 Non-newtonian 유체

2.6 유리전이 온도

2.7 무수화합물 형태의 경화제

2.8 방향족 그룹이 산화되어 발색단을 형성하기 때문

2.9 첨가 반응, 축합 반응

2.10 유로피움과 세륨

제3장

3.1 CTE 값이 작을 것, Modulus 값이 클 것, 열적 안정성이 높을 것, 플립칩 범프 사이로 잘 스며들 것

3.2 노즐의 내경, 도포 압력, 도포 시간, 도포 온도, 노즐의 높이, 노즐 상승 시간

3.3 캐필러리

3.4 Heat affect zone

3.5 금 와이어

3.6 초음파를 이용한 볼 와이어 접합 방식

3.7 Temperature, US Power, Force, Time

3.8 0.949 A

3.9 풀(pull) 테스트, 볼 쉐어(shear) 테스트

3.10 배합 → 혼합 → 토출 → 경화

제4장

4.1 첫째, LED에 입력된 인입전력 중에서 일부는 n층 및 p층의 저항 또는 반도체와 금속과의 접촉저항으로 인하여 줄(joule)열이 발생된다. 둘째, LED 물질에서 n층에서 전자가, 그리고 p층에서 정공이 발광층 안으로 주입되고 그 인입 에너지는 발광성 재결합을 하여 광자(photon)로 방출되는데 만일 발광층 안으로 주입된 캐리어가 격자 결함에 의하여 발광성 결합을 하지 못하고 비발광성 결합을 하게 되면 이때 격자에 의한 격자진동(phonon)으로 변환되어 열로 발생된다. 셋째, LED는 칩 내부에서 발생한 빛 모두가 램프를 통하여 외부로 방출되는 것은 아니다. 빛에 있어서 LED를 구성하는 반도체의 굴절률은 공기의 굴절률

보다도 크기 때문에 LED 내부에서 표면으로 비스듬하게 나아가는 빛은 전반사가 일어나 다시 내부로 흡수되고 열로 전환된다. 넷째, LED는 전기 에너지를 주입하기 위하여 n층 및 p층 각각에 오믹 전극을 형성할 필요가 있다. 이때 고온에 의한 열처리로 인하여 발생된 금속과 반도체 계면에서 생긴 얼룩은 발생된 빛을 흡수하여 열로 생성된다.

4.2 $\dfrac{50\ ℃ - 20\ ℃}{0.35\,\mathrm{A} \times 3.6\,\mathrm{V} - 0.15\,\mathrm{W}} = 27\ ℃/\mathrm{W}$

4.3 마이크로 라만 스펙트로스코피(micro-Raman spectroscopy), 문턱전압(threshold voltage), 열저항(thermal resistance), 포토서멀 반사율 마이크로스코피(photothermal reflectance microscopy), 전자발광(electroluminescence), 광발광(photoluminescence)과 이색원의 최고점 변화율(peak ratio of a dichromatic source)을 통한 비접촉(non-contact) 방법, 열천이 측정법-이 중 세 가지

4.4 $I_F = I_s[\exp(qV_F/kT_j) - 1]$ 혹은 $V_F/T_j = k/q \cdot \ln(I_F/I_s)$
여기서, I_s는 역방향 포화전류, q는 전하량, V_F는 순방향 전압, T_j는 정션 온도, k는 플랑크상수, I_F는 순방향 전류이다.

4.5 이러한 구조함수 그래프의 평편한 구역은 새로운 재료를 의미하고 넓이는 열저항을 의미하며, 직선적으로 증가하는 구간은 열전달이 선형적으로 증가하는 부분을 나타내게 된다.

4.6 1. 일정한 표면 온도 $T(0, t) = T_s$

2. 일정한 표면 열 유속

(a) 유한 열 유속 $-k\dfrac{\partial T}{\partial x}\Big|_{x=0} = q''_s$ (b) 단열 또는 절연 표면 $\dfrac{\partial T}{\partial x}\Big|_{x=0} = 0$

3. 대류 표면 조건 $-k\dfrac{\partial T}{\partial x}\Big|_{x=0} = h[T_\infty - T(0, t)]$

4.7

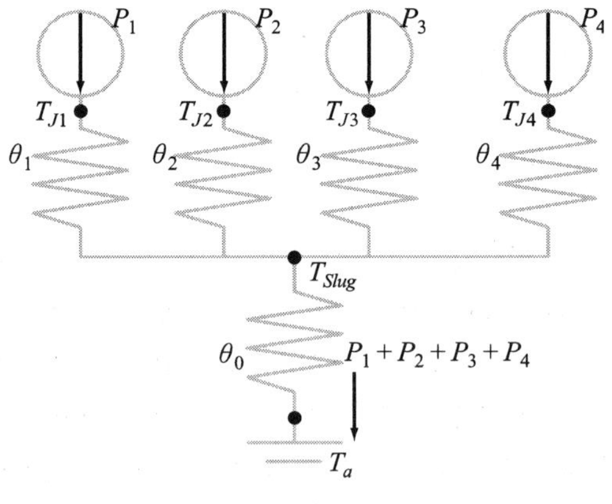

각 파리미터에 대한 설명도 포함.

4.8 열팽창계수(CTE)의 불일치와 온도구배, 습기팽창계수(CME)의 불일치와 온도구배. 열응력과 습기응력.

제5장

5.1 · 기존 광원에 비해 고효율화, 저전력화
· 환경친화적 광원(무수은, CO_2 감소 효과)
· 광원 및 시스템의 소형화, 박형화, 경량화
· 장수명이며 충격에 강함
· 점, 소등 속도가 빠름
· 고반복, 펄스 동작이 가능하며 시신경의 피로 감소
· RGB LED 조합에 따른 색온도 및 연색성 조절

5.2

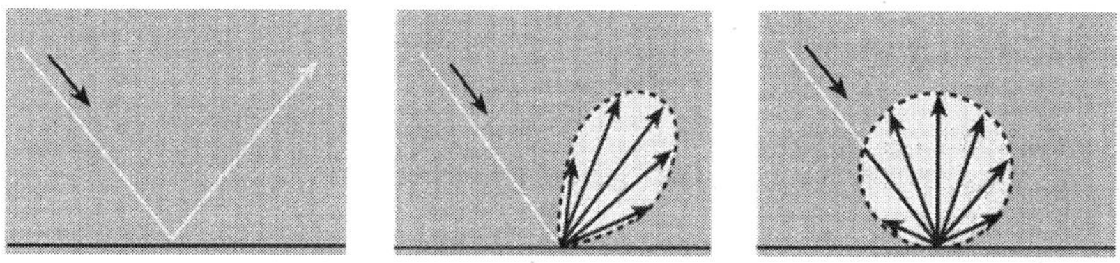

a. Polished surface, specular b. Rough surface, spread c. Matte surface, diffuse

5.3 1) Blue LED + Yellow phosphor
2) Red, Green, Blue 3칩을 이용한 색혼합
3) UV LED + RGB phosphor

5.4 $2.4 \times \sin\theta = 1.8 \times \sin\theta'$($\sin\theta' = 1$일 때 전반사)
$\sin\theta = 1.8/2.4 \quad \theta < \sin^{-1}(1.8/2.4) = 48.59$ deg

5.5 A = 3 lm/(3×0.02) W = 50 lm/W, B = 40 lm/(3×0.35) W = 38.1 lm/W. A가 더 높은 발광효율을 갖는다.

5.6 QW에서 발산한 광 중에서 하측(Sapphire)으로 진행되는 광이나 내부에서 트랩되는 광이 패턴된 sapphire 면에서 굴절 또는 반사각이 변화되어 칩의 외부로 빠져나가는 광이 많아지므로 보다 높은 발광효율을 갖는다.

5.7 거리가 짧아질수록 지향각이 커지면서 광도는 낮아지고 거리가 멀어질수록 광도는 커지게 된다.

5.8 Blue LED에서 나온 광선들이 형광체를 경험하게 되는 광로장이 LED 발광면에 수직한 광에 비해 각도가 커질수록 길어지게 되므로 주변부에는 blue ray가 빠져나갈 확률이 적어지고, 중심부는 빠져나갈 확률이 커져서 중심부는 파란색, 주변부는 노란색의 고리가 나타날

수 있다.

이를 최소화하기 위해서 LED 칩에 형광체를 프린팅하는 방법 등을 통해 위치별 각도별로 형광체의 광로정이 일정하게 하여 각도별로 일정한 색 분포를 갖게 한다.

5.9 패키지 컵의 반사율, 봉지재의 투과율, 봉지재의 shape(곡률 및 높이), 패키지 컵의 높이와 넓이

5.10 $I = \Phi / w$

I : 광원의 평균 구면 광도 (cd)

Φ : 광원으로부터 방사된 광속 (lm)

w : 광속을 포함하는 입체각 (sr)

점광원 주위의 전체 입체각은 4π 스테라디안이므로

$\Phi = I \times w = I \times 4\pi = 4\pi$

제6장

6.1 형광등, LED램프, 백열전구

6.2 70% 또는 50%

6.3 V_f의 증가, 광출력/광속 저하

6.4 장파장으로 이동(1 nm/8C)

6.5 광속 저하, 색온도 감소, 연색성 감소

6.6 패키지 리드플레임 또는 시험보드

6.7 2만5천 시간

6.8 고출력 LED(45～85 ℃), 일반 LED(35～55 ℃)

6.9 $I(t)/I(t=0) = \exp(-a^*t)$

6.10 57,762시간

찾아보기

LED 패키징 기술 입문

2008년 8월 25일 1판 1쇄 발행
2010년 2월 15일 1판 5쇄 발행

저 자 ◎ **신무환·김재필**

발행자 ◎ 조승식

발행처 ◎ (주)도서출판 북스힐
서울시 강북구 라일락길 36

등 록 ◎ 제 22-457 호

TEL (02) 994-0071(代)

FAX (02) 994-0073

E-MAIL booksw in@unitel.co.kr
www.bookshill.com

값 18,000원

잘못된 책은 교환해 드립니다.

ISBN 978-89-5526-502-6